南方粮油作物国家协同创新中心本科人才培养计划系列教材

现代作物学
实践指导

主　编：张海清

副主编：敖和军　王　悦　陈　浩

参　编：邓小华　聂明建　傅志强
　　　　罗红兵　卢俊玮　邓化冰
　　　　张振乾　易镇邪　王　峰
　　　　邢虎成　熊兴华　高志强

U0339747

湖南科学技术出版社

图书在版编目（ＣＩＰ）数据

现代作物学实践指导/张海清主编. 一长沙:湖南科学技术出版社,2019.2（2022.1重印）
ISBN 978-7-5710-0043-1

Ⅰ．①现… Ⅱ．①张… Ⅲ．①作物－栽培学 Ⅳ.①S3

中国版本图书馆 CIP 数据核字(2018)第 287250 号

XIANDAI ZUOWUXUE SHIJIAN ZHIDAO
现代作物学实践指导
主　　编：张海清
副 主 编：敖和军　王　悦　陈　浩
出 版 人：潘晓山
责任编辑：彭少富　李　丹
出版发行：湖南科学技术出版社
社　　址：长沙市湘雅路 276 号
　　　　　http://www.hnstp.com
印　　刷：湖南省众鑫印务有限公司
　　　　　（印装质量问题请直接与本厂联系）
厂　　址：湖南省长沙市长沙县椰梨街道保家村
邮　　编：410129
版　　次：2019 年 1 月第 1 版
印　　次：2022 年 1 月第 3 次印刷
开　　本：787mm×1092mm　1/16
印　　张：18.25
字　　数：30000
书　　号：ISBN 978-7-5710-0043-1
定　　价：48.00 元

序　言

　　2013 年，教育部、农业部、国家林业局印发《关于实施卓越农林人才教育培养计划的意见》，正式启动"卓越农林人才教育培养计划"，并将卓越农林人才分为拔尖创新型、复合应用型、实用技能型三类。2013 年，湖南省财政厅、教育厅批准我校"南方稻田作物多熟制现代化生产协同创新中心"为首批湖南省高等学校创新能力提升计划项目；2014 年，湖南农业大学牵头申报的"南方粮油作物协同创新中心"被教育部、财政部认定的第二批区域发展类"2011 协同创新中心"（高等学校创新能力提升计划，简称"2011 计划"）。自 2014 年开始，南方粮油作物协同创新中心主动适应现代农业发展需求，有机对接"卓越农林人才教育培养计划"和"2011 计划"，设置人才培养计划项目，全方位探索面向现代农业的卓越农业人才培养模式和实施策略。

　　十年树木，百年树人。人才培养改革是一项复杂的系统工程，涉及教育教学理念、人才培养机制、人才培养模式、课程体系、教学方法与手段以及教育教学资源建设等诸多领域，必须具有科学的顶层设计和可行的实施策略。根据《南方粮油作物协同创新中心本科人才培养实施细则》的要求，"中心"依托农学专业开办了"隆平创新实验班"，探索拔尖创新型人才培养；依托农村区域发展专业开办了"春耘现代农业实验班"，探索复合应用型农业人才培养。自 2014 年首次开办实验班以来，构建了特色化的实践教学体系，积极开展人才培养模式改革、人才培养过程改革和质量评价体系改革，积累了一定的经验。

　　为了适应人才培养改革需要，南方粮油作物协同创新中心面向两个试点专业，组织专家和第一线教师在总结改革经验和成果的基础上，编写"南方粮油作物协同创新中心本科人才培养计划系列教材"。"系列教材"主要面向新开课程、实践性教学环节等改革核心区，固化本科人才培养计划实验班的教育教学改革成果，同时为成果的推广应用奠定基础。

中国工程院院士：

2018 年 9 月 18 日

前　言

　　《现代作物学实践指导》是针对植物生产类本科专业"六边"综合实习实践教学模式，在原《农学实践》（2004 年出版）教材的基础上，经过 10 多年的实践探索和不断修订完善编写的配套教材。

　　"六边"综合实习原指边生产、边上课、边科研、边推广、边做社会调查、边学习做群众工作,是官春云院士主持"植物生产类专业综合改革"教学成果（2001年）形成的特色化实践教学模式，自 1998 年实施以来，取得了很好的教学效果。但随着现代经济社会的发展和农业生产方式的变革，对农业高校人才培养提出了新的更高的要求，因此，我们在实践探索的基础上，对"六边"综合实习在内容和形式上均进行了一系列的改革，形成了新的"六边"综合实习模式，即边生产、边上课、边科研、边推广、边做社会调查、边学习组织管理。其中，"边生产"是指学生在实习基地全程参加生产活动，要求贯彻绿色、生态理念，完成主要农作物耕、种、管、收全过程的现代化生产管理与农事操作；"边上课"是指在实习期间完成教学计划安排的专业课教学，要求课堂讲授和田间现场操作相结合；"边科研"指学生毕业论文的试验研究、专业安排的田间试验和科研技能竞赛活动，要求学生完成科研选题、试验设计、田间实施、数据采集、结果分析并撰写科研报告；"边推广"指学生利用所学知识与技术为基地周边农户、家庭农场、农民专业合作社、农业企业等进行技术指导和技术推广；"边做社会调查"指实习期间学生对基地周边地区的"三农"等问题开展调查研究并完成调查报告；"边学习组织管理"指学生在教师指导下，对实习期间的生产、学习、生活等各项工作实行自主组织和自我管理。

　　全书共六章，第一章作物生产实践，第二章种子生产实践，第三章机械化生产实践，第四章作物学科研实践，第五章作物生产管理调查与实践，第六章农村社会实践与调查，附录列举了"六边"综合实习实施方案和组织管理、作物学实践技能大赛和科研技能竞赛实施方案。编写分工如下：前言，张海清；第一章第一节，敖和军；第二节，张振乾；第三节，王峰；第四节，邓小华；第五节，罗红兵，张海清；聂明建，李林；第二章第一节，张海清，罗红兵；第二节，张海清，陈浩，王峰，罗红兵，邓化冰；第三章，王悦，邢虎成；第四章第一节，傅志强；第二节，高志强，熊兴华，卢俊玮；第五章，易镇邪，王峰；第六章，高志强；附录由多年来参与实习指导的教师共同完成。

　　教材内容根据植物生产类专业人才培养目标的要求和南方农作物现代化生产的现状，突出系统性、科学性、新颖性、实用性，强调基本原理准确，实用技术可操作性强，既反映主要农作物传统生产管理技术，又涵盖作物现代化生产管理理念与方法，力求使课堂理论教学与田间实践教学有机结合，并适应各类型人才培养的需要。各实习环节分解为单项实践内容，教师可根据各专业特点和实际情况灵活选择。

　　恳请师生们在教材使用过程中对书中的不足之处提出修改意见，以便今后进一步修订完善。

编　者
2018 年 7 月

目　录

第一章　作物生产实践

第一节　水稻生产实践

实践一　浸种与催芽

本实践主要学习播种前种子准备工作，包括选择良种及种子处理。播种前要根据当地的生态条件和经济条件，选用经审定且生育期适宜、抗病力强的优质高产品种，并做好晒种、选种、浸种和种子消毒、催芽等工作。

一、选择优良品种

（一）优良品种选择的标准

选用优良品种是实现水稻优质高产的关键因素之一。要选择适宜本地区生态环境条件，耐肥、抗病、抗倒伏、高产稳产、品质优良，并能够安全成熟的品种。

1. 根据当地的实际情况选择

要因地制宜，根据当地的积温、生育期、降水、栽培水平、土壤肥力、水资源情况、病虫害发生等情况选择良种。同时还要做到早、中、晚合理搭配，做到"种尽其用，地尽其力"。

2. 根据市场经济需要选择

随着生产的发展和人们生活水平的提高，人们对稻米品质的要求越来越高，要求外观品质、营养价值及口感均好的稻米，在市场上优质米的价格明显高于一般稻米，农户也愿种既高产又优质的新品种。因此，要以市场为导向，选择优良品种。

3. 根据是否具有"三证"选择

"三证"是种子销售许可证、种子质量合格证和经营执照。选择国家已经审定推广的、经过省级品种审定委员会审定或专家认定的优良品种，且要达到国家标准，即纯度100%、净度98%、发芽率95%，同时还要选择标准化和规范化良种，如良种包装、合格证、说明书、标签、名称、品种特性、适用范围、注意事项等。要选择经过试验、示范和丰歉年考验的品种。

4. 根据栽培模式需要选择

根据水稻移栽方式：人工移栽、抛秧、机插秧，选择合适秧龄的品种。超稀植栽培，应选择偏大穗型，分蘖力高，抗逆性强，丰产性好，优质的品种。

（二）选择品种熟期的方法——"两看一定"

一看：品种的需温指标是否与当地的有效积温相符合。由于水稻光周期的敏感性，某一生育阶段或全生育期所需积温常会有所变化，要结合当地的自然条件或往年的记录指标综合考虑。

二看：品种的生育期是否与当地一致。不同品种在营养生长阶段感温和感光的程度不同，同一个品种也因管理措施不同出穗时间差异很大，只能作为参考。

一定：确定当地的安全成熟期。当地安全成熟期应定为常年平均枯霜期提前 45 ~ 50d 出穗的品种。再参考以往种植的品种是否在安全出穗期内出穗，选择比它早点或晚点的品种。

二、种子处理

（一）晒种

浸种前先进行晒种，选晴天进行，一般晒 1 ~ 2d，高温天气不可直接将种子薄摊在水泥场地上晒种，要防止温度过高灼伤种胚，影响发芽力。晒种时要注意薄摊、勤翻，使种子受热均匀，操作要细心，防止种子破损及品种间混杂。通过晒种能使种子干燥，提高通透性而利于吸水；晒种有促进物质的转化而加速种子后熟的作用；能增强种子中酶的活性，提高种子的生活力；晒种还有杀灭病菌的作用，提高种子发芽势与发芽率，使发芽整齐一致。

（二）选种

要求用清水选种，把浮在表层的秕谷捞出，选用饱满的稻种，以培育出整齐健壮秧苗。由于多数两系杂交品种饱满度差、种子价格高，对不饱满的种子要充分利用，最好实行分别催芽播种，重点护理以培育出整齐健壮秧苗。如种子充足则不必利用半实粒种子。

（三）浸种

浸种时间不宜过长，最好采用"日浸夜露"的方法，即白天浸种、夜晚捞出摊开，浸种时最好将种子放入流动清水中先浸 12h（无流动清水的要每隔 4 ~ 6h 换水一次）。杂交稻因颖壳吻合不好，种子内淀粉较疏松，浸种时间要短。一般水温在 20℃以上时，浸种（含消毒时间在内）总时间约 24h。起水后必须将种子淘洗干净。

提倡药剂浸种：除包衣种子外，清水浸种 12h 后，使附在种子上的病菌孢子萌动，再进行药剂杀菌。目前常用的药剂有强氯精、浸种灵、种清、咪鲜胺。强氯精 300 ~ 500 倍药液（即 5g 兑水 2kg，浸种 3kg）浸种 12h；10% 浸种灵 5000 倍液（即 13mL 兑水 65kg，浸种 50kg）浸种 12h；18% 稻种清 2000 ~ 3000 倍液（即 2mL 兑水 5kg，浸种 4 ~ 5kg）浸种 12h。消毒药液应高出种子表面 3.3cm（消毒期间不换水），然后把稻种用清水反复冲洗，把残留药液冲洗干净。残留药液，尤其是强氯精的残留药液对种子发芽有明显的抑制作用。

三、常规催芽

（一）未包衣种子浸种催芽技术

对于少量的水稻种子，采用传统的常规催芽技术，分为三个步骤：

1. 高温破胸。把经浸种消毒的种子捞起滴干水后，用 50℃左右的温水洗种预热 3~5min，保持谷温 35℃左右，然后把谷种趁热装入干净透气的布袋、编织袋或箩筐（盛装的用具能沥水、保湿、透气即可），四周可用农膜与无病稻草封实保温，12h 之内不得揭开覆盖物检查种子，以免散热，谷种升温后，控制温度在 35 ~ 38℃，经 20h 左右即可破胸。如果种子量较多，在破胸阶段检查时注意：①中心温度超过 35℃时，要及时翻动，达到适温条件下均匀破胸的目的；②如出现种堆内外破胸率差异大的时候，在翻动时要将外围与中心的种子互换位置继续保温。

2. 适温催芽。谷种破胸后，用冷水淋透或淘洗种谷一次，降温到 25 ~ 30℃，适温催芽促根，达到芽长半粒谷、根长 1 粒谷时即可。催芽中注意淋水翻动，防止温度过高或过低。如气温较高，当谷种大量破胸时也可播种。

3. 摊晾炼芽。催芽结束后，把种芽摊开在常温下炼芽 3 ~ 6h 后播种。如遇寒潮阴雨等不良天气，可进一步将芽谷摊薄，等天气转好时播种。

（二）包衣种子浸种催芽技术

1. 浸种：包衣种子免去选种程序，以免造成药剂流失。浸种应严格控制水量，种子量与水的比例为 1 : 1.25 为宜。用桶浸，其间不换水，也不采用流水浸。浸种时间，早杂掌握在 12h，晚杂（含单晚）不超过 8h。

2. 催芽：早杂种子保温催芽，种堆温度破胸前控制在 30 ~ 35℃，后期控制在 25 ~ 30℃，有利于种芽生长健壮。如水分不足，可每天喷洒温水 2 ~ 3 次。晚杂（含单晚）种子搁置、滤干水分常温催芽，催芽期间每天洒水 2 ~ 3 次以补充水分。经过 2 ~ 3d 即可达到发芽标准。

（三）水稻种子直播技术

不浸种或只浸种不催芽（早季浸种 12 ~ 16h、晚季浸种 6 ~ 8h），提前 7d 做好秧板，提前 2 ~ 3d 做好秧畦，将种子直接播入秧畦土中。畦面不留水，保持畦沟有水即可，早季注意保温，白天排干水、夜晚灌深水。

四、智能化集中催芽

建设水稻智能化集中浸种催芽温室，可以解决水稻浸种、催芽生产过程中机械化程度低、劳动强度大、生产标准不规范等问题，取得了较好的效果，水稻出芽整齐，出芽率达到 96% 以上，芽长均匀。

（一）恒温浸种

1. 装袋入箱

把精选后的种子灌入透水好的纱网袋，每袋灌装 25 ~ 35kg，装满 2/3 即可，种子袋内留有膨胀空间。可用不同颜色纱网袋区分不同品种，并附上防水的品种标签说明。在进行码垛装箱时，尽量是同一品种装入同一箱内，但包衣和未包衣的种子必须分别装袋，分箱码放。注意轻拿轻放，避免划破网袋。码垛形式为井字垛，垛和箱四周要留有 10cm 的距离，码垛上部要尽量平整，并要低于箱上口 20 ~ 30cm。在码放种子的同时，要在不同的位置均匀放置感温探头 6 ~ 8 个，便于监测浸种温度。

2. 药剂恒温浸种

对未包衣的水稻种子，必须同步进行种子消毒和浸种，将 11 ~ 13℃浸种消毒药水注入浸种箱内，已经包衣的种子，直接注入 11 ~ 13℃的清水即可。水层没过种子 20cm 为宜。浸种标准水温应控制在 11℃，调整控制系统使浸种槽水温设定上限值 12℃，下限值 10℃。当水温高于 12℃时加温停止，当水温低于 10℃时加温系统自动工作，开始加温。

3. 浸种进程检查

针对不同水稻品种，每天进行浸种期种子状态检查，正常状态下种子恒温浸泡 7 ~ 10d，通过人工检测，折断无白芯，手指碾后成粉末状，即达到浸种标准。

4. 排水或清洗

未包衣的种子，由于同期采取药剂浸种措施，浸种完毕后，利用循环水泵排出浸种箱里的药水，加入 11 ~ 13℃清水清洗 2 ~ 3 遍，洗净浸种时附着在种子表面的药剂，并将水排净，准备进入催芽阶段；已经包衣的种子可直接排尽浸种水，开始催芽。

（二）变温催芽

1. 循环加温。对加入的清水采用催芽系统的加温装置进行加温，并通过外循环水路循环，将水温升高到32℃。

2. 高温促破胸。当水温达到32℃时，将温度自动控制系统调整到32℃（上限值33℃，下限值31℃），进入正常催芽喷淋工作状态。喷淋水温标准控制在32℃，保持10～12h，促使种子早破胸。

3. 适温催芽。将温度控制系统水温调整为25～28℃进行催芽，保证催芽时期的温度要求，同时控制种箱内种子自身升温。采取适温水喷淋措施，能保证种箱内部温度一致，防止出现烧种现象，时间10～12h，以芽根呈"双山"型，长度不超过2mm为宜。

（三）注意事项

1. 种袋应选用透水性好、结实的纱网袋；灌装种子不要多于纱网袋的2/3。在箱内摆放种袋，不能直接紧靠箱壁板，要留10cm间隙，另外水平方向每隔2m左右要留有分段缝隙。

2. 在浸种、破胸、催芽、晾芽四个阶段的衔接过渡期，必须认真检查每个箱内温度和种子的物理状态，要在浸种催芽过程中，利用人工直感温度计定时校核温度控制系统的准确性，以保证浸种催芽的安全。

3. 每个环节都要有操作人员和技术人员现场核查到位，确认操作无误，发现问题及时解决。

实践二　育秧

一、湿润育秧

水稻湿润育秧技术作为手工插秧的配套育秧方法，适宜不同地区、水稻种植季节及不同类型水稻品种育秧，在我国广泛采用。该技术操作方便、应用广泛，育成的秧苗素质好、产量高。本实践主要学习湿润育秧床面制作方法和育秧期管理。

（一）选地

选好秧田地是保全苗、育壮秧的基础。秧田地要选择地势平坦，地下水位在1m以下，土壤有机质含量在15%以上，pH低于7.5，保水能力适中，通透性能好，排灌水方便的地块。

（二）整地

早稻秧田在3月中旬灌水泡田，用旋耕机、耕整机或者用牛翻耕整地，翻耕深度13～15cm。

秧田在水耕水整后，开沟分厢，厢宽约150cm，沟宽约30cm，沟深13cm左右。

（三）施肥

肥料全层底施，既能防止烧苗，又能提高肥料利用率，也是促苗早发稳长，培育壮秧的有效措施。每亩（1亩=667m²）秧田施用约700kg腐熟人畜粪等优质农家肥，或者30kg25%复混肥（即，$N+P_2O_5+K_2O \geq 25\%$），在耙田或耘田时翻入土壤。播种前将约80%的秧厢沟泥上厢耥平，使秧床表土糊烂平整。

氮肥以碳酸氢铵为主，硫酸铵最好。尿素不能作底肥，也不宜施用硝酸铵。

（四）播种

1. 播期　水稻开始发芽的温度是12℃，播后成活的温度为13℃，苗期生长要求在15℃以上。秧田播期要根据当地的气候条件确定，湖南省早稻播种时期一般在3中下旬。

2. 播量　根据秧龄的长短、品种特性、插秧方式而定。播种量大小直接影响秧苗的强弱。适宜的播种量培育出的秧苗单株营养面积大，通风透光好，干物质积累多，移栽后发根力强、缓秧快。但播种过稀，缩小了秧、本田比例，造成土地、物资浪费。播种量过大，秧苗过密，严重影响秧苗素质，致使缓秧慢、缩苗而减产。

3. 播种质量

（1）床面泥浆适中。播种前床面要压平，沉浆后再播种，泥浆软硬程度应掌握半籽入泥为宜，过软会造成陷种不出苗，过硬扎根困难会造成翘种。

（2）落籽均匀。播种要防止落籽稀密不一，造成出苗多少不齐，强弱不均。播种时一个床面的种子量最好分两次播入，力求均匀。

（3）压种入泥。播种后用大平板锹把种子压入泥中，做到床面不见种，如压种不实或粗糙，则使种子因干燥不出苗造成烤种。

（4）上蒙头水。在种子吸水不足或土壤保水能力差的秧田，在压种后上一次蒙头水，目的是补充种子和床面内的水分，促进出苗整齐。一般保水 12～24h，待床面水自然渗干后再覆盖。

4. 盖膜

播种后即可盖薄膜，盖薄膜采用拱式，两侧压入泥土中，防止被风吹开刮破薄膜。

（五）管理

薄膜育秧的管理，除合理浇水、施肥外，更重要的是根据秧苗生长期的气候条件，调节好膜内温度，为秧苗健壮生长创造良好的环境。实践证明，"前促、中稳、后蹲"是培育适龄壮秧行之有效的措施。方法如下：

1. 出苗期 播种至一叶期为出苗期，此期历经 10d 左右，要以封闭保温为主，提高膜内温度，促进种子扎根与幼苗生长，确保发芽整齐，苗全、苗壮。一般在一叶期前不浇水，出苗 60% 以上时如床面出现裂缝，可上 1～2 次跑马水，即小水上床面、过水不保水、渗透床面为宜，称之"齐芽水"。到一叶期选晴天上午，揭开两头薄膜，浇水上床面，经中午几小时的保水时间，使苗床有害物质充分溶解，下午将水排出，封严薄膜，有利防病、保苗，称之"保苗水"。

2. 炼苗期 秧苗一叶一心至二叶一心期，历经 6～7d。随秧苗逐渐生长，叶片展开，膜内温度过高，生长较快，容易徒长，造成秧苗软弱，素质差，揭膜后易发生青枯。因此，秧苗到一叶一心时就必须严格控制膜内温度在 25～30℃，超过上限，要开始炼苗。方法是：前 1～2d，选晴天上午 8～9 点从两边交错打开通风口，使苗床内空气流通，并结合串水降温，防止风抽秧苗，下午 3～4 点排水封严薄膜。后 3～4d 如天气好，要先上大水淹没秧田护苗、后揭膜炼苗，使秧苗随着灌水下渗，慢慢外露，逐步适应外界条件，防止青枯。以后白天保水揭膜，傍晚排水盖膜，即"日揭夜盖"，并逐步早揭晚盖，延长炼苗时间。

3. 保苗期 秧苗二叶一心至三叶一心期，历经 10～12d，此期管理重点是大小水间灌，防止因低温冷害造成秧苗黄化及立枯死苗。经过几天的昼揭夜盖的锻炼，已适应外界自然条件，随着气温的逐渐增高，可选择寒尾暖头的天气，夜间不再盖膜，白天灌浅水或中午短时间歇，灌水深度以苗高的1/3为宜。晚上灌齐秧大水护苗，并要保持凌晨 3～4 点气温最低的时间床面上有水。

4. 控苗期 秧苗三叶一心至四叶一心期，历经 12～15d，此期的管理以控苗为主，目的就是使秧苗健壮，壮苗下田。插秧前 4～5d，每亩秧田施用尿素 4.0～4.5kg 作送嫁肥。

二、软盘育秧

水稻软盘秧秧苗素质好，根系发达，白根多，吸收能力强；起秧时不伤根；抛秧时秧苗带土带肥，全根下田，且入土浅，禾苗早生早发，有效穗增加；抛秧密度有保证，禾苗分布均匀，通风透光好，群体叶面积大，加强了光合作用。

主要有选地、整地、施肥、摆盘、装泥、播种、管理等几个环节，其中选地、整地、施肥、管理等几个环节的操作同湿润育秧。

（一）摆盘

摆盘前将秧床再耥平一次。每亩本田备足 308 孔水稻专用育秧软盘 90 个。摆盘时将秧盘横摆 2 排，秧盘与秧床紧贴。

（二）装泥

秧盘摆好后，将多功能壮秧剂与剩余的秧厢沟泥均匀搅拌，混合均匀后装填于秧盘中，用扫帚扫平并清除盘面烂泥及杂物。

（三）播种

播种前分厢称量芽谷，均匀播种。播种后用扫帚，或者用小木板泥浆踏谷。

三、旱育秧

旱育秧的主要优点是秧龄短、秧苗壮，管理方便。可机插、人工手插，工效高，质量好。可育苗集约化，生产专业化。省种、省水，降低成本，减轻劳动强度，经济效益高。

（一）秧床选择

因地因时制宜，科学选择苗床，建立固定式永久性育苗基地，以苗床基地建设提高床土培肥质量，可实现旱育苗床标准化和培育壮秧，推动供秧商品化。

1. 选好苗床地　苗床地的选择要充分考虑水稻旱育秧的特点，最好选择背风向阳、土壤质地肥沃的地块，疏松、肥沃的菜园地和庭院，力争做到"苗床不种稻，稻田不育秧"。没有以上条件的要选择地势高燥平坦、排灌方便的稻田地。避免选地势低洼、地下水位高、排水不良的地块做秧田。土壤黏重，通透性差，易烂根；沙土地保水保肥能力差。一般常规稻每亩本田需苗床面积，小苗移栽的需 15 ~ 25m² 秧田，中苗移栽的适当增加苗床面积。苗床一年培肥难以达到"肥、松、细、软、厚"的标准，选好苗床地后一定要固定下来，年年育秧，连年培肥，使土壤肥沃、疏松，创造 2 ~ 3 年基本达标的理想床土。

2. 作床　秧田地选好以后，播前 3 ~ 5d 按规划作床、分厢，厢宽 2m。拣尽杂草、石块，做到床面平整，然后施优质腐熟有机肥，每平方米施腐熟、细碎的农家肥 7 ~ 10kg，氮、磷、钾各为 10% ~ 15% 的复合肥 100 ~ 150g，加硫酸锌 7 ~ 10g，与 10cm 厚的床土充分搅拌均匀。也可施用水稻专用肥，但禁用尿素、碳酸氢铵、草木灰等碱性肥料。

（二）床土配制

从菜园、庭院或稻田地的床面内平面取土，打碎过筛后，加入调酸营养剂，充分搅拌，混合均匀后堆放 5 ~ 6d 备用，堆放的营养土一般要用薄膜覆盖。

床土调酸是育秧成败的关键，调酸前首先要测定床土的现有酸碱度，一般用石蕊试纸比色法测定。方法有酸化煤、酸化草炭、糠醛渣、硫酸、硫黄粉等调酸，目前大面积调酸用"床上调酸增肥剂"。这种制剂可把调酸、调肥两次作业合为一次完成，省工、省时，计量准确、成本低、效果好。一般每平方米施用 0.5kg 上调制剂加磷酸二铵 100g，与 5cm 床土充分混拌均匀。市场上卖的调酸营养剂每年剂型都有变化，一定要按说明书操作。

（三）播种

1. 播期　旱育秧适宜的播种期为日平均气温稳定通过 15℃时开始，要选择晴好天气的上午播种，保证床面有较高的温度。

2. 播量　合理的播量是培育适龄叶蘖同伸壮秧的关键。秧田播量的多少，对秧苗影响很大。旱育秧的适宜播种量为：每平方米苗床 0.2 ~ 0.3kg 湿种。

3. 播种　播种前 1 ~ 2d 浇足底墒水，播种当天看床面水分情况再适当补水，反复几次，使床面彻底喷透为止。底墒水渗干后，铺平营养土，铺平后再喷水，洇透床面，与底墒水上下接通。再用药剂喷洒床面进行床土消毒，可用 65% 敌克松可湿性粉剂 2.5 ~ 3g/m²，兑水成 800 ~ 1000 倍液喷施旱育秧苗床，以预防苗期多发的立枯病。床面软硬程度达到半籽入泥为宜，播种可分两次撒籽，把一定数量的种子均匀地播满床面，播后压种，使种子三面入泥。然后覆土，把剩余的床土用水拌湿（干湿程度达到手攥成团、放开即散）均匀平撒于床面，厚度为 0.5cm 左右，做到床面不见稻种。

（四）除草

施药在播种覆土后、盖膜前进行，要求覆土要严，种子不外露，施药均匀。

1. 选用 50% 杀草丹乳油。每亩用量 300 ~ 400mL，兑水 30 ~ 40kg 均匀喷洒在苗床播种盖土后的土面上。主要用于防除稗草，对出苗安全。

2. 选用 12% 丁扑粉剂。能防除稗草和藜、蓼、苍耳等阔叶杂草，每袋 250g，混加细沙 25kg，充分混拌均匀制成药土，堆成小堆，闷 2h，然后均匀撒施在播种覆土后 2m² 的苗床上。为防止药剂损失，拌药操作应在地膜上进行。技术要点是"一准二匀"，即药量要准，拌药、施药要匀，床面上不应有积水，以防药害。

（五）盖膜

为加强保温、保湿效果，可在床面上先铺一层地膜，然后每隔 1m 插一根竹片，扎在畦棱中间，拱高 40 ~ 50cm，以两幅薄膜为好，便于通风炼苗，两侧用土压实，保温保墒。

（六）管理

1. 适时供水。床面失水较快，秧苗叶片蒸腾量增加，秧苗体内容易缺水，要注意检查，及时供水。当床面或秧苗出现以下情况之一时，要补充水分：一是床面干燥、裂缝、发白时；二是早晨或晚上秧苗叶尖上水珠少或水珠小时；三是温度较高、秧苗卷叶或新叶片打蔫时。供水方法以喷浇最好，也可小水浇灌，供水时间一般在早晨 7 点开始，以缩小膜内温度和外界气温及水的温差，有利于秧苗少受温度骤高骤低的影响。每次一定要浇足浇透，不留明水，缺水时再浇，千万不要勤浇、勤灌，防止烂根死苗。

2. 防治黄化苗。秧苗三叶期以后，如遇低温或管理不当，易出现黄化苗，应及时喷施硫酸亚铁，每平方米床面 0.3g 兑水 100g，同时喷施磷酸二铵，每平方米床面 5g 兑水 0.5kg，增加秧苗体内营养，提高秧苗抗病能力。

3. 防治病虫。如发现蝼蛄为害，及时用药剂防治，喷后及时盖膜。插秧前 2 ~ 3d 用吡虫啉加入锌肥兑水叶面喷雾，防治水稻潜叶蝇以及灰飞虱的为害，做到带药下田，同时，叶面喷锌，以集中补充微量元素，带肥下田，防治缩苗，一举两得。注意预防苗期立枯病。

4. 施送嫁肥。沙质土秧床或生长较弱的秧苗，在此期可再补追一次化肥，每平方米床面施磷酸二铵 15g，后喷浇一次，促秧苗健壮，插后缓秧快。

四、育机插秧

水稻机插配套育苗是水稻传统栽培技术的一次革命，不仅省工、节本、减轻劳动强度、提高劳动生产率、改进作业质量、抵御自然灾害、增加水稻产量，而且对加快水稻生产规模化、产业化经营进程均具有重要意义。

机械插秧所使用的秧苗是以营养土为载体的标准化秧苗，秧苗育成后根系盘结，形成毯状秧块。秧块的标准尺寸为长 58cm，宽 28cm，土厚不超过 1.5cm。机插秧苗须具备两个方面的基本要求：一是秧块标准，秧苗分布均匀，根系盘结，能适合机械栽插；二是秧苗个体健壮，能满足高产要求。机插秧苗采用中小苗带土移栽，一般秧龄为 15 ~ 25d。

（一）地膜隔离层育秧

1. 选择秧田地块 选地势较高、排灌水方便、渗水性能良好、背风向阳、运秧方便的稻田。一般按照（1 ： 60）~（1 ： 80）秧本比准备。

2. 制备营养床土 水稻三叶期前主要依靠种子内的营养生长，机插秧所需秧苗秧龄较小，营养土可以不加任何肥料。

地膜隔离层育秧每亩大田需备不少于 100kg 的营养细土作床土，另备不培肥的过筛细土 20 ~ 25kg 作盖种土，装袋备用。营养床土要求酸度适宜、养分充足全面（盖膜期间不再施肥）、质地松软。

床土可用园土、外来客土或就地取稻田土。提倡在冬季取土，当土壤水分适宜（含水量在 10% ~ 15%，细土手捏成团，落地即散）时，进行人工或机械碎土，要求细土粒径不大于 5mm，其中 2 ~ 4mm 粒径的土粒达 60% 以上，同时除去杂草、稻茬等杂物。

营养床土过筛后掺拌 10% ~ 20% 的农家粗肥，或者掺拌 0.5% 复合肥（调酸方法同旱育壮秧），掺肥后要充分搅拌均匀，最好用搅拌机搅拌，然后堆积起来并用农膜覆盖，集中堆闷几天，促使肥土充分熟化。

3. 分厢 整地分厢，厢宽 2m，厢面力求高度一致，便于水的管理，每个厢面用钉耙耧平。厢面先旱找平、后水找平，降水，要求达到厢面平整、边角整齐、沉实不陷和"实、平、光、直"标准。

4. 播种盖膜

播种前 3 ~ 5d，在床面上铺好打孔地膜，床面四周用木条围好，铺好（虚土）厚 1 ~ 1.5cm 的床土，刮平，然后灌水上床面。在水自然下渗（或排水）露出床面时即可撒种，将已经处理好的水稻种子均匀撒于床面上，之后压种入泥并撒土覆盖，覆盖土要薄而均匀，以看不见稻种为宜，最好不超过 0.3cm。

出苗后的管理方法同常规育秧。播种后要严格床内的温度和床面的水分管理。

出苗后要特别注意两个问题，一是提防棚内高温。晴天中午棚内温度常常高达 40℃ 以上，很容易出现烤种，影响出苗或引起徒长，降低秧苗素质。提倡用无纺布或旧膜育秧。二是床面追肥肥害。提倡育苗期间不追或少追肥，以免追肥时撒肥不均造成伤苗伤根。

5. 化学除草 水稻三叶期，使用稻杰或 10% 千金乳油进行茎叶喷雾除草。

6. 撤膜 在正常情况下，当夜间最低温度超过 12℃ 之后即可撤膜，以免引起秧苗徒长。撤膜后根据秧苗的叶色情况可追一次肥，若发现有黄化苗等病害，及时施药防治。在浇水困难的情况下可延迟撤膜至插秧前 3 ~ 5d，以利保湿，减少浇水次数，达到既不烧苗又保苗的效果。

7. 起秧插秧 当秧苗达到预期秧龄时，即可插秧。

（二）大棚育秧

建大棚是工厂化育苗的主要技术环节之一。工厂化育苗与传统育苗方式相比，具有用种量少、占地面积小、育苗时间短，能够缩短苗龄，节省育苗时间，育苗量大，秧苗素质好，适合于机械化插秧，降低育苗作业劳动强度，省工省力，提高育苗生产效率，降低成本，可实现低能耗、高产出、高效益、有利于统一管理、减少病虫害发生等特点。

大棚育秧的优点是空间大、采光好、增温快、保温强，操作方便，成本低，有利于防御春寒。建大棚本着就地取材、坚固方便的原则，高度以适合作业为主，一般规格高 15 ~ 27m，宽 5 ~ 6m，长度可灵活掌握，简易的可用竹木结构，拱形骨架。有条件的可用铝合金管、镀锌铁管、钢筋等材料，塑料大棚膜应是无毒、无滴、耐低温，防老化的农膜，棚顶塑料应为整体膜，棚裙膜的底脚埋在土中，顶棚膜与棚裙膜分别固定在骨架上。为防风损棚膜，在农膜外骨架间顺骨架方向勒上尼龙绳，压紧固定牢靠，防止松动。尽早扣棚，在播前 10 ~ 15d，对地面土壤进行预增温解冻。

1. 作旱床　与一般旱育苗相同，大棚内一般作两排旱床，中间留出 50cm 作业道。

2. 物资准备　大棚工厂化育秧多为盘育、机械播种，秧本比一般不低于 1∶120。除必备育秧大棚外，还需要购置土壤粉碎、过筛、搅拌、传送、种子去杂、脱芒、运送等机械，以及足量的硬（托）盘、软盘和机械播种流水线。选用抛秧盘育秧抛栽的，抛盘规格为 580mm×330mm×25mm，孔钵数为 353 孔 / 434 孔 / 561 孔等，颜色：红、绿、白。一般每亩大田需规格为 353 孔的塑料盘 60 张左右。

3. 机械调试　播种前将软盘先置于衬套内备用，安放、调试好秧盘播种机。先调试装床土机（装土厚度 1.5cm），再调试喷水压力和水量（浇透床土，表面无积水，覆土层自然吸水达全部湿润状，约需水 1kg），然后调试播种机的播种量（每盘播湿种 50 ~ 100g），最后调试覆土机（覆土厚度 0.3 ~ 0.5cm）。

4. 播种摆盘　播种机各部分调试好后按流程播种。播好种的秧盘运到秧床后衬套脱盘整齐地摆放在床面上，硬塑盘重新放置，衬套循环使用。

5. 育秧期管理　应根据育秧期间的气候变化情况，灵活控制好秧棚内温度。大棚育秧总的原则是"怕热，不怕冷"，最好棚内挂上温度计，以随时掌握温度变化。

从播种到出苗为封闭期，7 ~ 9d 可露尖。低温时期育秧要注意保温、保湿，秧盘紧贴畦面，四周壅土封实。播种后棚内温度不应低于 12℃（早期低温阶段育秧，可选择加铺地膜的方式增温，种子出土露尖后要及时撤去地膜），一叶一心前棚内适宜温度 25 ~ 30℃，最高不超过 35℃。

一叶一心至二叶一心需 5 ~ 7d，温度 20 ~ 25℃，土壤湿润，见绿就通风。

二叶一心至三叶一心需 5 ~ 7d，温度 20 ~ 25℃，该时期注意防徒长、防青枯。晴天要注意通风降温，气温低时可昼揭夜盖。越晚育秧、秧苗越大，越要注意加大通风量，即使风天也要通风（为防大风刮破塑料，在建棚时最好在膜上增加一层稀的遮阳网，风天起固定作用，晴天起遮阳降温作用）。

秧田浇水要做到"三看"：一看早晚叶尖是否有水珠；二看床面是否发白；三看中午叶片是否打卷。如果出现缺水，要一次浇足浇透（喷灌），等出现缺水再浇。避免要么长时间干着（过干）、要么长时间大水泡着（过湿），这两种情况都对根系生长影响很大。

一般三叶一心即可插秧。为预防插秧后大田发生潜叶蝇，可带药下田。水稻三叶期根据草情使用稻杰或千金乳油除草。阔叶草多用稻杰，只有稗草类用千金乳油或稻杰。

实践三　移栽

水稻移栽是水稻生产过程中的主要环节，它是建立水稻田间群体结构、合理密植的关键。

在水稻生产过程中，插秧是用工量最大、作业时间最短和用工矛盾最突出的环节。兑水稻的产量、品质及种植成本均有很大影响。生产上主要有人工插秧、机插秧和抛栽秧等方式。目前主要推广机插秧，因为机插可以提高工效，减轻劳动强度，插秧均匀，深浅一致，质量好。通过学习了解水稻移栽的方法，重点掌握机插秧技术要点。

一、人工移栽

在湖南省部分稻区水稻人工手插秧还是主要的移栽方式。手插秧看似简单，但要想水稻长得好、长得壮，就必须提高人工插秧质量，尽量不伤苗，把植伤率降低到最小程度，达到浅、直、匀、牢的要求，同时确保插秧密度。

（一）适时早插秧

适时早插秧是水稻栽培中的重要环节，特别是多熟区，季节紧张，更要不失时机地掌握这一环节，以便充分利用一年中适宜的生长季节。

适时早插秧，要根据温度、前作、品种（组合）特性而定。温度高低是决定能否早插秧的最重要因子，据研究：日均温 20℃ 时，4 ~ 6d 返青，15℃ 时需 7 ~ 10d，低于 15℃ 返青期高达 10d 以上。日平均气温稳定在 14℃ 以上，是水稻移栽的最早温度界限。温度低于 15℃ 时，早插秧并不早熟，有时还要死苗，达不到增产目的的。返青主要受水温影响，水温 18℃ 时，根伸长比较快，所以把水温 18℃ 作为插秧的适期标准。栽插过晚，两熟地区后期遇低温（秋风）而影响结实，还将影响后作播种。

（二）秧苗密度与规格

要根据品种、土壤肥力、管理水平、移栽期及秧苗素质等因素合理确定密度。合理稀植是协调群体与个体相互关系的一项重要技术措施，也就是建立一个从苗期到成熟期各个生育阶段的合理动态群体结构，以期充分利用光能、土地，为单位面积上获得高产打好基础。

合理稀植原则：

一看品种。早熟、植株矮、常规稻品种宜密；晚熟、植株高、杂交稻品种宜稀。

二看地力。对土质很肥沃或施肥较多的田块，应适当稀植。也就是通常说的"肥田靠发，瘦田靠插"。

三看苗情。秧苗健壮、根系发达，插秧密度可适当稀些。

四看管理水平。早插适当稀播，晚插适当密播；管理水平高，则分蘖力和成穗率随之提高，则应适当稀植。

插秧规格有等行距稀植和宽窄行稀植两种形式。等行距稀植：这是目前生产上普遍采用的稀植形式。做法是在不改变现行行距的前提下扩大穴距，减少每穴移栽苗数，进而降低单位面积基本苗数，达到稀植目的。穴距因各地条件不同而形成各自适宜的尺度。宽窄行稀植：是指 40 ~ 50cm 的大行距与平常 20cm 左右的小行距交替排列的稀植形式，又称"大垄双行"。穴距则各地不尽相同。宽窄行稀植充分利用了水稻具有较强边际效应的特点，达到了稀植与边际效应的组合效果。

（三）手插秧质量要求

插秧是标准化程度很高的工作，应该做到浅插、减轻植伤、插直、插匀、栽牢。手工插秧要挂线插秧（用尼龙绳拉成线，按照线绳插秧，这样插完的秧苗行距均匀、整齐、好看），带水插秧，浅水护秧，插秧时要做到行距一致、密度合理，不漂苗，不缺苗断垄，插后及时查田补苗。

1. 浅插　移栽深度是影响移栽质量的最重要因素。

浅插是促进稻苗早发快长的重要措施，也是插秧质量好坏的标志，浅插以不倒为原则，深不过寸，使秧苗根系和分蘖处于通风良好、土温较高、营养条件较好的泥层中。如插秧过深，分蘖节处于不良通气环境、营养状况差、温度低，返青分蘖便要推迟。同时还会使土中本来不该伸长的节间伸长，形成"二段根"或"三段根"。低位分蘖因深栽而休眠，削弱了稻株的分蘖能力，稻穗得不到保证，穗小粒少，不利于水稻高产。

2. 减轻植伤　如果水稻移栽过程中受植伤，会影响返青和分蘖。因此，在移栽中必须减轻稻苗受植伤的程度。减少植伤，就是在拔秧、运输、移栽时，尽量少伤根叶，要做到上述要求，应注意：①拔秧前 1～2d 灌深水，拔秧时少伤根，最好带土移栽；②秧苗捆把时，将秧根拍齐；③栽秧时，尽力避免"五爪秧""断头秧""翻根秧""深栽秧"；④一般田栽"浑水秧"可利用下沉土粒与根很好接触，利于发根、返青，故有"宁栽隔夜秧，不栽隔夜田"的农谚。沙田要在耙后立即栽秧。对于起浆性强的烂田，要求栽"清水秧"，否则因泥土下沉使秧下陷过深，造成发根慢、返青迟、分蘖少。此外，为稳住秧苗，减少叶面蒸腾，栽后保持适当深水，或避开烈日高温时段栽秧，均是提高栽秧质量的重要措施。

3. 插直　即苗要正，要求不插"顺风秧""烟斗秧""拳头秧"。这三种秧插得不牢，受风吹易漂倒，返青困难。

4. 插匀　即行穴距要整齐、均匀，每穴苗数均匀一致。便于通风透光，各单株营养面积均衡，全田稻株生长整齐一致。

5. 栽牢　要求浅栽后，不漂秧。

二、机械插秧

机械化插秧技术就是采用高性能插秧机代替人工栽插秧的水稻移栽方式，主要包括适宜机械栽插要求的秧苗的培育、高性能插秧机的操作使用等内容。

（一）精细整地、底肥施用

1. 精细整地　水田整地的标准是上糊下松，泥烂适中，有水有气，沟清水畅，埂直如线，地平如镜，同一田块高低差不超过 3cm。

（1）旱整地。包括旋耕、翻地、旱耙平等，同一田块高低差不超过 10cm，地表保证有 10～12cm 的松土层。旱整地后插前放水进行水找平，用拉板进行，田面高低差不超过 3cm。

（2）水整地。一般在春季放水泡田 3～5d 后，用水田拖拉机配带不同的整地机械进行水整地，其作业标准是土地平整、土壤细碎、同一田块内高低差不超过 3cm。

2. 培肥地力　稻田连年种植，每年不但要从土壤中吸走大量的氮、磷、钾三元素和一定量的钙、镁、硫、铁等元素，而且还吸收少量的氯、锌、锰、硼、铜、钼等微量元素。此外，水稻所吸收的硅素大约为氮的 10 倍，多种营养元素被吸收，同时，还有一部分被淋溶损失，仅靠无机肥料补充远远不能满足水稻生长需要，因此，必须实行有机肥料和无机肥料配合使用。施用有机肥，不仅为水稻生长提供各种养分，还能在土壤微生物作用下分解，使一部分有机质发生腐殖化作用，合成土壤腐殖质，这对改善土壤物理性质和结构，增加土壤胶体的数量和品质，提高土壤保肥供肥能力有很大作用。此外，在有机质分解过程中还可使土壤中部分迟效性的钾、磷活化，并产生各种促进水稻生长的生理活性物质。

3. "四肥"做底　为提高化肥的利用率，提倡全层施肥，耙地前施入氮、磷、钾及锌肥，氮肥用量可占全生育期总用量的 35%，磷、钾肥占全生育期总用量的 100%，锌肥 1 ~ 1.5kg。

4. 插前土壤封闭除草　稻田耙平后，趁浆施入除草剂，进行封闭除草，一般要拌土撒施，保水 3 ~ 5d 后插秧。保水好的地块效果较好。

（二）插前土壤封闭除草

本田化学除草因施药时期和次数的不同，分为插前封闭灭草、插后封闭灭草和中后期茎叶处理及二次施药灭草。一般封闭灭草多采用拌土法施药，前期以防除稗草为主，中后期以防除莎草和阔叶草为主。以下是几种除草的方法。

1.12% 恶草灵（农思它）乳油　每亩用量 200mL，在平地后趁混水撒施，因本剂含有水面漂浮剂，在有薄水层条件下，迅速扩散，沉于土面，施药当天即可插秧，不破坏药层。可防除稗草、阔叶杂草和莎草等。

2.30% 阿罗津（莎稗磷）乳油　可防除稗草、千金子、异型莎草、碎米莎草等，每亩用量 50 ~ 60mL，在插秧前 3 ~ 5d，用毒土法或喷雾法施药，施药时保持 3 ~ 5cm 水层，5 ~ 7d 后插秧。为了提高防效，在插秧后 5 ~ 7d 再按同等药量施用一次，防效最好。

（三）插秧

1. 插秧期　要适时早插、早管，保证水稻早期有较长的营养生长期，中期有足够的生殖生长期，后期有一定的灌浆结实期。因此，适时插秧是促进水稻高产的一项重要措施。

2. 合理密植　根据秧苗的素质、地力、品种、供水条件与插秧时间的早与晚，选择适宜的栽插密度。

3. 插秧　机械插秧有较高的作业要求。

（1）整地。以秋翻为主，耕层深度 20 ~ 25cm，有利于晒垡熟化土壤，灭虫灭草。

（2）调试插秧机。要提前对插秧机械进行检修、加油和调试。

（3）泡田拉荒。泡 3 ~ 5d 后进行水整地。水整地的标准是上糊下松，泥烂适中，有水有气，沟清水畅，埂直如线，地平如镜。地平如镜是指同一田块高低差不超过 3cm。上糊下松指水田表面泥水融合软活，下部土团粒较大，暄松，通气性好，这样有利于插秧，插后返青快、根系发育好。沟清水畅、埂直如线是指引水渠系修整清障，排水沟加深加固。保证灌排通畅，保持条田笔直，夯实加固，防止跑漏。然后用除草剂进行土壤封闭处理，保水 5 ~ 7d，换新水插秧。

目前，大面积整地主要依靠手拖犁耕水旋，由于耕耙次数较多，田脚较烂，这种整地方式更适于人工手栽，不适于机插。因为田脚过烂，使插秧机下陷较深，增加机具运行阻力和难度。同时，插秧机运行时，壅泥严重，造成已栽秧倒苗。因此，一方面旋耕和耙地次数不要过多；另一方面，若大田过烂，不要急于机插，一定要沉实后再灌薄水机插。

（4）插秧。在当地气温稳定通过 13℃ 时开始插秧。要尽可能缩短插秧期，尽量缩短从起秧到插秧的时间，不插隔夜秧。插秧要"浅插、插齐、插直和插匀"。

（四）怎样提高机械插秧的质量

机插秧质量的好坏，是决定产量高低的重要环节。根据现有插秧机的性能和大面积生产的要求，机插秧质量要达到密度适宜，棵株均匀，伤苗率低，缺棵少，漂秧少，不倒苗，不壅泥。具体要求如下：

1. 密度适宜。要达到每亩 500kg 以上的产量水平，机插秧必须坚持合理密植，以足穴争足穗。缺棵率控制在 7% 以下。

2. 棵株均匀。要求每穴苗数的相对合格率在 70% 以上，尽量减少 2 苗以下和 3 苗以上的大小棵比例。

3. 伤苗率要低。漂秧率和钩秧率不超过 5%，插秧机行走交界处没有壅泥、倒苗现象。

4. 深度适宜。栽插深度为 1.5 ~ 2cm。

三、抛栽秧

水稻抛秧栽培技术改变了传统的面朝黄土背朝天的传统栽培方式，具有省工、省力、秧苗素质好、起苗不伤根等优点。尤其是机械抛秧速度快、质量好，秧苗分布相对均匀，产量比手抛一般亩增产 15kg 左右。主要介绍抛秧栽培水稻技术包括抛栽的基本条件、确定抛栽时期、起秧、运秧、抛秧及抛后管理、机械抛秧技术。

（一）抛栽需具备的基本条件

1. 抛秧本田田面要求　抛秧本田田面要达到"平、净、糊"。"平"：即田面平整，经过耕翻，旱整水耙后，田面做到高低不过寸，寸水不露泥。田面不平，抛栽前撒水后，高处无水层，也无悬浮泥，地表硬而板，秧苗盘根土坨不易砸入；低处水层较深，土坨落下因水层的缓冲作用也不易入泥，使秧苗多呈卧伏状态或漂在水面即漂秧。"净"：即田面要干净，无残茬、秸秆和杂草。田面存有这些杂物，秧苗落在上面会影响秧根与田土结合而漂秧，遇风刮到田边而枯死。"糊"：即土壤表面呈泥浆状，软硬适中。水耙地后，沉浆时间不能过长，否则泥浆变硬，抛后秧苗土坨入土太浅或呈卧伏状态，立苗时间延长。根分布在地表太浅，水稻生育后期易发生根倒而减产。

2. 田面汪泥汪水或无水层　实践证明，田面水深对抛栽立苗不利。水深减小了秧苗土坨接近泥浆时的冲力，使不能进入泥浆中，而多呈卧伏或漂秧。

3. 无风或微风天气抛栽　四级以上大风天抛秧，不论顺风抛还是逆风抛，90% 以上的秧苗呈倾倒状态，而且极不均匀。抛栽应避开大风雨天气，或改在早晨和傍晚风速降低后再抛栽。抛栽后至立苗前也应注意，遇大风雨天气应及时把田面水层排净。

4. 秧苗营养土坨湿度适宜　在营养土配比合理的基础上，抛栽前应检查秧根土坨湿度。过湿土坨形不成团，甚至不带土，土坨重量降低；过干也会减轻土坨重量，抛栽时因重力不够不易散开，抛不匀且入土浅，多卧伏或漂秧。

（二）确定适宜的抛秧期

准确把握抛秧时间，适时抛秧，是抛秧成败的关键。具体抛秧期的确定还应考虑温度因素，一般水温 16（粳稻）~ 18℃（籼稻）为抛秧适期的温度指标。此外，软盘育秧比常规手插秧播种量大，秧龄期稍长，秧苗就会变黄成为弱苗，影响抛后立苗、活棵。因此，秧龄一到 3 ~ 4 片叶，应及时抛栽。另外，不同土壤耕深，耙后沉淀时间不同，要使田面软硬适中，既不过软，也不过硬，保证秧苗根部土壤能在泥浆中沉实 2cm 左右为宜。抛秧时间宁早勿晚，掌握在将秧苗举起，松手落下秧苗，入土在土坨 2 / 3 部分为宜，否则，过早过晚都不适宜抛秧。

（三）起秧运秧

塑盘育秧的起秧即把秧盘提起，旱育秧的起秧即把秧苗拔起。抛栽前 1 ~ 2d 检查盘土湿度，发现过干应及时补浇水；起秧时若盘土较湿，可把秧盘从秧床上揭起晾 1 ~ 2h。应避免在起秧前临时浇水。起秧时先将秧盘从秧床上用力揭起，再把秧苗用手大把拔起，轻轻抖动，使秧苗土坨分开，放入筐内，运到田边，或秧盘揭起直接运到田边，随拔随抛，实行起秧、运秧、抛秧连续作业。运到田间要遮阳防晒，以免引起植伤，影响发苗。

（四）抛秧

1. 抛栽密度　根据"以田定产，以产定苗"的原则确定基本茎蘖苗数，如采用盘育方式，则还应遵循"定盘定苗"的原则。另外，每平方米抛栽穴数的确定与品种特性、栽培季节及熟期、地力高低、施肥水平等因素有关。一般 25 ~ 30 穴／m²。分蘖力较强、大穗松散型生育期长的品种宜稀，反之宜密。施肥水平较高的地块宜稀些。

2. 抛秧方法　具体的抛秧方式有机械抛秧和人工抛秧。

（1）人工抛秧。秧盘运到本田四周，人站在田埂上，一手托秧盘，一手拔起一把秧苗，轻轻抖动，使穴间盘根土坨分开，然后往田面先远后近均匀抛撒。另一种方式，人站在田面上，一手提筐，一手抓秧苗像撒化肥一样抛撒，这一方式抛撒速度更快。抛撒高度在 3 ~ 5m 以上，土坨入土深度 1 ~ 1.5cm。为使秧苗分布均匀采取分次抛秧法，一般应先将 70% ~ 80% 秧苗抛下田，占满田面，然后再抛余下的 10% ~ 20%，用于补稀、补缺；再把余下的 10% 补抛田边、补田角，确保基本均匀。

（2）机械抛秧。秧苗田间分布均匀，具体操作主要技术要点：

1）控制抛秧球湿度。若湿度过高，球泥易变形，泥粘转盘，抛不开，容易形成堆子苗，工效低，甚至不能机抛。若湿度过低，土壤呈沙性，则泥球易抛散，对立苗不利。球泥湿度一般以掌握在田间持水量 60% ~ 80% 为宜。

2）掌握好风向。机抛秧行走的路线依风向决定，要始终与主风向平行，避免风力对抛秧均匀度的不利影响。

3）协调作业。农机手要保持抛秧机匀速前进，喂秧手应注意喂秧速度与机械行走速度相协调，以便抛栽均匀。利用油门控制先抛远处，然后抛近处。

4）根据天气作业。当风力超过 4 级或大暴雨来临时，应停止作业。若下小雨，可在秧箱中装秧后加入麦壳与秧苗混合，避免泥球粘连。

注意事项：①在有风天，应顺风抛秧，逆风补秧。②先抛远处，后抛近处。③每次拔苗要少要快，可使抛秧更加均匀。④抛秧时要求第一遍抛秧要稍稀一些，然后再补抛一次，这样会更均匀。⑤在晴天没有水时不抛秧，以防烈日灼苗，风雨天、水层过深不能抛秧，以防风吹雨刷浮苗。⑥秧苗过高不抛，一般秧苗控制在 10cm 左右，过高时应将秧苗尖部除去。

（五）抛后整理

一条地块抛完后，纵向每隔 3 ~ 5m 宽拉双线，两线间隔 20 ~ 30cm 作为作业道，以便于田间管理。把两线间的秧苗拣出，扔到附近较稀的地方，使秧苗在田面分布尽量均匀。还可以站在人行道上用 1.5 ~ 1.8m 长的竹竿左右拨苗，移密补稀。抛后要及时开好"平水缺"以防大雨冲刷和漂秧。

抛秧苗的生理特点

1. 秧苗活棵快，没有明显的返青期。一般中小苗抛栽，抛后 1d 露白根，2d 基本扎根，3d 长新叶。

2. 分蘖发生早、节位低、数量多，但成穗率稍低。水稻抛植栽培，茎节入泥浅，分蘖节位低，分蘖数增加，最高茎蘖数明显高于手插秧。

3. 根系发达。抛栽的秧苗伤根少，植伤轻，入土浅，发根比手插秧早。抛后由于新叶不断发生，分蘖增多，具有发根能力的茎节数增多，发根力增加，根量迅速扩大，且横向分布均匀。

4. 叶面积大。水稻抛栽后，前期出叶速度快，总叶片数多，后期绿叶数多。此外，叶片张角大，株型较松散，田间通风透光性好。

5. 单位面积穗数多，穗型偏小，穗型不够整齐。

实践四　大田管理

俗话说：“三分栽种，七分管理”，本田管理是水稻栽培过程中非常重要的内容，在这个过程中，既要为水稻生长发育创造最优越的条件，又要防御各种自然灾害的袭击及病虫杂草的为害。田间管理措施得当才能使水稻“吃得好，长得壮，不得病”。水稻高产栽培是在有水层的情况下进行的，与其他旱田作物有很大不同。

一、返青分蘖期管理

水稻返青分蘖期是指秧苗移栽到幼穗分化的前期，此期以营养器官生长为中心，地下部形成根群，地上部生长叶和分蘖，形成适宜叶面积，是决定穗数的关键时期，为大穗、多穗和丰产奠定基础。主攻目标：通过采取有效措施，缩短返青期，促分蘖早生快发，控制无效蘖，培育壮蘖，形成大穗。

（一）调节水层

返青阶段一般水深 3 ~ 5cm，以利于返青。返青后即插秧后 7 ~ 10d 内，水层以浅为主（2 ~ 3cm），不落干，如遇低温，采取大水护秧的方法，如丘面不平，以高处有水，不露地面为宜。长期淹水的稻田，要每隔 2 ~ 3d 利用夜间或阴天更换一次新水。秧苗分蘖后，采取浅水间歇灌溉。就是上一次水，待自然渗干后再上新水。水层以 3 ~ 4cm 为宜。有效分蘖盛期过后，根据苗情注意适当采取控水措施，以防生长过旺。

抛栽秧在抛秧后 3 ~ 5d 的水浆管理质量，对抛秧苗的立苗早发和生长有直接影响。保水好的稻田，抛秧当天宜保持湿润状态，并露天过夜，以促进扎根立苗。漏水稻田或盐碱田，抛秧后需灌 2 ~ 3cm 浅水。

（二）早施分蘖肥

稀植栽培水稻田间长相要求“常绿常稀”，既要养分充足，生长不过旺，又要获得足够的亩茎数，因此，分蘖肥的施用应掌握前促、中稳、后保，平稳促进，少食多餐，稳健生长的原则，分蘖期施肥量应占水稻全生育期总用肥量的45%，没有全层底施的还应适当增加。

1. 促蘖肥　必须彻底缓秧后（即秧苗在中午时新叶不打蔫，白根下扎 3 ~ 5cm）施用，一般在插秧后 7 ~ 10d 施促蘖肥，亩施尿素或高氮复合肥 6 ~ 8kg，配施适量的硫酸钙、硫酸锌，起到促蘖作用。

2. 接力肥　第一次蘖肥施后 7 ~ 10d，分蘖盛期施用接力肥，每亩施用量视苗情、地力而定，一般每亩施尿素或高氮复合肥 3 ~ 4kg。

3. 保蘖肥　根据水稻生长情况，酌情施用保蘖肥，尤其对要求亩茎数的稻田，更应该施用保蘖肥，保障全田生长整齐，起到保蘖成穗作用。保蘖肥的施入时间，原则上在分蘖末期。

（三）化学除草

化学除草应用广泛，效果明显。本田除草剂种类多，而且每年均有新药。插秧前没有进行除草的稻田，在缓秧后结合施促蘖肥进行药剂除草，每亩用 60% 的丁草胺水乳剂 75 ~ 100g 加 25% 西草净可湿性粉剂 75 ~ 100g 拌土掺肥混合均匀后撒施。水层要求保水深不过寸，浅不露地，除治稗草、眼子菜、牛毛毡、苦草等。除治三棱草等莎草科杂草亩施 72% 的 2,4-D 丁酯乳油 50g 或 25% 的苯达松水剂 200 ~ 300g 兑水 25kg 排水用药，喷后 1d 上水或带水拌毒土撒施。

（四）早治虫

要根据当年虫情测报，重点除治二化螟、稻水象甲、稻蝗等害虫。

（五）及时防病

及时预防条纹叶枯病和纹枯病。

二、拔节长穗期管理

水稻拔节长穗期是指从拔节、幼穗开始分化到抽穗前的这段时间，是营养生长与生殖生长并进的时期，一方面是以分蘖、茎秆伸长为中心的营养生长；另一方面是以幼穗分化为中心的生殖生长，因而植株生长量迅速增大。此期既是保蘖、增穗的重要时期，又是增花增粒、保花增粒、决定每穗粒数的关键时期，同时也是为灌浆结实奠定基础的时期。此期是水稻需水、需肥较多的时期，对外界环境条件反应敏感，主攻方向是通过肥水管理，在保蘖增穗的基础上，促进壮秆、大穗，防止徒长、倒伏和颖花退化，争取穗大粒多。

（一）巧施穗肥

在水稻长穗期间追施的肥料叫穗肥，依其使用时间和作用可分为促花肥和保花肥。其目的是促进大穗，提高结实率和粒重。保花肥一般在穗分化前后 3d 施入最有效，能促进颖花分化。生产上一般在抽穗前 20 ~ 25d 施用较为适宜，如果基肥足，水稻长势过于繁茂，或有稻瘟病发生的症状，则不宜施用穗肥。土壤肥力低的稻田和大穗品种，为防止后期脱肥早衰，提高结实率，可考虑既施促花肥又施保花肥。穗肥施用量不宜太大，一般不超过总施氮量的 20% 左右，否则引起贪青晚熟，甚至减产。由于各地稻田的地力、栽培品种和气象条件的不同，追施穗肥的时间和方法也不同。如用硝酸铵需 4 ~ 5kg，如用硫酸铵需 6kg，如用磷酸二铵需 5 ~ 5kg。追肥前，灌水 3 ~ 5cm 深，堵好上下水口，均匀撒施，4 ~ 5d 后再转为正常管理。

（二）适当供水

1. 保好水层　幼穗分化期是水稻一生中生理需水最多的时期，需水量约占全生育期生理需水总量的 40%。这时期水的主要作用：一是这时气温高、叶面蒸腾量大，必须及时补充蒸腾消耗，才能保持体内水分平衡；二是供给叶片充足水分，保障光合作用旺盛，为幼穗发育提供有机营养；三是保护幼穗正常发育，防止植株水分不足引起幼穗水分倒流；四是保证植株体内物质运转畅通，不断把光合产物和其他营养物质送入穗部。这时保住水层，供给水稻充足的水分是保证幼穗发育良好的必要条件。特别是减数分裂期，兑水分十分敏感，是需水临界期，水分稍有不足，就会引起颖花退化、结实率降低，造成严重减产。

2. 水层不过大　高产实践和试验都证明，幼穗分化期，仍应浅水灌溉，不一定灌深水。一般可采取灌水深 5 ~ 7cm，甚至田面汪泥汪水再接灌下茬水的灌溉方法。如用井水灌溉，为了利于增温保温，预防冷水为害，可保持 3cm 左右浅水为宜。

3. 注意土壤通气　幼穗分化期也是水稻根系生长发育的旺盛时期，一方面向纵深方向发展；另一方面发生大量分枝根。这时气温已升高，特别是在长时间烤田后，土壤容易发生强烈还原反应，为害水稻根系。所以，在保水的同时，要特别注意土壤通气。具体做法：一是对一般稻田通过间断落干，供给土壤氧气，即灌水 1 ~ 2 次落干 1 ~ 2d，把保水与通气结合起来；二是对地下水位高、日渗透量不到 1cm 的稻田，要疏通排水渠道，尽量降低地下水位，增强土壤渗透；三是对使用了大量有机肥或稻草还田容易发生根腐的稻田，要适当延长落干时间，把保根列为首要任务。

（三）适时适度搁田

　　搁田是水稻中期管理中的重要措施，抓好水稻搁田工作，一是可以有效控制群体，减少无效分蘖，提高成穗率；二是可以协调群个体矛盾，提高个体素质，强根壮秆，形成合理的株型，提高后期抗病、抗倒伏能力。机插秧、塑盘抛秧以及播量大的直播田块，达到起搁标准，要立即排水轻搁田，控制无效分蘖生长，以防群体过大，恶化田间小气候；旱直播稻田，业已达到或接近穗数苗，要立足增加穗数，主攻大穗，适当脱水搁田，促进根系生长和下扎，及早施好接力平衡肥，进行带肥搁田。搁田与治虫发生矛盾时，一般搁田要服从于治虫，在治虫后保水 3 ~ 4d 后立即脱水搁田。搁田要清搁，分次搁。排水搁田应掌握并遵循"苗到不等时、时到不等苗"的原则，搁到"田中不陷脚、田边不发白、叶片挺直、叶色褪淡、白根露白"时为止并及时复水。

　　（四）防治四大病害

　　水稻孕穗至抽穗期，是防治穗颈稻瘟病、白叶枯、纹枯病、稻曲病的关键时期，做好这四大病害的防治工作，也是这一时期管理的重要任务。

　　（五）叶色诊断

　　水稻叶色是指水稻叶片色泽的深浅，叶的颜色反映了植株的代谢特征。当叶的颜色深绿（俗称"黑"）时，表明植株氮素充足，体内氮代谢旺盛，蛋白质合成多，各器官生长迅速，同化物积累差。当叶的颜色浅绿（俗称"黄"）时，表明植株氮素不足，体内碳代谢旺盛，此时，蛋白质合成减弱，但同化物积累增多，各器官健壮挺实，并为后期产量形成奠定了基础。叶色黑黄的变化，为水稻栽培上采取各种调控措施提供了依据。

　　1. 水稻生长中的"两黄两黑"变化　第一次黄黑变化发生在分蘖期，即通过追施分蘖肥（也叫发棵肥），出现第一次"黑"；随着分蘖末期施用的肥料落尽，同时结合落干晒田，出现第一次"黄"。一黑一黄的作用是促进适当分蘖、扎根、壮苗，黑得不够则分蘖迟缓，成穗不足，过黑不黄则叶片过大、组织柔嫩、分蘖不够健壮。所以，一黑一黄交替有利于建立高产的群体骨架。

　　第二次黄黑变化发生在节间开始形成到幼穗分化前，即在圆秆前施"大暑长粗肥"，叶色再度转绿出现第二次"黑"。到穗分化初期结合烤田，肥料落尽，出现第二次"黄"。二黑二黄是为了使大蘖长粗（茎鞘由扁变圆），促进壮株大穗，防止后期倒伏。其中二黑旨在促进光合作用，不出现二黑则植株茎秆细瘦，叶功能下降、穗短粒少。相反，如二黑过头不出现二黄，则茎叶生长过于繁茂，碳水化合物贮存少，不利于茎节发育，同时，由于窜高、披叶、光照条件不好易引发病虫害和后期倒伏。

　　2. 技术措施　在插秧后 7 ~ 10d，通过追施分蘖肥，促进早分蘖、多分蘖，便出现第一次"黑"现象。

　　水稻孕穗期施肥合理与否，直接关系到产量的高低，其追肥技术要适时、适量和适法。

　　（1）追肥要适时。穗肥追施过早，会造成营养生长过快，无效分蘖增多；追施过迟，又会造成贪青晚熟，嫩叶徒长，诱发病虫、倒伏而减产。一般水稻节间开始伸长、幼穗开始分化时是施肥的最佳时期，约在抽穗前 15d。

　　（2）追肥要适量。水稻孕穗期追肥，一定要看田看苗。地力肥、基肥足、稻苗长势旺、叶色墨绿的，宜适当少施；反之，则适当多施。

　　（3）追肥要适法。水稻孕穗期一般气温较高，叶面蒸腾量大，植株生长旺盛，是其一生中需水量最多的时期，农谚说"谷打包，水齐腰"。追肥时，必须与深灌水相结合，而且追肥以喷施为宜，避免高温蒸发，并在肥液中加入少量洗衣粉或豆浆，以增加黏附力，提高效果。

三、抽穗结实期管理

抽穗结实期是指从水稻抽穗到谷粒成熟，历经开花、灌浆、黄熟阶段。这时叶片已停止生长，生长中心以穗粒发育为主。根系吸收的水分和养料、光合作用的产物及贮藏在茎秆叶鞘内的养分，都向谷粒中输送，以供灌浆结实需要。此期田间管理的任务是：养根保叶，提高结实率和千粒重，防倒伏和早衰。

（一）合理灌溉

水稻抽穗、开花期，要根据土壤和苗情，保持 3cm 左右的水层，适当延长保水时间。进入灌浆以后，保水时间要短，一般一次保水不超过 3 ~ 4d，实行间歇灌溉，即灌一次水，落一次干，土壤落干的标准是田面不泥烂、进人不陷脚、土壤不裂缝，灌水与落干反复交替进行。如果不能自然渗干，就要及时排干，过 1 ~ 2d 再灌新水。乳熟期采取"干干湿湿、以湿为主"的灌水方法，灌一次水自然落干，停 1 ~ 2d 再灌；蜡熟期采取"干干湿湿、以干为主"的灌水方法，灌一次水自然落干，停 3 ~ 4d 再灌。每次灌水形成浅水层，待土壤呈湿润状态后再灌下次水，使土壤交替处于渍水和湿润状态。蜡熟末期可采取灌"跑马水"的方式灌溉。稻田停水期，一般在水稻收割前 7 ~ 10d 为宜。过早会影响灌浆，盐碱地上还会因缺水返盐，导致减产。但断水过晚，容易造成水稻贪青晚熟，也不利于收割。

（二）酌情补施粒肥

水稻抽穗至齐穗期追施的肥料称为粒肥，也叫破口肥、齐穗肥。粒肥的作用在于增加上部叶片的氮素浓度，提高籽粒蛋白质含量，延缓叶片衰老，提高根系活力，从而增加灌浆物质，提高粒重。施粒肥与否，要根据苗情、地力而定，长势正常的田块，粒肥可以不施或少施。综合各地经验，粒肥有"三施"：一是施植株矮、密度小、未施晚穗肥、苗色明显黄的稻田；二是施下叶黄枯、上叶干尖、有早衰趋势的稻田；三是施气温高、抽穗早的稻田。粒肥使用量不宜多，一般每亩施尿素 2 ~ 2.5kg。要在抽穗始期施入，齐穗期产生肥效。

（三）根外追肥

通常是在齐穗后的灌浆期喷施，其作用与粒肥相同，如果缺氮，以选择尿素为宜，喷施浓度为 1.5% ~ 2%，如果是磷、钾不足，可选择 0.5% 的磷酸二氢钾加 1% 的尿素。微量元素浓度在 0.1% ~ 0.5%。喷施时间最好在下午或傍晚无风时进行。

（四）防治病虫害

水稻后期叶片存在多少和生长健壮与否极大地关系着水稻产量的高低，因此，除采取适当的肥水管理措施外，还应加强后期病虫害的防治，保护好后期功能叶片的旺盛活力，易发生的病害有胡麻斑病、白叶枯病、粒瘟等。近些年，水稻二化螟、稻飞虱、稻纵卷叶螟也有不同程度的发生，注意防治。

实践五　稻株诊断

一、倒伏

倒伏是夺取水稻高产的一大障碍，倒伏越早，对产量影响越大。水稻倒伏分为根倒伏和茎倒伏两种类型：根倒伏多发生在蜡熟期以后，一般田块长期灌水，田土糊烂，还原性过强，或耕层较浅，根系发育不良，根系发育差，扎根较浅而不稳，稍经风雨侵袭，就发生平地倒伏。水稻拔节以后，植株逐渐长高，重心向上移动，根部缺乏支持力，受到风雨等外力的侵袭时就发生局部倒伏。茎倒伏多发生在抽穗期到成熟期,基部节间拉得过长,内部不充实,组织柔软,抗倒伏能力差,负担不起上部重量,因而在不同时期都有可能发生不同程度的茎倒伏。

（1）发生原因　①选用的品种不抗倒伏,这是倒伏的内在因素。②栽培措施不当,容易在后期发生倒伏。一是栽插密度过大,株行距过小,每穴苗数偏多,产生窝心苗,植株个体生长细弱。二是中后期用肥不当,分蘖肥过多过迟,而穗肥又用得过多过早,茎蘖徒长,后期肥过大,封行过早,通风透光较差,而个体生长不良。三是长期灌深水,使水稻茎内通气道膨大,细胞壁变薄,细胞间隙增大,组织柔软,根系不发达,尤其上层根衰弱提早,扎根不牢。四是病虫害如稻飞虱、纹枯病和小球菌核病等为害严重。

（2）防治措施　①选择抗倒伏品种。②根据水稻生育进程施好穗肥,但要防止穗肥过多过早。中期在控氮的基础上,增施钾肥和硅肥,可提高茎鞘中纤维素的含量,增强抗倒伏能力。③后期注意浅水勤灌,从有效分蘖临界叶龄期开始至倒三叶期间进行多次轻搁田,控制基部节间过分伸长,以后间歇灌溉,促进上层根的发生和生长,后期干干湿湿,提高根系活力,有利于防止倒伏。④防治病虫害,尤其要注意防治纹枯病和稻飞虱。如果已经发生倒伏,则应尽快排水轻搁田,以防止茎秆腐烂、穗粒发芽而减产。

二、翘穗头植株

（1）形态特征。抽穗后不能正常受精和结实,形成大量的空壳和秕谷,空秕率一般比正常稻谷高 5%~10%。抽穗灌浆后不沉头,翘在上面。

（2）发生原因。一种是生殖器官发育不全,或花粉发育不正常;另一种是颖花发育正常,但由于外界条件不良,如低温、药害等影响开花、授粉和受精,形成空粒。所以,翘穗的形成期在孕穗至抽穗开花期。在这一时期,如遇持续 3d 以上日平均气温低于 20℃ 或持续 5d 日平均气温低于 22℃,或最低气温连续 3d 低于 17℃ 以下,就会抑制花粉粒的正常发育和发芽,但是不同品种抵抗低温的能力也有不同。

（3）防治措施。①选择适宜当地气候条件的品种。②根据当地的安全齐穗期,确定适宜播种期,做到适时播种,适龄移栽,确保在安全齐穗期以前齐穗。

三、小穗头植株

（1）形态特征。植株上部叶片叶尖干枯、扭曲;穗直立,稻穗长度变短,粒形变小,穗头部分粒形似开裂不规则状,可在同一个群体单株间或同一单株上同时出现干尖和“小穗头”两种症状。

（2）发生原因。稻种潜伏干尖线虫病菌是导致“小穗头”病害的内因。由于种子带有干尖线虫病菌,未进行药剂处理,由秧苗带入大田,加上栽插密度过大、施肥量过多等因素,使田间适宜干尖线虫病菌的生长繁殖,随着生育进程逐步转移到穗部,为害稻穗。

（3）防治方法。①选用抗（耐）性水稻品种。②稻谷药剂浸种,选用 16% 浸种灵、42% 浸丰乳油、95% 巴丹可湿性粉剂,于播种前在日平均气温 23~25℃ 时,浸种48h,防治效果达 95%~100%。

四、早衰植株

（1）形态特征。早衰植株叶色呈棕褐色,叶片初为纵向微卷,然后叶片顶端出现污白色的枯死状态,叶片窄而弯曲,远看一片枯焦。根系生长衰弱,软绵无力,甚至有少数黑根发生。穗形偏小,穗下部结实率很低,粒色呈淡白色,翘头穗增多。

（2）发生原因。水稻生育后期,叶片和叶鞘贮存的营养物质转运加快,如中期根系发育不好,或者后期根系衰弱,肥水供应又不及时；后期断水过早,肥料不能吸收,叶片内氮素含量下降,植株生长受阻,叶片提早枯黄；气候条件,如干热风、寒潮等影响也可引起早衰；生育后期田间含水量过大,还原性强,会使二价铁、有机酸和硫化氢在土壤中积累,常常会兑水稻产生毒害,并使水稻根系的泌氧能力衰退,叶片早衰,甚至引起全株死亡；品种抗逆性不强,或中、早熟品种插秧过早,也往往会在生育后期出现早衰。

（3）防治措施。①防止断水过早,提倡"养老稻",养根保叶,采用浅水、湿润、落干相结合的灌溉方式,保持土壤湿润。②对因缺肥而引起早衰的稻田,在抽穗期可增补粒肥,或者进行根外追肥,补充氮素营养不足。也可喷施粉锈宁等,延缓早衰期。

五、青枯植株

（1）形态特征。青枯多发生在晚稻上。往往在 1 ~ 2d 内突然成片发生。有两种类型：一是病株叶片萎蔫内卷,呈典型的失水症状。叶色青中泛白,很像割下晒过 1 ~ 2d 的青稻。谷壳也呈青灰色,远看无光泽。茎秆收缩,基部干瘪,最后常齐泥倒伏。二是遇到低温而造成叶变白而干枯。

（2）发生原因。该病实质上一是生理性干旱引起的一种失水现象。在灌浆至乳熟期,田间断水过早,土壤又严重干旱的情况下易发生此病。稻株在灌浆乳熟期抗旱能力较弱,尚需充足的水分供应,如遇缺水严重,又遇突然降温,并刮有西北风,就会使稻株水分供应失调,造成大面积青枯现象。二是品种遗传性造成品种不耐低温所致。

（3）防治措施。一是因地制宜选用抗、耐寒力强的高产品种。二是适期播种,使抽穗期在适宜气温下抽穗、开花、灌浆、结实。

六、贪青植株

（1）形态特征。贪青迟熟是水稻生产中普遍存在的一种生理障碍。其表现为灌浆至成熟期的叶面积系数超过 3.5,最后 3 片叶生长旺盛,叶片宽而长,抽穗很不整齐,秕谷增加。

（2）发生原因。贪青迟熟主要是由于中后期追肥过多,引起无效分蘖增加,群体过大,致使幼穗分化和生育进程推迟。特别是在水稻抽穗后,施肥过多,植株易贪青。或者由于中期受旱,水稻生长发育失调,稻株不能吸收养分进行正常营养生长,提早进入不正常的生殖生长。后期遇到适宜水分,致使叶片生长迅速,叶片加长,呈浓绿色,造成贪青迟熟,出穗推迟,且不整齐,致使结实率下降,粒重降低。

（3）防治措施。①选用生育期适宜的抗逆力强的品种。②适期播种。③科学用肥,基肥、追肥比例为（6 ~ 7）：（4 ~ 3）,控制后期施量。④抽穗后如已发生徒长贪青,要及时排水,保持干湿,促进早熟活熟,适时收获。

实践六　产量测定与经济性状考察

通过田间测产,了解水稻产量构成因素,掌握水稻测产技术,了解不同类型水稻的产量结构情况,为分析、总结水稻生产技术提供依据。

一、材料用具准备

所用材料用具包括：代表性田块、皮尺、标签、天平或盘秤、脱粒机、匾、考察表、记录纸、计算器、铅笔等。

二、有效穗数的测定

单位面积有效穗数（具有 10 粒以上结实稻谷的穗子）。

三、每穗实粒数的测定

在调查穗数的同时，每样点按穴平均穗数取有代表性的稻株 1 ~ 5 穴，共 5 ~ 25 穴，直播稻每点连续取稻株 10 株左右，分样点扎好，挂上写好的标签。标签上应注明田块名、品种、取样日期、取样人等。将样株带回室内，计数每穗实粒数，求出平均值。如不需进一步考察植株性状，也可在田间直接计数。

四、千粒重的测定

从晒干（含水率15%）、扬净的稻谷中，随机取 1000 粒，用天平称重，重复两次，求其平均值并换算为千粒重，以克表示。或利用历年的千粒重计算（表 1-1）。

表 1-1　　　　　　　　　　　水稻产量测定记录表

田块号	样点号	行距	穴距	每亩有效穗数（万）	每穗结实粒数	千粒重（g）	估测产量（kg）
1	1						
2	2						
3	3						
…	…						
平均							

五、产量计算

理论产量可用单位面积有效穗数、平均每穗实粒数和千粒重直接计算得出。

理论产量（kg/hm²）= 每公顷有效穗数 × 每穗实粒数 × 千粒重（g）/1000000

实际产量可选定若干样区，收割、脱粒、晒干后直接得到。

实践七　水稻田间观察记载

田间试验观察测定可在各小区内抽样进行，原则上每小区都应观察测定，重复间差异不大的，测 1 ~ 2 个重复。田间试验观察测定的项目，因试验的种类、目的等而异，总的来说有以下几个方面。

田间观察应与记载结合起来，观察到的现象一般应记载下来。但田间观察同时又必须有明确的目的，并不是什么都观察，凡观察到的全部记载下来。测定的项目，要根据试验目的慎重决定。没有必要测定的就不要测定，以免浪费人力物力。但与试验目的有直接关系的项目一定要细致测定。否则等试验结束后才发现该测定的项目漏掉了，想补也来不及了，只能等到翌年再测。

一、气象条件的观察记载

环境条件的变化常常会引起水稻生长发育的相应变化，最后表现在产量上。缺乏气候记载，往往不能明确处理品种间产量差异的原因。正确记载气候条件，注意水稻生长发育动态，研究两者之间的关系，就可以进一步明确生长发育及产量差异的原因，得出正确结论。气象观察可在试验地进行，也可借用附近气象台（站）的资料。有关试验地的小气候，则必须由试验人员自行观测记载。对于特殊气候条件及由此引起的水稻生长发育的变化，应及时详细记载下来，供日后分析试验结果时参考。

二、田间农事操作的记载

任何田间管理和其他农事操作都在不同程度上改变水稻生长发育的环境条件，也会引起水稻生长发育的相应变化。因此，详细记载整个试验过程中的农事操作，如整地、施肥、种子处理、播种、插秧和追肥等的日期、数量与方法等，有助于正确分析试验结果。

三、生育动态调查的记载

在整个试验过程中，要观察水稻的物候期、形态特征、生长动态、经济性状等。还要做一些生理、生化等方面的测定，以研究不同处理兑水稻体内物质代谢等的影响。

（一）田间生育期记载

（1）移栽期。实际移栽日期，以月／日表示。

（2）返青期。全区有 50% 以上植株叶片由黄转绿和长出新根的日期。

（3）行、穴距离和基本苗数。

方法：于返青后实地测查。大区试验应在距田边 2m 以上的试验田中央选东、南、西、北、中 5 个有代表性调查点，每点横竖各量 20 穴距离（从第 1 穴的中心连续量至第 21 穴的中心），求出平均数。横行为行距，竖行为穴距。再在各点随意数 10 穴苗数（分蘖不计），求出每穴苗数，最后将 5 个测点加以平均。

行距、穴距（cm）=21 穴的距离 ÷20 穴　每穴苗数 =10 穴总苗数 ÷10 穴　每亩穴数 = 亩 ÷（行距 × 穴距）

每亩苗数 = 每亩穴数 × 每穴苗数

（4）分蘖期。返青后定点 10 穴调查。每隔 3d 调查总茎蘖数（包括主茎），当查到 10% 植株出现新分蘖时（以新生分蘖叶尖露出主茎叶鞘外为准）为分蘖始期，以后每隔 5d 调查一次，当有 50% 植株出现新分蘖时为分蘖期，分蘖出现下降时的前一次调查日期为分蘖高峰期，查到分蘖数量不变化时的日期为有效分蘖终止期。成熟期调查有效穗数（包括主穗，凡未抽穗或抽穗不结实的为无效穗，螟害的白穗和颈瘟病穗均为有效穗）计算最高分蘖率和有效分蘖率。

（5）拔节期。在调查分蘖的同时检查植株主茎基部第一节间伸长情况，当伸长达 1cm 以上的植株达 50% 时为拔节期。

（6）幼穗分化期。在拔节期前后，每天剥开主茎顶端生长点，当发现幼穗原基开始分化，即肉眼可看到幼穗有米粒大小时（约 1mm）为幼穗分化期。

（7）孕穗期。目测有 50% 植株的剑叶全部露出叶鞘的日期为孕穗期。

（8）抽穗期。在个别植株穗顶露出叶鞘时（杂株不算）为见穗期，见穗植株达 10% 时为始穗期，达 50% 时为抽穗期，达 80% 为齐穗期。

（9）成熟期。又可分为乳熟期、蜡熟期和完熟期。当 50% 以上的稻穗中部籽粒的内容物为乳浆状时称乳熟期；当 50% 以上稻穗中部籽粒内容物呈浓黏状时称蜡熟期；早稻每穗有 80% 的谷粒呈黄熟状，基部青粒硬度已达用指甲不易压碎，中晚稻每穗谷粒全部黄熟时，为完熟期。

（10）收获期。实际收割的日期。

（11）全生育期。从出苗至成熟的总天数。

（二）田间生育动态调查

（1）株高。在调查分蘗的同时逐穴测量。自土表量至最高叶尖，抽穗后量至最高穗顶（芒不算）取平均值，以厘米表示。

（2）叶龄。主茎展开第几叶片数即为当时的叶龄。插秧时记载叶片数，定点调查主茎每片叶长出的时间（新生叶露出叶鞘而平展时为准），每出 1 叶为 1 龄，如插秧时第四叶展开了，其叶龄为 4 龄，而未展开的心叶，则以其抽出长度达到其下 1 叶叶身全长的大体比例来衡量，以小数点后一位表示。①心叶露尖长度为下一叶长 1/3 时记 0.1。②心叶伸出长度为下一叶长 1/3 ~ 1/2 时记 0.3。③心叶伸出长度为下一叶长 1/2 ~ 3/4 时记 0.5。④心叶伸出长度与下一叶长等长时记 0.7。⑤心叶伸出长度超过下一叶而未完全伸出记 0.9。一直调查到剑叶完全展开为止。

（3）叶龄指数。即主茎当时叶龄除以主茎总叶数再乘以 100% 所得的数值。用叶龄指数可诊断品种的生育时期，如一个 12 叶的品种，当叶龄指数达 33 ~ 75 时是分蘗期，达 76 ~ 92 时为幼穗形成期，达 95 ~ 100 时为孕穗期。

（三）株型性状调查

（1）茎蘗集散程度。指主茎与分蘗间角度的大小。在分蘗盛期用大量角器测量主茎与第一分蘗和第二分蘗之间的夹角，取平均值。夹角 < 20° 为束集型，夹角在 21 ~ 32° 为紧凑型，夹角大于 33° 为松散型。

（2）叶片角度。①叶基角。叶片基部挺直部分与茎秆所成的角度。叶开张角。叶枕至叶尖的连线与茎秆所成的角度。②叶披垂角（披垂度）。叶基角减去叶开张角，表示叶片弯曲程度。在叶片挺直的情况下，叶基角与叶开张角相等。③叶披垂度。叶枕至叶尖的距离（连线长度）与叶片长度之比，是另一表示叶片弯曲程度的指标，比值最大为 1。在叶片挺直情况下，叶枕至叶尖的距离与叶片长度相等，其比值为 1。比值越小，叶片越弯曲。

（3）叶片卷曲度。一般在分蘗、孕穗和抽穗期测定。用直尺测量叶片卷曲时两边叶缘最宽处宽度和将该叶平展量其两边叶缘的最宽处宽度，以下式求叶片卷曲度：

叶片卷曲度 =（叶片平展时宽度 – 叶片卷曲时叶缘宽度）÷ 叶片平展时宽度

（四）抗性调查

（1）抗寒性。目测秧苗受寒流侵袭后，叶色变化、死苗多少、生长快慢等；抽穗后受寒流侵袭，观察叶色变化程度。分弱、中、强三级记载。

（2）倒伏。目测并记载倒伏时间、倒伏面积（占试验区面积的百分数）和倒伏程度。茎秆倾斜 0 ~ 15° 为直，茎秆倾斜 16 ~ 40° 为斜，倾斜 40° 以上穗部触地为倒，茎秆伏地为伏。

（3）对稻瘟病的抗性。试验区内选择几点，调查 100 ~ 200 穴，计算发病率和发病指数：

株发病率（%）= 病株总数 ×100%/ 调查总数

叶（穗）发病率（%）= 病叶（穗）总数 ×100%/ 调查总叶（穗）数

病情指数（%）=∑［各级病株（叶、穗）数 × 各相应级数］×100%

调查总株（叶、穗）数 ×4（最高病情级数）

（4）对纹枯病的抗性。调查方法和计算同前。

（5）螟害枯心苗、白穗率。选择代表各类型的典型田块 3 ~ 5 块，每块调查 200 穴，数出枯心（白穗）株数。调查时间，枯心率一般在枯心苗停止发展后（即幼虫始蛹期）调查；白穗率一般在水稻乳熟期，白穗基本稳定后进行调查。

枯心苗率（%）= 调查区内枯心苗总数 ×100%/ 调查区内总穴数 × 每穴平均苗数白穗率（%）= 调查区内白穗苗总数 / 调查区内总穴数 × 每穴平均苗数 ×100%

四、品种性状考察

在收获前选择 3 ~ 5 点取有代表性植株 10 ~ 20 穴为样本，进行室内考种。

（1）株高：从茎基部量至穗顶（芒不算）的长度，以厘米表示。

（2）茎基粗度：以茎地上部第二节间的直径为准。一般将需要测量的植株茎秆平铺在一起，量其总宽度，除以茎秆数目求平均值。分粗（> 6.1mm）、中（4.1 ~ 6mm）、细（< 4mm）三级。

（3）剑叶长度：自剑叶叶枕量至叶尖的长度，分长（> 35cm）、中（25 ~ 35cm）、短（< 25cm）三级。

（4）剑叶宽度：于最宽处量取宽度，分为宽（> 1.5cm）、中（1 ~ 1.5cm）、窄（< 1cm）。

（5）剑叶角度：在齐穗期测定。分为大（> 90°）、中（30° ~ 90°）、小（< 30°）三级。

（6）叶色：以分蘗盛期为准，分浓绿、绿、淡绿 3 级记载。☆叶鞘色：以分蘗盛期为准，分无色、淡红、紫红三级记载。

（7）穗长：自穗颈节量至穗顶（不算芒）的长度，求平均值。考察各品种特征时，测主穗长度即可，分长（> 25cm）、中（20 ~ 25cm）、短（< 20cm）三级。

（8）穗颈长度：指主穗颈节露出剑叶叶枕的长度。于齐穗期后测定。分长、中、短三级。长于 8.5cm 为长，短于 2.2cm 为短，两者之间为中。穗颈包在剑叶叶鞘内的为包颈。

（9）每穗粒数：包括每穗实粒、不实粒（空壳）总数。不实率的计算公式为：

不实率（空壳率）= 每穗平均不实（空壳）粒数 ÷ 每穗平均总粒数 ×100%。考察品种特征时以测定主穗的总粒数和不实粒数为准。

（10）着粒密度：即 10cm 穗长内的着粒数（包括实粒、不实粒），以粒 / cm 表示。

着粒密度 = 平均每穗粒数 ÷ 平均穗长（cm）×10

（11）谷粒形状：分卵圆形（内外颖凸）、短圆形（内外颖甚凸）、椭圆形（内外颖微凸）、直背形（内颖微凸，外颖凸）、新月形（两边平行或者内颖微凸或直和外颖微凸或直）。

（12）芒的有无和长短：主穗中有芒粒数在 10% 以下者为无芒，芒长在 10mm 以下者为顶芒，芒长在 11 ~ 30mm 者为短芒，芒长在 31 ~ 60mm 者为中芒，芒长在 61mm 以上者为长芒。

（13）芒色：分秆黄色、金黄色、褐色（茶褐色）、红色、紫色和黑色。

（14）颖尖色：分白色、秆黄色、褐色或茶褐色、红色、顶端红色（有色部分扩展到外颖上端）、紫色和顶端紫色。

（15）内外颖色：分秆黄色、金黄色或黄色中带有褐色斑点、秆黄色中带有褐色条纹、秆黄色中带有紫色条纹、紫色、黑色和白色。

（16）护颖色：分秆黄色（黄色）、金黄色、红色和紫色。

（17）千粒重：任取 1000 粒发育良好的谷粒，将其全部干燥至含水量为 14% 时称其重量，以克表示。重复三次。

（18）粒长：从护颖的基部量到颖尖（不带芒）的长度，以毫米表示。测 10 粒取平均值。

（19）粒宽：测量 10 粒内外颖最宽部分的距离取平均值，以毫米表示。

（20）产量：小区实收稻谷产量并按面积折成 kg/ 亩。

（21）谷草产量比值（谷草比）：最好以实收的晒干稻草和谷粒重量计算，也可收获前预先齐地表割下一定面积的全部稻株，晒干后脱粒，分别称取稻草和谷粒重量。以稻谷重量除以稻草重量即为谷草产量比值，通称谷草比。

为了使观察和测定能有助于对试验做出更全面、正确的结论，观察和测定工作本身必须做到细致、准确。这要求首先观察测定的样本必须有代表性；其次观察测定必须有统一的标准；第三还要求同一试验的全部或某项观察记载工作由同一人完成。

第二节　油菜生产实践

实践一　主要农事操作

一、油菜育苗

油菜育苗移栽能有效地解决季节矛盾。首先要做到适时播种，甘蓝型油菜早、中熟品种以 9 月下旬至 10 月上旬播种为宜。迟熟品种以 9 月上旬播种为宜。播种期还应根据前作物收获期和苗龄长短而定，要选土质好，排灌方便的地作苗床，可用晚稻田、花生地、玉米地、大豆地，苗床面积与本田面积之比为 1∶（6 ~ 7）为宜。苗床确定后要精细整地。做成宽 1.3 ~ 1.7m 的厢。每亩施 50 担左右土杂肥和 25kg 磷肥作底肥，播种量每亩 0.4 ~ 0.5kg。播种要求均匀。播后用灰、粪水盖籽。

苗床期间管理主要措施有：

（1）及时间苗定苗：油菜间苗以每出 1 片叶间一次。3 ~ 4 叶定苗 0.11m 定 15 根。

（2）及时治虫：油菜苗期以治蚜虫为主，兼治菜青虫，猿叶虫和黄条跳，当蚜株率达 10% 时，用 40% 乐果乳剂 1000 倍与 90% 敌百虫结晶兑水 800 ~ 1000 倍混合防治。

（3）抗旱追肥：如播后遇秋旱，需进行沟灌，水流不能急。切忌过厢面，渗透后立即排出。也可泼稀薄粪水。追肥应根据苗情而定，若生长慢、叶片发黄应及时追施肥，以追施 N 肥和人畜粪为好。

二、油菜移栽

我省甘蓝型油菜中熟品种苗龄 30 ~ 35d，迟熟品种苗龄 35 ~ 40d 为宜，力争在 10 月下旬至 11 月中、下旬栽完。在移栽质量上应做到带土、选苗分级、栽深栽紧。栽后浇定根水等。移栽前要开好围沟、主沟和厢沟。主沟深度应低于犁底层。厢要平，土要碎，厢宽 2 ~ 2.6m。移栽前要施足底肥。每亩施土杂肥 50 ~ 60 担，过磷酸钙 25 ~ 30kg。移栽的密度应根据土、肥、水、播种时期和品种特性而定。一般施肥水平低，田底子薄、耕作比较粗放的地方，每亩应栽 1.5 万株以上，可采用 0.4m×0.23m 每穴 2 株，肥力水平中等的每亩栽 1 万 ~ 1.5 万株，肥力水平高的每亩 1 万株左右。

三、油菜浅耕直播栽培技术

（1）油菜田选择。油菜浅耕直播宜选择排水良好、土壤肥沃并有灌溉条件的一季稻田和晚稻田，应在水稻收获前开好排水沟，排干积水。

（2）品种选择。一季稻田主推高产、优质的湘杂 188、湘杂油 6 号、沣油 792、沣油 520、沣油 5103、沣油 730、华湘油 10 号等中熟"双低"油菜品种。下年度要种早稻的田可以种油菜但必须选用早熟油菜品种丰油 730。每亩用种 300g 左右。直播油菜因单株荚果少，要以苗多取胜，依靠主花序和一次分枝夺高产，确保收获期每亩用田间密度 20000 株以上。

（3）浅耕开沟。利用 2BYD–6 型油菜浅耕直播施肥联合播种机，可以实现浅耕、灭稻桩和开排水沟等联合作业。该播种机工作安全可靠，日工作效率可达 35 亩左右。

（4）播种操作。水稻收获后，要利用晴天尽快晒干稻草，并加以焚烧；如遇天气阴雨不能焚烧稻草，要利用人工将稻草清出田外。有条件的地方可选用半喂入式收割机将稻草切碎还田。近年的实践证明：油菜早播有利于高产，10 月 25 日后种植的直播油菜产量极低。一季稻或晚稻收获后，要尽快清理稻草。育苗移栽油菜于 9 月 20 日至 30 日播种为宜。直播油菜 9 月 20 日至 10 月 15 日播种为宜，每亩 2.5 ~ 3kg 尿素与种子混合拌匀，均匀撒播于厢面。每亩施用含量为 45% 的高效复合肥 25 ~ 30kg 和硼（砂）肥 800g，在浅耕后播种前撒施于厢面。

（5）保湿齐苗。油菜出苗和生长既要湿润但又怕淹水。播种前如土壤干燥应灌跑马水 1 次，将田间土壤湿透，水深平厢边，决不能淹没厢面。油菜种子如果不能迅速从土壤吸足水分，就难发芽出苗。齐苗后如果田土干燥发白，还要灌跑马水 1 次。油菜播种后，要及时清理围沟腰沟，做到厢面无积水。

（6）追肥施用。油菜全生育期达 210d 左右，需要肥料多。11 月下旬每亩再追尿素 7 ~ 8kg（趁雨撒施），促进油菜营养生长；1 月中下旬再亩施尿素 6 ~ 7kg，作蕾薹肥；有条件的农户可施人畜粪水 1000kg。

（7）化学除草。油菜苗期杂草对油菜影响极大。在油菜播种后 3d 内，每亩用 50% 敌草胺 100 ~ 120g 兑水 50kg 喷雾。一定要在保持土壤湿润情况下施药。油菜 2 ~ 4 叶时每亩用 75% 的二氯吡啶酸 9 ~ 10g 加 10.8% 高效氟比禾灵（高盖）45mL 兑水 40 ~ 50kg 喷雾。

四、油菜冬季管理

（1）中耕培土：一般要求中耕两次，即移栽成活后中耕一次，12 月底至 1 月初结合施腊肥进行一次深中耕，并适当培土。

（2）抗旱追肥：移栽后如遇冬旱必须抗旱，一般浇施稀粪水，也可进行沟灌。油菜苗肥在中等肥力水平的丘块，施足基肥的基础上，还可施总施肥量的 30% ~ 40%，一般追施速效 N 肥。腊肥一般采用土杂肥、猪牛栏粪、堆肥等保温性肥料。壅于油菜行间或根旁。1 月上旬施用，每亩土杂肥 40 ~ 50 担或猪牛栏粪 20 ~ 30 担，一担 50kg。

（3）治虫：油菜苗期天气干旱，蚜虫为害猖狂，影响油菜生长并传播毒素病。必须狠治蚜虫兼治菜青虫、猿叶虫，防治方法同苗床期。

五、油菜春季管理

（1）施薹肥。油菜蕾苔期生长量大，需肥量大。必须施用薹肥。薹肥施用要看苗施。前期施肥量高。不显得脱肥的油菜施薹肥要稳。少施或不施。地力差前期施肥量少。油菜生长差的可早施重施，一般在薹高 6 ~ 10cm。每亩施腐熟人畜粪水 20 ~ 30 担。少用速效 N 肥。

（2）清沟排水。我省春季雨水多。土壤含水量高、田间湿度大、有利于菌核病、霜霉病为害。因此必须清沟排水。做到沟沟相通、田无渍水。

（3）防治菌核病。菌核病是我省油菜主要病害。防治措施是：注意清沟排水，及时摘除病叶、老黄叶，在盛花期每隔 7 ~ 10d 用纹枯利可湿性粉 1000 倍液，或用 50% 多菌灵可湿性粉 500 倍液喷施。也可用 1：（5 ~ 8）的硫黄石灰粉（每亩 2 ~ 3kg）撒施于油菜行间，抑制病菌蔓延。

（4）辅助授粉。辅助授粉可增加每果种子数和种子重，人工辅助授粉采用拉绳或竹竿等工具进行，操作要轻，不要损伤花序。

（5）收获。适时收获可减少落粒，防止千粒重和含油量降低。适时收获指在油菜终花后 25 ~ 30d。植株上三分之二角果呈黄色。主花序基部种子转为黑褐色时突击抢收。可采用割收和拔收。在收割挑运过程中，要注意轻割，轻捆，尽量减少损失。收后摊晒干后抢晴天脱粒，脱粒后晒 2 ~ 3d 后入仓保存。

实践二　油菜的观察记载

一、油菜生育时期记载

记载项目：播种期、出苗期、现蕾期、始花期、未花期和角果成熟期。

二、油菜生育动态调查

（1）单株生长势

总叶数，指主茎叶痕和绿叶数总数。

绿叶数，2/3 叶面为绿色的叶数。

最大叶长和宽，某一时期主茎上着生的最大绿叶的长和宽。

根茎粗，子叶节以下根茎的大小。

（2）苗期蕾薹期和开花期生长整齐度。一般目测整个群体，用整齐度好、中、差表示。

（3）性状一致性。指品种性状的一致性，分别于五叶期、抽薹盛期和成熟期观察，以一致、中、不一致三级表示。

（4）苗期生长习性。冬油菜指越冬前，春油菜指抽薹前生长状态，分匍匐、半直立、直立三种。叶片与地面呈 30º 以下夹角的为匍匐；呈 30 ~ 60º 夹角的为半直立；呈 60º 以上夹角的为直角。

（5）抗逆性

抗病性，没有经过抗病性鉴定的品种，根据其发病情况分轻、中、重三级。

抗虫性，指芽青虫、蚜虫等害虫为害的程度，分轻、中、重三级。

抗倒伏性，在没有自然灾害的田中，成熟时根据植株倒伏程度分强、中、弱三级。

抗寒性，指油菜冬季受冻后，植株受冻害的程度，分为强、中、弱三级。

三、油菜经济性状考察标准

（1）株高：从子叶节至全株最高部分的长度，以厘米表示。

（2）有效分枝高度：从子叶节至最下一个有效分枝的高度，以厘米表示。

（3）主花序有效长度：指主花序最下一个至最上一个有效角果之间的长度，以厘米表示。

（4）主花序有效角果数：主花序上凡含一粒以上饱满种子的角果数。

（5）一次有效分枝数：指从主茎生出的凡具有一个以上有效角果的分枝数。

（6）角果长度：即果身长度（不含果柄和果喙），从每单株主花序中部选取发育正常的 5 个角果，分别测量长度，以厘米表示。

（7）角果粒数：从每单株主花序中部选取发育正常的 5 个角果，分别计算种子数，单位为粒数。

（8）千粒重：种子收获干燥后，随机取三份，每份 1000 粒，分别称重，取差异不超过 3% 的二或三个样本平均，以克表示。

（9）单株产量：全株角果脱粒后称重量，以克为单位。

（10）总角果数：整株油菜凡含一粒以上饱满种子的角果数（表 1–2）。

表 1–2　　　　　　　　　　　　　考察结果记载表

材料编号	株高	有效分枝高度	主花序有效长度	一次有效分枝数	主花序有效角果数	总角果数	角果长度（cm）/ 角果粒数		单株产量（g）	千粒重（g）
							5 个角果数据	平均		
1										
2										
3										
4										
5										
平均										

注意事项

对待测样品进行分组，选择能够代表本小区油菜平均长势的单株作为待测样品（注意主花絮完整），对选定的材料进行编号记录；

测量角果粒数的种子不能丢弃，要放回单株脱粒的种子里面备用；

油菜种子晒干后进行千粒重和单株产量测量；

注意区分长度与高度。

实践三　油菜田间诊断

1. 油菜苗床期的田间诊断

油菜由于育苗期间的栽培管理方法不一样，移栽时将出现三种常见类型的幼苗：壮苗、中等苗和弱苗（表 2–5）。

（1）壮苗的形态特征：株型矮壮、节间短缩、叶序排列紧密，呈"碗式"长相；根系发达，主根粗大，支细根多；根颈直立，粗短；苗龄 35 ~ 40d，总叶数 7 ~ 8 片，绿叶多，叶大而适度，叶柄粗短；无病虫。

（2）弱苗的形态特征：弱苗的总叶数少，一般 5 ~ 6 片，叶片细长，单株绿叶面积小，叶色偏淡，根颈细长，节间伸长，形成"高脚苗"，常有病虫为害。

（3）中等苗的形态特征：根、茎和叶的各项指标介于壮苗和弱苗之间（表 1–3）。

表 1–3　　　　　　　　　　　　油菜移栽期不同苗类的形态比较

幼苗类型	总叶数	绿叶数	单株绿叶面积（cm²）	叶片长（cm）	叶片宽（cm）	主根粗（cm）	根颈粗（cm）	根颈长（cm）
壮苗	8.70	6.8	596.85	10.7	7.9	0.71	0.64	1.98
中等苗	7.15	5.4	255.60	8.1	6.4	0.52	0.48	1.93
弱苗	5.56	4.1	100.00	6.1	4.7	0.31	0.28	1.83

2. 油菜冬前的田间诊断

通过冬前（小寒前）油菜苗期的田间诊断，认识冬发苗、冬壮苗、冬瘦苗的长势长相。了解其形成原因，为采取相应的培管措施提供依据。

冬期前的苗势与长相是由秧苗素质、移栽质量（尤其是移栽期）、冬前有效生长期、冬季气候条件以及栽培管理措施决定的，这一阶段的冬油菜常形成"冬发""冬壮""冬瘦"三种类型的长相。

（1）冬发苗。适期早播，大壮苗早栽，肥水条件良好，菜苗充分利用冬前有效生长期进行营养生长与养分积累。进入越冬期，具有较大的营养体，根颈（子叶节以下的整个幼茎）粗度大于 1.4cm，根系发育良好，单株绿叶数达 12 ~ 14 片，叶腋抽生腋芽较多，叶面积指数达 1.5 以上，能够封行。近年，在二熟制地区推广的"秋发"油菜，即为此类的典型代表，但在冷冬年冬发过旺的菜苗往往易遭冻害，若能顺利通过，则可望达到亩产 150 ~ 250kg（2250 ~ 3750kg/hm²）的超高产水平。

（2）冬壮苗。适期播种，适龄壮苗移栽，菜苗在冬前有效生长期内有较大的营养生长量与养分积累。进入越冬期具有中等大小的营养体，根颈粗 1 ~ 1.5cm，根系发育良好，单株绿叶 8 ~ 10 片，叶面积指数 1 或以上，基本封行而未抽薹，叶厚色深，叶片微紫，抽少量腋芽，具有较强的抗寒能力。这是亩产 150kg（2250kg/hm²）左右的越冬长相。

（3）冬瘦苗。由于晚播晚栽，苗床拥挤或肥力不够，进入越冬期出现多种类型的瘦苗，大体有以下几种。

脱肥型瘦苗：油菜冬前生长良好，其长势长相均已达到壮苗的标准，但随着温度下降与肥力不足，红叶率显著增加，绿叶率减少，落叶增多，叶面积指数小于 1。

徒长型瘦苗：苗前期或由于苗床拥挤，或由于直播的间苗不及时，造成根颈细长横卧地面，呈"L"型向上生长。这种菜苗的总叶数和绿叶数虽已符合壮苗要求，但根颈瘦弱，根颈粗不到 1cm，根系发育差。

缓发型瘦苗：苗前期由于缺少肥水或缺硼，进入越冬期时，单株绿叶数 5 ~ 6 片，绿叶数均占总叶数的 50%，叶片小而较厚，上下叶片的长短大小差异不大，根颈细小，且木质化程度较高，长势弱。

以上三种类型的瘦苗是当前生产上常见的冬苗长相，是油菜冬管的重点对象，常采取以攻促壮、促根保叶等措施，使瘦苗向壮苗转变，争取亩产 100kg（1500kg/hm²）左右的水平。

3. 油菜春后的田间诊断

油菜的春后田间诊断一般在 2 月下旬到 3 月上旬，油菜蕾薹期进行。由于冬前和越冬期油菜栽培管理的不同。春后常出现三种类型的长势长相、过旺、正常和不足。

（1）过旺。生长过旺的油菜一般叶片长而大，下部叶脱落多，绿叶数较少，中部的分枝难以伸长、叶色偏淡、主茎节间过于伸长，群体间的矛盾大，下部光照条件差、茎叶生长不健壮。

（2）正常。植株生长健壮，绿叶数多，分枝发生多生长快，下部通风透光好，群体矛盾小，后劲足，无病虫。

（3）不足。植株个体生长不足，植株大小不一，密度小，叶面积系数小，群体生长量小，分枝形成少，叶色淡，严重缺肥或脱肥。

实践四　油菜测产和经济性状考察

1. 油菜的测产和经济性状考察

（1）油菜具体田块的产量估产。油菜估产的原则：收获前对一块田进行测产，一般应以以下公式求得：

$$油菜产量\ kg/亩 = \frac{单位面积株数 \times 单株角果数 \times 每果粒数 \times 千粒重（g）}{1000 \times 1000（g）}$$

在以上 4 个产量构成因素中，单株的有效果数，每果粒数和千粒重因品种、密度、栽培条件不同而变化很大，植株间大小也差异大，每果粒数和千粒重要到近收获期才能稳定，取样估测时间不能过早，离收获期愈近愈准确，样点的数量和位置对估产也有很大的影响。因此，估产时必须选择好估产的时间，确定适合样点的数量和有代表性样点的位置，油菜测产的方法步骤。

油菜测产的方法有两种：一是用实测样点的产量估算产量；二是通过取一定样株考察其经济性状来估算产量，第一种方法比第二种方法费时，不能立即估算出产量，但准确性相应较高。

实测样点产量的测产法：每一块田选 3 ~ 5 个样点，每样点取 6m²，将样点的植株全部收割，混合摊晒脱粒，晒干种子称重，计算单位面积产量。

取样株考种测产法：一块田选 3 ~ 5 个有代表性的样点，每个样点取有代表性的样株 15 ~ 20 株，分单株考察求其平均每株的有效角果数，每果粒数，同时在每个样点，量 2m 行长，数其中株数，求其平均株距，再量厢长 2m，数其行数，求其平均行距，再求几个点的平均行、株距，然后计算单位面积的株数，千粒重按品种以往的经验数据，最后按上述测产的公式计算出单位面积产量，再乘以 0.7 系数，得单位面积的理论产量。

（2）油菜的经济性状考察

植株的取样方法：在油菜收获前 3 ~ 5d，根据油菜田间生长情况和田块大小，以 3 ~ 5 点取样（不取边行），每点随机取 5 ~ 10 株有代表性的植株，按标准考察其经济性状。

油菜的经济性状考察项目为：株高，一次有效分枝位，一次有效分枝数，二次有效分枝数，主花序长，主花序角果数，全株有效果数，每果粒数，千粒重。

第三节　棉花生产实践

实践一　主要农事操作

一、播前准备与播种

1. 前作：我省棉花前作茬口复杂，种类繁多。主要有油菜、蚕豆和绿肥等。棉花栽培方式应根据不同前作而定。如果前作是绿肥，白菜型油菜时，棉花耕地直播，若前作是甘蓝型油菜和蚕豆等，则只能套种或育苗移栽。

2. 整地施基肥：在4月15日左右，用牛力，机械或人力将地深耕18～23cm，按照施肥要求将基肥施足，整细整平，开好主围沟。再拉线开沟作畦。畦宽2.2m，沟宽50cm，所有沟要求深达25～33cm。然后将畦面整平。

3. 播种期：于4月下旬抢晴天播种。

4. 播种量：每亩播粒选种子6～7.5kg。

5. 密度：每亩4000株左右，株行距23～66cm，以纵畦纵行为宜。

6. 种子准备与播种：在播种前半个月，将种子进行粒选后，晒3～4d；在播种前一天，按要求的行距在畦上开好3.3cm深的种沟，再在种沟内每亩施人畜粪水20担，磷肥35kg；播种时将种子用药剂或温汤消毒，播种要求落子均匀。每33cm落籽15～20粒。每亩再用40～50担土杂肥或细土盖籽，做到厚薄均匀一致。

二、苗期管理

（1）中耕除草：在棉苗出土后，就要进行中耕除草，一般进行2～3次。中耕深度3～6cm。

（2）及时间苗补缺、定苗：棉苗出齐后，要及时间苗，第一次间苗以叶不搭叶为度，第二次间苗要留计划苗数的2倍。间苗应将病苗、弱苗去掉，同时，若发现缺苗，要及时补苗。如缺苗严重，要及时补种，在棉苗3～4片真叶时，进行定苗。田间棉苗的多少，按计划苗数灵活掌握株距。

（3）每次雨后，要清沟沥水。

（4）轻施苗肥：棉花苗期施肥要轻。应根据棉苗长势，土质，基肥施用和气候条件来确定施肥量和种类。一般每亩可施8～10担人畜粪水或2.5kg尿素。

（5）防治病虫害：苗期病害主要有立枯病、炭疽病，虫害主要有地老虎、棉蚜、棉蓟马等。

三、蕾期管理

（1）中耕：蕾期一般浅中耕1～2次。深度3～7cm；深中耕1～2次，深度10～13cm，同时可结合深施"当家肥"（蕾施花用），每亩可深施40～50kg饼肥或土杂肥等。还要结合进行培土、清沟、除草等管理工作。

（2）现蕾后及时去叶枝。

（3）稳施蕾肥：蕾期可根据具体情况追施适量的人畜粪水灌尿素。

（4）及时防治虫害：蕾期虫害主要有金刚钻、棉铃虫、小造桥虫、红蜘蛛等。

四、花铃期管理

（1）重施花铃肥：大暑前棉株坐住 1～2 个硬桃时，每亩施尿素 10kg 左右。秋前看苗再适量补施一次。

（2）抗旱：伏旱期 10d 左右不下雨灌溉一次。

（3）打顶、整枝：大暑至立秋边及时打顶，还要进行打旁心去老叶、剪空枝等管理工作。

（4）防治虫害：花铃期主要有棉铃虫、红铃虫、红蜘蛛等。同时还要注意伏蚜的为害。

五、吐絮期管理

（1）减轻田间荫蔽情况，去掉中下部老叶，剪去空枝，抹掉赘芽；当棉株顶部坐住棉桃时，可隔行推株并垄。同时要及时排出田间积水，这样可以增加棉株下部光照，降低田间湿度，减轻棉铃病害的发生，防止烂铃。

（2）根外追肥在吐絮初期。可进行根外施肥，如喷施适量的尿素、磷酸二氢钾、过磷酸钙、氯化钾等，对增加铃重有一定作用。

（3）抢晴天、分批及时收获，同时还要注意防治病虫害。

实践二　棉花观察记载

1. 生育时期的记载

记载项目：播种期、出苗期、现蕾期、开花期、吐絮期（标准见第四章）。

2. 现蕾、开花株式图记载

从始花期开始，每 2d 一次，连续记载一个月，以图形的方式记载果枝每节上花蕾现蕾、开花的时间并分析总结出棉花现蕾、开花的规律。

3. 生育动态调查

（1）病苗（%）：可以结合间苗时进行，在棉田内以五点取样法调查；每点将间下的棉苗，检查 20～50 株，数出其中病苗数，然后算出病苗百分率。

（2）缺苗(%)：在补种及移栽前目测，估计棉田缺苗百分率。定苗后，选点取样按预定株距，确定缺苗百分率。

（3）生长势：目测棉田健壮程度，可分健壮"++"，一般"+"，不健壮"-"。

（4）棉苗高度:有两种表示方法，一是苗高由地面量到生长点，一是由子叶节量到生长点，均以厘米表示，每周测量 1～2 次，每次按试验要求，每点取 5～10 株。

（5）真叶数：顶部叶片基部平展后即计数。

（6）主茎生长速度：自定苗后选点定株进行调查，每隔 3～5d 调查一次株高，从子叶节量到最上面一片展开叶的叶柄基部；把后次测量的株高。减去前次测量的株高，以相隔天数除之，即得主茎日增长量，以厘米表示。

（7）果枝增长速度：在棉株出现一个果枝后，可在调查主茎生长的同时，调查果枝增长速度，再求出平均多少天增加一个果枝。

（8）叶面积和叶面积系数：一般按苗期、初蕾期、盛蕾期、初花期、盛花期、吐絮期分次进行调查，测量方法如下：

求积仪法：将棉株上取下的叶片，平展地放在纸上，用铅笔绘出叶片的大小和形状，然后用求积仪顺着铅笔的痕迹摸划一图，即可得面积。取样 5～10 株。

称重法：要选择厚度均匀一致的白纸，将棉株上取下的叶片，平正地放在纸上，用铅笔绘出叶片的形状，再沿着铅笔的痕迹剪下纸片，称重，以单位面积白纸的重量即可折算出叶面积。取样 5 ~ 10 株。

长宽系数法：同上时期在田间取样后挂牌编号，在田间进行测定，每次由下而上，依次量主茎叶片及果枝叶片的长与宽，再分别将每株叶片长与宽相乘面积加起来，先求出单株叶面积 [即（长 × 宽）× r] 得出其实际单株叶面积。r = 校正系数。

$$叶面系数 = \frac{单株叶面积 × 每亩株数}{6000}$$

直线平方系数法：此法将棉株上的真叶分为两个类型；一个为主茎叶，一个为果枝叶。在田间测定主茎叶面积时，只需测定一个数据，即侧脉的长度（从叶基红点到靠近中裂片左右，或右旁裂片尖端之间的距离），然后将此长度平方，再乘以一个系数（岱红岱的系数为 1.11）。

主茎叶单叶面积 = 侧脉长度 2 × 1.11

果枝叶面积的测定，只需要测定果枝叶片的中脉长度（自叶基红点至中裂片尖端之间的距离）；然后将此长度平方，再乘以一个系数（岱红岱的系数为 0.76）

果枝叶单叶面积 = 叶长 2 × 0.76

（9）鲜重、风干重和干重物重：各处理选取有代表性的棉株 5 ~ 10 株，连根拔取后编号挂牌，采回，放在水中以减少蒸发失水，先在根茎处切断，将在地上部分成茎（包括主茎、果枝、叶柄花柄等在内），称计风干重，再进行干物重的测定，即将样品放入 105℃的烘箱中经 10 分钟后降至 80℃约 24h，烘到恒重为止，此时重量即为干物重。

（10）蕾铃脱落及结铃调查：在棉株现蕾前选取生育正常的棉株 10 ~ 20 株，于现蕾开花期间，每三天一次按照花蕾着生部位记载现蕾、开花日期及脱落日期，凡未记载开花日期而脱落的为落蕾。记载开花日期后脱落的为落铃，最后统计落铃率、落蕾率、蕾铃脱落率及结铃率。

$$落蕾率（\%）= \frac{落蕾数}{现蕾总数} × 100$$

$$落铃率（\%）= \frac{落铃数}{开花总数} × 100$$

$$蕾铃脱落率（\%）= \frac{蕾铃脱落总数}{总果节数} × 100$$

$$结铃率（\%）= \frac{结铃总数}{总果节数} × 100$$

实践三　棉花诊断

1. 棉花苗期田间诊断

这一阶段要求在一播全苗的基础上，育壮苗争早发，地下部根系健壮且根多，扎得深，分布均匀；地上部出叶快，分化早 2 ~ 3 片真叶平展，花厚基开始分化，始节位低，分化快，生长墩实，株矮发横、宽大于高，茎粗节密，下红上绿，红绿各半，主茎日生长量 0.3 ~ 0.5cm，叶色油绿顶芽壮，顶芽凹陷，顶部四叶位置 4.3.2.1 排列，叶片平展，大小适中，真叶出生快，自二叶期至现蕾期平均 4d 增长一片真叶。

芒种现蕾，株立 15 ~ 20cm，真叶 7 ~ 8 片，叶面积系数由花厚基分化期的 0.02 ~ 0.03，至现蕾期增长到 0.2 左右，有分枝 1 ~ 2 个，由 3 片真叶到现蕾前，叶色由 2.5 级逐渐变深到 3 ~ 3.5 级（用水稻比色卡观察自上而下第五叶叶色）。

这一时期如果棉苗棵大叶肥、高而不横，旺而不壮，腿高节稀，叶色乌黑，主茎青绿，是肥水过多，缺乏深锄的旺苗。但如果遇低温高温，病虫为害，肥料不足，则又往往容易形成根黄色锈，棵矮秆细，叶少色黄，红茎过高的弱苗。

2. 棉花蕾期的诊断

（1）发棵稳长型的长势长相

在湖南的气候、生产条件下，每亩种植密度 3000 ~ 4000 株幅度内，要求蕾期发棵稳长的形态指标：

株高日增量：现蕾至盛蕾期株高日增长量 1cm 左右，盛蕾到初花期株高日增长量 2cm 左右，但不能超过 2.5cm，平均日增长量为 2cm 左右。到开花时株高 50 ~ 60cm。

果枝节位：主茎 6 ~ 8 片真叶（节）长果枝。

茎粗和节间：第一果枝下部一个主茎间直径为 0.8 ~ 1cm，主茎上已固定的节间长度为 3 ~ 5cm（2 ~ 3 指宽）。

红绿茎比：现蕾后红茎逐渐增多，至开花初期红茎比例占 60% ~ 70%。

主茎出叶速度：现蕾后，主茎叶每隔 2 ~ 3d 增长 1 叶片，叶片逐渐由小增大，开花时主茎叶片 16 ~ 17 张。

倒四叶宽：进入蕾期后倒数第四叶宽度从 12cm 逐渐增大，至初花期倒数第四叶宽度为 15 ~ 16cm。

叶色：始蕾时叶色远看一片青，近看绿里透黄，进入盛蕾叶色稍深，叶色油绿发亮，叶片大小适中而稍薄，进入初花时叶色要褪一点，远看近看绿里透黄，倒数第五叶片颜色相当于水稻比色卡 2.5 ~ 3 级。

叶面积系数：蕾期逐渐增大，一般为 0.5 ~ 0.8。

果枝果节增长：现蕾后 2.5 d 左右出现一个果枝，果枝的增长由慢而快，至初花时单株有果枝 10 个左右。始蕾至盛蕾平均 1.5 ~ 2d 长一个，盛蕾至初花平均 1.5d 增长 1 个。初花期单株果节数 22 ~ 25 个。

柄节比值：为 2.5 ~ 3.0。柄节比就是棉株主茎上第一、二果枝着生处两片真叶的叶柄长度与同节位果枝第一果节间长度的比值。棉株稳健生长，柄节比值比较稳定。由于叶柄长度对肥水的反应不如果枝节间那样敏感，当肥水过多时，叶柄和果节都长得较长，但叶柄伸长的幅度不如果节间大，致使柄节比较正常的棉株要偏小；反之，肥水不足时，使柄节比较正常生长的棉株要偏大。柄节比主要用于棉花盛蕾期前后的诊断。从柄节比值的大小可看出：稳长型棉株，叶柄的长度明显较果节间的长度要长；慢长型棉株，柄节比值比稳定型更大；疯长型棉株，柄节的长度是相等的；有疯长趋势型棉株，叶柄的长度要略长于果节间的长度。

茎顶长势：顶芽肥大，而且与顶部 4 片展开叶基本平齐，茎顶不下陷，也不冒尖。叶位始蕾时呈 4 3 2 1，现蕾期后呈 [4 3]2 1。

3. 稳而不发型的长势长相

（1）秆细株型小：主茎直径 0.7cm 以下。株高日增长量，始蕾至盛蕾在 1cm 以下，盛蕾至初花在 1.5cm 左右，红茎比过大，初花时超过 70%；主茎出叶速度 3d 以上增加 1 片叶。

（2）叶小色发黄：倒数第四叶宽始终保持 12 ~ 13cm，叶面积系数 0.2 左右，柄节比值为 4。

（3）顶心高突出：茎顶生长点高于第四叶 0.5cm 以上，顶"冒尖"叶位呈 2 1 3 4 或 2[3 1]4。

（4）蕾小数量少：蕾的增长平均 2d 以上增加 1 个，明显比发棵稳长型棉株慢，第三果枝第一果节的蕾明显小于第一果枝第二果节的蕾，蕾的日增长高峰期后，其增长度陡然下降。

4. 发而不稳型的长势长相

（1）秆粗节间稀：株高日增量盛蕾到初花超过 3cm；茎粗 1cm 以上；主茎节间长 7 ~ 8cm，初花时红茎不到 30%。

（2）叶厚大旺长：倒数第四叶宽达 16cm，叶片肥厚；现蕾时叶色深，相当水稻比色卡的 3.5 级，叶面积系数过大，蕾期超过 1；柄节比值为 1.6 ~ 1。

（3）蕾瘦数量少：蕾脱落较多，第三果枝第一果节的蕾比第一果枝第二果节的蕾要大。

（4）顶凹茎叶高：茎顶低于 4 片叶，达 0.5cm 以上，呈"窝形脑袋"，倒第四叶显著高于第 3 叶。

5. 棉花花铃期的诊断

棉花花铃期是棉花一生中营养生长和生殖生长的两旺时期，对棉花生育要求营养生长和生殖生长相互协调，个体和群体相互适应，这个时期的看苗诊断，要从个体生育状况和群体结构状况两个方面去判断。

（1）个体生育状况。多以相对的日增量为主要指标。初花、盛花期株高日增量与果节增长呈正相关。花铃期第四叶宽、红茎比、叶色也是诊断的重要内容。第四叶开花期达最大值，盛花期后逐渐收小，叶宽 13 ~ 14cm，达到小叶大桃的长相。红茎比例，开花期为 70% ~ 80%，盛花期达 90%。红茎到顶表示长势过弱，是早衰象征；红茎比例过小，是秋发晚熟的趋势。叶色开花期后逐渐退淡，出现第二次"黄"，如叶色不退则会徒长造成花蕾脱落。结住 1 ~ 2 个大铃时，为保证盛铃期有足够养分，叶色又要转深。

（2）群体结构状况。主要看封行的早晚和封行程度。高产要求封行适时，在 7 月底 8 月初带大桃封行。初花封行，则封行过早、营养生长过旺，不利于中下部坐桃。结住 1 ~ 2 个大铃不封行则长势弱，可能后期出现早衰。封行的程度要求下封上不封，中间一条缝。

花铃期棉株的高产长势长相要求株型紧凑，呈塔形，茎秆下部粗壮，向上渐细，节间较短，果枝健壮，横着长，叶片大小适中，叶色正常，花蕾肥大，脱落少。如株型高大、松散、茎秆上下均粗、节间稀、果枝斜向上长、叶片肥大、花蕾却相对瘦小、脱落多，是属旺苗。相反，如植株矮小瘦弱、果枝细短、叶片小而发黄、黄蕾少而不壮，是属弱苗。

实践四　棉花测产和经济性状考察

棉花的收获时间长，从最初的一个棉铃吐絮至最后一批子棉收摘完毕往往需要 3 个月左右。因此才能得到最终的子棉产量和皮棉产量。为及时估计若干试验效应的趋势，或总结群众不同的管理经验，需要在适当时间，一般在 9 月上、中旬测产，同时考察有关经济性状以分析各种条件对产量和品质的影响。

（1）田间选点及经济性状考察　试验小区估产调查，可选取有代表性的点 3 ~ 5 个，每点 10 ~ 20 株。大田对比调查，可按对角线选取 5 点，注意每点棉株的生育状况和植株配置方式都能代表大田情况，然后调查以下主要项目：

株高、第一果枝节位、主茎节间长度、果枝节间长度、单株结铃数，包括成铃和幼铃数，其中成铃又包括吐絮和未吐絮的，还包括烂铃数；果枝数和果节数。（注：棉铃直径等于大于 2cm 的称为成铃，直径小于 2cm 的称为幼铃。）

（2）测定每亩株数　在每一类型的田块中，选 3 ~ 5 点，每点以 21 行行间的距离（m）除以 20，即得实际平均行距，每点以 51 株之间的距离（m）除以 50，即得实际平均株距，测量时应离开田边一定距离量起。按下列公式计算每亩株数：

$$每亩株数 = \frac{每亩}{行距（m）\times 株距（m）}$$

（3）计算每亩成铃数　根据单株结铃数调查结果，计算出单株铃数，然后乘以每亩株数即得其总铃数。调查时有成铃和幼铃，应将有效的幼铃折合为成铃，不同时期调查的折算率应有所不同。一般 9 月上、中旬估产，成铃如实计算，幼铃和花算半个成铃，蕾不计。10 月估产只计算成铃。如有烂铃，则应按烂铃的程度加以扣除。

（4）测定单铃子棉重求出每千克子棉所需要的铃数　按田块和小区，在调查地用百铃盘随机采收 50 个吐絮铃，或用剪刀连吐絮铃的铃柄一同剪下 50 个（便于计数，避免错漏）。放入纸袋，带回室内将子棉晒干称重，再计算每千克子棉所需铃数。因为一次采样铃重难以代表全田总的平均铃重，故还应参照该品种常年的铃重，结合当年气候条件和长势状况加以估计。

$$子棉产量（kg/hm^2）= \frac{每亩株数 \times 单株铃数}{每千克子棉所需铃数} \times 15$$

子棉产量乘以该品种历年平均衣分，即得到估计皮棉产量。

棉田估产也可在一块田内选定 3 ~ 5 个点，然后在每一点按照一定面积测定所有植株的总铃数，乘以单铃子棉数，计算出每公顷子棉产量。如在行距 80cm 的点上取 10m²，则取 1 行的行长为 10m²/0.8m，即 12.5m。

第四节　烟草生产实践

实践一　烤烟漂浮育苗

烤烟育苗有露地育苗、营养钵育苗、营养盘育苗、漂浮育苗等，目前主要推广漂浮育苗（图 1–1），也称营养液育苗。其原理是将烟草种子直接播在装有育苗基质的育苗盘上，将育苗盘漂浮在盛有营养液的池中，烟苗在基质中扎根生长直至成苗，且烟苗生长所需的养分和水分均由营养液提供。其优点有：能消除土传病害；烟苗根系发达，健壮整齐，成苗率高；节省劳动力，减轻劳动强度；可实

图 1–1　烤烟漂浮育苗

现集约化育苗。

一、育苗环境处理

1. 育苗大棚清理

育苗大棚及四周必须把杂草清理干净，同时，用 90mL 的金都尔兑 50kg 水喷洒棚内及棚周围 3～4m 范围，进行除草；大棚内可用喷洒杀虫剂或茶枯饼水，防治地下害虫；采用金雷多米尔对大棚及四周进行消毒。

2. 铺池膜、灌水及池水消毒

在播种前 2～5d，铺好池膜，同时，在用水前 1d 按 40～60g/m³ 的量在进水中投入漂白粉，在池中注入清洁井水或自来水，水深 5～6cm，并注意检查是否漏水。同时，每池洒入 10～12g 漂白粉，并充分搅拌均匀。要求确保水的 pH 在 5.8～6.5，否则用稀硫酸或生石灰调节；播种前尽可能提高水温（让太阳晒几天）。

3. 旧漂浮盘消毒

使用 1 年以上的苗盘，在装盘前 1～2d，必须采用育宝消毒剂（40%N-羟乙基亚甲胺多聚物水剂）175～200 倍液或 150～200mg/kg 的二氧化氯药液浸泡消毒处理，保证苗盘与消毒液全面均匀接触，消毒处理后要将漂浮盘提起沥干，放置 48h 后备用。使用二氧化氯药液消毒的苗盘必须用薄膜覆盖 48h，至药剂充分散发后方可使用。

二、播种

1. 基质水分调节及混拌

选择平整、卫生的场地作为装盘场地。并在其上垫盖塑料薄膜。基质倒出后用铲子搅拌，在搅拌过程中洒适量洁净水，确保含水量 60% 左右，当基质在手中能捏成团，触手能散即可，将基质搅拌均匀，准备装盘。

2. 装盘方法

将搅拌好的基质装入育苗盘中，确保每孔均装满，然后将育苗盘平行抬离地面约 20cm 水平落下，重复 2～3 次，用刮板刮去多余的基质，至各孔之间的间隔完全显露。要求当天装盘的育苗盘应当天播种，当天尽快放入育苗池，以防基质干燥漏失，影响出苗。

3. 压播种穴

先用压孔板压出播种约 0.5cm 的小坑，然后用播种器将种子播在压孔板压出的小坑内，每个播种穴播 1～2 粒种子。播种后在盘面撒盖少量基质，然后轻轻用刮板刮平盘面，使种子半显半露。

4. 苗盘入池

播完种的苗盘要及时入池，防止基质干燥，苗盘要轻拿轻放，入池时要水平放入，苗盘要摆放整齐。

5. 支盖防溅农膜

各种大棚准备适当小竹条拱于小棚内，然后盖上农膜，农膜的作用主要是提高温度和防止悬滴水溅飞种子，膜要求离盘面 10cm 左右距离，要保证气流交换顺畅，以确保种子萌发所需的氧气和控制大棚湿度。

三、育苗管理

1. 温度、湿度管理

温度调控的技术指导方针是"防止高温烧苗的前提下,尽量提高棚内积温"。日出后就要力争迅速升温到28℃以上,以32℃左右为宜,避免高于35℃;揭膜后温度低于28℃时,逐渐密封大棚,最大限度地提高棚内积温。湿度管理总体原则为前保后控,即出苗前保湿,出苗后控湿,棚内相对湿度具体指标为:播种后到齐苗期保持85%左右,小十字期保持75%左右,大十字期以后保持55%～65%。实际操作中大棚内出现雾气即要求通风;若苗盘上出现基质干燥发白,应及时补水。

2. 水肥管理

第一次在放盘入水前,每1000kg水施入1kg漂浮育苗专用肥,在池中溶解搅匀;第二次在大十字期时,沿池埂取出一排漂浮盘,按第一次的施用数量和方法进行施肥。加入的肥料均匀溶解于一大桶水中,然后沿苗池走向,分多点将溶液均匀倒入育苗池水中,充分搅动,使营养液充分均匀地溶解到水中。每次补水时,应同时补充营养液,达到相应时期所规定浓度;整个育苗过程中,杜绝出现缺肥和肥害现象的发生。

3. 间苗补苗

在小十字期时,间去过大、过小和弱、病苗,并在空穴内补苗,保证每穴一株健壮的烟苗。

4. 剪叶

当烟苗5叶1心或呈"竖耳"状时,开始剪叶,剪去定形叶的1/3～1/2,并除去老化叶,保持生长点及心叶生长,剪下的残叶要带出大棚销毁。由于剪叶会对烟苗叶片造成创伤,大大增加了病毒病和其他病害传播机会,所以必须高度重视剪叶操作中的消毒,剪叶前操作人员应用肥皂水清洗手,每剪完一个育苗棚后,育苗工场每剪完一个单元后,应用1∶200倍漂白粉液(或肥皂水)消毒剪叶刀片。每次剪叶前用病毒特施药一次(用药浓度要掌握在推荐浓度的70%),避开中午高温时施药;剪叶时防止脏物污染育苗盘和烟苗;病苗及时拔除并销毁,严防通过剪苗传播病害;晴天露水干后剪叶,阴雨天及露水未干时不可剪叶。

5. 卫生防病

在漂浮育苗中,关键是实施卫生操作,要做到:一是所有用具必须用二氧化氯等药剂消毒;二是进大棚前必须先用肥皂洗手,鞋底在消毒池里浸泡消毒;三是棚区严禁带烟和吸烟;四是必须边剪边喷药预防花叶病。小十字期到大十字期间,可用75%达科宁可湿性粉剂800～1200倍液喷施1～2次,预防炭疽病、猝倒病;每次剪叶前用病毒特防治一次病毒病;移栽前1天叶面喷施一次病毒特。为防止绿藻的发生和蔓延,可通过调节大棚湿度、通风或晒盘来处理,必要时用万分之一的硫酸铜防治(注意只能在小十字期后使用)。白天棚内温度比棚外温度高,易产生药害,施用农药要避开正午高温喷药,农药的施用浓度要比常规用量低30%左右。

6. 炼苗

移栽前一个星期进行炼苗。炼苗方法:一是采取间隔性断水,使基质失去部分水分,以烟苗白天稍有萎蔫晚上能恢复为适度,如此进行1～2次。二是揭膜通风,常规大棚揭开两端薄膜或裙膜;温室大棚通过打开顶窗、侧窗卷膜,启动轴流风机和开启操作间棚门等方式进行。移栽前,再将苗盘放入水中,使基质充分吸水,以利于取苗时基质完整。

实践二　大田栽培管理

一、整地起垄

（1）整地。在移栽前进行烟地整理。土地翻耕后将土块打碎耙平，铲除周围杂草，理好围沟和腰沟，保证排水畅通。

（2）起垄。实行单行高垄。先施足底肥，按1.2m起垄，垄体旱土高25cm以上、稻田30cm以上。

（3）喷药。起好垄后，在垄体上喷施2.5%高效氯氟氰聚酯或其他杀虫剂，防治地老虎等地下害虫。

（4）盖膜。必须待垄体充分湿润后盖膜，并压紧压实地膜，理好垄沟。

二、施肥

（1）施肥原则。控制施氮量，稳定有机肥，增施磷、钾肥，补充微肥。禁止施用未腐熟发酵的人畜粪水及其他有机肥。实行测土施肥，根据土壤养分含量，结合天气、烟叶长势情况确定施肥量。

（2）施肥水平。旱土和肥力较低的稻田土，每亩施氮量7.0～10.0kg，氮磷钾比例为1∶1.3∶（2.5～3.0）。肥力较高的稻田土，每亩施氮量6.5～9.0 kg，氮磷钾比例为1∶1.3∶（2.5～3.0）。

（3）施肥方法。将全部专用基肥、生物发酵菜饼肥、50%的专用追肥混匀做底肥条施。在移栽当天，每亩用5 kg提苗肥，兑清洁水250～300kg，作安蔸肥水。栽后25d左右，顺垄体正中两侧的叶尖下打深10cm、宽2cm的追肥孔，施剩余的追肥和硫酸钾。

三、移栽

（1）适时移栽。促进移栽后烟苗早生快发，保证烟叶大田生育期，提高烟叶成熟度，避开后期阶段性干旱和高温逼熟现象。湘南烟区移栽时间为3月10日左右；湘中烟区移栽时间为3月20日左右；湘西烟区海拔800m以下区域4月20日前完成移栽，海拔800m以上区域4月30日前完成移栽。

（2）移栽密度。采用高垄单行（图1-2）。稻茬烤烟种植株行距为1.2m×0.5m，或1.1m×0.55m。

图1-2　烤烟连片种植

（3）移栽盖膜。晴天移栽以清晨和傍晚为好，杜绝中午高温栽苗。采用打穴移栽，按 0.5m 宽在烟垄顶开深 15cm，直径 15cm 的苗穴。再选取均匀一致达到成苗标准的无病健苗植于苗穴中央，要确保适度深栽，但严禁烟苗直接接触基肥。深栽的目的：一是土壤深层水分蒸发速度比表层土壤慢，有利于烟苗成活；二是培养烟株强大的次生根系，保证烟株对养分的吸收和正常生长。放好烟苗后，采用 30% 的火土灰加 70% 的细碎本田土壤合成的营养土伴蔸，然后每亩用 500kg 以上清水浇好安蔸水。烟苗移栽好后应立即盖膜，盖膜时拉平、拉直，膜脚压严、压紧。

（4）井窖式移栽。移栽前使用专用器具（打孔器）制作井窖，井窖规格为：井窖口呈圆形，直径 8 ~ 10 cm；井窖深 19 ~ 20 cm，上部 11 ~ 13 cm，呈圆柱体，下部深 6 ~ 8 cm，呈圆锥体。苗龄 40 ~ 50d，茎高 3 ~ 5 cm，功能叶 5 ~ 6 片，剪叶 1 次，烟苗大小均匀，长势健壮，无病虫害。将烟苗垂直提起，苗根朝下，轻放于井窖内，尽量保持烟苗根部基质完整，防止松散、脱落。放置烟苗后，可用小木棍将井窖内的细土盖住烟苗基质周围的根系，然后用 2% 浓度的提苗肥液，加防治地下害虫的农药混匀，盛于水壶内，顺井壁淋下，每个井窖用量为 100 ~ 200mL。青枯病重发区在移栽的同时统一搞好拮抗菌灌蔸。

四、大田管理

（1）查苗补蔸。由于病、虫、环境及移栽质量等因素的影响，个别烟苗可能受到损伤，移栽后应经常下田查看，及时补蔸。同时对小苗、弱苗实行偏管，做到烟苗生长均匀一致。井窖式移栽后 20d 左右，当烟苗生长点超出井窖口 2 ~ 3cm 时，用细土将井窖内的空隙填满，封土高度稍高于垄面，将膜口密封。

（2）揭膜和中耕培土。烟苗达到顶膜时，选择气温适中的天气进行掏苗，严防高温烧苗。如果发现烟苗叶片因高温发黄应立即掏苗。撕膜时膜口不宜过大，掏苗后用土将膜口压紧，以免地膜贴到叶上灼伤叶片或膜内热气冲烧烟苗。适时揭膜能有效改善烟田土壤的水、肥、气、热条件，增强烟株根系的吸收功能，促进根系对养分的吸收。当大田烟株平均叶片数达到 12 ~ 14 叶或日平均气温稳定通过 18℃时，选择晴暖天气及时揭膜。在烟株长到 9 ~ 11 片叶时进行一次小培土，将 2 ~ 3 片脚叶埋入土中，培土时适当把膜口撕大，并结合进行追肥。揭膜后立即进行中耕、大培土，以促进根系发育。培土时先应对垄体进行浅耕（严防伤根），疏松土壤，然后以单株为中心进行高培土，做到烟株基部与土壤密切接触。要求经培土后垄体丰满，土粒细匀，垄高 35cm 左右。雨天不宜进行培土。培土还需结合除草。

五、烟田灌溉

（1）烟田排水。在烟草整个生育过程中，烟田积水为害很大，不但造成肥料流失，而且导致烟株根系发育不良，生长受阻，严重影响烟叶产量和品质；积水还是诱发病虫草害的主要因素，因此必须做好烟田的排水工作，烟田应做到沟沟相通，沟深协调，排水顺畅，确保烟田雨后无积水。一般要求围沟低于厢沟 10cm 以上。

（2）烟田灌水。进入团棵期后，遇干旱天气，有条件的地方，要适时进行烟田灌溉，选择傍晚进行沟灌，灌水深度不超过三分之一。必须严格灌溉用水卫生，避免烟草病原物污染，杜绝串灌。氯离子含量超标，铁、铝氧化物含量高的水不能用于烟田灌溉。灌溉时避免烟田积水，尽量做到灌溉均匀。

六、打顶抑芽

（1）打顶方法。正常烟叶于 50% 的烟株第一朵中心花开放后或花蕾明显伸长后进行打顶；选择晴天或阴天，将整个花枝连同下面 2 ~ 3 片叶（花叶）一起摘除，并带出田间。对长势旺盛的烟地，适当推迟打顶时间，从顶部下面第 2 叶位处培育一个杈芽，增加留叶 4 ~ 6 片；在干旱天气情况下，不能过早打顶和减少留叶数，以防止后期雨水正常，出现叶片生长过长过大，形成天盖地现象；对上部叶不能正常开片的烟株，可进行二次平顶，打掉长度小于 45cm、宽 15cm 的 1 ~ 2 片顶叶。

（2）抑芽。打顶当天，抹掉杈芽，用抑芽剂进行抑芽处理；抑芽不彻底的，要及时进行手工辅助抹芽。抑芽剂可以减少烟芽对养分的消耗，增加干物质积累，提高烟叶质量，改善等级结构，减轻劳动强度，增加烟农效益。灭芽灵抑芽使用方法：使用前首先抹去 2cm 以上的烟芽，并根据烟株长势长相按 1：300、1：350、1：400 倍三个浓度梯度配制药剂，对生长旺盛烟叶用 300 倍液，正常生长烟叶用 350 倍液，早衰烟叶采用 400 倍液。然后在 24h 内采取杯（壶）淋法处理好每一个腋芽。施药后 2h 内如遇下雨，须补淋一次。

七、病虫草害综合防治

（1）防治重点。高度重视病害的预防作用，特别是有青枯病、黑胫病病史的烟田，预防次数 2 次以上。全面重视及加强花叶病（包括普通花叶病、黄瓜花叶病、马铃薯 Y 病毒病）的普防，特别强调蚜虫的防治作用（传播黄瓜花叶病、马铃薯 Y 病毒病的主要途径）。

（2）主要防治对象。①病害：猝倒病、炭疽病、花叶病（普通花叶病、黄瓜花叶病和马铃薯 Y 病毒病）、青枯病、黑胫病、赤星病、野火病、角斑病、气候性斑点病。②虫害：地老虎、烟青虫（含棉铃虫）、烟蚜、斜纹夜蛾、斑须蝽（含稻绿蝽）。③草害及其他：注意防治烟田杂草和野蛞蝓、蜗牛、藻类等有害生物。

（3）防治措施。一是合理轮作；二是清除病株残体；三是杂草清除；四是农事操作和保持烟田卫生；五是药剂防治。

实践三 采收与烘烤

一、烟叶成熟采收

1. 烟叶成熟特征

烤烟移栽后 60d 左右，叶片开始自下而上逐渐成熟（图 1–3）。烟叶成熟时，其外观特征和生理特性表现出不同的特点，可以作为判断烟叶成熟度的标准。烟叶成熟时具有明显的特征特性：①叶色落黄变淡，通常表现是绿色减少，变为深浅不同的黄色；②主脉变白发亮，支脉退青转白；③茸毛少数至大部分脱落；④容易采摘，采摘时响声清脆，采后断面整齐呈马蹄形；⑤叶尖下垂，茎叶角度增大；⑥中上部烟叶叶面起皱，叶面出现成熟斑，常呈现黄斑，叶尖黄色程度加大，或出现枯尖焦边。

烟叶成熟的特征、特性，随品种、部位、土壤、气候、施肥等条件的不同而不同。影响烟叶成熟特征、特性的原因是多方面的，必须具体情况具体分析，再结合一般规律，全面考虑，准确把握，适时采收成熟烟叶。

图 1-3　烟叶成熟过程

2. 成熟采收标准

不同部位烟叶适熟特征不同。对一株烟来说，下、中、上各部位烟叶的成熟特征有明显差别（图 1-4）。

图 1-4　不同部位的适熟烟叶

（1）下部烟叶要求"绿中带黄"，整片叶呈均匀绿豆色时，适时采收；下部叶适采期短，要求适时、及时采收，不宜迟采和过早采收。

（2）中部烟叶要求"黄中带绿"，主脉通体发亮、叶耳泛黄时，成熟采收。

（3）上部烟叶要求"黄中带白"，支脉发白、间或有枯尖焦边时，充分成熟采收。

3. 采收总体要求

同一烤房烟叶要求必须品种一致，移栽期一致，肥水一致，部位一致，成熟一致；采叶、搬运、夹烟、装炕注意轻拿轻放，不损害烟叶，要及时清除非烟杂物，确保鲜烟叶质量。

4. 采收方法

每株烟采收 4～5 次，不采生、不漏熟，下、中部叶每次采 2～3 片，上部 4～6 片叶待顶叶充分成熟后一次性采收；对于上部叶长度不超过 45cm、宽不超过 15cm 的顶叶不予采烤。对达不到采收成熟标准的，要随时停采、停烤待熟。

二、编烟与装炕

1. 分类编烟

采回的烟叶按尚熟、成熟和稍过熟三类分别进行编杆，达不到 X3F 或者 B3F 以上鲜烟叶弃编。普通烤房每杆编 45 ~ 50 对，即 90 ~ 100 片叶，密集烤房每杆编 120 ~ 140 片；采用烟夹装烟的每夹烟夹持重量为下部叶 11 ~ 12kg、中部叶 12 ~ 13kg、上部叶 13 ~ 14kg。

2. 烟叶晾挂

对编好的含水量大的烟叶必须经晾挂，使其脱去部分水分，叶片稍软后装炕，防止晾挂过度。

3. 烟叶装炕

做到上下稀密一致、烟叶部位一致、同台两边数量一致；气流上升式烤房装烟上生下熟；气流下降式烤房为上熟下生；自然通风下降式烤房，每年第一房烟和在多雨天气下底棚不装烟。烤季中尽量装热炕。密集式烤房中，下部烟叶装 450 ~ 500 杆，中部烟叶装 500 ~ 550 杆，上部烟叶装 550 ~ 600 杆，烟夹装 420 ~ 480 夹。

三、烟叶中温中湿密集烘烤工艺

中温中湿延时增香密集烘烤工艺是在"三段式"烘烤的基础上，调整有关参数设置，以达到烟叶既烤黄又烤香的目的。其工艺核心为"中温中湿变黄，慢速升温定色；延时干叶增香除杂，弱风干筋保香；烟叶烘烤温度、湿度、风速、时间四要素联控（图 1-5）。相对于其他密集烘烤工艺，取消了低温预变黄阶段，提高了变黄期的变黄程度，增加一个凋萎期，每个阶段都强调湿球温度不低于下限。

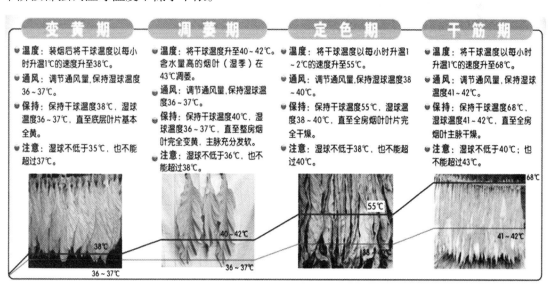

图 1-5　中温中湿烘烤工艺图

1. 工艺思路

中温中湿条件下变黄，提高变黄程度；定色期延长时间促进烟叶物质转化；定色和干筋期湿球温度较高，叶间风速较低；根据鲜烟叶的素质特点灵活调整工艺参数。重视湿球温度控制、烟叶变黄与失水平衡；强调变黄后期充分凋萎，55℃稳温定色增香。

2. 烟叶烘烤诊断指标

不同部位烟叶烘烤诊断指标见表1–4。

表1–4   不同部位烟叶烘烤诊断指标

部位	干球温度（℃）	湿球温度（℃）	烟叶变黄程度	烟叶干燥程度
下部叶	38	35～36	叶片变黄八成	叶片发软、主脉变软
	40～42	36～37	叶片变黄，主脉、侧脉和一级支脉含青，黄片青筋	凋萎塌架至勾尖卷边
	44～46	37～38	侧脉和主脉变黄，黄片黄筋	软卷筒
	54～55	38～39	黄片黄筋	大卷筒，叶片干燥
	65～68	41～42	黄片黄筋	大卷筒，主脉干燥
中部叶	38	36	叶片变黄九成	叶片发软、凋萎
	40～42	37	叶片和支脉变黄，主脉和侧脉部分含青，黄片青筋	叶片塌架，主脉变软
	46～48	38～39	侧脉和主脉变黄，黄片黄筋	勾尖卷边至软卷筒
	54～55	39～40	黄片黄筋	大卷筒，叶片干燥
	65～68	42～43	黄片黄筋	大卷筒，主脉干燥
上部叶	38	36～37	变黄九至十成	叶片发软、凋萎
	40～42	37～38	叶片和侧脉、支脉变黄，主脉部分含青，黄片青筋	叶片塌架、主脉变软
	48～50	38～39	主脉变黄，黄片黄筋	软卷筒
	54～55	39～40	黄片黄筋	大卷筒，叶片干燥
	65～68	42～43	黄片黄筋	大卷筒，主脉干燥

3. 工艺操作要点

（1）变黄期。目标是90%烟叶叶片全黄。主要措施：①温度：点火后以1℃/h的速度将干球温度升到37～38℃；②保持：调整进出风口使湿球温度稳定在36～37℃；③风速：调节通风，控制叶尖风速0.2～0.25m/s；④时间：保持干球温度38℃，湿球温度36～37℃，直到底层烟叶基本全黄。注意该阶段湿球温度不能低于35℃，也不能超过37℃。

（2）凋萎期。目标是所有叶片黄片青筋（叶背面变黄，不含浮清），主脉充分发软。主要措施：①温度：将干球温度缓慢升到40～42℃，含水大的烟叶可升至43℃，不超过43℃；②保持：保持湿球温度36～37℃；③风速：调节通风，控制叶尖风速0.25～0.3m/s；④时间：保持干球温度40～43℃，湿球温度36～37℃，直到整房烟叶完全全黄，主脉充分发软。注意主脉未充分发软，烟叶未达到黄片青筋，干球温度不能超过43℃；湿球温度不低于36℃，也不能超过38℃。

（3）定色期。目标是全房叶片干燥。主要措施：①温度：将干球温度以每1～2h升1℃的速度升至55℃；②保持：保持湿球温度38～40℃；③风速：调节通风，控制叶尖风速0.25～0.3m/s；④时间：保持干球温度55℃，湿球温度38～40℃，直到整房烟叶叶片完全干燥。注意湿球温度不能低于38℃,也不能超过40℃。湿球温度低于38℃明显是通风量过大,并导致燃料浪费及酶活性降低。湿球温度超过40℃,将导致烟叶挂灰。

（4）干筋期。目标是全房烟叶主脉干燥。主要措施:①温度:将干球温度以每小时升1℃的速度升至68℃;②保持:保持湿球温度41～42℃;③风速:调节通风,控制叶尖风速0.15～0.2m/s;④时间:保持干球温度68℃,湿球温度41～42℃,直到整房烟叶叶脉完全干燥。注意湿球温度不低于40℃,也不能超过43℃。湿球温度低于40℃表明通风量过大,浪费燃料,同时也会导致烟叶颜色变淡,油分也会减少。假若湿球温度超过43℃将会导致烟叶烤红、烤焦的危险。

4. 操作注意事项

（1）中温调湿变黄:烧火要小而忍;失水与变黄相适应,边排湿,边变黄。

（2）稳温排湿凋萎:烧成中火;相对湿度控制在56%～67%。

（3）通风脱水干叶:烧火要大而稳;稳温、恒定、持久。

（4）控温控湿干筋:烧成中火,慢升温,稳温,湿度适中。

（5）加强采收管理,提高适熟烟叶比例;装烟做到"密、匀、满"。

四、烤后处理

1. 烟叶回潮

烟叶下炕后,自然或人工回潮至主脉易折断、叶片不易破碎时,进行解杆、分级。晴天一般在先天晚上将天地窗打开;下雨或潮湿天气,可在当天早上打开门窗。到含水量达14%～16%,叶片软而不碎,主脉一折即断时即可出炕。最后一房烟下房要及时,防止回潮过度。

2. 下房

轻拿、轻运至能密封的室内,不要碰碎烟叶。烟叶下炕后及时去青、去杂、去非烟杂物,然后分类打捆,同捆烟叶要求部位、颜色、长度、等级基本一致。

3. 堆码

选择遮光、干燥的场所保管烟叶。分级后的烟叶要分部位堆放,将烟叶叶尖朝内,叶柄朝外整齐堆码,然后采用薄膜、干稻草等防潮物遮盖或严实包裹,做到防潮、防晒、防压、防虫蛀,烟叶水分控制在16%～18%,并定期检查。烟叶堆放库要远离化肥、农药等有异味物质;要既能密封,又能通风、不渗水、避光、阴凉干燥。

实践四　烟叶分级

烟叶是一种农产品,烟农所生产的烟叶有优有劣,质量不同。分级的目的是把不同质量的烟叶分开,使每个等级、每把烟叶具有相对一致的质。分级意义:①满足卷烟工业的需要;②有利于合理利用资源;③是贯彻以质论价的基础;④有利于促进烟叶生产。

一、烤烟等级标准

42级烟叶分级国家标准如表1-5。

表 1–5　　　　　　　　　　　　　　　**42 级烟叶分级国家标准**

组别		级别	代号	成熟度	叶片结构	身份	油分	色度	长度（cm）	残伤（%）
下部 X	柠檬黄 L	1	X1L	成熟	疏松	稍薄	有	强	40	15
		2	X2L	成熟	疏松	薄	稍有	中	35	25
		3	X3L	成熟	疏松	薄	稍有	弱	30	30
		4	X4L	假熟	疏松	薄	少	淡	25	35
	橘黄 F	1	X1F	成熟	疏松	稍薄	有	强	40	15
		2	X2F	成熟	疏松	稍薄	稍有	中	35	25
		3	X3F	成熟	疏松	稍薄	稍有	弱	30	30
		4	X4F	假熟	疏松	薄	少	淡	25	35
中部 C	柠檬黄 L	1	C1L	成熟	疏松	中等	多	浓	45	10
		2	C2L	成熟	疏松	中等	有	强	40	15
		3	C3L	成熟	疏松	稍薄	有	中	35	25
		4	C4L	成熟	疏松	稍薄	稍有	中	35	30
	橘黄 F	1	C1F	成熟	疏松	中等	多	浓	45	10
		2	C2F	成熟	疏松	中等	有	强	40	15
		3	C3F	成熟	疏松	中等	有	中	35	25
		4	C4F	成熟	疏松	稍薄	稍有	中	35	30
上部 B	柠檬黄 L	1	B1L	成熟	尚疏松	中等	多	浓	45	15
		2	B2L	成熟	稍密	中等	有	强	40	20
		3	B3L	成熟	稍密	中等	稍有	中	35	30
		4	B4L	成熟	稍密	稍厚	稍有	弱	30	35
	橘黄 F	1	B1F	成熟	尚疏松	稍厚	多	浓	45	15
		2	B2F	成熟	尚疏松	稍厚	有	强	40	20
		3	B3F	成熟	稍密	稍厚	有	中	35	30
		4	B4F	成熟	稍密	厚	稍有	弱	30	35
	红棕 R	1	B1R	成熟	尚疏松	稍厚	有	浓	45	15
		2	B2R	成熟	稍密	稍厚	有	强	40	25
		3	B3R	成熟	稍密	厚	稍有	中	35	35
	完熟叶 H	1	H1F	完熟	疏松	中等	稍有	强	40	20
		2	H2F	完熟	疏松	中等	稍有	中	35	35
杂色 K	中下部 CX	1	CX1K	尚熟	疏松	稍薄	有	–	35	20
		2	CX2K	欠熟	尚疏松	薄	少	–	25	25
	上部 B	1	B1K	尚熟	稍密	稍厚	有	–	35	20
		2	B2K	欠熟	紧密	厚	稍有	–	30	30

续表

组别		级别	代号	成熟度	叶片结构	身份	油分	色度	长度（cm）	残伤（%）
微带青 V		3	B3K	欠熟	紧密	厚	少	–	25	35
	光滑叶 S	1	S1	欠熟	紧密	稍薄稍厚	有	–	35	10
		2	S2	欠熟	紧密	–	少	–	30	20
	下二棚 X	2	X2V	尚熟	疏松	稍薄	稍有	中	35	15
	中部 C	3	C3V	尚熟	疏松	中等	有	强	40	10
	上部 B	2	B2V	尚熟	稍密	稍厚	有	强	40	10
		3	B3V	尚熟	稍密	稍厚	稍有	中	35	10
	青黄色 GY	1	GY1	尚熟	尚疏松至稍密	稍薄稍厚	有	–	35	10
		2	GY2	欠熟	稍密至紧密	稍薄稍厚	稍有	–	30	20

二、烟叶外观质量 8 个要素

烟叶外观质量，指人们感官可以作出判断的质量因素，用感观和经验来判定烟叶的等级质量，烟叶的外观质量是内在质量的外部反映，是烟叶收购过程中分级的主要依据。一般认为优质烟叶的外观特征是：成熟度好，组织疏松，厚薄适中，颜色金黄、橘黄，油分足，光泽强，长度 50 ~ 60cm，弹性好。判定烟叶质量的方法通常是眼观、手摸、耳听、鼻闻。判定烟叶外观质量要素有 8 个：部位、颜色、成熟度、叶片结构、烟叶油分、烟叶身份、叶片长度和宽度、残伤与破损。

1. 部位

烟叶不同的部位，有着不同的外观特征和内在品质。部位分为下部叶（X）、中部叶（C）、上部叶（B）。下部烟叶（X）包括脚叶（P）、下二棚叶（X）；中部烟叶（C）包括上腰叶、正腰叶、下腰叶；上部叶（B）包括上二棚叶（B）、顶叶（T）。不同部位的烟叶有其不同的外观特征。烟叶外观特征，因品种、土壤、气候条件和栽培措施的不同，会发生一些变化。通常以脉相和叶形作为划分部位的主要依据。

2. 颜色

烟叶颜色，是指烟叶烘烤后的相关色彩、色泽饱和度和色值的状态。柠檬黄是"100%的黄色"；橘黄是"70% 的黄色 +30% 的红色"；红棕是"30% 的黄色 +70% 的红色"。烟叶分级中基本色，包括柠檬黄、橘黄、红棕；非基本色，包括青黄、微带青、杂色。

3. 成熟度

成熟度，是分级中衡量烟叶品质的中心因素，也是影响卷烟质量的基础，是烤烟分级首要因素。世界各产烟国家的烟叶分级标准中，都把成熟度列为第一重要的分级因素。烟叶成熟度好，其外观特征的表现是：颜色橘黄、橘红、金黄，色度浓，组织结构疏松，有明显的成熟斑，燃烧性好，香气量足，吃味醇和；烟叶成熟度差，其外观特征的表现是：颜色浅淡，易退色，叶面光滑，组织结构密至紧密，有的烟叶微带青甚至青黄色。

4. 叶片结构

叶片结构，指烟叶细胞排列的疏密程度，划分为四档：疏松、尚疏松、稍密、紧密。

5.烟叶油分

烟叶油分，指烟叶组织细胞内含有的一种柔软液体或半液体物质，在烟叶外观上反映为油润、丰满、枯燥的程度，是烟叶在一定含水量条件下，人们眼看、手摸有油润或枯燥的不同感觉。油分可分为四档：多、有、稍有、少。

6.烟叶身份

烟叶身份，指烟叶的厚薄程度，包括烟叶的细胞密度和单位叶面积的重量状态。可分五个档次：中等、稍厚、稍薄、厚、薄。

7.叶片长度和宽度

长度，是指烟叶主脉基部至叶尖的直线量度。分级标准中，将叶片长度划分为大于或等于45cm、40cm、35cm、30cm、25cm五个档次，以5cm为递进梯度，根据不同等级的要求，规定某个等级不低于某个长度。42级标准中，规定长度下限为25cm，宽度未作要求，是标准的一项缺陷。发育好的烟叶，长宽比大多在1：（0.4～0.5）之间。美国的分级标准中，将宽度作为一项分级因素。

8.残伤与破损

残伤，指烟叶组织受到破坏，失去成丝的强度和坚实性，基本无使用价值。比如，过熟烟叶产生的病斑、焦尖、焦边等，以百分数表示。破损，指烟叶受到机械损伤而失去原有的完整性，每片烟叶的破损面积，不超过50%，以百分数表示。残伤与破损是自然灾害、病斑或者采、烤、加工过程中造成的，对烟叶质量有影响，需对其进行控制。

三、烟叶划分"13个组别"

烤烟在分级过程中首先要进行分组，分组是依据烟叶着生部位、颜色以及其他总体质量相关的主要特征，将同一类烟叶进行初分；是进一步分清烟叶质量，划清等级的基础。这样做，便于进一步分级操作；便于工业加工的烟叶原料组织；有利于卷烟工艺配方和产品质量的稳定。烤烟42级国家标准，分为13个组别，其中主组8个，副组5个。

1.烤烟分级的主组划分

烤烟42级国家标准，以部位和颜色为基本分组因素，进行两次分组。

（1）部位分组。部位是第一分组因素。处于相邻部位的烟叶质量接近，为了便于分级，烤烟42级国家标准，根据烟叶着生位置分为三个部位：下部烟叶、中部烟叶、上部烟叶。不同部位烟叶外观特征一般变化规律：部位由下至上，叶片厚度由薄趋厚；叶片颜色由浅渐深；叶片组织结构由疏松趋紧密；叶脉由细趋粗；叶形由宽圆趋窄；叶尖由钝趋尖。

（2）颜色分组。是按照烟叶基本色（黄色）深浅程度不同，把烟叶分成不同的组别。烟叶的基本色，是指鲜烟叶烘烤后呈现的正常颜色，包括柠檬黄、橘黄、红棕三种。不同颜色的烟叶外观特征比较明显，容易区别，多数烤烟生产国都把颜色作为第二分组因素。

我国烤烟42级国家标准，按烟叶基本色的深浅程度划分为四组。①柠檬黄色组（L）：烟叶表面呈现纯正的黄色（淡黄至正黄色域内），产生于下部、中部、上部烟叶。②橘黄色组（F）：烟叶表面以黄色为主，并呈现较明显的红色（金黄至正黄色域内），产生于下部、中部、上部烟叶。③红棕色组（R）：烟叶表面呈现红黄色和浅棕黄色（红黄至棕黄色域内），多产生于上部烟叶。④完熟叶组（H）：产生于上二棚叶和顶叶，烟叶达到高度的充分成熟，外观表现为钩尖、卷边，有明显的成熟斑；烟叶油分稍有，质地干燥，手摸烟叶有硬纸质感觉；叶面皱折，颗粒多，有明显的香甜味；手摇烟叶有干燥的"嘶嘶"声。该组在烟叶产量中，所占比例很小，通常在1%～3%之间。

（3）主组组别的设置。经部位和颜色二次分组，主组共分为八个组别：下部柠檬黄色组（XL）、下部橘黄色组（XF）、中部柠檬黄色组（CL）、中部橘黄色组（CF）、上部柠檬黄色组（BL）、上部橘黄色组（BF）、上部红棕色组（BR）、完熟叶组（H）。

2.烤烟分级的副组划分

副组是指因生长发育不良或采收、烘烤不当以及烤后处理、保管不当等原因造成的低质量烟叶，依据其影响质量的主要外观特征而划分的组别，有光滑烟叶组、杂色烟叶组、青黄烟叶组和微带青叶组等四个组别。

（1）杂色烟叶组（K）。杂色指烟叶表面存在的非基本色的颜色斑块，不包括青黄色。如轻度洇筋，局部挂灰，蒸片，严重烤红，严重潮红，全叶受污染，青痕较多，受蚜虫损害，等等。烟叶表面任何杂色面积，占全叶片20%以上（含20%），这样的叶片，称为杂色烟叶。按部位分为中下部杂色组（CXK）、上部杂色组（BK）。

（2）光滑烟叶组（S）。光滑是指烟叶组织光滑或僵硬，无颗粒，手摸似塑料或硬纸质的感觉，喷水后不易吸收。中下部光滑烟叶，产生的原因主要是光照不足，叶片生长不良造成的；上部光滑烟叶，产生的原因主要是成熟度较差，叶片细胞未能充分正常发育，导致叶片细胞小，排列紧密，细胞间隙小，内含淀粉多等因素造成的。光滑烟叶是一种典型的高糖低烟碱，总氮也低、糖碱比、施木克值明显偏高的化学成分极不协调的烟叶；这种烟叶香气质差，香气量少，平淡无味，杂气大，刺激性大，烟气质量差，不受卷烟工业欢迎。凡光滑面积占全叶的20%以上（含20%），这样的烟叶称为光滑叶。

（3）青黄烟叶组（GY）。青黄烟叶组，是按烟叶含青程度和含青面积指标划分的一个副组。青黄色，指黄色烟叶上含有任何可见的青色且不超过三成。该定义规定了青黄色的界限：下限为任何可见的青色，不论其含青程度多么微弱；上限为不超过三成（含三成）。超过三成者视为不列级。

（4）微带青叶组（V）。微带青叶组是指黄色烟叶上的脉带青或叶片含微浮青面积在10%以内的烟叶。二者不得同时并存，对叶片"含微浮青10%以内"的概念理解为：含青程度为微浮青，比浮青程度更弱；面积不超过10%。青黄烟叶组中进一步划分的一个副组，是青黄烟叶组中含青程度和面积均极微，其烟叶品质因素又尚好，质量及使用价值与青黄烟叶差异较大的一个组。微带青叶定级应注意内容，并非所有的微带青叶均可列入微带青叶组定级。只有既符合微带青定义，又符合微带青叶组相应等级品质规定的烟叶，才能在微带青叶组内定级，否则，仍应归入青黄烟叶组定级。

副组烟叶质量梯度由高到低的排列：V>S>K>GY，掌握这个规律，在实际验级工作中，对判别一些复杂烟叶有帮助。

四、烤烟定级"五规则、五规定"

烟叶分级规则，是确定烟叶等级时应遵循的规范原则，是烟叶标准的组成部分，是收购验级人员必须遵守的原则。

1.定级原则

烤烟成熟度、叶片结构、身份、油分、色度、长度都达到某级规定，残伤不超过某级允许度时，才定为某级。这一原则表明，标准中对各级品质因素的规定，都是最低档次要求，而控制因素规定的是最大允许度。只有当烟叶品质因素达到或超过某级的要求，而控制因素不超过该级允许度时，才可以定为某级。也就是，对于某一等级而言，允许一个或多个因素高于要求，但不允许任何一个品质因素低于要求。

2. 最终等级的确定原则

在烟叶收购、调拨过程中，当重新检验时，与确定之级不符合，则原定级无效。

3. 色界烟叶定级原则

对介于两种颜色界限上的烟叶，则视其他品质因素，先定色后定级。这里所说的其他品质因素，主要指身份或油分。通常，同部位烟叶，橘黄色烟叶要比柠檬黄色烟叶身份偏厚，油分偏多；橘黄色烟叶比红棕色烟叶身份偏薄，油分偏多。依据这些规律，对界限上的烟叶适当定组、定级。

4. 烟叶介于两个等级界限上的定级原则

一批烟叶介于两个等级界限上，则定较低等级，烟叶分级因素，主要靠人的感官识别，各因素程度档次之间没有明显的界限，而烟叶品质的千变万化，必然会出现某些烟叶的品质因素介于两种程度档次的界限上，该条款明确了其归属，在较低等级定级。

5. B 级烟叶的调整原则

一批烟叶等级为 B 级，其中一个因素低于 B 级规定，则定为 C 级；一个或多个因素高于 B 级，仍定为 B 级。

6. 不予收购的烟叶规定

青片、霜冻叶片、火伤、火熏、异味、霉变、掺杂、水分超限等均为不列级，不予收购。

7. 定级的限制性规定

（1）中下部杂色一级限于腰叶、下二棚部位烟叶。

（2）光滑一级限于腰叶、上二棚部位烟叶、下二棚部位烟叶。

（3）青黄一级限于含青二成以下的烟叶。

（4）完熟叶组中 H1F 为橘黄色、H2F 包括橘黄色和红棕色。

（5）中部微带青质量低于 C3V 的烟叶应列入 X2V 定级。

（6）中部烟叶短于 35cm 者在下部叶组定级。

（7）杂色面积小于 20% 的烟叶，允许在主组定级，但杂色和残伤相加之和不得超过相应等级的残伤百分数，超过者定为下一级；杂色和残伤之和超过该组最低等级的残伤允许度者，可在杂色组内适当定级。

（8）CX1K 杂色面积不超过 30%，超过 30% 为下一个级，B1K 杂色面积不超过 30%，B2K 杂色面积不超过 40%，超过 40% 为下一个等级。

（9）退色烟在光滑叶组定级。

（10）对基本色影响不明显的轻度烤红烟，在相应部位颜色组别二级以下定级。

（11）叶片上同时存在光滑与杂色的烟叶，在杂色组定级。

（12）青黄烟叶片存在杂色时，仍在青黄烟组按质定级。

8. 定级的破损率计算方法和规定

$$破损率（\%）=\frac{把内烟叶破损总面积}{把内烟叶应有总面积}\times100\%$$

烤烟 42 级国家标准，规定破损率，上等烟 10% 以下，中等烟 20% 以下，下等烟 30% 以下。

9.定级的纯度允差规定

定级的纯度允差指某一等级允许混有上下一级烟叶的幅度，不得只低不高，也不得只高不低。

$$纯度允差 = \frac{被检样品内上下一级重量之和}{被检样品总重量} \times 100\%$$

烤烟 42 级国家标准中对各等级的纯度允差限定为：

（1）上等烟包括：中部橘黄 1 级、中部橘黄 2 级、中部橘黄 3 级、中部柠檬黄 1 级、中部柠檬黄 2 级、上部橘黄 1 级、上部橘黄 2 级、上部柠檬黄 1 级、上部红棕 1 级、完熟叶 1 级、下部橘黄 1 级。上等烟包括 11 个等级的纯度允差为 10%。

（2）中等烟包括：中部柠檬黄 3 级、中部柠檬黄 4 级、中部橘黄 4 级、上部橘黄 2 级、上部橘黄 4 级、上部柠檬黄 2 级、上部柠檬黄 3 级、上部红棕 2 级、上部红棕 3 级、下部橘黄 2 级、下部橘黄 3 级、下部柠檬黄 1 级、下部柠檬黄 2 级、完熟叶 2 级、中部微带青 3 级、下二棚微带青 2 级、上部微带青 2 级、上部微带青 3 级、光滑叶 1 级。中等烟包括 19 个等级的纯度允差为 15%。

（3）下等烟包括：上部柠檬黄 4 级、下部橘黄 4 级、下部柠檬黄 3 级、下部柠檬黄 4 级、中下部杂色 1 级、中下部杂色 2 级、上部杂色 1 级、上部杂色 2 级、上部杂色 3 级、青黄烟 1 级、青黄烟 2 级、光滑叶 2 级。下等烟包括 12 个等级的纯度允差为 20%。

10.对级外烟收购和自然碎片规定

（1）凡列不进标准级别但尚有使用价值的烟叶，可视作级外烟，收购部门可根据用户的需要议定收购。否则，拒收购。对于尚有使用价值的级外烟，将由收购部门，根据用户的需求，以销定购，自行决定是否收购。

（2）每包（件）内烟叶自然碎片不得超过 3%。

实践五 烟叶收购

一、收购前准备与入户预检

1.基本规定

收购前，应制订收购方案，明确当年的收购目标、任务。各站点应提前做好各方面准备并经上级公司检查验收后确定开仓时间。未经预检的烟叶，一律不予收购。

2.管理流程（图 1-6）

3.工作内容和管理要求

（1）地市级公司收购前做好以下工作：①制订本公司烟叶收购实施方案；②审核县级分公司收购物资计划，编制全地市物资购进计划并组织采购供应；③组织烟叶仿制样品制审定工作，确保站（点）有一套仿制样品；④编制收购资金计划，确保收购资金到位；⑤对烟叶收购信息网络进行调试，确认畅通后，下发启用通知。

（2）县级分公司收购前做好以下工作：①拟定本级公司烟叶收购实施方案；②编制收购物资计划并于收购前组织到位；③财务部门统一备置有关账表票据，做好收购资金的协调，于收购前全部到位；④组织站长、验级员、安全员、微机员等人员培训、考核，颁发上岗证。

（3）烟叶工作站收购前做好以下工作：①根据下达的收购计划，结合收购方案，制订本站收购工作计划；②清理收购场地和仓库，向县级分公司申请开仓；③合理配备收购人员，

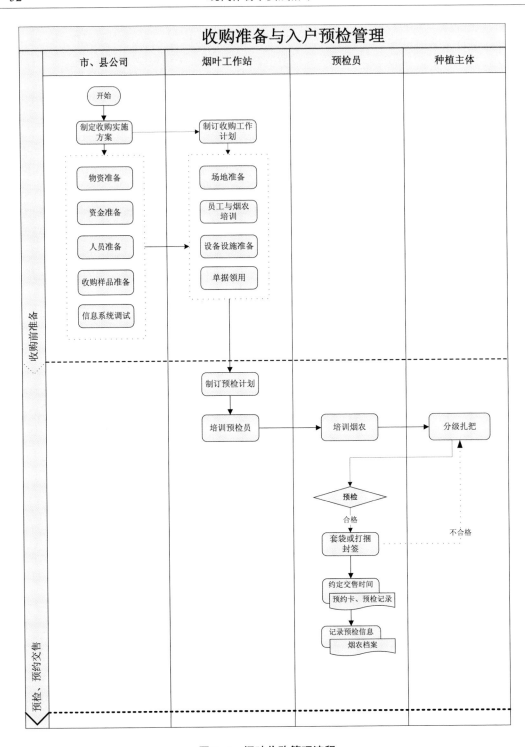

图1-6　烟叶收购管理流程

必要时组织招聘临时人员参与烟叶收购工作；④维修、养护收购设备，检定计量器具，调试信息系统；⑤备齐收购物资，领取相关表单；⑥组织站内员工和烟农培训。

（4）预检。主要工作包括：①烟叶工作站按照"质管前移，入户预检，约时定点，轮流交售"的原则制定预检方案，对预检工作进行合理安排，预检员经培训考核合格后持证上岗；②入户预检时要严格执行"四清一规格"的要求对烟叶进行分级扎把和初分预检，严格控制杂物混入；③预检员按照服务路线和时间逐户对烟农进行分级扎把指导和烟叶初分，对大把头、混部、混级、混色、扎把等不合格的烟叶，指导烟农重新分级扎把；④预检合格的烟叶由预检员当面打包封签，装入预检袋，填写烟叶预检卡，开具预检合格证，约定交售时间，烟农签字认可并留存作交售凭据；⑤按预约时间轮流交售烟叶。

二、把烟收购

1. 基本规定

坚持编码验级、封闭收购、原收原调。执行国家法律、行业法规和公司相关制度，公平公正。强化服务意识，为种植主体提供优质的服务。

2. 管理流程（图 1-7）

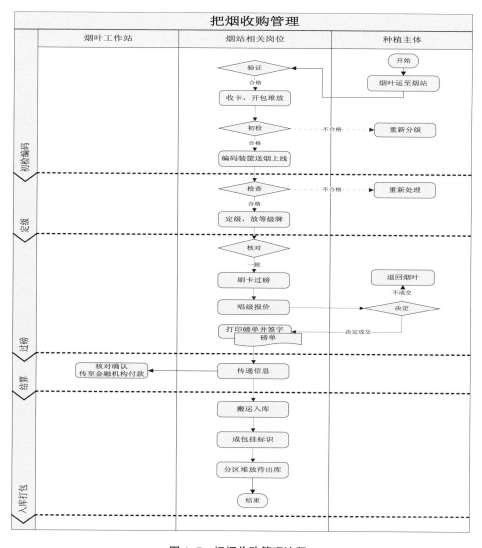

图 1-7　把烟收购管理流程

3. 工作内容和管理要求

（1）初检编码。初检（编码）员检查种植主体户籍卡和预检卡等资料，手续不全的不予初检；逐捆（袋）检查封签是否完好无损，如有不明原因的毁损不予初检。验证合格的烟叶按分级标准检查小把、捆（袋）内纯度并分类归堆。初检时发现把、捆（袋）内纯度未达GB2635标准或其他不符合要求的烟叶，初检（编码）员开具《不合格品处理通知单》，烟叶退回种植主体；初检合格的烟叶分筐录入初分等级，收购系统自动生成烟筐编码。打印编码一式两份，其中一份交给种植主体。

（2）定级。烟叶进入定级室后，验级员输入烟筐编码，调出烟叶信息。检查烟叶是否存在把内纯度不合格等质量问题，如存在质量问题，退回种植主体重新分级。纯度合格的烟叶，验级员严格按照烟叶国家标准对送检烟叶进行准确定级并将等级录入收购信息系统。

（3）过磅。每天上班前司磅员必须对磅秤进行调试，调试好后方可开磅过秤。进过磅室烟叶，司磅员确认筐中等级牌与电脑上显示的等级相符方能过磅。司磅员向种植主体唱等级报价格并核对烟筐数。种植主体同意成交后，收取种植主体IC卡，刷卡后打印过磅单并签字。把磅单和IC卡一同交给种植主体。种植主体不愿成交的烟叶当面退还。当日收购结束后，司磅员汇总收购数据，与开票员对账。

（4）结算（付款）。烟叶工作站点要全部实行微机联网收购，收购信息自动传输或者当天联网传输，信息传递至县级分公司，经信息中心及财务人员核实确认，传送给金融部门，金融部门按程序将售烟款直接存入种植主体账户。收购信息要做到及时、准确，不漏报、瞒报、错报。收购单据当日封存。每天收购结束前开票员要及时汇总当天的收购日报表并与司磅汇总表核对后将当日的所有收购单据进行封存，验级员、过磅员、保管员共同签字确认。

（5）入库成包。过磅成交的散把烟叶直接成包；不具备直接成包条件的烟叶由专人指引入库按等级分别堆码。入库的散把烟叶要实行分区域、分等级规范堆码，库内必须悬挂醒目的烟叶等级标识牌。标识等级必须与堆放等级相一致，严禁混堆、窜堆。散把烟叶堆码必须起堆时把头向内，第二排开始把头向外，把尖向内，由里向外层层堆放。随时保持库内整洁、通畅，各等级之间界限分明，整体布局合理。不具备直接成包条件的散把烟叶必须由仓管员监督指导当天成包，确保当日单等级散把烟叶库存量不超50 kg。成包时烟叶放置应整齐有序，叶尖朝内，叶柄朝外，烟叶不外露，包形方整，无偏角、畸形和大小包头，捆包三横二竖，走直拉紧，距离均匀。缝针不少于44针，内斜外正，距离均匀，无毛边、露角。成包时，尽量减少烟叶压油，特别是上中等烟，要松散成包，轻微的挤压成型即可，成包重量可适当放宽到上中等烟每件40kg，下低等烟50kg，每担重量允差±0.25kg，自然碎片率控制在3%以内。成包后的烟叶应立即在烟包正中粘贴烟包标识，烟包标识必须统一制作，内容包括省、市、县三级公司和烟叶工作站名称、等级、重量、品种、日期、验级员、过磅员等。手工填写的要求清晰、准确，确保烟叶质量的可追溯性。基地单元烟叶应在标识上注明工业企业名称。成包后的烟叶按等级整齐堆放，足车后及时调运到地市级公司烟叶仓库或指定仓库。运输车辆必须证件齐全，车况良好，车厢清洁，无污染、无异味，有严密的覆盖物，严禁敞车运输。

三、专业化分级散叶收购

1. 专业化分级组织

按照"统分结合、双层经营、规模种植、专业服务"的原则，建立和完善种植主体专业合作社统一专业化服务。专业分级服务组织可以在种植合作社、综合服务社或单一服务社中设立并制定相应的规章制度；配备分级人员，借用场地、设施、设备，在专业分级场所从事分级服务；为服务区内种植主体提供收费专业分级服务，收费标准经县级公司审核批准；烟草公司和对口工业企业对专业分级给予一定的补贴。

2.专业化分级组织岗位设置

专业化分级组织分成若干分级小组，每小组由 3 ~ 4 名分级员组成，设工位 1、工位 2、工位 3 等 3 个岗位。分级小组数量由专业化分级组织，依据服务协议约定的农户和烟叶数量确定，分级员日工作定额为 60 ~ 70kg/ 人。分级员分级资质由县级分公司认定，必须经县级分公司培训合格，持证上岗；质管员由烟站派出，必须通过行业相关技能鉴定，熟悉国家烟叶标准，具备一定的组织管理与协调能力。

3.专业化分级组织岗位职责

（1）工位 1 分级员。负责对出炕烟叶分户标识并确定数量；负责烟叶下杆、去除非烟物质；接受烟站派出质管员指导和管理。

（2）工位 2 分级员。负责烟叶分组；负责副组烟叶分级；接受烟站派出质管员的分级质量指导和管理。

（3）工位 3 分级员。负责正组烟叶分级；接受烟站派出质管员的分级质量指导和管理。

（4）质管员。负责专业分级人员分级现场指导和质量把关；负责专业分级的巡回检查与指导；负责专业化分级的等级质量抽检，《分级合格通知单》的开具；负责对专业分级质量信息的收集与反馈。

4.设施与设备

（1）分级场地。根据气候情况，采取敞开式或配套建设专门分级房，配置室内光源和加湿设备。地板颜色要求：水泥清光；墙壁颜色要求：白色。采取自然光或人工模拟自然光，色温：5500 ~ 6000K，照度：自然散射光 3000 ~ 10000lx，人工模拟自然光 2000 ± 200Lx。

（2）回潮设备。回潮可单独采用烤房内回潮或回潮室回潮，也可先在烤房内回潮再经回潮室回潮。回潮室回潮根据室内面积配备加湿装置。

（3）分级设备。分级台由县级分公司统一制作，分级服务组织借用，台面要求为灰白色或灰色，规格：长 × 高 × 宽 =240 cm × 80 cm × 120cm。塑料筐（长 × 高 × 宽 =80 cm × 65 cm × 45cm ）。

5.专业化分级过程管理

（1）基本规定。专业化分级组织负责分级过程的组织实施，烟叶工作站负责过程的监督。应建立健全相关的管理制度，规范过程管理，确保分级质量。专业分级前，分级组织应与种植主体签订规范合同，规定双方权利与义务。

（2）管理流程（图 1–8 ）。

6.工作内容和管理要求

（1）服务协议签订。专业化分级组织应与种植主体签订正式的《专业化分级服务协议》，明确服务对象、服务地点、服务方式、收费标准、费用结算方式、不合格烟叶的处理、违约责任等。服务协议应在提供服务前签订，服务协议须由第三方(烟叶工作站、点)参与监督管理。

（2）分级对照样品制作与管理。烟叶收购站、点依据烤烟国家标准（GB2635—1992），制订分级对照样品，指导专业化分级。分级对照样品制作与管理参照本规范第 2 部分 4.3.1.3 条款执行。烟叶收购站、点应建立对照样品的制作和使用记录；分级台应悬挂分级对照样品并每天一换。

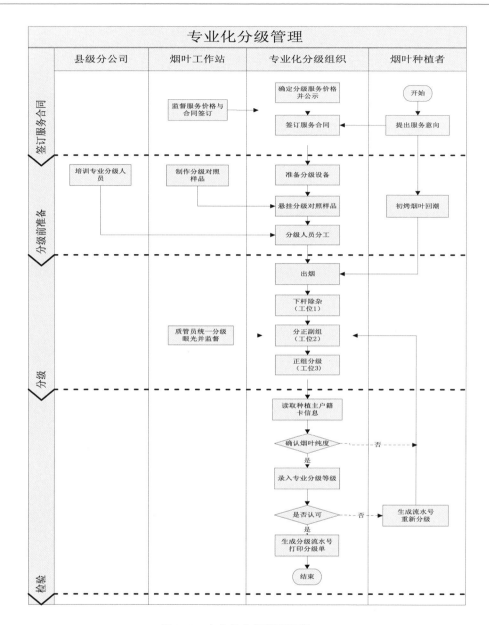

图1-8 专业化分级管理流程

（3）分级前准备。准备好分级场地、设施与设备、人员。预约分级时间、烟叶数量和部位。专业分级组织依据烟叶数量及分级员日平均工作定额确定每个工位的分级员人数，依次为工位1至工位3。质管员统一分级眼光。

（4）回潮。烤房回潮方法：烤烟结束，烘烤房内温度68℃时，打开进风口，开启循环风机，循环降温0.5h，将烤房内温度降到50℃左右，进行3～4h连续喷雾加湿回潮，烤房内温度降到35℃左右，湿度提高到70%左右时，烟叶回潮达到要求。回潮结束后，出烟和下杆分级过程容易导致烟叶丢失水分而变干，因此，出炉的烟叶下杆分级前或分级中，应堆码密封，进行自然降温处理，达到保湿效果。回潮房回潮应根据回潮房面积控制温、湿度条件。

（5）对样分级。①出烟：对烟叶分户标识并确认数量，要求标识清晰完整，数量准确；

②下杆除杂：烟叶下杆并去除非烟物质，要求确保烟叶部位清楚不混杂；非烟物质剔除干净；③分正副组：分出正副组并对副组烟叶分级并装筐，分组分级要准确；④正组分级：正组烟叶分级并装筐，分级要准确。

（6）检验。质管员读取种植主户籍卡获取信息，首先确认烟叶纯度是否合格，合格烟叶进行等级确认，不合格退回重新分级。对纯度合格的烟叶，质管员通过系统逐筐输入分级结果，如果认可分级结果，打印分级信息，一式两份，其中一份交给种植主体；如果不认可分级结果，烟叶退回分级组织重新分级。

（7）质量监督。质管员应对分级员分级的每一筐烟叶按烤烟国家标准和对照样品，现场随时抽检，确保等级质量和纯度。对分级人员所挑选的烟叶等级合格率低于80%的，质管员应责令返工。抽检时作好抽检记录，作为对分级组织考核的依据。

7. 散叶收购过程管理

（1）基本规定。应制定收购管理制度及散叶收购工作程序和岗位责任制度。收购前，应制订收购方案，明确当年的散叶收购目标、任务，相应的资金、设施设备、人员均要落实到位。严格执行国家法律及行业规定和公司相关制度，严肃收购纪律。强化服务意识，做好与专业分级组织的衔接协调，为种植主体提供优质服务。烘烤工场附近有收购站点的，可在站点设专线对散叶进行收购；无站点或距站点较远的，50座以上的烤房群，增设简易收购场所，实行烘烤、分级、交售一体化作业。

（2）管理流程（图1-9）。

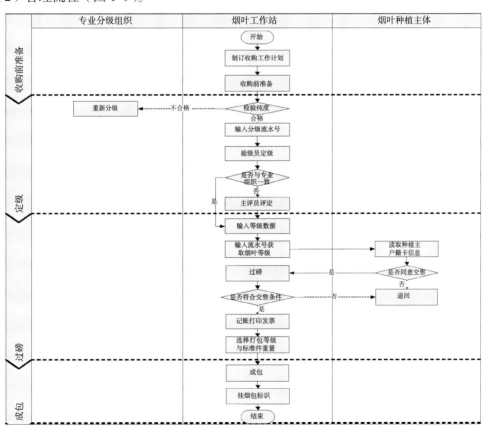

图1-9 散烟收购管理流程

8. 工作内容和管理要求

（1）收购前的准备。岗前培训、持证上岗。设施设备的调试与维护。充分准备收购物资。

（2）收购定级。专业化分级的烟叶，由验级员检验等级纯度，合格的烟叶根据国家标准和收购对照样品进行定级。等级纯度不合格的烟叶由专业分级组织重新分级并作好检验记录，作为对专业分级组织和质管员的考核依据。经验级员检验等级纯度合格，但与分级组织所分等级不符的烟叶，由主评员根据国家标准评定等级。种植主体查看验级员确定的等级信息，认可等级则进入司磅环节，不认可则进入退烟流程。

（3）过磅开单。经确认后的烟叶，送入过磅处过磅。过磅后烟叶开单、入库。

（4）散叶包装。烟叶过磅后应分等级及时成包。包装材料：麻片包装，也可以研究使用其他包装材料。包装规格：麻片包装同普通把烟烟包。包装质量：每件 30 ~ 50kg，允差 ± 0.25kg。技术要求：叶尖朝内叶柄朝外，放置整齐有序，自然碎片率控制在 3% 以内。

（5）烟包标识。烟叶包装后，应在烟包的一端的正中央悬挂标识。标识的内容应包括省、地市、县三级公司和基地单元名称、对口工业企业名称、等级、品种、年份等内容并明确散叶标识，在烟叶储存、运输过程中，要保证标识完好无损。

第五节　其他作物生产实践

实践一　玉米生产

玉米属禾本科、玉米族、玉米属。可以分为硬粒型、马齿型、半马齿型、糯质型、甜质型、爆裂型、粉质型、粳粒型、甜粉型九种类型。生产上大面积栽培的主要为前三种。马齿型玉米的特征是角质胚乳分布于籽粒的两侧，中央和顶部均为粉质，成熟时籽粒顶部凹陷呈马齿型，株高籽大。粳粒型玉米为古老的品种，籽粒外部全为角质淀粉，植株较矮，籽粒小。半马齿型的性状介于两者之间。

一、品种选择

目前大面积生产上以推广杂交玉米为主，单交种为玉米生产应用的主要品种类型。

二、土壤耕作

土层深厚：土壤有机质和速效养分含量较高。

有良好的土壤结构，渗水和保水性能好。

土壤酸碱度适宜范围为 pH 5 ~ 8，以 pH 6.5 ~ 7 为最适宜。

播种前的整地，一般要达到土壤平整、细碎，以利播种、出苗、保苗。

三、施肥

基肥占总施肥量的 50% 左右，过磷酸钙或其他磷肥应与有机肥堆沤后施用，基肥一般条施或穴施。

苗肥一般在幼苗 4 ~ 5 叶期结合间苗（或定苗）、中耕除草施用，应早施、轻施和偏施。

杆肥，又称拔节肥，一般在拔节期，即基部节间开始伸展时追肥，占总追肥量的

20%～30%。

穗肥是指雄穗发育至四分体，雌穗发育至小花分化期时追肥。穗肥一般应重施，施肥量占总施肥量的60%左右，并以速效肥为宜。

粒肥的作用是养根保叶，防止玉米后期脱肥早衰。粒肥应轻施、巧施，施肥量占总追肥10%左右。

四、播种和种植密度

种子精选和处理：种子宜选用具有光泽、粒大、饱满、无虫蛀、无霉变、无破裂的种子，发芽率在90%以上。选用种子包衣的种子播种。春玉米一般以10cm土壤稳定在10～12℃为宜。湖南一般在3月下旬至4月初播种。播种技术有直播和育苗移栽两类。直播的播种方式有开沟条播和挖穴点播两种。育苗移栽要抓好三个环节。第一，培育壮苗；第二，适龄移栽；第三，高质量做好移栽工作。合理密植与种植方式：常见的种植方式有等行距单株留苗、等行距双株留苗、宽窄行。

五、玉米田间管理

苗期管理的主要目标为保证苗全、苗齐、苗壮，促进根系发育良好，植株敦实。防旱、防板结，助苗出土；查苗、补种、育壮苗；中耕除草；防治病虫害。穗期管理包括中耕培土，去蘖，灌溉与排水，防治病虫害。玉米花粒期是指从抽雄到籽粒成熟，历时40～55d，管理内容为人工辅助授粉；灌溉与排水。食用玉米一般于苞叶干枯变白，籽粒变硬的完熟期收获。

六、玉米实习记载

玉米田间记载标准

播种期：播种日期以月/日表示（下同）。

出苗期：全田有50%以上幼芽露出地面1～3cm。

拔节期：当茎节点长度达到2～3cm，靠近地面用手能摸到茎节，称为拔节。50%植株达到拔节时，称拔节期。

抽雄期：雄穗尖端露出顶叶的植株达到10%为抽雄始期，达60%为抽雄盛期。

散粉期：10%植株雄花穗已开始散布花粉时为散粉始期，达60%为散粉盛期。

吐丝期：10%植株雌穗已抽出花丝为始期，60%为盛期。

成熟期：一般以80%以上植株的茎叶变色、籽粒硬化的日期为准。

收获期：成熟后，田间收获日期。

玉米的观察记载如表1-6、表1-7、表1-8：

表1-6　　　　　　　　　　玉米田间栽培档案记载

播种	日期		播种量（kg/亩）		播种方法
施肥	类别	日期	种类	数量	施肥方法
	基肥				

续表

播种	日期		播种量（kg/亩）					播种方法
	追肥	第一次						
		第二次						
		第三次						
		第四次						
中耕除草	第一次		第二次		第三次		第四次		第五次	

中耕除草	日期	方法	日期	方法	日期	方法	日期	方法	日期	方法

病虫害防治	病虫名称	发生时期	为害状况	防治日期	用药名称及浓度	方法

防止倒伏	发生日期	倒伏程度	防止方法

其他	

表 1-7　　　　　　　　　　　玉米室内考种表

株号	穗长	穗粗	穗行数	行粒数	秃顶长	粒型	粒色	轴色	百粒重	出籽率

表 1–8			玉米生育期动态记载表					
播种期	出苗期	拔节期	抽雄期	散粉期	吐丝期	成熟期	收获期	全生育期天数

实践二　小麦生产

一、播前准备

（1）播种量及播期确定。我国一般以长城为界，以北大体为春小麦，以南则为冬小麦。冬小麦主产省份有河南、山东、河北、江苏、四川、安徽、陕西、湖北、山西等省。其中，河南、山东种植面积最大。一般情况下，日平均气温稳定在 14 ～ 18℃，为冬小麦的最佳播种期。一般在 9 月中下旬至 10 月上旬播种，翌年 5 月底至 6 月中下旬成熟。晚播麦田可适当加大播种量。而播量的多少，则要因地因条件因品种制宜。误期晚播，气温低，出苗延迟，苗不齐，长势弱，冬前分蘖少或无，次生根数少，麦苗抗寒力减弱，容易受冻害；同时，由于冬前低位蘖少或缺位，分蘖成穗率低，亩穗数少；过于晚播的冬性品种，常到第二年春才开始幼穗分化，较高的温度条件导致穗的分化形成进程加快，持续时间缩短，穗少、粒少；晚播抽穗开花延迟，成熟期拖延；籽粒形成和灌浆在高温条件下进行，速度加快，历期较短，粒重降低。过早播种，较高温度条件导致植株生长过速，毛细根多，主根下扎较浅，幼苗素质嫩弱，易受病虫为害，造成缺苗断垄，成穗数减少；旺长麦田冬季消耗土壤养分较多，春季很易脱肥。而适期播种，则可使小麦苗期处于最佳的光、温、水条件下，充分利用光热和水土资源，达到冬前培育壮苗的目的。

（2）种子播前处理。①晒种：晒种可促进种子生理成熟，打破休眠；干燥麦粒，提高种皮透性，促进呼吸，利于种子内可溶性营养物质的形成和二氧化碳的排出；提高种子生活力和发芽势、发芽率；杀死或杀伤病原菌、虫卵或幼虫等。一般在土场上摊 3 ～ 7cm 厚，翻晒 2 ～ 3d 即可。晒后注意防潮。②选种：未经精选的种子大小不一，且常有破损粒、带病虫粒和草籽等杂物，不仅严重降低出苗率，而且对麦苗以后的长势也有明显的不利影响。目前，市场上所购精包装麦种一般不用选种。③拌种：针对当地苗期常发病虫害进行药剂拌种，或用含有营养元素、药剂、激素的种衣剂包衣。如用 50% 矮壮素 250g 兑水 5kg，喷、拌麦种 50kg，堆放 4h，然后晾干，可使苗期叶片宽、短、色浓，株健，分蘖发生提早；用 40mg/L 萘乙酸液拌种（或浸种），可提早出苗，提高出苗率，加快幼苗生长。还可用黄腐酸（抗旱剂 1 号）、微量元素（硼、锌、镁、锰、钼）、生根粉等化学药物来拌种。为防止蝼蛄、蛴螬等地下害虫，可用 70% 辛硫磷 0.5kg，兑水 35kg，拌麦种 350kg；或用 50% 辛硫磷 0.5kg，兑水 25kg，拌麦种 250kg；还可用 40% 甲基异硫磷拌种，药、水、种的比例为 1∶100∶1000。

（3）浇水造墒。水分是种子发芽、出苗的必要条件。小麦种子必须吸收相当于本身重量 45% 左右的水分才能发芽。入秋以后雨量逐渐减少，秋作物收获后土壤墒情已显不足。在没有浇底墒水的地区，一方面要多保蓄伏雨、秋雨，防旱蓄墒；另一方面要快收快耕不晾茬，随耕随耙不晾垡，抢墒播种，尽量适时播种，提高播种质量，确保苗全、齐、匀、壮。有浇水条件的，可在作物收获前 7~10d 浇水。收获前来不及浇水造墒的，可在耕耙整畦以后灌水造墒。前者灌水量小些，但灌水期提前，有利于冬性品种早播；后者灌水量大，使底墒更充足，对出苗有利，在不误播期的情况下，增产效果更显著。

二、整地播种

（1）施足基肥，施用种肥。冬小麦基肥最好有机肥与化肥配施，若有机肥源缺乏，要氮磷钾化肥配施。全部的磷肥、钾肥和有机肥用作基肥。冬小麦是越冬作物，苗期是磷营养的临界期，苗期根系弱，气温低，土壤供磷和作物吸磷的能力下降，影响麦苗的返青和分蘖，若此时供磷不足，以后追施磷肥也难补救。氮肥总量的 1/3~2/3 作基肥，其余作追肥，在起身至拔节期施用。低产田和旱地小麦可适当加大基肥比例，氮肥的 70% ~ 80% 作基肥。一般亩施尿素 6~8kg 或碳酸氢铵 20~25kg，磷酸二铵 15~20kg 或过磷酸钙 40~50kg，氯化钾 5~10kg 作为基肥；若用复合肥在黄淮海平原，宜选用中氮高磷低钾型，如 15–23–10、14–26–12；在长江流域，宜选用氮磷钾含量相等或相近的通用型复合肥，如 16–16–16 等，亩施 35~40kg。提倡亩施腐熟有机肥 1500~3000kg 或秸秆还田，这时上述磷钾肥施用量可适当减少，但每亩需增施尿素 15~20kg。施用种肥对基肥量少、薄地或撒施犁翻的地块很重要。它能及时供给苗期所需养分。但种肥用量要少，一般每亩带磷酸二铵 5~7.5kg。施用方法可条施或撒施，条施应注意肥料和种子分离，至少保持 7~10cm 间距，以防烧种烧苗；撒施数量可适当增加，结合耕地翻入土内。

（2）深耕细耙，播后镇压。精细整地，土壤要耕透、耙透，做到不漏耕，不漏耙。旋耕为主，耕深 15cm 以上为宜，旋耕 3~4 年后用铧式犁等机械深耕或深松一次，破除犁底层，改善土壤结构，增加土壤通气性，增强土壤微生物活性，促进养分分解。耕后表层土壤疏松，必须耙透后方可播种，否则会发生播种过深，影响出苗。对过于疏松的麦田，应进行播前镇压或浇塌墒水。

（3）播种深度适宜、一致。播种深度以 3~5cm 为宜。播种过浅，种子在萌发出苗过程中会因土壤失墒而落干，缺苗断垄。同时播种过浅分蘖节离地面过近，抗冻能力弱，不利于安全越冬，又易引起倒伏与早衰；播种过深，使小麦地中茎伸长过长，使正常情况下不伸长，分蘖节第一节以至第二节间伸长，出苗过程中消耗种子中营养物质过多，麦苗生长细弱，分蘖少，冬前难以形成大小适宜的群体，而且植株内养分积累少，抗冻能力弱，易感染病虫害，冬季和早春易大量死苗。

三、冬前管理

冬前阶段小麦以营养生长为主：播后 7d 左右出苗，播后 10~12d 齐苗，出苗后 15d 左右开始发生分蘖。

（1）查苗补苗，疏苗补缺。生产上常因耕作粗放、底墒不足、播种过深或过浅、药害、虫害、土壤含盐量过高等，而发生缺苗（麦行内 10cm 左右无苗）断垄（16cm 长无苗）现象。一般的缺苗断垄率都在 10% ~ 20%，严重的可达 30%。所以，出苗后应及时查苗补苗或补栽。一般在出苗后 3 ~ 5d，将同品种的小麦种子用 20℃温水浸泡 3 ~ 5h，或用磷酸二氢钾浸 12h，然后捞出用湿布包起，18℃环境中催芽至露白。缺苗断垄处开沟补种；若此时土壤干，要顺沟少量浇水；补种后，盖土踏实。补种措施一般应在出苗后 10d 以内完成，最晚不超过三叶期。

（2）化学除草，严防草害。凡播种偏早的麦田，出苗后应及时查治麦蚜、灰飞虱和叶蝉。可出苗后喷洒 1000~1500 倍乐果溶液，每亩约 40kg，可有效除治麦蚜等虫害。

（3）适时冬灌，保苗安全越冬。越冬水可防治小麦冻害死苗，为返青积蓄水分。冬灌适宜在日平均气温稳定在 3~4℃，耕层土壤含水量低于田间持水量的 70%，单株分蘖在 1~2 个以上，天气"夜冻昼消"，水分得以下渗时进行。冬灌过晚，温度偏低，不利于水分下渗，地面积水形成冰壳，起不到作用。一般田间持水量 <50%，需要浇冬水，>50% 的，缓灌或者不灌。灌水量不宜过大。浇冬水后，一定要在墒情适宜时及时划锄，破除板结，保持墒情。

（4）追冬肥。一般结合冬灌进行。一是冬肥不应过量，对土壤肥力高、群体量大、壮苗、旺苗，应少施或者不施冬肥，以免倒伏或贪青；二是不需浇冬水的麦田一般可不施冬肥；三是底肥中未施足磷肥的地块，要注意氮磷配合施用。

四、春季管理

春季管理是小麦生长发育的重要环节，可以弥补冬前的不足，或控制冬前的过旺。苗期（出苗至返青）以营养生长为主，养分吸收力弱，分蘖期氮磷钾养分累计吸收量还不到吸收总量的 10%，但孕穗期（返青至分蘖）营养生长与生殖生长并进，氮磷钾养分累积吸收量达吸收总量的 75% 以上，是养分吸收高峰。这些养分一半左右来自于肥料，其中磷钾主要靠基肥，氮肥则基、追肥并重，而且追肥以氮为主。

（1）追肥。植株健壮、叶色正常，群体数量正常（总茎数 60 万 ~ 80 万）的麦田，起身期管理应以蹲苗为主，拔节期再追肥，亩施 10~20kg 尿素或高氮复合肥 15 ~ 25kg。如果基肥少、地力不好、苗情差（总茎数小于 45 万），可提早追肥或两次追肥（亩追施尿素返青期 5 ~ 8kg，拔节期 10 ~ 15kg）。如果麦苗叶浓绿、旺长，总茎数大于 80 万，起身期可采取喷多效唑等植物生长调节剂、深锄断根（深中耕 5 ~ 8cm）、中耕镇压等措施，并推迟至拔节后追肥，追施氮肥量减少至每亩尿素 8~10kg。镇压 2 ~ 3 次，间隔 4d 左右，遵循"地湿、早晨、阴天三不压"原则。

（2）春季灌水。冬前未浇水或冬灌过早，返青后较干旱麦田，则可早浇水，但灌水量不宜过大。因为此时土壤温度较低，大水易造成积水沤根，新根难发出，易形成小老苗、死苗。同时，浇返青水时间不宜过早，开春后，当地下 5cm 处低温回升到 5℃ 左右时再浇返青水，促进有效穗数。高产田一般在冬灌的基础上，返青时不施肥，不浇水，只进行松土保墒和深中耕等措施；对壮苗可在起身期结合施肥浇水，旺苗则推迟到拔节期麦田开始两极分化时结合施肥浇水。孕穗期是小麦需水临界期，耗水量大，此期一定要保证有充足的水分，减少小花退化，提高结实率，增加穗粒数。所以，要酌情浇透孕穗水。南方麦区 3 月份雨水逐渐增多，导致小麦各种病害发生，麦田要注意清沟排渍，降低水位，减轻病害。

（3）搞好病虫草害防治。对麦田杂草应搞好人工划锄除草的同时，及时开展化学防治，化学除草的最佳时期是 3 月下旬到 4 月初，力争在小麦拔节前结束，选择气温较高、无风天气进行，可用 2,4D– 丁酯乳油每亩 40mL，兑水 50kg，或杜邦"巨星"粉剂每亩 1g，兑水 50kg 喷雾。对野燕麦等单子杂草为害较重的地块，防治时应添加骠马或世玛等药剂混合喷雾。6.9% 骠马乳油亩用量 40 ~ 50mL，3.6% 世玛水分散剂亩量 15 ~ 20g。对小麦纹枯病要在小麦起身时突击开展防治，防治方法可用井冈霉素 200 倍液或烯唑醇 1500 倍液喷根茎部。对其他病虫害也要搞好预测预报，及时进行防治，力争把病虫草害损失降到最低限度。

五、后期管理

从小麦抽穗、开花一直到成熟，是小麦生长的后期，这是小麦形成籽粒产量的重要生长阶段。小麦抽穗以后，主要是旗叶、倒二叶和穗下节间进行光合作用，生长碳水化合物供给籽粒灌浆。因此重视保护好旗叶和倒二叶，延长它们的绿色功能期，保持较长时间的较强光合作用强度，对提高粒重有重要作用。同时，小麦开花以后，根系的活力开始衰退，延缓根系衰老，使小麦的根系具有较长时间的吸收水分和养分的功能，对提高叶片的光合作用强度和持续时间有直接影响。因此小麦生育后期管理的主攻方向是保根、保叶，防止早衰，增加粒重。

（1）合理排灌。小麦抽穗后，生理需水量增大，是小麦一生中需水的高峰。一般要求土壤含水量相当田间最大持水量的 70% 左右为宜，既不能过多，也不能过少。过多则土壤空气不足，常使根系早衰；过少则水分不足，根系早衰减产。在这一时期降雨较少，气温高，蒸发量大，常出现干旱；有时还会出现干热风，会使叶片早衰，降低籽粒灌浆强度，显著降低粒重，对小麦产量影响很大。因此，在小麦开花期，没有降雨、土壤比较干旱的地区，应该在开花期浇好扬花水，也可在灌浆初期浇水。要注意有风不浇，防止倒伏。南方 4.5 月份多雨，要注意清沟排渍，做到明水能排，暗水能滤。

（2）防治病虫害。小麦生长后期有粘虫、蚜虫，赤霉病、白粉病和锈病为害。赤霉病的防治可用多菌灵、敌百虫混合剂；兼白粉病的防治。二是锈病的防治。可用敌锈钠或敌锈酸，稀释 200 倍液，兑洗衣粉 100g 进行防治。

（3）适时收获。小麦蜡熟末期是收获的最佳时期，此时干物质积累达到最多，千粒重最高，应及时收获。收获后要及时晾晒，防止遇雨和潮湿霉烂，并在入库前做好粮食精选，保证小麦商品粮的质量。优质专用小麦还应注意收获时要单收单脱，单独晾晒，单贮单运，防止混杂。

实践三　甘薯生产

甘薯（*Ipomoea batatas*）属旋花科，甘薯属，甘薯种。一年生或多年生蔓生性草本植物。就其用途来说，可分为高淀粉型、食用型、饲用型及叶用型，前三种以块根为主要收获对象，叶用型则以嫩茎尖为主要收获对象。甘薯在湖南为一年生作物，以薯块及薯藤为主要繁殖材料，属无性繁殖作物。

一、品种选择与种薯繁殖

甘薯生产已向专用化方向发展，要根据不同的生产目的和当地的生产条件来选择品种。其甘薯种薯的品种选择与种薯繁殖方法为：

（1）种薯全薯栽种。由于甘薯切块育苗容易发生烂床，在生产上一般不宜采用。

（2）夏甘薯做种薯。由于春甘薯的生活力较弱，容易感染病害。而夏甘薯的生活力强，感染病害较轻，因此，在生产上宜用夏甘薯做种薯。

（3）以中等大小种薯块做种薯。以中等大小种薯做种薯育苗宜于培育壮苗。同一品种的薯块大小虽有不同，但其薯块芽眼的数目却相差不多，大薯块养分含量丰富，出苗较壮，但用种多，不经济；小薯块养分含量少，出苗较弱。所以，在生产上一般以 200 ~ 250g 中等大小的薯块做种薯比较适宜。

（4）脱毒种薯高产抗病。侵染我国甘薯的主要病毒为羽状斑驳病毒（SPFMV）、潜隐病毒（SPLV）、类花椰菜花叶病毒（SPCLV）、褪绿斑病毒（SPCFV）和 C–2 等。通过茎尖分生组织培育成的甘薯脱毒试管苗生产脱毒种薯，群体光合面积大，干物质积累数量多，大中薯的比例高，一般可增产 20% ~ 40%。因此，能有效控制甘薯病毒为害，可使甘薯生长发育加快，个体健壮。

二、育苗

甘薯属无性繁殖作物，生产上一般采用块根繁殖育苗，剪苗扦插。

（1）育苗方式。薯块育苗方法较多，生产上较为适用的方法是塑料薄膜覆盖育苗法　利用薄膜吸收和保存太阳热能提高床温。此种方式又分平播盖膜，出苗后引苗出膜形式；平播盖膜结合起拱盖膜即盖双膜，出苗后揭内膜形式。在施足底肥和粪水基础上，在温室内架低拱膜或平铺膜，升温较快，播种盖双膜效果较好。

（2）排种技术。好种出好苗，因此必须进行育苗前的选种工作。①选薯：选择具有本品种特征，皮色鲜亮光滑，薯块较整齐均匀，无病无伤，没有受冷害和湿害，大小为150 ~ 200g、不带病菌的健壮甘薯做种薯。②消毒：种薯消毒可杀死附着在薯块上的黑斑、茎腐等病菌孢子，一般用抗菌剂浸种，如托布津、多菌灵或抗菌剂 402 等。③排种：排种密度不能过大，从培育壮苗出发，每平方米排种量以 20 ~ 25 kg 为好。一般夏薯地膜覆盖一次性育苗，用种量 750kg/hm^2 左右。薯块的萌芽数，以顶部最多，中部次之，尾部最少。

　排种方法：露地育苗排种较稀，一般采用斜排或平放；薯块头部及阳面朝上，尾部及阴面朝下；种薯应分清头尾，切忌倒排。排种时大薯稍深，小薯稍浅，做到上齐下不齐，使盖土深浅一致和出苗整齐。排种后用细土填满薯间间隙，再浇水并用细土覆盖种薯，覆土厚度以 3cm 为宜。

（3）薯床管理。甘薯苗床管理的基本原则是"以催为主，以炼为辅，先催后炼，催炼结合"。①保持不同时期的适宜温度。育苗期的控温分为 3 个阶段，即前期高温催芽，中期平温长苗，后期低温炼苗。种薯排放前，床温应提高到 30℃左右，排种后使床温上升到 35℃，保持 3 ~ 4d，然后降到 32 ~ 35℃范围内，最低不要低于 28℃，才能起到催芽防病的作用。从薯苗出齐到采苗前 3 ~ 4d，温度适当降低，仍然主攻苗数和生长速度。前阶段的温度不低于 30℃，以后逐渐降低到 25℃左右。接近大田栽苗前 3 ~ 4d，把床温降低到接近大气温度，苗床停止加温，昼夜揭开薄膜和其他防寒保温设施，使薯苗在自然气温条件下逐步提高其适应环境的能力，使薯苗抗逆能力增强而健壮生长。②浇水。排种后盖土前要浇透水，出苗后随着薯苗不断长大和通风晒苗，耗水量增加，要适当增加浇水量，等齐苗以后再浇 1 次透水。第一次采苗（一茬苗）后立即浇水。但在炼苗期，采苗前 2 ~ 3d 一般以晾晒为主，不需要浇水。使床土经常保持床面干干湿湿，上干下湿。③通风、晾晒。在幼苗全部出齐、新叶开始展开以后，选晴暖天气的上午 10:00 至下午 3:00 揭开苗床两头的薄膜通风。剪苗前 3 ~ 4d，采取白天晾晒，晚上盖膜的办法，达到通风、透光炼苗的目的。④追肥。为了满足薯苗不断生长的需要，需要追肥。追肥的数量、方法、次数和时间要根据育苗的具体情况来决定。温床育苗，排种密度大，出苗多，应当每剪（采）1 次苗结合浇水追 1 次肥。肥料种类以氮肥为主，如尿素等氮素化肥。采用直接撒施或兑水稀释后浇施的方法。⑤采苗。薯苗长到 25cm 高度时，要及时采苗栽植。采苗的方法有剪苗和拔苗两种。剪苗的优点是种薯上无伤口，可减少病害感染传播，不会松动种薯而损伤须根，有利于薯苗生长，并能促进剪苗后的基部生出再生芽，增加苗量。剪苗困难的薯苗可采用拔苗的方法，但种薯伤口增多，要注意及时防病。⑥选择壮苗。综合各地经验，壮苗的标准为：苗龄 30 ~ 35d，苗长 20 ~ 25cm；叶片舒展肥厚，大小适中，色泽浓绿；苗茎粗约 5mm，茎上没有气生根，没有病斑；苗株挺拔结实，乳汁多。

三、大田管理

（1）备土。甘薯对土壤酸碱性要求不甚严格，在 pH 4.5 ~ 8.5 范围均能生长，但以 pH 5.0 ~ 7.0 的微酸性到中性土壤最为适宜。甘薯根系和块根多分布在 0 ~ 30cm 土层内，耕层深厚、土壤疏松、通气良好的土壤，利于块根的生长。因此，薯地耕翻深度以 25 ~ 30cm 为宜。采用垄作栽培，大垄栽双行，垄距 92 ~ 120cm，垄高 33 ~ 40cm，每垄交错栽苗两行。

（2）施肥。甘薯根深叶茂，吸肥力强。起垄后，在垄面施用复合肥每亩 35 ~ 50kg，有机肥 500kg。在甘薯栽插活蔸后及时追催苗肥，用 10 ~ 15 担 / 亩农家肥加少量氮素化肥浇在苗棵附近。

（3）栽插密度。甘薯的栽插密度灵活性较大，应根据品种、土壤、水肥条件、栽插期及栽插方法等而定。综合考虑，长沙地区块根用甘薯大田条件下每公顷春薯（4.5×10^4）~（6.0×10^4）株；叶用甘薯每公顷密度为（1.2×10^5）~（1.5×10^5）株。

（4）栽插。在当地气温开始稳定在 15℃以上、浅土层的地温达到 17 ~ 18℃时就可栽插。甘薯苗栽插的要领：①浅栽：在保证薯苗成活的前提下尽可能浅栽，薯苗入土深度以 5cm 左右为宜。②适当增加薯苗入土节数。薯苗各节遇土生根，都有可能形成薯块，增加入土节数就是为了增加结薯数。③浇足定根水：它能使薯苗入土各节和土壤密切接合，及时供应水分，促进生根成活。④封好盖苗土。栽后等水渗干，要及时封好盖苗土，防止因跑墒、透风而死苗。甘薯秧苗栽插方式：采用斜插法，将薯苗斜插入土中 3 ~ 4 节，这种栽法应用比较普遍，它的特点是薯苗入土里的节位比直插浅，单株结薯数比直插多，中层节位结薯较大，下部节位结的薯小，甚至不结薯。

（5)田间管理。①发根缓苗阶段。主要抓好以下几项措施：一是查苗补苗。消灭小苗和缺株。一般栽后 2 ~ 3d 就应随查随补，最好在田边地头栽一些备用苗作为补苗用。二是早中耕除草。中耕一般在生长前期进行，中耕时要掌握先深后浅，垄沟深锄，垄面浅锄。中耕次数要根据气候、土质、杂草生长情况而定，一般 2 ~ 3 遍即可。三是防治地下害虫。如小地老虎、蝼蛄、蛴螬、蟋蟀等害虫经常在各地栽插甘薯季节里大量发生，咬断幼苗造成小苗缺苗，结薯后蛀食薯块，造成虫孔伤疤，并传播病害，为害很大。防治办法为在冬耕深翻土地或栽前打垄时拾蛹捕杀,栽插后撒施毒土、毒饵或喷药防治。②分枝结薯阶段。这一阶段由植株长出分枝到拖秧封垄开始,春薯在栽后 35 ~ 75d,夏薯在栽后 20 ~ 35d,主要做好以下几项工作:一是前期浇"拖秧水"(甩蔓水)。春薯栽后 30 ~ 40d,夏薯栽后约 20d,地上部正长分枝拖秧,地下部薯块开始形成。适当补充水分是这个阶段初期的重要管理措施。有灌溉条件的地块,采用小水沟灌,灌水量不超过垄高的一半,灌后随即中耕。二是早追肥。追肥宜早不宜晚,追肥种类应以氮素肥料为主,施用量应根据植株长相决定。三是防治茎叶害虫。为害地上部茎叶的害虫主要有卷叶虫、甘薯天蛾和斜纹夜蛾等。③茎叶盛长、薯块相应膨大阶段。春薯一般在栽后 60 ~ 100d,夏薯栽后 40 ~ 70d,此阶段的田间管理应着重以下几方面。一是三沟配套防旱涝。修整好田间的垄沟、腰沟和围沟,做到沟沟相通,达到雨停田间无积水的标准。二是追施催薯肥。追肥应以钾肥为主,过多施氮肥对薯块的膨大不利。应在栽后 90 ~ 100d追施钾肥,每公顷可施硫酸钾 150kg。三是中期提蔓。甘薯苗各茎节有落地生根的特点,茎节产生的气生根会消费大量的养分,因此可采用轻提蔓的方式防止气生根的发生。要注意提蔓不翻蔓(秧),提蔓时将薯藤轻轻提起,按原位放回,而翻蔓则是将薯藤翻卷,叶片受光姿态发生改变。试验证明,不论平原沃土、丘陵山地、高台、洼地,也不论品种类型、栽插期早晚和生长期长短,翻蔓都比不翻的减产。翻的次数越多减产幅度也越大,减产幅度为10% ~ 20%。此外,还要继续注意防治茎叶害虫。④茎叶衰退、薯块迅速膨大阶段。管理要求保护茎叶不早衰,延长茎叶的功能期,促进薯块膨大增重。一是早追裂缝肥或根外追肥:每公顷用人粪尿 3700kg 兑水 7500L 灌缝,或用氮素化肥 30 ~ 45kg 兑水 1500 ~ 2500L 稀释后灌缝。也可用 2% ~ 5% 的过磷酸钙液或 1% 的磷酸钾液或 0.3% 的磷酸二氢钾液进行根外追肥,每公顷喷施 1200 ~ 1500L,每隔半个月喷 1 次,共喷 2 次。二是继续注意防旱排涝,遇旱灌水和排水防秋涝是其关键。过湿影响薯块膨大,造成烂薯和发生硬心,不利于贮藏和晒干。

四、收获与贮藏

(1)收获。甘薯没有明显的成熟标志,收获过早,缩短生育期,会降低产量,同时薯块易发生黑斑病和出现薯块发芽,不利于贮藏。收获过迟,淀粉糖化会降低块根出干率与出粉率,甚至遭受冷害,降低耐贮性。比较科学的方法是根据气温的变化来确定收获期,当气温降至15℃时地上部已经停长,18℃开始收获,至 15℃时收获结束;或据秋冬作物的需要提前收获。收获应选择晴天进行。早晨割秧,上午收获,堆放后晾晒一段时间后入窖。做到细收、收净、轻刨、轻装、轻运、轻放,尽量减少薯块破伤,以避免传染病害。

(2)贮藏。鲜薯贮藏是甘薯产后的一个重要环节。若薯块质量差,消毒不严格,温湿度不适宜,会使黑斑病、软腐病等病害大量发生,品质变劣。因此,必须创造适宜的环境条件,以达到安全贮藏的目的。贮藏窖内应特别注意通气,不宜贮薯过满和过早封窖,防止呼吸强度过大和发生缺氧呼吸。凡受伤、带病、水渍或受冷害的薯块都应在入窖前剔除。同时,对旧窖要进行消毒。

五、经济性状考察

在甘薯收获前(约在 10 月下旬)进行甘薯经济性状的考察,主要项目有:①密度。数一行的蔸数,然后量出其距离,计算出株距,从一边垄边量到另一边垄沟中心的距离,作为行距。然后根据株行距,计算出甘薯田间实际种植密度。②农艺性状考察。按照 5 点取样法,在每个点取 10 蔸甘薯，进行甘薯农艺性状考察，主要考察藤长、藤粗、分枝数、叶片数。③经济性状考察。将上述 5 点农艺性状考察后的甘薯挖出，去泥后称重，计算每蔸产量，同时计算大中薯率，每蔸结薯数量，平均每蔸薯重，最大薯重，单位面积鲜薯产量。

$$鲜薯产量（kg/ 亩）= 单位面积蔸数 × 平均每蔸薯重（kg/ 蔸）$$

实践四　花生生产

花生为豆科蝶形花亚科落花生属的一年生草本植物，可与根瘤菌高效共生固氮菌，具有耐瘠、耐旱、矮秆和早熟的特点，适合与其他作物间作套种。

一、备土

花生属土下作物，要求土层深厚、土质疏松通气，土壤肥沃，以沙土、粉砂土及轻壤土为宜。花生忌与茄科、葫芦科等作物接茬，忌连作。

二、施肥

花生施肥应遵循重施前茬肥、基肥、有机肥和磷肥，巧施氮肥，有机肥和无机肥配合的原则。施肥量要根据土壤条件、产量目标等具体确定，花生栽培常需要补施铁、锌、硼、钼及钙等微量元素。

三、播种与密度

播前精选粒大饱满、色泽新鲜、未发芽、未霉变、未伤残的花生仁作种。可用甲基硫菌灵、多菌灵、吡虫啉等拌种防苗期病害及地下害虫。花生播种的适期是 5cm 地温稳定达到 15℃以上，播种深度依据土壤质地、墒情、天气等因素而定，露地栽培一般 3 ~ 5cm，覆膜 3cm。南方珍珠豆型春播为 30 万 ~ 33 万株 /hm^2，人工播种以双粒穴播为好，机械播种则为单粒播种。丛生品种的行距为 30 ~ 40cm，穴距为 15 ~ 25cm。种植方式根据整地形状分为平作、垄作、畦作 3 种；根据是否覆膜可分为覆膜栽培和露地栽培。

四、田间管理

（1）清棵。是在基本齐苗、首次中耕时，将幼苗周围的表土扒开，使子叶直接曝光的一种田间操作方法。

（2）中耕除草。花生的芽前除草剂主要有乙草胺、异丙甲草胺等，苗后除草剂可用盖草能喷杀单子叶植物，若人工中耕除草，一般需要进行 3 次，第一次结合清棵进行，第二次在团棵时进行，最后一次在下针前进行。

（3）施用植物生长调节剂。若花生肥水充足，出现徒长现象时，可用 15% 的可湿性粉剂 450 ~ 750g/hm^2，兑水 750kg 喷叶 1 次，但切忌施用过早或超量使用。也可在花生下针后期至结荚前期，施用壮饱安，用量为 300g/hm^2，兑水 600kg 于叶面喷施。而 ABT 生根粉及缩节胺可提高根系活力，延缓根系衰老。

（4）收获与贮藏。植株中下部叶片脱落、上部 1/3 叶片变黄时为花生的收获适期；新收获的花生荚果含水量为 45% ~ 60%，易霉烂变质，要尽快通风晒干；花生荚果安全贮藏的含水量为 10%，达到安全贮藏水分的花生，可在干燥、阴凉、无鼠害的地方存放。

实践五　大豆生产

大豆属豆科作物，是一年生草本植物。大豆植株的茎、叶、荚上多有茸毛。

（1）品种选择。选择品种要考虑后茬作物的适期播种或移栽，选择的品种应具有高产特性和适应性，抗当地主要病虫害，品质优良，含油量或蛋白质含量高。

（2）适时播种。要根据土壤温度和湿度，在3月底或4月初抢晴天适时播种，夏大豆播种弹性大，以5月中旬至6月上旬为宜，秋大豆以7月下旬至8月初最为适宜。

（3）合理密植。春大豆在中等肥力地块上密度以（3.75×10^5）～（4.5×10^5 株 $/hm^2$）为宜，肥地或生育期较长的品种，密度要低些。夏大豆生育期较长，生长繁茂，密度宜低，秋大豆生育期较短，营养体小，种植密度要大一些。

（4）合理施肥。大豆的需肥规律是从出苗到开花需要的养分占全生育期的20.4%，开花到鼓粒期占全生育期54.6%，鼓粒到成熟占25%。一般来讲应该施用底肥和种肥，每公顷施尿素75kg，氮磷配合比例以1∶3或1∶2为好。要注意施用磷钾肥，施种肥时，要特别注意肥、种隔离，避免种肥接触，以免烧种烧苗。花期用0.2%～0.3%的磷酸二氢钾水溶液或过磷酸钙浸出液叶面喷施。

（5）病虫防治。春大豆苗期要防治好地老虎，花荚期重点防治食叶性害虫和豆荚螟；夏大豆苗期易发立枯病、根腐病、白绢病，可用50%多菌灵拌种或50%的托布津进行茎叶喷雾处理。后期造桥虫、豆卷叶螟、斜纹夜蛾为害重，要及时药剂防治。

实践六　蔬菜瓜果生产

一、蔬菜育苗

（一）蔬菜育苗的季节

（1）冬春育苗　一般在11月到翌年4月，主要为茄果类、瓜类和豆类育苗，此时天气寒冷，而所育菜苗均为喜温及耐热蔬菜，因此育苗须在保温的条件下进行。

（2）夏秋育苗　一般在7～9月进行，主要为白菜、甘蓝和一些绿叶蔬菜育苗，此时为高温干旱期，而所育苗的蔬菜又大多喜欢冷凉，在高温下不易发芽、出苗，因此必须采用一些降温、遮阳及可防暴雨的设施进行覆盖育苗。

（二）育苗的方法

冬春保温育苗。保温育苗方法较多，一是塑料薄膜覆盖育苗法：利用薄膜吸收和保存太阳热能提高床温。最好是在塑料大棚内架低拱膜或平铺膜，升温较快，播种盖双膜效果较好。二是电热加温育苗法：就是在育苗床土下面铺设电热加温线，让电流通过电阻较大的加温线，把电能转化为热能。在使用时要严格按说明书操作，注意安全，同时在床土上要盖塑料薄膜保温。

夏秋护阴育苗。夏秋育苗种类主要是白菜、甘蓝等喜冷凉的绿叶菜类，育苗期间的主要障碍因素是高温、干旱及强烈的阳光。因此，育苗的关键是采用覆盖材料进行遮阳、降温及保湿处理，可采用黑色遮阳网覆盖遮阴。

（三）播种

冬春蔬菜。茄果类可在12月中下旬播种，播前一天浇足苗床底水，有些蔬菜须催芽后播种，播量因蔬菜种类不同而异，茄子10g/m^2，辣椒20g/m^2，番茄10g/m^2，黄瓜50g/m^2，播种要匀，播后覆土。

夏秋蔬菜。播前深翻土，土壤烤晒过白，敲碎土块，厢面整平，浇一层粪肥盖面，粪干后，用耙将厢面表土耙松，稍加镇压后，立即播种。播后用竹扫帚在厢面轻扫一遍，然后浇泼浓粪水盖面，用两层遮阳网覆盖厢面。

（四）苗床管理

（1）冬春蔬菜。要分阶段管理，第一阶段，从播种到子叶微展，要维持较高的温湿度和充足的氧气，番茄需要 20 ～ 25℃的床温，茄子和辣椒需要 25 ～ 30℃的床温。第二阶段，从子叶微展到"破心"，这一时期主要是降低苗床温湿度，要使幼苗多见阳光，防止幼苗徒长，还要及时间苗，防止苗挤苗，要多通风透光，增强抗寒和抗病能力。第三阶段，从"破心"到分苗，此阶段要适当提高床温，加强光照，保持干干湿湿，看苗追肥，促进营养生长。当幼苗长出 1 ～ 2 片真叶后，为防拥挤，需将秧苗移到假植苗床上进行分苗，分苗前先浇水，起苗时要带土，不伤根，不碰伤嫩茎叶，大小苗分开栽，分苗的株行距一般黄瓜、番茄10cm×10cm，茄子 8cm×8cm，辣椒 6cm×6cm。切忌深栽，栽后浇水压蔸，盖膜保温保湿。

（2）夏秋蔬菜。当幼苗开始出土后，要及时揭遮阳网，保持土壤湿润，齐苗后要及时间苗，结合除草，追施淡粪水，发现虫害要及时喷药防治，早晚可揭遮阳网，让幼苗多见阳光和露水。

（五）蔬菜移栽及大田管理

蔬菜种类繁多，除了以膨大的肉质根为食用器官的根菜类和一些以嫩小幼苗供食用的叶菜类外，大部分都需要育苗移栽，秧苗移栽主要受气温和天气影响。栽苗前要施足基肥，基肥以人畜粪为主，配合施入一定的复合肥，或氮肥、磷肥、钾肥。最好是按作物株行距打穴施入，然后烤晒 1 ～ 2d 后植入菜苗。起苗前将苗床浇水，减少起苗时对幼苗根系的伤害，起后要当日定植，栽苗后要及时盖土，轻向上提苗，使根系舒展，定植后要立即浇定根水。定植 4 ～ 5 天后，要及时查苗补缺。

二、豆角生产

豆角富含蛋白质、胡萝卜素，营养价值高，口感好。栽培应安排在高温季节，耐热性强，生长适温为 20 ～ 25℃，在夏季 35℃以上高温仍能正常结荚，也不落花，但不耐霜冻，在10℃以下较长时间低温，生长受抑制。

（1）育苗。豆角易出芽，一般不需要浸种催芽，育苗的苗床底土宜紧实，以铺 6cm 厚壤土最好，以防止主根深入土内，多发须根，移苗时根群损伤大。所以当苗有一对真叶时即可带土移栽，不宜大苗移植。有条件的可用营养钵或穴盘育苗，每钵两苗或三苗。

（2）定植。断霜后定植，苗龄 20 ～ 25d，定植田要多施腐熟的有机肥，每亩3000 ～ 5000kg，过磷酸钙 25 ～ 30kg，草木灰 50 ～ 100kg 或硫酸钾 10 ～ 20kg，定植密度行距66cm，穴距10 ～ 20cm，每亩 3000 ～ 3500 穴，每穴双株或三株（育苗时即可采用 2 ～ 3株的育苗方式，方便以后定植）。定植后浇缓苗水，深中耕蹲苗 5 ～ 8d，促进根系发达。

（3）直播。断霜后露地播种，蔓生品种密度为行距 66 ～ 70cm，株距 20 ～ 25cm，每穴 4 ～ 5 粒，留苗 2 ～ 3 株，矮生品种行距 50 ～ 60cm，株距 25 ～ 30cm。播后用脚踏实使土和种子充分接触，吸足水分以利出芽，有 70% 芽顶土时，轻浇水 1 次，保证出齐苗。浇水后及时深中耕保墒、增温蹲苗，促使根系生长。

（4）田间管理。①查苗补苗：当第一对初生叶出现时，就应到田间逐畦查苗补苗。补栽的苗最好用纸钵于温室大棚内提早 3 ～ 4d 播种育好苗。若育苗移栽，则应在缓苗后进行补苗。

②中耕松土：直播时苗出齐或定植缓苗后，每隔 7 ~ 10d 进行一次中耕，松土保墒，蹲苗促根，伸蔓后停止中耕。③浇水追肥：豆角前期不宜多施肥，以防止肥水过多而引起徒长。一般在活棵后浇一次粪水。现蕾开花和始收后则要加强肥水供应，一般追肥 2 ~ 3 次，每次每亩施人畜粪尿 750 ~ 1000kg。如因多雨不能浇粪时，可在行距中间穴施尿素 5 ~ 10kg。秋季栽培的则一促到底。④插架引蔓、整枝打杈：植株吐藤时，就要插架。用人字形架或 X 字形架。架高 2 ~ 2.5m，距植株基部 10 ~ 15cm，每穴插一根，深 15 ~ 20cm，每两架相交，从中上部 4/5 的交叉处放上横竿并扎紧。豆角引蔓上架一般在晴天中午或下午进行，不要在露水未干或下雨时进行，避免蔓叶折断。引蔓要按逆时针方向进行。⑤病虫害防治：蚜虫主要在苗期为害，并能传布豇豆花叶病毒病，用 40% 乐果每 7 ~ 10d 喷一次。豆野螟一般于 7 ~ 8 月间（夏秋豇豆）大量发生，为害豆荚。花期用敌敌畏 800 倍液每 6 ~ 10d 喷一次，南方夏秋季雨水多时，常会引起豇豆煤霉病为害。发生初期，可用 50% 多菌灵 1000 倍液或 50% 托布津 1000 倍液喷 2 ~ 3 次即可防治，而豇豆锈病可用 70% 甲基托布津可湿性粉剂 1000 倍液或 65% 代森锌 500 倍液。每隔 7 ~ 10d 喷一次，共 2 ~ 3 次。

三、辣椒生产

辣椒为茄科辣椒属，原产于中南美洲热带地区，在长期的系统发育中形成了喜温暖而不耐高温，喜光照而不耐强光，喜湿润环境而不耐旱涝，喜肥而耐土壤高盐分浓度等重要生物学特性。

（一）辣椒育苗

（1）品种选择。选择早熟、高产，商品性状优良，抗病抗逆性强，苗期具有一定的耐寒性，成株期又较耐热的品种。如"湘研十一号""湘研一号""山东羊角椒"等品种。

（2）苗床准备。通常采用小拱棚育苗。苗床宽 1 ~ 1.2m，长 10m 左右为宜，如能在塑料大棚内建苗床更好，可进行双膜育苗。栽植一亩保持地辣椒需播种床 5 ~ 6m^2，分苗床 35 ~ 40m^2。

培养土由园土和优质腐熟的有机肥配合而成。园土与有机肥的比例为 6∶4。培养土于 9 月底前晒干，过筛，并掺入复合肥 200g，或过磷酸钙 300g，混合拌匀备用。将配制好的培养土于播种前一周填入苗床内。厚度为 10 ~ 12cm。填后踏实，厢面平整。每平方米苗床（播种床，分苗床）用 50% 多菌灵或 50% 托布津 5 ~ 7g，均匀拌入 13 ~ 15kg 培养土中，撒于苗床表面。

（3）种子处理。将用于播种的种子摊在阳光下晒 2 ~ 3d。晒过的种子用 55℃ 的温水烫种 15 分钟，烫种时不断搅拌并加热保持恒温，15min 后，只搅拌不再加热水，当温度下降到 30℃ 时停止搅动，让其自然降至常温。为了增强杀菌防病效果，将经烫种处理后的种子，搓洗干净，再用 3% 磷酸三钠浸种 20min，或用 1% 次氯酸钠浸种 5 ~ 10min，可杀死种子表面病毒、炭疽病、早疫病、枯萎病等病原菌。种子经药剂处理后要用清水淘洗数遍，然后置于常温水中浸种 8 ~ 12h。将浸好的种子捞出后反复搓洗种子表皮的黏液，直到无辣味进行催芽。把催芽的种子装入清洁的大碗或小盆中，上面盖湿毛巾，温度控制在 25℃ 左右，每天翻动 2 ~ 3 次，用清水淘洗一次，一般 4 ~ 5d 种子露白，温度降到 20℃ 左右使芽粗壮，待 60% 左右露白即可播种。

（4）播种。温室大棚育苗应在 11 月下旬至 12 月上旬，地膜育苗应在 10 月中旬至 11 月上旬，露地于 2 月中旬后小棚育苗。播种应选在晴天 10:00 ~ 15:00 进行，若播后连续有几个晴天最好。一般品种亩用种量 150g 左右。播前先浇足底水（底水浇透并存 5cm 左右的明水），待明水渗后撒上一层（约 0.3cm 厚）过筛的培养土作为垫土，再将催芽的种子均匀撒播在苗床上，然后再覆盖 0.5～1cm 厚的培养土。

（5）苗期管理。播种后立即盖膜提高床内温度，使迅速出苗。晴天维持在 25～30℃，阴天 20℃ 左右，昼夜温差 5～10℃，但夜温不得低于 15℃。应注意通风，但切忌过快、过大、过猛。定植前 7～10d 进行低温炼苗，白天可逐渐降到 20℃，夜间气温降到 10℃。定植前 2d 进行叶面喷药喷肥，做到带肥带药定植。可喷 0.2% 的磷酸二氢钾；70% 的代森猛锌可湿性粉剂 500 倍或 75% 的百菌清可湿性粉剂 600 倍；40% 乐果乳油 1000 倍液，进行喷施，育壮苗防治病虫。分苗前要控制浇水，"宁干勿湿"。若床土显干，可于晴天上午浇水，最好用洒壶喷水，切忌湿度过大。两叶一心分苗为佳，分苗前一天，苗床浇一次水，以利起苗。按 8～10cm 的行距开浅沟，深 4～5cm，苗应摆直，根需舒展，分双苗、株距 8cm，乘墒稳苗，保持床面平整，做到下湿上干，表土疏松。

（二）辣椒大田栽培

（1）定植。前茬收获后，深翻土地（深 30～40cm），结合深翻整地，亩施腐熟有机肥 5000～10000kg，尿素 15kg，硫酸钾 50kg，过磷酸钙 40kg，有机肥于第一次深翻时施 60%，第二次深翻时施 40%，化肥在第二次翻地时施入。第二次整地应在定植前一个月完成。10cm 地温稳定在 15℃ 以上时可以定植。定植要选寒尾暖头的晴天上午进行，露地 4 月中旬后定植为宜。定植苗的要求为：苗高 17～20cm，8～10 片真叶展开，茎粗 4cm，已分权现蕾，叶色深绿，根系发达，无病虫为害症状。栽植深度以子叶节处为宜，不宜深栽。保持厢面平整，做到上干下湿，表土疏松。一般亩栽 4000 穴（双苗）为宜，株行距（28～30cm）×（55～60cm）。

（2）大田管理。缓苗后应据天气及墒情浇一次缓苗水，进行短期"蹲苗"。当门椒挂果长至樱桃大小时，开始追肥、浇水、催果，亩施腐熟人粪尿 500kg 或尿素 10kg。二、三层果膨大前，应及时追肥，灌水促使植株分枝和果实迅速膨大。以后每采收 1～2 次果追肥一次，并注意磷钾肥的配合使用，每隔 7～10d 可结合喷药防病，喷施 0.3% 的磷酸二氢钾。同时，为了减少辣椒光合吸收营养消耗，提高产量，每亩或喷施 4～8g（兑水稀释至 120～240mg/L）亚硫酸钠，共喷 3～4 次，增产 20%～30%。辣椒早春栽培，易落花落果，可用 180mg/L 的防落素喷花，或用 15～20mg/L 的 2.4-D、25～30mg/L 的番茄灵涂抹花器，能起到很好的保花保果效果。辣椒生产病虫防治的原则是："预防为主，综合防治。"农业防治、物理防治优先，化学防治为辅；不允许使用剧毒、高毒农药，药防应严格控制农药安全间隔期。

四、黄瓜生产

（1）选用优质品种。嫁接育苗宜选用抗病性强、产量高、品质好的冬冠 1 号，新泰密刺等优良品种，与黑籽南瓜或白籽南瓜进行嫁接育苗（选择砧木时需根据市场需要而定），并在播前搞好种子消毒和苗床消毒，以利于培养无病壮苗。

（2）重施有机肥。定植前结合整地亩施腐熟鸡粪、牛粪及堆肥 7～10m³，并配合施用生物固氮肥 2～3kg、钾肥 4～5kg（加 10～20 倍细土后与有机肥混用）。

（3）清洁棚室。前茬作物收获后，彻底清除棚室内的残株、落叶及杂草；定植前，再用百菌清、敌敌畏等烟雾剂进行闭棚熏蒸，以降低病虫基数。

（4）高垄栽植。按南北方向做成底宽 90cm、上宽 70cm、高 12cm 的高垄，两垄底部间距 30cm、上部间距 50cm。在垄上按行株距 27～30cm 带土坨栽植两行苗，垄中央留一条浇水沟。栽后用幅宽 0.9 ~ 1m 的地膜覆盖，开口放苗，从膜下浇足定植水。这样既利于提高地温和保证适宜的水分供应，又可降低湿度，抑制病害的发生。

（5）肥水管理。肥料不仅能供给植株充足的营养，还可有效地提高地温，促进植株健壮生长。

（6）综合防治病虫害。在病虫害防治上，除采取培养无病壮苗、加强植株调整、降低湿度、高温闷棚、营养防治等措施外，生育期内主要选用多抗霉素、武夷菌素、农用链霉素、阿维菌素等高效、低毒、无公害农药对症防治，在阴雨雪雾天也可采用高效、低霉的化学烟雾剂适时熏蒸防治。

五、苦瓜生产

（1）选种催芽。选择合适的品种并购回种子后，种子用 55℃热水烫种、搅动，当温度降到 30℃时浸种 12h。若把种子轻轻嗑开一条缝，有利于种子吸水，浸种 8h 即可。随后将种子洗净捞出，用干净纱布包好，放入 30℃左右的温箱内催芽。每天用温水清洗一遍，4 ~ 5d 开始出芽。

（2）播种育苗。露地栽培可先在温室育苗。播种前一天将营养土装入 10cm×10cm 的营养钵（或育苗畦）内，浇透水。第二天再用水把营养土喷一遍，撒一薄层过筛细土后播种。种子上覆盖 1.5cm 左右厚的细土。苗龄 30 ~ 35d，5 月上旬定植露地。

（3）定植。苦瓜为喜温耐肥作物，需施足底肥。每亩施优质有机肥 5000kg、磷酸二铵 30kg，先做成平畦浇水，待土稍干松后，再做成畦面宽 80 ~ 90cm、高 10 ~ 15cm 的小高畦，定植前 5 ~ 7d 铺上地膜。每畦两行，株距 60cm，打线定植。挖坑不要太深，以定植后能稍挡为宜。因苦瓜长势非常强，定植后要及时插人字架。每亩定植 1300 ~ 1600 株，用种量 250 ~ 300g。

（4）田间管理。缓苗后及时浇缓苗水，几天后深中耕。由于植株分枝力强，从下部选 2 ~ 3 条粗蔓，绑蔓上架，其余全部打掉。在此期间一般不再浇水，待第一个瓜全部坐住并开始膨大时，浇水并随水追尿素 10 ~ 15kg 或碳铵 20 ~ 25kg。

六、南瓜生产

（1）整地。应选择土层深厚、排灌方便的地块种植。为方便排灌，可采用"对爬式"栽植，垄宽 5m。打垄时一般每亩需施农家肥 1000 ~ 1500kg、饼肥 50 ~ 70kg、三元复合肥 50kg。

（2）育苗。适宜播期为 3 月底 4 月初，4 月 20 日前后定植。浸种前需晒种 1 ~ 2d，置于 50℃温水中（自然冷却）浸种 2 ~ 3d，洗净后置于 28 ~ 32℃环境中催芽。可采用营养钵育苗，营养土必须经过充分腐熟且疏松肥沃，透气良好。也可直播，直播应比育苗移栽稍晚播种。株距 30 ~ 40cm，播种后应及时覆盖地膜，保温保湿，种子出苗后及时破膜，防止烧苗。

（3）移栽。行距 2.5m，株距 0.3 ~ 0.45m，每亩种植 600 ~ 900 株。定植后及时覆盖地膜，以增温保湿，促进瓜苗生长。

（4）田间管理。根据定植密度可采用单蔓、双蔓整枝，其余侧枝都摘除。开花坐果期如遇阴雨，需人工辅助授粉，提高坐果率，一般每蔓选留一果形丰满果。

（5）采收、取种。授粉后 35d，商品瓜或食用即可在青果期采收。留种用南瓜须待其变黄成熟时选晴天采收，采收后存放于阴凉通风干燥处，后熟 20d 以上，方可取种，取种时选晴天即取即洗，以免影响种子光泽度，降低商品性。

七、西瓜生产

西瓜为世界十大水果之一，为夏季水果之王。在我国有 2000 多年的栽培历史。西瓜在植物分类上属于葫芦科葫芦属西瓜种，西瓜果实的形态、大小、颜色、花纹等因品种而异，食用部分为胎座，颜色有红、黄、白之别，以红瓤为主。西瓜果实有多种颜色，如黑皮、绿皮、花皮、黄皮等；西瓜大小有大果丰产型、小果礼品型等。西瓜形状有圆形、椭圆形。

（一）选择品种

要根据市场需求选择适销对路的品种，选择质量好、产量高、抗病性强的品种，如红小玉、黄小玉、黑美人、丰收 2 号、郑杂 9 号等。

（二）种植地的选择

种植西瓜地块选择背风向阳平地，不能连茬种植，轮作年限一般为 5 ～ 7 年。宜选排灌方便，土层深厚，有机质丰富的地块种植。

土壤深翻晾晒半个月后，碎土整厢，做成连厢带沟 2.5m，厢高一边为 40cm、另一边为 20cm 的倾斜厢；在靠高厢一侧挖深度为 25cm、宽度为 40cm 的种植沟，沟中亩施腐熟农家肥 1000 ～ 1500kg、三元复合肥 25kg、硼砂 1.5 ～ 2kg、硫酸镁 4kg，沟施时应将肥料和回填的土壤混合均匀。

（三）浸种

选用籽粒饱满的西瓜种子用 55℃ 温水浸泡，不断搅动，当水温降至 30℃ 后，继续浸泡 5h，洗净种皮上的黏液，将种子用湿毛巾或纱布包住，置于 28 ～ 30℃ 条件下催芽，每隔 8 ～ 10h 用 25℃ 清水淘洗 1 次。1 ～ 2d 后大部分西瓜种子露白时即可播种。

（四）适期播种

早春露地西瓜采用地膜覆盖的田块，播种期在 4 月下旬为宜，在地膜中间点播，每穴 2 ～ 3 粒，播种深度 2cm，播种后用细土盖平、压严，一般亩用种量 200g。

（五）苗期管理及留苗密度

出苗后，注意及时给幼苗通风，以防幼苗烤死。西瓜幼苗具有 3 ～ 4 片叶时即可定植，每亩种植密度大型西瓜为 600 ～ 700 株、小型西瓜 700 ～ 800 株。

（六）田间管理

（1）肥水管理。施肥注意慎施提苗肥，巧施伸蔓肥，重施膨瓜肥。提苗肥在定植后 5 ～ 7d 缓苗后进行，一般用尿素、复合肥按 1 ∶ 2 的比例配成 0.3% 溶液施 1 次即可；伸蔓肥一般在提苗后 20d 左右，每株用尿素 10 ～ 15g、钾肥 15g，在定植点外 35cm 处两侧开深 25cm 条沟，将肥施于沟中盖土；膨瓜肥在幼果鸡蛋大小时进行，每株用尿素 30 ～ 40g、过磷酸钙 15g、钾肥 30 ～ 40g，在定植点外 50cm 处，施用方法同伸蔓肥，但沟位置应垂直于伸蔓肥沟。

春种西瓜必须及时做好雨后排水，做到雨停沟干。坐瓜期遇高温干旱，可在晚间采取沟灌，但必须保持畦面略干即排水。

（2）中耕除草。中耕除草应在西瓜蔓长 40 ～ 50cm 时进行，如果蔓过长中耕，不但操作不便，且容易损伤蔓叶致病侵入，而且锄松的土壤，雨后易溅污叶片、花朵及幼瓜。

（3）整枝理蔓。常见的整枝方式有双蔓式和三蔓式。双蔓式即保留主蔓及主蔓基部一条健壮侧蔓，及早摘除其余侧蔓。这种方式适于密植，坐瓜率高，在早熟栽培或土壤比较瘠薄的地块较多采用。三蔓式是保留主蔓，并在主蔓基部的第三至五节上选取 2 条健壮的侧蔓，除去其他侧蔓。这种方式中晚熟品种应用得比较多。主蔓出藤后至第一朵雌花开放时，每隔

3～4d对瓜苗整理一次,使主蔓有规律地向前伸展。开花后,不再进行理蔓。

（4）人工授粉。春种西瓜容易遇上连续阴雨天气,影响昆虫活动,可采取人工授粉,以提高坐瓜率。

（5）促进坐瓜。选留主蔓上第二、三雌花结瓜比较理想。离主根很远部位的雌花所结果实也较小,一般不宜留。

（6）果实管理。在多蔓整枝及放任栽培过程中,有时一株上结几个瓜或坐瓜节位不理想,这时应采取摘瓜措施,摘除低节位或瓜形不正、带病受伤幼瓜,以保留和保证正常节位正常果实的发育。

（七）病虫害防治

（1）农业防治。一是要将瓜田附近的沟边路边杂草清除干净,减少害虫前期可利用的寄主;二是注意清除西瓜的病株,应将病株拔除集中深埋或烧毁,不要随手丢弃在沟内或路边。

（2）化学药剂防治。防治枯萎病,可用50%多菌灵可湿性粉剂500倍液或70%甲基托布津1000倍液灌根1次,每穴灌药液250mL。病毒病主要是由蚜虫传播,应重点治蚜防病,蚜虫发生高峰前,可喷20%吡虫啉1500倍液防治。发现病毒病植株,可喷20%病毒A600倍液,每7d喷1次,连续2～3次。炭疽病发病初期,喷洒80%炭疽福美800倍液或70%甲基托布津可湿性粉剂500倍液。

（八）采收

授粉后30～35d即可成熟开采上市。采收时要保留瓜柄和一段瓜蔓,既防止病菌侵入,又有一定的保鲜作用。

第二章　种子生产实践

第一节　作物原种生产实践

原种是指用育种家种子直接繁育的或按原种生产技术规程生产的达到原种质量标准的种子。原种生产常采用株系循环繁殖法（自花授粉作物）和自交混繁法（常异花授粉作物）。

实践一　常规品种的原种生产

一、株系循环繁殖法

自花授粉作物原种生产常采用株系循环繁殖法，即从某一品种的原始群体中或其他繁殖田中选择典型优良单株，下年种成株行圃进行株行比较，将入选的株行混合收获，下年进入原种圃生产原种。原种种子再繁殖一二代，产生良种，供大田播种用（图 2–1）。根据比较过程长短的不同，又分为三年三圃制和二年二圃制。

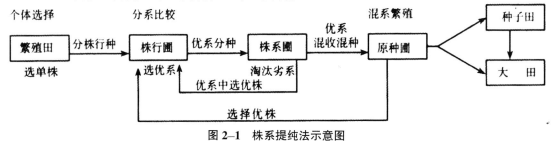

图 2–1　株系提纯法示意图

（1）单株选择　一般是从生产上混杂退化较轻的品种群体中选择具有本品种典型性状的单株，培育壮秧，单株稀植于选择圃，面积约 67m²，在较好的栽培管理条件下种植，使本品种优良性状充分地表现出来，以提高选择效果。选择优良单株的方法和标准与原种田选留单株基本相同。1 个品种初选可入选 300 株以上，复选淘汰 50% 左右，最后根据室内考种，决选 100 株左右。

（2）分系比较　将上年入选的单株，统一编号，分别播种，分系繁殖。每系种植 6 ~ 10 行，60 ~ 100 个单株。每隔 5 ~ 6 个株系，种植纯度较高的现有原种作对照。在整个生长发育过程中做好田间调查。收获前，根据田间表现，淘汰不良株系，选留优良株系。入选株系分别收获测产，室内考种，选出具有原品种典型性状的优良株系。为了防止遗传漂移，要保证留有较大的群，一般入选株系应保留 40 个以上。

株系比较圃也应选用土壤肥沃、土质均匀的田块，采用良好的栽培措施和田间管理，并注意栽培管理措施的一致性，防止因栽培条件的差异造成选择上的误差。

（3）混系繁殖　将上年入选株系混合种植原种圃。进行单株稀植，加强栽培管理，扩大繁殖数，以获得大量的优质种子，尽快地应用于原种田生产。

株行提纯法生产的原种，除供应种子田用种外，还可分出部分种子贮存于中长期种质库中，隔2～3年取出少量种子进行繁殖，以减少繁殖世代，防止混杂，保持种性。株行提纯法也可以选穗，经穗行比较试验而生产原种。

二、自交混繁法

常异花授粉作物原种生产常采用自交混繁法。以棉花原种生产为例，自交混繁法的基本程序为保种圃、基础种质田和原种田三部分。

1. 保种圃

一般先从株行开始，若从育种家种子群体里开始选单株只需选300~500株即可，种成株行圃，经田间去杂去劣、比较鉴定和室内考种及纤维品质测试，最后保留100个左右的自交株行下年种植在保种圃种，以后每年保持100个左右的自交株系。

若选单株当代就开始做自交，自交单株数量应在1000株左右。如果在纯度较低的大田里进行选单株，选择单株的数量应更大。

保种田中凡有不良株行，或行中有不良单株，需进行严格淘汰，一律不取样，不留种。田间记载和考种项目同常规。田间考察特别注意株型、叶型、铃型和行间行内的整齐度。如株高、开花期、果枝台数等，室内考种主要为衣分、绒长、单铃重、籽指、籽型、短绒颜色等性状。中选行的自交种子，下年继续种成一行(区)。在建圃初期视情况每年需淘汰一些株行，以后每年保持100个左右的自交系。

2. 基础种质田

保种圃中，除了自交种子和淘汰的株行或植株外，其余混合收下的种子（包括各行的考种样本种子）称为核心种子，下一年种成基础种质田。

严防生物学混杂，随时去杂去劣，应采用高产栽培技术进行栽培，收花时随即区样进行室内考种。

3. 原种田

将基础种子田收获的种子在隔离条件下继续种植，即为原种田。对原种田的要求同基础种质田一样。

实践二　三系配套法的原种生产

一、三系配套法原种生产的主要技术环节

（1）选株：在纯度高的繁殖田和制种田，依据各系的典型性状，选优良单株，单收获、育秧。在秧田选择性状整齐、表现良好的秧苗分别编号，单株移栽于原种生产田。在分蘖抽穗期间，进行严格去杂去劣，对不育系要逐株镜检花粉，淘汰不育度低的单株。

（2）成对回交和测交：中选的不育系（A）单株与保持系（B）单成对回交，同时与恢复系（R）单成对测交。回交和测交采用人工杂交方法，注意分别收获编号。

（3）分系鉴定：将成对回交和测交的种子及亲本（保持系和恢复系）育秧，移栽于后代鉴定圃。

注意将保持系亲本与回交后代相邻种植，恢复系亲本与测交后代相邻种植，便于比较。凡同时具备下述 3 个条件的组合的对应亲本，可作为原种：回交后代表现该不育系的典型性状，不育度和不育株率高（100%）；测交后代结实率高，优势明显，性状整齐，具备原杂交种的典型性；回交、测交组合相对应的保持系和恢复系均保持砂有的典型性。

（4）混系繁殖：将同时具备上述 3 个条件标准的不育系及对应的保持系、恢复系，分别混合选留、混系繁殖，即为"三系"的原种。

二、三系七圃法

三系七圃法即选择单株、分系比较、混系繁殖。不育系设株行、株系、原种 3 圃，保持系、恢复系各设株行、株系 2 圃，共 7 个圃（图 2-2）。

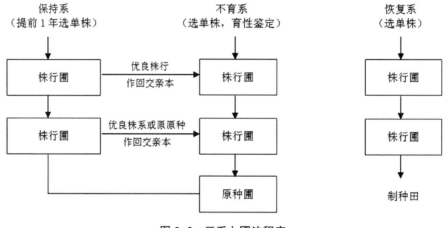

图 2-2　三系七圃法程序

第 1 季，单株选择。保持系、恢复系各选 100 ~ 120 株，不育系选 150 ~ 200 株。

第 2 季，株行圃。按常规稻提纯法建立保持系和恢复系株行圃各 100 ~ 120 个株行。保持系每个株行种植 200 株，恢复系种植 500 株。

不育系的株行圃共 150 ~ 200 个株行，每个株行种植 250 株。选择优良的 1 株保持系作父本行。通过育性、典型性鉴定，初选株行。

第 3 季，株系圃。初选的保持系、恢复系株行升入株系圃。根据鉴定结果，确定典型的株系为原原种。初选的不育株行进入株系圃，用保持系株系圃中的 1 个优良株系，或当选株系的混合种子作为回交亲本。通过育性和典型性鉴定，确定株系。

第 4 季，不育系原种圃。当选的不育系株系混系繁殖，用保持系原原种作为回交亲本。

三、改良提纯法

改良提纯法是由浙江金华提出的提纯、繁殖、制种三位一体的简易提纯法（图 2-3）。此法只有 4 圃，即不育系和恢复系各自的株系圃和原种圃。保持系靠单株混合选择进行提纯，并作为不育系的回交亲本回圃繁殖，省去了不育系和恢复系的株行圃，而都从单株选择直接进入株系圃。该方法关键是单株选择直接进入株系圃，单株选择和株系比较鉴定要十分严格，必须选好。

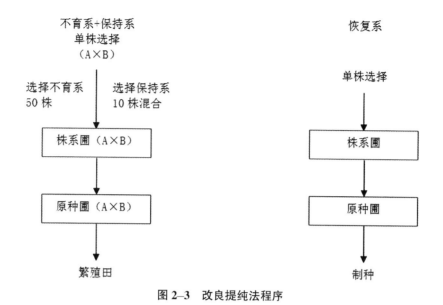

图 2–3 改良提纯法程序

四、原种生产的主要技术要点

（1）选好种子基地，严格做好隔离工作。根据国家标准，三系原种生产基地要选择隔离条件优越、无检疫性病虫害、土壤肥沃、旱涝保收、集中连片的田块。如为时间隔离，花期应错开 25d 以上。如为空间隔离，距离 700m 以上；恢复系、保持系的三圃，异品种距离不少于 20m。对于柱头外露率较高的保持系，从单株选择到原种圃，都要严格隔离。

（2）保持系原种生产中，单株选择标准、选择时期和数量。①单株选择标准：当选单株下列性状必须符合原品种特征特性：株、叶、穗、粒 4 型，生育期和叶片数；分蘖性、长势、长相；抗逆性、结实率；花药大小、花丝长短、花粉量多少，开花散粉习性。②选择时期和数量：分 4 次进行。分蘖期以株型、叶鞘颜色、分蘖多少为目标，初选 500 株。抽穗期以主穗、分蘖穗抽穗快慢和一致性，选留 300 株。成熟期以穗长、结实率、粒型、成熟度、整齐一致性和抗病性，定选 200 株。然后，室内考种，综合评选 100 株，将当选的单株单收，编号登记，装袋，保存。

（3）恢复系原种生产应注意的问题。①选择标准：单株选择标准与上述保持系的基本一致。主要看株、叶、穗、粒 4 型和茎叶色泽，主茎叶片数，选择具有典型性、一致性，经镜检无败育花粉的单株。②测优鉴定：每 1 株选取 2 个单株，用该组合不育系原种单株测交，收种作测优鉴定。综合评选典型性好、恢复度 80% 以上、恢复株率 99.9%、抗逆性好及产量高于对照的恢复系，株行当选率 30% ～ 50%，株系当选率 50% ～ 70%。③定原种：株系的混收种子结合优势鉴定，取配合力优势强的株系混合收贮，根据需要设置原种圃，生产原种。达到原种标准（纯度为 99.9%）的种子定为原种。种子除用于制种外，多余的种子可干储冷藏，以备后用。

（4）不育系原种生产中应注意的问题。①选择标准：当选不育系单株选择标准在与相应保持系单株选择标准相同的前提下，以原育系的不育性、开花习性和包颈为选择依据的重点。②育性检验：育性检验采取花粉镜检和套袋自交鉴定相结合，一般每个株行圃要抽样检 20 株，每个株系圃要抽样检 30 株，原种圃每亩要检 30 株以上。③选择时期和数量：选择步骤同上述保持系，注意始穗期观察全区每株花药，拔除有粉型的株，再根据镜检复选。田间选择数量不少于 200 株，决选不少于 50 株。④株行圃观察记载及选择标准：每株行定点观察 10 株，记载标准同上。同时，每株行抽插。而父本纯度一旦降低，就会因为其花粉量大，传播快，而严重影响不育系繁殖和杂交制种的度，将会给杂交水稻生产带来重大损失。因此，在三系原种生产中，应高度重视保持系和恢复的纯度。

实践三　两系原种生产

（1）标准单株选择：用原种或高纯度种子按常规方法浸种育秧，5 叶 1 心时移栽至大田，密度 20cm × 20cm，单本栽插 1000 株以上（可按生产需要而定），按一般大田生产管理，保证植株能正常生长发育。当植株主茎幼穗分化进入Ⅲ期时，选择具有该不育系农艺性状典型的标准单株（选择数量视需要而定）移栽至盆内（每盆 2 或 3 株）培养。

（2）低温处理选择核心单株：当植株主茎幼穗分化进入Ⅳ～Ⅴ期时，将盆栽植株移入人工气候室或冷水处理池进行低温处理。人工气候室光温设置为日照长度每天 13.5h，日平均温度比材料不育起点温度低 0.5℃，相对湿度 70% ～ 90%；如用冷水处理池处理，控制水温比材料不育起点温度低 0.5℃，处理时间均为 6d。处理后搬至自然条件下培养，标记剑叶的叶枕距为 0 左右的单茎。

在待处理植株标记单茎的开花期，连续 3 ～ 5d 每天上午选取当天开花的颖花 10 朵进行花粉镜检，计数 3 个视野各类花粉的数量，统计各类花粉的百分率。根据花粉镜检结果，选留每天镜检染色花粉率均低（按材料的技术鉴定或审定标准而定，其原则是自交结实率为零）的单株，定为核心单株。

（3）再生繁殖核心种子：将核心单株割苑，留茬高度 10 ～ 15cm，移入田间稀植或在盆内培养，加强肥水管理，培养再生苗。当核心单株再生苗的幼穗分化进入Ⅳ期，再次进入人工气候室或冷水池处理，处理温度 20 ～ 21℃，处理时间 12 ～ 15d，使其恢复育性。处理结束后，如自然条件适宜，搬至室（池）外，在自然条件下隔离抽穗结实；如自然温度低于 23℃，则应转入人工气候室，在光照 13h、日均温 25℃、相对湿度 75% ～ 85% 条件下隔离抽穗结实。分单株收种、装袋编号，获得核心种子。

（4）核心种子繁殖原种：核心种子的数量有限，必须在严格的条件下及时扩大繁殖出原种，然后再繁殖出原种一代供制种用（图 2–4）。

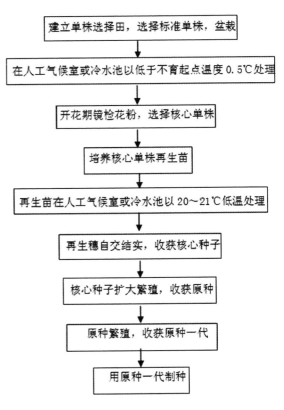

图 2–4　水稻光温敏不育系原种生产程序

该程序保持光温敏不育系育性转换点温度不产生漂移的关键在于严格控制原种的使用代数，即坚持用原种一代制种。如果用原种超代繁殖，则可能产生遗传漂移。这种提纯方法和原种生产程序不仅能保证光温敏不育系的不育起点始终保持在同一水平上，而且简便易行，生产核心种子的工作量较小。

表 2–1　　　　　　　　　　水稻光温敏不育系原种生产花粉镜检记录表

不育系名称：
镜检员：　　　　　　　　记录员：　　　　　　　　技术负责人：

日期（月 / 日）	植株编号	视野	不染色花粉数（粒）	染色花粉数（粒）	总花粉数（粒）	备注

实践四　玉米自交系原种生产

一、穗行测交提纯法

二年二圃法和三年三圃法适合新育成的及种子纯度较高的自交系的提纯。对于使用多年的自交系，由于混杂退化，仅从形态上提纯往往难以满足要求，会引起在形态上无法选择的一些特征特性的变异，丧失自交系原有的优良特性，如自交系的配合力等。在采用二年二圃法和三年三圃法生产时，就很容易引起变化。目前生产上使用多年的黄早 4、掖 107、丹 340 等自交系就有多种类型。虽然形态性状基本相同，但它们的配合力差异较大，不同制种单位生产的同一组合杂交种，其产量水平有较大差异。因此，对于使用多年自交系宜采用穗行测交提纯法。穗行测交提纯法的程序如图 2–5 所示。

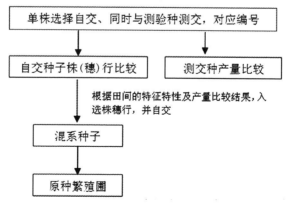

图 2–5 穗行测交提纯法的程序

穗行测交提纯法同二年二圃法基本相似，不同的是在单株选择自交的同时，分别用每株的花粉与原组合的另一亲本自交系交配成测交种，一般当选单株要测交 5 ~ 6 穗。自交穗与相应的测交穗成对编号。

第2年在株（穗）行比较的同时，将测交种子在另一地块进行配合力鉴定，为穗行决选提供依据。根据田间特征特性入选的株行自交，并结合配合力鉴定结果决选。决选株行中的自交果穗混收组成混合种子，用作下一年原种繁殖圃的种子。穗行测交提纯法克服了二年二圃法或三年三圃法仅依据特征特性提纯的缺陷，是适用于高纯度玉米自交系生产的方法，但工作量较大。

二、穗行半分提纯法

该法适合于纯度较高的自交系，简易省工。缺点是只做一次典型性鉴定，供应繁殖区的种子量少，原种生产量少。

选株自交，收获后室内决选，单穗脱粒，保存。田间鉴定，将中选的自交果穗的种子，取一半田间种植观察和室内鉴定，评选优良的典型穗行。剩余的一半种子妥善保存。根据田间评选和室内鉴定，将保存下来的一半种子，除去淘汰穗行，余下的全部混合，在隔离条件下扩大繁殖，生产原种。

第二节　杂交种子生产实践

杂交制种的途径，一是要使制种产量较高，能满足大面积生产用种量需求，二是要使杂交种子纯度符合生产用种标准。杂交制种时首先要解决的问题是去雄，即采用何种方式去掉作为母本一方雄花的问题。由于不同作物的花器结构、开花结实特性及生产用种量的差异，因此每种作物应采用可行的杂交制种途径。

作物杂交制种的途径主要有：人工去雄杂交制种法、利用雄性不育性制种法（包括三系法、两系法）、化学杀雄制种法、自交不亲和性的利用等。

实践一　"三系法"杂交水稻种子生产

一、父母本花期相遇技术

杂交水稻制种父母本同期抽穗开花，称之为花期相遇，父母本花期相遇是保证制种产量的前提。水稻开花期较短，群体开花期一般为10d左右。根据父母本花期相遇的程度，可分为五种类型：一是花期相遇理想，指父母本"始花不空，盛花相逢，尾花不丢"，在父母本整个花期中，其盛花期完全相遇。二是花期相遇良好，即父母本始穗期只相差2～3d，父母本的盛花期能达到70%以上相遇。三是花期基本相遇，即父母本始穗期相差3～4d，父母本的盛花期只有60%左右相遇。四是花期相遇较差，即父母本始穗期相差5～7d，父母本的盛花期基本不遇，只有父母本尾花与始花相遇。五是花期不遇，即父母本始穗期相差7d以上，制种产量很低甚至失收。

杂交水稻制种父母本花期相遇技术，主要包括三个技术环节：其一，根据父母本生育期差异及其特性，安排父母本播种差期（简称播差期）。其二，在父母本生长发育过程中及时进行父母本花期预测与花期调节。其三，从父母本播种至抽穗期实施正常培育管理措施，使父母本正常生长发育。

（一）父母本播种期及播差期的安排

（1）根据安全授粉期确定父母本播种期。安全授粉期是指抽穗时无连续 3d 以上的整日雨水，日均温 26 ~ 28℃，无 35℃ 以上的高温火南风天气，日最低温度不低于 22℃；秋制授粉期要在 9 月的寒露风之前。一般早、中熟组合的春制在 3 月底 4 月初播种，迟熟组合的夏制在 4 月中下旬播种，秋制在 6 月上中旬播种。

（2）父本播种期数的安排。为延长父本抽穗开花历期，达到对母本开花期全覆盖的目的，生产上常采用一期父本、二期父本、三期父本制种。采用二期父本制种，即父本分两次播种，两次播种间隔时间为 6 ~ 8d，或前后父本叶龄差为 1.1 ~ 1.3 叶。两期父本相间移栽，各占 50%。采用三期父本制种，即父本分三次播种，相邻两次播种间隔为 5 ~ 7d，或叶龄差 1.1 叶。三次播种量和移栽量各占 1/3，或者第一次和第三次各占 1/4，第二次占 1/2。

在制种中对父本播期数的安排，主要考虑以下两个方面的因素：一是考虑父本的分蘖成穗能力和抽穗开花历期的长短。若父本生育期长（父母本播差期长），分蘖成穗率高，有效穗多，穗大粒多，花粉量大，且抽穗开花历期较长（比母本长 4d 以上），可采用一期父本制种；若父本生育期较短（父母本播差期短，甚至父本生育期短于母本），分蘖成穗能力一般，抽穗开花历期与母本相当或略短的父本，则应采用二期父本制种。二是考虑父母本生育期温光特性和对肥水敏感性。若对父母本生育期变化影响因素和影响程度已了解，特别是多年在同一基地相同季节同一组合的制种，可采用一期父本制种；若对父母本生育期特性不甚了解，或新杂交组合制种，或在新基地制种，或改变制种季节，宜采用二期父本甚至三期父本制种。采用一期父本制种，父本抽穗开花历期较二期、三期父本短，但田间总花粉量增加，单位时间和空间的花粉密度大，提高了母本受粉的概率，而且节省成本。

（3）父母本播差期的安排。由于父母本生育期（指播始历期）的差异，所以父母本不能同期播种，两亲本播种期天数的差异为播差期。播差期是根据两个亲本的生育期特性（感光性、感温性、营养生长性）和制种父母本理想花期相遇的始穗期标准确定。现有杂交水稻组合父本的生育期多数比母本长，在制种时先播父本，后播母本，这种方式称为父母本播差期"顺挂"。若母本生育期比父本长的组合制种，则母本先播种，父本后播种，这种方式称为父母本播差期"倒挂"。安排父母本的播差期，首先必须对该组合的亲本进行多年分期播种试验，了解亲本生育期特性的变化规律。父母本播差期确定方法有叶龄差法（叶差法）、播始历期差法（时差法）、积温差法（温差法）等。

A. 叶差法。生育期长的亲本播种后，生长至一定叶龄时播生育期短的亲本，以达到两亲本同期抽穗开花的目的，该方法叫叶龄差播期安排法，简称叶（龄）差法。值得指出的是，两个亲本因出叶速度不同，不能以两个亲本主茎总叶片数的差值作为双亲的播种叶差。例如，丰源优 299 在湖南绥宁基地夏制，母本主茎总叶片数 12 叶，父本 16 叶，播种叶龄差不是 4 叶，而是父本播种后主茎 6.5 ~ 7.0 叶龄时播种母本，即母本生长发育 12 叶的时间与父本余下 9.0 ~ 9.5 叶生长发育所需时间基本相同，丰源优 299 制种父母本播种叶龄差 6.5 ~ 7.0 叶。

采用叶差法的基本依据是：不同品种的主茎总叶片数、出叶速度不同，同一品种在相同（似）环境条件下，总叶片数及出叶速度相对稳定。

B. 时差法。以生育期长的亲本的播始历期减去生育期短的亲本的播始历期所得天数，确定两亲本的播种差期，该方法叫播始历期推算法，简称时差法。其依据是：父母本在稻作生态条件相似地区、同一季节和相同栽培管理条件下，从播种到始穗的天数（播始历期）相对稳定。根据这一原理，利用父母本的播始历期的差值安排父母本的播种差期。

例如，丰源优 299 制种，其父本湘恢 299 在湖南绥宁 4 月 10 日左右播种，7 月 20 日左右始穗，播始历期约 100d。母本丰源 A，5 月中旬播种，7 月 20 日左右始穗，播始历期约 66d，父母本播始历期差值为 34d。由于丰源优 299 制种父母本理想花期相遇标准为：母本比父本应早始穗 2 ~ 3d，因此丰源优 299 在湖南绥宁基地夏制的时差为 31 ~ 32d。

采用播始历期差安排父母本播差期，只适宜年际之间气温变化小的地区和季节，同一组合在不同年份的夏播秋制常用此法。在气温变化大的季节与地域制种，如在长江中下游区域春播夏制，因年际间春季某一时段气温变化较大，亲本播始历期稳定性常受气温的影响，应用时差法易出现父母本花期不遇或相遇较差。

C. 温差法。籼型水稻的生物学下限温度为 12℃，上限温度为 27℃，从播种到始穗每天大于 12℃和小于 27℃之间温度的累加值为播始历期的有效积温。用父母本从播种到始穗的有效积温差确定父母本播差期的方法称为温差法。感温性水稻品种在同一地区即使播种期不同，播种至始穗期的有效积温也相对稳定，可用父母本的有效积温差安排父母本播种差期。例如，某杂交组合在湖南夏制，父母本播始历期有效积温差为 300℃，从父本播种后的第二天起记载每天的有效积温，待有效积温累加到 300℃之日播母本。采用温差法虽然可以避免由于年度间温度变化所引起的误差，但是避免不了因栽培管理对苗期生长影响的误差。

在确定父母本播差期时，应结合父母本特性和制种季节的气候条件，将三种方法综合分析，以叶差法为基础，温差法作参考，时差只在温度较稳定的制种季节采用。春制和夏制期间，由于气温不稳定，大多用叶差法，温差法和时差法作参考。秋制期间气温较稳定，大多采用时差法，叶差法和温差法作参考。

（二）父母本花期预测与调节

父母本的生育期除受父母本遗传特性影响外，同时还受气候、土壤、栽插密度、秧苗素质、移栽秧龄、肥水管理等因素影响，导致父母本播始历期的变化可能出现比预期提早或推迟，造成父母本花期相遇偏差。尤其是杂交新组合、新基地的制种，在播差期的安排与栽培管理技术上对花期相遇的把握较小，更有可能出现父母本花期不遇。因此，花期预测是杂交水稻制种非常重要的技术环节，其目的是尽可能及早准确推断父母本的始穗期，预测父母本花期是否相遇，一旦发现父母本花期相遇有偏差，以便及早采取相应的措施，调节父母本的生长发育进程，确保父母本花期相遇。

（1）花期预测方法。花期预测的方法较多，在不同的生长发育阶段可采用相应的预测方法。常用的方法有幼穗剥检法、叶龄余数预测法、对应叶龄法、积温推算法、播始期推算法等。叶龄余数预测法和积温推算法在各生长发育阶段均可使用。幼穗剥检法只适宜在幼穗分化开始后进行，该法简单直观。最常用的方法是幼穗剥检法和叶龄余数预测法。

A. 幼穗剥检法。根据水稻幼穗发育 8 个时期的外部形态，直接观察父母本幼穗发育进度，预测父母本花期能否相遇。具体做法是：在有代表性的制种田随机定点连续取父母本各 10~20 穴的主茎苗，剥出生长点，根据生长点的形态特征，判断幼穗发育进度，推算父母本的始穗时期，及时准确预测花期。幼穗分化初期，每隔 1 ~ 2d 剥检一次，幼穗分化中后期，每隔 3 ~ 5d 剥检一次，观察幼穗的发育进度。

幼穗发育各个时期的形态特征可形象地归纳为："一期看不见，二期苞毛现，三期毛丛丛，四期颖花现，五期颖壳分，六期叶枕平，七期穗转绿，八期穗即见。"生育期不同的亲本幼穗分化历期有所差异（表 2-2）。

表 2 - 2 水稻幼穗分化各时期的形态、历期及其与叶龄和距抽穗天数的关系

时期	发育阶段	形态	历期（d）*	叶龄指数	叶龄余数	距抽穗天数
Ⅰ 期	第一苞分化期	看不见	2 2 2	78	3.5 ~ 3.1	28 ~ 32
Ⅱ 期	一次枝梗分化期	苞毛现	3 3 4	81	3 ~ 2.6	26 ~ 30
Ⅲ 期	二次枝梗分化期	毛丛丛	4 5 5	85	2.5 ~ 2.1	23 ~ 26
Ⅳ 期	雌雄蕊形成期	颖花现	5 6 6	90	1.5 ~ 0.9	19 ~ 21
Ⅴ 期	母细胞形成期	颖壳分	3 3 3	95	0.7 ~ 0.5	14 ~ 15
Ⅵ 期	减数分裂期	叶枕平	2 2 2	97	0.27 ~ 0	11 ~ 12
Ⅶ 期	花粉充实期	穗转绿	7 7 8	100		9 ~ 10
Ⅷ 期	花粉成熟期	穗即见	2 2 2			2 ~ 3

* 注：表中 3 列数字分别表示早、中、迟熟类型品种幼穗分化各时期所经历的天数。为方便记忆，可分别将其作为一组"电话号码"记住，即 23453272（28d），23563272（30d），24563282（32d），即可随时推导出任一时期距抽穗的天数。

　　杂交组合的父本的主茎总叶片数比母本若多 4 叶以上，则父本幼穗分化历期长于母本。根据父母本理想花期相遇的要求，在幼穗分化Ⅲ期前，父本应比母本早 1 ~ 2 期；幼穗分化在Ⅳ ~ Ⅵ期时，父本应比母本早 0.5 ~ 1 期；幼穗分化在Ⅶ、Ⅷ期时，父母本的幼穗发育相同或相近。父本主茎叶片数比母本多 2 ~ 3 叶的组合，父本的幼穗分化历期较母本略长，根据父母本理想花期相遇的要求，父母本幼穗发育进度可保持基本一致或母本略迟于父本。父母本主茎总叶片数相同的组合制种，父本的幼穗分化速度和群体抽穗开花速度均较母本快，因此，母本的幼穗发育进度应快于父本 1.0 ~ 1.5 期。

　　B. 叶龄余数预测法。叶龄余数是指主茎总叶片数减去主茎已出的叶片数，即未抽出的叶片数。例如，已知某亲本在某制种基地往年同季的主茎总叶片数为 14，当主茎叶龄 11 片叶时，其叶龄余数为 3 叶。水稻进入幼穗分化后期，出叶速度比营养生长期明显减慢，但出叶速度较稳定。在天气条件正常的情况下，幼穗分化期每出一片叶的天数比营养生长期要多 2 ~ 3d。生育期长的迟熟亲本在营养生长期的出叶速度为 4 ~ 6d/叶，进入幼穗分化期出叶速度为 7 ~ 9d/叶。早、中熟类型的亲本在营养生长期为 3 ~ 5d/叶，进入幼穗分化期后为 5 ~ 7d/叶。因此，可以利用叶龄余数预测和推算其始穗期。方法是：首先根据定点观察的叶龄数，求出叶龄余数，再根据叶龄余数判断幼穗分化时期，判断父母本对应的发育进程和估计始穗期。表 2-2 列举了水稻最后几片叶与幼穗发育和始穗的时间关系，可以查出不同主茎叶片数父母本的幼穗分化及两者的对应关系。

　　（2）花期调节技术。根据父母本生育特性的差异和兑水肥等敏感程度的差异，对花期相遇有偏差的父母本，采取各种相应的栽培管理措施，促进或延缓父母本的生长发育进程，延长或缩短父母本的抽穗开花始期及历期，达到父母本花期相遇目的。

　　父母本发育进度表现为两种情况：一是父本比母本早，二是父本比母本迟。经预测发现父母本花期（以始穗期为标准）相差 3d 以上，应进行花期调节。花期调节的目的有两方面：一是对生长发育慢的亲本采取促进调节措施，促进植株生长发育，加快发育进度；二是对生长发育快的亲本采取延缓调节措施，延缓植株生长发育，推迟抽穗或延长开花历期。花期调节宜早不宜迟，以促为主，促控结合，以调节父本为主，调节母本为辅。在实际操作中，应

根据父母本花期不遇的程度、父母本生长发育特性（分蘖成穗、耐肥性、抗倒伏力等）、田间肥力状况和父母本生长发育状况等，分别对父母本采取一项或多项调节法进行调节。

A. 农艺措施调节法。

以中耕调节：中耕并结合施用一定量的氮素肥料，可以明显延迟始穗期和延长开花历期。对苗数较少、单位面积未能达到预期苗数，生长势较弱亲本，采用此法效果明显；对生长势旺的亲本仅中耕、不施肥，但中耕可结合割叶同时进行，效果较好。所以使用此法须看苗而定。

以肥水管理调节：对发育较快且生长势不旺盛的亲本，施用一定数量尿素（如 5 ~ 10kg/亩），施肥后结合中耕，能延缓生长发育期 3d 左右。对发育慢的亲本可用磷酸二氢钾兑水喷施，连续 2 ~ 3d，每天喷施一次，能调节花期 2 ~ 3d。在幼穗发育后期发现花期不遇，利用某些恢复系兑水反应敏感、不育系兑水反应较迟钝的特点，通过田间水分控制调节花期。如果父本早、母本迟，可以排水晒田，控父促母；若母本早、父本迟，则可灌深水，促父控母，可调节花期 3 ~ 4d。

B. 化学调节法。

赤霉素（"九二〇"）调节：在群体见穗期，用"九二〇"1 ~ 2g/亩，加磷酸二氢钾 0.1 ~ 0.15kg/亩，加水 30kg，对发育迟的亲本叶面喷施。值得一提的是，使用"九二〇"调节花期宜迟不能早，用量宜少不能多，应在幼穗分化进入第Ⅷ期才能使用。若"九二〇"喷施过早，用量过多，只能使中下部节间和叶片、叶鞘伸长，造成稻穗不能顺利抽出。

用"九二〇"养花：利用不育系柱头外露率高，且生活力强的特点，喷施"九二〇"，增强柱头生活力，延长柱头寿命，在母本花期早于父本的情况下用此法效果明显。在母本盛花期每天下午用"九二〇"1 ~ 2g/亩，加水 40kg 喷施，连续喷施 3d 或 4d，并保持田间较深的水层，可使柱头保持 4 ~ 5d 生活力，能接受父本花粉结实。

多效唑调节：在父母本始穗期相差 5d 以上时，可对生长发育快的亲本喷施多效唑。对母本使用多效唑，原则是宜早不宜迟，应在幼穗分化第Ⅳ期以前使用，在幼穗分化的中后期使用多效唑，将造成抽穗卡颈严重。在母本幼穗分化Ⅳ期以前用多效唑 100 ~ 150g/亩，加水 30 ~ 40kg 喷施；对生长发育过早的父本，也可喷施多效唑，每亩用 80 ~ 100g 加水喷施。喷施多效唑时视禾苗长势长相追施适量速效肥料，促使后发分蘖的生长，起到延长群体抽穗开花期的作用。对使用过多效唑的亲本，在喷"九二〇"时应适当增加用量。

二、高产制种父母本群体构建技术

杂交水稻制种产量是母本群体结实种子的产量，而母本群体必须靠父本群体提供充足的花粉才能提高结实率。因此，杂交水稻制种父母本的群体构成，以母本群体为主导地位，同时要保证父本一定的数量，只有建立协调的父母本群体结构才能获得制种高产。父母本群体结构协调的目标，应落实到父母本群体的颖花比例，在母本群体较大的前提下，保证有充足的父本花粉量满足母本受粉结实，才能提高母本异交结实率而获得较高制种产量。

（1）田间种植方式的设计

①父母本行比的确定。杂交水稻制种时父本种植行数与母本种植行数之比，即为行比，母本种植行数越多，行比越大。行比的大小是单位面积父母本群体构成的基础，不同的行比，种植方式不同。确定父母本的行比主要考虑三个方面的因素，一是父本的特性：父本生育期长，分蘖力强且成穗率高，花粉量大且开花授粉期较长，父母本行比大，反之则行比小。二是父本的种植方式：父本采用大双行种植，父母本行比大，如 2 ：（16 ~ 20）；父本若采用小双

行、假双行（即一行父本，采用"之"字形移栽）种植，父母本行比较小，如 2 :（12 ~ 14）；父本采用单行种植，父母本行比选择范围为 1 :（8 ~ 12）。三是母本的异交能力：母本开花习性好，柱头外露率高，且柱头生活力强，对父本花粉亲和力高，可采用大行比制种，反之则行比小。若母本采用撒直播方式，父母本行比则从父母本所占厢宽进行设计。父本机插制种条件下，采用大行比种植，如 6 :（40 ~ 60）。

②行向的确定。父母本的种植行向（若母本采用直播方式，即为厢向）的确定应考虑两条原则:其一，种植的行向要有利于行间的光照条件,使植株易接收光照,生长发育良好;其二,开花授粉季节的风向有利于父本花粉的传播,虽然杂交水稻制种主要靠人工辅助授粉,但自然风对父本花粉传播有一定影响。因此,父母本最佳种植行向应与光照方向平行,与制种基地开花授粉期的季风风向垂直。但是不同地区、不同地形地势、不同季节,风向不同,例如在湖南等中部地区,夏季多为南风,秋季多为北风,制种行向以东西向为宜,既有利于光照,也有利于借助风力授粉。

③父本的种植方式。父本种植方式主要有单行、双行和多行。单行父本是每厢中只种 1 行父本，行比为 1 : n（n 为母本行数），父母本厢间距 25 ~ 30cm，父本行幅宽为 50 ~ 60cm，父本株距 20cm 左右。双行种植包括假双行、小双行、大双行，行比为 2 : n。假双行的两行父本间距较窄，一般为 10cm，两行父本各穴交叉种植，父母本行间距一般为 24 ~ 28cm，父本行幅宽 54 ~ 60cm。小双行的父本间距一般为 17 ~ 20cm，父母本行间距为 23 ~ 27cm，幅宽与假双行相同。大双行父本间距一般为 33 ~ 40cm，父母本行间距为 17 ~ 20cm，父本行幅宽为 66 ~ 76cm。多行父本采用 6~10 行插秧机栽插，行距为 18 ~ 30cm，父本厢宽为 160 ~ 180cm。不论何种种植方式，父本的株距一般为 14 ~ 20cm。

父本种植方式不同，授粉方法不同，单行与假双行适宜采用绳索拉粉和单竿赶（推）粉的单向授粉方法，大双行父本适合采用双竿推粉的双向授粉方法，小双行父本，两种授粉方法均可采用，多行父本采用农用无人机授粉。

（2）父母本群体结构目标

①高产父本群体结构目标。单位面积父本的种植穴数随父母本行比及父本种植规格变化，在制种实际中父本穴数为 1800 ~ 3000 穴/亩，3 万 ~ 5 万基本苗，最高苗数 12 万 ~ 15 万，有效穗 6 万 ~ 8 万，每穗颖花 100 ~ 150 朵，每亩总颖花数 800 万 ~ 1000 万朵。父本要求植株生长旺盛健壮，群体抽穗开花历期长（10d 以上），花粉量大，花粉活力强。

②高产母本群体结构目标。母本 2.5 万 ~ 3.0 万穴/亩，15 万左右基本苗，最高苗数 30 万左右，有效穗 20 万 ~ 25 万，每穗颖花 90 ~ 110 朵，总颖花数 2000 万 ~ 2500 万朵。父母本群体颖花比为 1 :（2.5~3）。母本要求植株生长稳健，穗多穗齐，群体抽穗开花历期 8~10d。

（3）父母本群体结构定向培养技术

①父本育秧技术。父本生育期较短、父母本播种差期较小的杂交组合制种，即父母本播种叶龄差在 5 叶以内，或时间差在 20d 以内的组合制种，父本可采用水田育秧法。父本用种量 0.5 ~ 1.0kg/亩，浸种催芽后均匀撒播于水秧田。秧田播种量依父本移栽叶龄而定，移栽叶龄 5 叶以上，秧田播种量 8kg/亩以内；移栽叶龄 4.5 叶以内，秧田播种量 10 ~ 12kg/亩。水肥管理及病虫防治技术同一般水稻生产的水田育秧。

父本生育期较长、父母本播种差期较大的杂交组合制种，即父母本播种叶龄差在 5 叶以上，或时间差在 20d 以上的组合制种，父本可采用两段育秧法。第一阶段为旱地育小苗。苗床宜选在背风向阳的旱作地或干稻田，按 1.5m 厢宽平整育苗床基，压实厢面，先铺上一层细土灰或沙，再铺一层 3cm 左右的泥浆或经消毒的细肥土。浸种催芽均匀密播于育苗床，播后用细土盖种，并搭架盖膜保温，及时洒水保湿。在晴天高温时，白天揭膜通风，夜间盖膜。小苗 2.5 叶龄左右开始寄栽至水田，按照制种面积需要的父本数量和寄栽密度备足寄栽田面积。寄栽田应选择较肥沃的水田，并施足底肥。寄栽密度可为 10cm×10 cm 或 10cm×（13～14cm），每穴寄栽 2 苗或 3 苗。寄栽秧苗应控制在 7～8 叶（父本主茎总叶片数的 50% 左右）时带泥移栽至制种田，减少植伤，缩短返青期。

②母本播种育秧技术。

A. 水田湿润育秧法。培养母本多蘖壮秧是制种高产群体构建的基础。壮秧的标准是：秧苗三叶一心开始分蘖，五叶期带分蘖 2 个，秧苗矮壮，茎基扁平，叶色青秀，根白根壮。主要措施：

备好秧田：秧田与制种田面积的比例为 1：5，秧田播种量 10～12kg/亩，备足母本秧田。中等肥力水平水田，按复合肥 30～40kg/亩，或按尿素 10kg/亩，氯化钾 5～7kg/亩，过磷酸钙 30～40kg/亩标准，或按人畜粪肥 1500～2000kg/亩，腐熟枯饼 40～50kg/亩，草木灰 15～20kg/亩标准施作底肥。肥料均应施入耕作层，使泥肥均匀融合。平整秧田，开沟分厢。

催芽播种：用强氯精浸种消毒，采用"少浸多露、保温保湿保气"同步浸种催芽方法，保证统一母本浸种催芽时间与种芽标准。播种前种子用拌种剂、烯效唑等拌种。播种时将种子分厢过秤，均匀播种。播后用泥浆或细土盖种，春季播种育秧应搭架覆盖薄膜保温，提高出苗率与成秧率。

秧苗期管理：播种后至秧苗 2.5 叶前保持厢面湿润，不见水层，2.5 叶至移栽前采用浅水管理，遇寒潮时加深水层或盖膜护秧，寒潮过后升温时缓慢排水与揭膜，防止秧苗生理失水、青枯死苗。及时追施"断乳肥"与促蘖肥。在 2.5 叶期灌浅水时每亩施尿素 5kg 左右，在移栽前 5～7d 每亩施尿素 5kg 左右。对移栽秧龄短小（4.5～5.0 叶）的秧苗，在 4 叶时每亩可施尿素 7～8kg。秧苗期应及时防治稻蓟马、稻秆潜叶蝇、稻叶瘟等病虫害。

B. 软盘育秧法。育秧的软盘及泥土可按水稻大田生产的软盘育秧方法准备。母本种子的浸种催芽方式可参照水田湿润育秧法。种子破胸后均匀撒播在塑料软盘孔内，尽量保证每孔 2～3 粒正常破胸的种子。秧苗期管理方法参照湿润育秧或旱育秧。在秧苗 3.0～3.5 叶时抛栽。

C. 机插硬盘育秧法。秧盘规格与插秧机配套，盘土选用育秧基质或秧田泥浆，场地育秧或大田秧厢铺盘育秧，种子发芽率要求在 85% 以上，均匀播种，保持床土无水湿润，以培育盘根好的毯状秧苗，秧苗 2.5～3.5 叶时移栽。

③母本直播与苗期管理技术。将母本种子直接播入制种田的母本厢内，省去育秧移栽环节。随着农村劳动力的转移，造成了杂交水稻制种基地劳动力的缺乏，因而近年来杂交水稻母本直播制种技术得到了发展。母本直播制种的技术要点如下：

A. 父母本播差期的调整。母本直播没有因植伤导致的返青阶段，因此直播母本的播始历期较育秧移栽母本缩短 2～3d，父母本的播差期应在水田湿润育秧移栽母本的基础上延 2～3d，或扩大父母本叶龄差 0.5 叶左右。父本要求在母本播种前 4～5d 移栽，移栽后灌水使父本及时返青。

B. 制种田的平整与播种。由于母本种子直播于制种田，因此制种田的整地质量视同于秧田。平田时将所用底肥一次性施入制种田。要求全田平整，四周开沟，田中按制种的父母本分厢，厢间有小浅沟（深 10cm 左右），每两厢间有深沟（深 15 ~ 20cm），能保证灌水时全田水深一致，排水时全田与厢内能及时排干，以利于母本出苗均匀，提高成苗率。父本返青后排水露田，再次平整母本厢面后直播母本种子。母本种子催芽后用化学拌种剂、烯效唑等拌种。播种时将芽谷分厢过秤，均匀播种。播后将种子拍压入泥浆内，提高出苗率与成秧率。

C. 直播母本的苗期管理。母本播种后至幼苗一叶一心前，厢面只能保持湿润状态，不能使厢面有水层，若遇大雨可短时灌水护种，避免雨水冲洗，影响出苗和出苗不匀。幼苗至 2.5 叶期，可进行间密补稀，尽可能使厢面禾苗较均匀分布。在 2.5 ~ 3.0 叶期灌浅水追施尿素与钾肥，并施用秧田除草剂，及时防治病虫害。3 叶以后的田间管理与一般制种田相同。

④制种大田父母本培养技术。

A. 父母本基本苗数的确定。杂交水稻制种母本的异交结实率依赖于父本和母本抽穗开花的协调与配合。由于父母本抽穗、开花的特性存在差异，因此对父母本的定向培养目标不同，要求父本既有较长的抽穗开花历期，又能保证在单位时间与空间内有充足的花粉量，对母本既要求在单位面积内有较多的穗数与颖花数，又要求群体抽穗开花历期相对较短，保证父母本全花期基本相遇，且盛花期集中相逢。因此，对父母本的培养技术措施不同。20 世纪80 年代末期在研究对父母本定向培养时提出了"父本靠发、母本靠插"的技术措施，对提高杂交水稻制种产量起到了很好效果。随着杂交水稻亲本组合的增多，在制种时对亲本的培养技术更具有多样化。大穗型亲本往往分蘖能力不强，单株有效穗较少，穗形较紧凑，着粒密度大，单穗花期较长，因此对大穗型亲本则应增加每穴株数。即生育期较长、分蘖力较强、成穗率较高的父本每穴移栽 2 ~ 3 株；无论生育期长短，如分蘖能力较差的父本，每穴可增至 4 株或以上；某些早熟组合，父母本播差期"倒挂"制种时，不仅要增加父本每穴移栽株数，还应缩小父本移栽的株距至 14 ~ 17cm。母本要求均匀密植，如移栽株（穴）行距为14cm×17cm 等，每穴 2 ~ 3 株，每穴基本苗 6 ~ 9 苗，所以一般要求母本每亩插足 10 万左右基本苗。

B. 母本定向培养技术。在保证母本基本苗的前提下，母本成为穗形大小适宜、穗多、穗齐、冠层叶片短、后期不早衰的群体，是母本的培育目标。高产制种实践表明，在保证母本单位面积穗数与穗粒数达到定向培养目标时，稳健的母本群体结构，具有良好的异交性能，往往易获得较高的制种产量。相反，母本群体长势长相过于繁茂，尤其是后期长势太繁茂的群体，田间通风透光性差，异交态势不良，异交结实率低，制种产量较低。所以重视前期的早生快发，稳住中期正常生长，防止后期生长过旺是杂交水稻制种对母本培养的原则。

在定向培养的肥料施用上，要求"重底、轻追、后补、适氮高磷钾"，核心技术就是重施基肥，少施甚至不施追肥，即所谓一次性施肥法。如早熟杂交组合制种，由于亲本生育期短，分蘖时间短，保肥保水性能好的制种田，可将 80% ~ 100% 的氮、钾肥和 100% 的磷肥作底肥，在移栽前一次性施作底肥，或留 20% 左右的氮、钾肥在移栽后一个星期内追施。若制种田保水保肥性能较差，且母本生育期较长，则应以 60% ~ 70% 的氮、钾肥和 100% 的磷肥作底肥，留 30% ~ 40% 的氮、钾肥在移栽返青后追施。在幼穗分化 V ~ Ⅵ期，应看苗看田适量补施氮、钾肥或含有多种养分的叶面肥。

在水分的管理上，要求前期（移栽后至分蘖盛期）浅水湿润促分蘖，中期晒田促进根系纵深生长，并控制苗数和叶片长度，后期深水孕穗养花。其中关键在中期的重晒田，在前期促早生快发，群体苗数接近目标时，要及时重晒田。具体而言，晒田要达到四个目的：一是缩短冠层叶的叶片长度，尤其缩短剑叶长度，一般以 20 ~ 25cm 为宜；二是促进根群扩大与根系深扎，利于对所施肥料的吸收与利用；三是壮秆防倒伏，杂交水稻制种喷施"九二〇"后，由于植株升高，容易倒伏，通过晒田使植株基部节间缩短增粗，从而增强了抗倒力；四是减少无效分蘖，促使群体穗齐，提高田间的通风透光性，减少病虫为害。晒田的适宜时期以母本群体目标苗数为依据，一般是在幼穗分化前开始，晒 7 ~ 10d。晒田标准为：田边开坼，田中泥硬不陷脚，白根跑面，叶片挺直。当然，晒田的程度与时间可依据母本生长发育状况与灌溉条件而定，深泥田、冷浸田要重晒，分蘖迟发、苗数不足的田应推迟晒，水源困难的田块应轻晒，甚至不晒，不能造成晒后干旱，影响母本生长发育，导致父母本花期不遇而减产。

C. 父本定向培养技术。父本成为穗多、穗形大小适中、冠层叶片较短、抽穗开花历期较母本稍长，且单位时间与空间的花粉密度大的群体结构，是父本定向培养的目标。必须针对父本生育期和株、叶、穗、粒特征特性采取相应的定向培养技术。在保证父母本施用相同的底肥种类与数量的基础上，对父本偏施肥料是定向培养强势父本群体的重要技术措施。在母本移栽后的 3 ~ 5d 内要单独对父本偏施一次肥料，肥料的用量应依父本的生育期长短与分蘖成穗数量而定，生育期较长、每穴移栽株数较少，要求单株分蘖成穗数较多的父本，追肥量较大，反之追肥量适当减少。每亩可施尿素 3.0 ~ 4.0kg，钾肥 3.0kg。为保证施肥效果，可采取两种办法：一是撒施，施肥时母本正处于移栽返青后的浅水或露田状态，将肥料撒施在父本行间，并进行中耕，生育期较短的父本宜采用此法。二是球肥深施，将尿素和钾肥与细土混合拌匀，做成球肥深施入两穴父本之间或四穴父本中间，也可以施用杂交水稻制种专用复合球肥。

由于不同的不育系和恢复系在生育期特性、分蘖成穗特性等方面的差异，因而对制种高产群体的培养，应根据不育系、恢复系的特性调整具体的技术措施。生育期较短的父本，其有效分蘖期、营养生长期短，移栽叶龄不能过大，并应尽量带泥移栽，甚至可以采用起垄移栽，使返青期不明显，及早追施速效肥料，促进低位分蘖成穗。生育期较长的父本，移栽叶龄较大，或用两段育秧方法培养后秧苗，也应尽量带泥移栽，移栽后深水护苗，缩短返青期，增加追施速效肥料用量，并适当推迟晒田的时间。另外，兑水分、肥料种类（如氮肥）反应较敏感的父本，应严格掌握追肥种类与数量，以免影响生育期变化，导致父母本的花期不遇。

三、父母本异交态势的改良

水稻雄性不育系抽穗时穗颈节不能正常伸长，使得抽穗包颈严重，开花时内外颖不能正常打开，使得开花时间推迟且群体开花分散。目前生产应用的籼型雄性不育系抽穗包颈穗率几乎为 100%，包颈粒率达 30% ~ 50%，甚至更高；每天开花时间较育性正常的水稻推迟 1h 以上，且在一天内开花时间不集中。除了父母本抽穗开花习性外，父母本的株叶形态、母本的柱头外露特性及柱头生活力、父本的花药开裂散粉习性及花粉生活力等，也是影响母本异交结实的因素。因此，父母本的异交态势包括父母本的株、叶、穗、颖花、柱头、花药的形态姿势以及习性，改良父母本的异交态势是杂交水稻制种的关键技术环节。

（1）"九二〇"喷施技术："九二〇"，即赤霉素（GA3），是植物生长素，从 20 世纪 70 年代我国杂交水稻育成时开始在繁殖、制种上试用，对改良杂交水稻父母本异交态势有着极为重要的作用。至今"九二〇"的使用仍是杂交水稻种子生产中关键的技术。制种使用的"九二〇"，有粉剂和乳剂两种产品，乳剂可以直接兑水稀释喷施，粉剂不能直接溶于水，使用前 7d 左右须先溶于酒精，每 100mL 酒精能溶解 5 ~ 6g"九二〇"粉剂。

①"九二○"喷施时期。喷施"九二○"的效果体现在：伸长节间的幼嫩细胞拉长，促进穗颈节伸长，解除不育系抽穗包颈，上层叶片（主要是剑叶）与茎秆的夹角增大，从而使穗层高于叶层，穗、粒外露，形成"九二○"，达到改良母本异交态势的目的。其次，"九二○"还能提高母本柱头外露率，增强柱头生活力，延长柱头寿命。只有当细胞处于幼嫩时期，"九二○"才能促使细胞拉长，当细胞处于老化阶段时，"九二○"已不能发挥拉长细胞的作用。第一次喷施"九二○"的时期称为始喷期，此时田间母本的抽穗率称为始喷抽穗指标。就单穗的喷施期而言，当穗节间处于伸长始期，即幼穗分化的Ⅷ期末（见穗前 1 ~ 2d）时正是"九二○"喷施期。但是，就母本群体而言，由于株间、穗间幼穗发育的差异，群体内所有的稻穗不可能同期发育，株间、穗间的见穗期一般存在 4 ~ 6d 的差异，因而确定一个群体的最佳喷施期应以群体中大多数稻穗为准，只能以群体见穗指标作为"九二○"始喷施期。另外，由于不育系对"九二○"反应的敏感性差，不育系间喷施"九二○"的适宜时期还应有差异。具体确定喷施时期应考虑以下因素：

A. 根据不育系对"九二○"的敏感性确定始喷期。对"九二○"反应敏感的不育系，始喷时期宜推迟，如 T98A、株 1S、陆 18S、中九 A、金 23A 等对"九二○"反应敏感，适宜的始喷抽穗指标 30% 左右。对"九二○"反应敏感性差的不育系，则适当提早喷，如丰源 A、Ⅱ–32A、培矮 64S、P88S 等对"九二○"反应敏感性较差，适宜的始喷抽穗指标 5% 左右。Y58S、C815S、准 S 等对"九二○"反应敏感性中等，适宜的始喷抽穗指标为 15% ~ 20%。

B. 根据父母本花期相遇程度确定始喷期。父母本花期相遇好，"九二○"均在父母本最适宜喷施期喷施。父母本花期相遇不好，对抽穗迟且对"九二○"反应较迟钝的亲本，始喷施期可提前 2 ~ 3d，或降低抽穗指标 10% ~ 15% 作为始喷时期；对"九二○"反应较敏感的亲本可提前 1 ~ 2d 喷施。值得一提的是，凡是提前喷施"九二○"，其用量应从严控制，对母本每亩只能 2g 左右，对父本每亩只能在 0.5g 以内，否则将导致下部节间伸长过多，上部叶的叶鞘伸长，抽穗困难。相反，对抽穗早，且对"九二○"反应迟钝的亲本，只能将始喷时的抽穗指标提高 10% 左右，否则植株伸长节间细胞老化，造成抽穗包颈；对抽穗早，且对"九二○"反应敏感的亲本，可将始喷时期的抽穗指标提高至 50% 以上，甚至更高。凡是推迟始喷"九二○"，喷施次数可减少，可只分 2 次甚至一次性喷完总用量。

C. 根据母本群体生长发育整齐度确定始喷期。母本群体生长发育整齐度高的田块，"九二○"的始喷时期可以提前 1d，喷施次数和总用量均可适当减少。母本群体生长发育不整齐的田块，如前期分蘖生长慢，中后期迟发分蘖成穗田，或因移栽时秧龄期过长，移栽后出现早穗的田块，则应推迟喷施"九二○"，而且应将"九二○"总用量分多次喷施。

②"九二○"用量。

A. 根据不育系对"九二○"的敏感性确定用量。不育系之间对"九二○"反应的敏感性存在较大的差异，对"九二○"反应敏感的不育系，如 T98A、株 1S、安农 810S 等，"九二○"用量每亩只需 8 ~ 10g，超过用量植株过高，易发生倒伏；对"九二○"反应敏感性一般的不育系，如 Y58S、P88S、准 S、C815S、Ⅱ–32A、丰源 A 等，"九二○"用量为每亩 20 ~ 25g；对"九二○"反应敏感性迟钝的不育系，如培矮 64S，"九二○"用量每亩需 30 ~ 50g。

B. 根据其他因素确定用量。在杂交水稻制种实际中常有其他因素影响"九二○"的用量增加或减少。其一，对不育系提早喷施"九二○"时，由于植株穗颈节间幼嫩，喷施剂量应适当减少，以免引起植株过高，造成倒伏。相反，推迟喷施"九二○"时，穗颈节间已趋向老化，应适当增加喷施用量，才能解除抽穗包颈。其二，母本单位面积苗穗数量过大，上部叶片较长时，应增加"九二〇"用量；相反，若不育系群体结构合理，植株生长正常，可适当减少"九二〇"用量。其三，喷施"九二〇"时遇连续阴雨低温天气，应抢停雨间歇或下细雨时喷施，并增加用量 50% ~ 100%；在喷施"九二〇"时遇上高温干热风天气，溶液易蒸发，也需增加"九二〇"用量。其四，若母本采用直播或抛秧方式，植株根群深度较育秧移栽方式浅，喷施"九二〇"后有可能导致倒伏，可适当减少"九二〇"的用量。

③"九二〇"喷施次数与时间。"九二〇"喷施的次数一般分 2 ~ 3 次。在确定对制种田喷施的次数时，应考虑以下情况：一是群体生长发育整齐度，群体整齐度高的制种田喷施次数少，喷施 2 次，甚至一次性喷施；整齐度低的田块喷施次数多，需喷施 3 ~ 4 次。二是喷施时期，若对某些制种田提早喷施时应增加次数；相反，若推迟喷施时则减少次数，在抽穗指标较大（超过 50%）喷施时，应将"九二〇"总用量一次性喷施。为了使母本群体中生长发育进度有差异的穗层，在喷施"九二〇"后能较好地解除抽穗包颈问题，在分次喷施"九二〇"时，根据母本群体中生长发育进度差异程度判断群体的抽穗动态，每次喷施"九二〇"的剂量不同，一般原则是"前轻、中重、后少"。若分 2 次喷施，2 次的用量比为 2∶8 或 3∶7；分 3 次喷施时，3 次的用量比为 2∶6∶2 或 2∶5∶3。

分次喷施"九二〇"时，各次之间的间隔时间长短各异，在正常情况下以 24h 为间隔，但是当群体中不同穗层的生长发育进度差异较小时，可以以 12h 为间隔，即可以在一天内上午、下午连续喷施。在上午 7:30 ~ 9:30 或露水快干时和下午 4:00 ~ 6:00 以后喷施，中午高温光照强烈时不宜喷施。

④"九二〇"喷施时加水量。"九二〇"喷施时加水没有严格的要求，不论每次喷施"九二〇"用量的多少，单位面积的加水量均在一定范围内变动。喷施水量的确定，只要保证单位面积内"九二〇"溶液能均匀地喷施在植株上，喷施水量则宜少不宜多。"九二〇"溶液靠植株叶面吸收，单位面积喷施水量多，溶液则沿植株流入田间水内，黏附在叶片上的"九二〇"溶液浓度小，植株吸收"九二〇"的有效成分少，影响"九二〇"的效果，造成"九二〇"的浪费。

单位面积加水量也因喷施"九二〇"时植株体表面水分多少、天气状况和喷施所用器具而变动。在停雨后或在上午露水未干时喷施，因植株体表面水分多，喷施"九二〇"的加水量宜少；在晴天下午或高温干燥天气条件下喷施，加水量应适当加大。使用背负式压缩喷雾器喷施，喷头用小孔径喷片，加水量为每亩 15 ~ 20 kg；使用手持式轻型电动喷雾器或农用无人机喷施，喷出的雾滴更细，能提高"九二〇"的利用率，加水量每亩只需 1.5 ~ 2.0kg。

⑤对父本"九二〇"的喷施。由于父本对"九二〇"的敏感性与母本存在较大差异，不同的父本对"九二〇"的敏感性也存在差异，在杂交水稻制种时，为了使父本对母本具有良好的授粉态势，在对父母本喷施"九二〇"后，要求父本的穗层比母本高 10 ~ 15cm，因而有必要单独增加父本的"九二〇"喷施剂量。"九二〇"的增加量由父本对"九二〇"的敏感性决定，喷施量为每亩 2 ~ 8g。

⑥用"九二〇"对母本养花。用于制种的不育系，其柱头外露率均在 50% 以上，甚至高达 90%。经测定发现，不育系柱头在开花当天接受父本花粉结实能力最强，结实率可达 70% 以上，第 2 ~ 3 天若能接受到父本的花粉，结实率仍然较高，可达 40% ~ 50%，第 4 天起柱头生活力下降的速度加快，但少数柱头生活力可维持到第 7d。

在杂交水稻制种时，以下三种情况以"九二〇"养花：其一，母本的始花期较父本早

（3～5d），在母本盛花期连续3～5d的下午4:00～6:00，每天每亩用1～2g"九二〇"，加水20kg，对母本群体均匀喷洒，能延长外露柱头的寿命，保持柱头生活力。其二，父母本花期相遇良好，但花时相遇不好，父本每天花时早，母本花时迟且分散（午前开花率低），在母本盛花期以"九二〇"养花，母本外露柱头接受次日及以后的父本花粉结实，提高母本外露柱头异交结实率。其三，即使父母本花期相遇良好，若授粉期遇上高温、低湿天气，在母本盛花期连续3～5d用"九二〇"养花，每亩喷水量30kg。

（2）割叶技术：在20世纪70年代至80年代初期，杂交水稻制种母本见穗期前割叶是改良母本异交态势的唯一手段，不但用工多、劳动强度大，而且制种产量低。随着对父母本定向培育技术与"九二〇"喷施技术的应用，割叶技术不再大面积使用。然而，有些不育系的上部叶片，尤其是剑叶叶片过长（大于25cm），或者制种田肥力水平过高，导致禾苗生长过于旺盛，上部叶片过长，为改良母本授粉态势，仍需采用割叶技术。

①割叶的时期。割叶的时期可在喷施"九二〇"前，或在喷施完"九二〇"后的第2d。试验表明，以喷完"九二〇"后次日割叶效果较在其他时期割叶好。究其原因，在喷施"九二〇"前割去上部叶片，即割去了吸收"九二〇"溶液的主要叶片，使得"九二〇"溶液被植株吸收率降低；在喷施完"九二〇"后次日割叶，"九二〇"溶液在喷施当天内被叶片吸收到植株体内，在体内发挥了"九二〇"的作用。

②割叶程度及割叶后管理。割叶的目的是为了喷施"九二〇"后穗层能伸出叶层。因此，割叶的程度应根据植株上部叶片长度而定，以保留剑叶长度在10cm左右为宜。在割叶前如田间已发生稻瘟病、白叶枯等病害，应在割叶前先用药剂控制病害后再割叶。割去的叶片应及时运出田外，以使田间保持良好的通风透光状态，并及时防止病害的发生与蔓延。另一方面，割叶减少了植株叶片的光合面积，如果母本异交结实率达到60%以上的田块，将对种子的物质积累、灌浆成熟产生一定的负面影响，因此在结束授粉时可喷施速效肥料，田间保持湿润状态，使种子成熟落色正常，增加粒重。

四、人工辅助授粉技术

（1）人工辅助授粉的必要性：杂交水稻制种完全依赖父母本异花授粉方式获得产量，母本异交结实率的高低，取决于父本花粉能否散落到母本柱头上。父本花粉能否散落到母本柱头上，取决于两个基本条件：其一，在单位时间、空间内父本花粉密度的大小，花粉密度大，散落到母本柱头上的概率大。其二，在父本开花期，单位面积内父本花粉总量已是定量，虽然父本群体每天开花时段较母本短，但在该时段如果自然风力较大，势必造成父本在开花时段随开随散，散粉时段不集中，单位时间、空间的花粉密度小。如何使已经定量的花粉集中在某一时段均匀散落到母本柱头上，则需要在父本开花散粉高峰时段采用人工辅助措施，使父本花粉集中散出，均匀散落到母本群体的柱头上，以提高异交结实率。

（2）人工辅助授粉的时间与次数：正常的水稻群体花期7～10d，父母本开花习性存在较大差异，母本（不育系）有柱头外露特性，柱头活力可保持3~7d，但父本每天开花时间较短，只有1.5～2h，在天气晴朗、温湿度适宜的条件下开花时段在中午12:00前。因此，人工辅助授粉必须把握时期、时间及授粉次数。在父母本花期基本相遇的基础上，从父本群体开始开花之日起，至终花之日止都是辅助授粉期。一般在开花期内，每天中午12点前，父本散粉高峰期第一次赶粉，每隔20～30min一次，连续5～7d。

（3）人工辅助授粉的工具与方法：

①绳索授粉法。将长绳（绳索直径约 0.5cm）按与父本行向平行的方向，两人各持绳一端，沿与行向垂直的田埂拉绳奔跑，让绳索在父母本穗层上迅速地滑过，振动穗层，使父本花粉向母本厢中飞散。该法的优点是速度快、效率高，能在父本散粉高峰时及时赶粉。缺点一是对父本的振动力较小，不能使父本的花粉充分地散出，花粉的利用率较低；二是绳索在母本穗层滑过时对母本花器有一定伤害。因此，应选用较光滑的绳索，并控制绳索长度（以 20 ~ 30m 为宜），奔跑速度，提高赶粉效果。此法适合父本单行和双行栽插方式的制种田授粉。

②单竿振动授粉法。由一人手持 3 ~ 4m 长的竹竿或木杆，在父本行间，或在父本与母本行间，或在母本厢中行走，将长竿放置父本穗层的基部，向左右呈扇形扫动，振动父本稻穗，使父本花粉向母本厢中散落。该授粉法较用绳索授粉法速度慢、费工多，但对父本的振动力较大，能使父本的花粉从花药中充分散出，传播的距离较远。由于该授粉法仍是使花粉单向传播，且传播不均匀，故适合父本单行、假双行、小双行栽插方式的制种田授粉。

③单竿推压授粉法。由一人手握长竿中部，在父母本行间设置的工作道中行走，将竿置于父本植株的中上部，在父本开花时逐父本行用力推振父本，使父本花粉飘散到母本厢。此法优点是赶粉效果好，速度较快，不赶动母本；缺点是花粉单向传播，花粉传播不均匀。适合单行和假双行、小双行父本栽插方式的制种田采用。

④双竿推压授粉法。一人双手各握一根 1.8 ~ 2.0m 长的杆子，从两行父本中间行走，两杆分别置两行父本植株的中上部，用力向两边振动父本 2 ~ 3 次，使父本花粉能充分地散出，向两边的母本厢中传播，此法的动作要点是"轻推、重摇、慢回手"。其优点是父本花粉能充分散出，花粉残留较少，且传播的距离较远，花粉分布均匀；缺点是赶粉速度慢，费工费时，难以保证在父本开花高峰时全田及时赶粉。此法只适宜在大双行或小双行父本栽插方式的制种田采用。

⑤农用无人机授粉法。选用适宜型号的农用无人机在父本行上飞行，利用无人机旋翼产生的旋翼负压将父本花粉吸上，再通过无人机向前飞行时产生的风力将花粉吹向两边的母本行。此法的要点是要根据无人机的型号设置好飞行高度和速度。其优点是作业效率高，父本花粉能充分散出，且传播距离远，花粉分布均匀，适合父母本大行比种植的规模化制种区采用。

五、种子质量保障技术

（1）使用高纯度的亲本种子：亲本种子质量的高低，特别是种子纯度的高低，是生产高纯度杂交水稻种子的基础。我国三系法杂交水稻制种，常出现因亲本种子纯度不达标而导致杂交种子纯度不合格或制种失败等问题。三系法不育系虽然不育性稳定性好，但经多代繁殖后不育性也有遗传变异，在繁殖过程中也常产生机械混杂。目前选配杂交水稻组合的不育系异交特性好，制种时异交结实率高，但是也易与母本群体中的杂株串粉结实，产生生物混杂，影响所产杂交种子的纯度。我国 1996 年制订的国家标准（GB4404.1—1996），杂交水稻亲本种子纯度标准为 ≥ 99.0%。随着育种水平的提高，农业生产对种子质量标准的提高，杂交水稻亲本种子纯度标准也应相应提高。因此，杂交水稻制种应使用纯度高于 99.5% 或高于 98% 的亲本种子。要使杂交水稻制种使用高纯度的亲本种子，必须按原种生产程序生产原种，繁殖亲本种子，并经严格进行纯度鉴定后才供制种使用。

（2）制种田的前作处理：在广东、广西、福建、海南等地的各季制种，在长江流域的秋季制种，如制种田的前作种植水稻，前作的落田谷和稻蔸都将成为制种田杂株的来源。首先应对前作的落田谷和稻蔸进行处理，播种前翻耕淹水 7d 以上，使落田谷和稻桩失去发芽与再生能力。

（3）制种区域的隔离：水稻的花粉离体后在自然条件下有 5～10min 的存活时间，经自然风力可传播 100m 以上距离。因此，在制种的开花授粉期，应及时采取隔离措施，防止非父本水稻的花粉对制种母本串粉结实。可采用自然屏障隔离、距离隔离（100～150m）、同父本隔离和时间隔离（异品种开花期相差 20d 以上）。

（4）制种的田间除杂：制种田的杂株类型有前作水稻落粒谷植株和稻茬再生株，三系法母本中的保持系植株，变异株，其他杂株等。除杂保纯工作应贯穿于整个制种过程，包括秧苗期、分蘖期、抽穗开花期、种子成熟至收割前四个时期的除杂。其中抽穗开花期是除杂的最关键时期，配合田间纯度鉴定，对田间除杂和隔离情况进行检查。除去异型、异色（叶鞘色、秤尖色、柱头色、叶色）等株，重点除去母本中能散粉的可育株和半不育株，要求在母本盛花期前全部清除干净，杂苞率控制在 0.2% 以内或杂穗率 0.1% 以内。

（5）防治黑粉病和稻曲病：分别于孕穗末期和盛花期每亩用 100g"克黑净"兑水 30kg 喷施，或用 20%"粉锈宁"100g 或 25%"多菌灵"150g 兑水 30kg 喷施。

（6）适时收割：在授粉结束后应观察种子成熟进度，防止种子过度成熟。在授粉期结束后 10d 左右，种子进入成熟阶段。在授粉期结束后 12d 左右，种子 80% 进入黄熟期。据研究表明，种子的适宜收割期在授粉期结束后第 12～16d，此时种子已经籽粒饱满，成熟完全，物质积累充分，种子活力高。在授粉期结束后第 17d 起，种子胚乳透明度减弱，胚乳内淀粉逐步趋于崩解，使种子外观品质、耐贮性、发芽特性变差。因此，在授粉期结束后第 10d 左右，应注意收看天气预报，尤其密切关注"台风"的预报，做好及时抢收种子的准备。

父母本分开收割。父母本生育期相近的组合制种、父本易倒伏的组合制种，收割时必须先收父本，严格清除父本穗后再收母本。父母本种子成熟期相差较大的组合制种、父本不易倒伏的组合制种，可以先收母本，后收父本。

（7）及时干燥：在晴天露水干后开始收割，能使种子在当天基本干燥至安全含水量。适宜收割期遇上阴雨天气，可先割除父本，待雨后及时收割母本。有烘干设备条件，在阴天或小雨天气，根据烘干设备烘干能力定量收割。为提高干燥效率，种子收割脱粒后，应及时运到晒坪或干燥厂房进行种子初选，清除茅草及杂质、空秕病粒。杂交水稻种子不宜在水泥晒坪暴晒，如在水泥晒坪晒种，不宜堆晒过厚，并应勤翻。如遇阴雨天气，种子收割后应立即采用薄摊、勤翻、鼓风去湿、加温通风干燥、机械烘干等方法，尽快使种子含水量降低至安全存放标准（<13%）。未干燥至安全存放含水量的种子严禁堆放，避免引起种子堆内发热而降低种子质量。经过高温暴晒或加温干燥的杂交水稻种子，应待种子冷却后才能灌袋入仓。在种子干燥过程中应严防机械混杂。种子收购前 3～5d，应通知制种农户将种子充分晒干，水分控制在 12% 以下。

实践二　"两系法"杂交水稻种子生产

一、两系法杂交水稻种子生产的特点

（1）由于两用核不育系的育性转换起点温度属多基因性状，随着繁殖世代的递增，群体内产生育性转换起点温度较高的个体，并在群体内的比例逐代扩大，导致群体育性转换起点温度向上漂移，群体育性转换起点温度不整齐。在不育系育性敏感期的气温与水温均高于育性转换起点温度条件下，在群体中产生正常可育植株，其农艺性状与本不育系相同，但花粉

发育正常，这类植株称为"同形可育株"。同形可育株不仅本身结实率高，而且传粉给不育株而异交结实，导致制种的种子纯度下降。因此，未经提纯而多代繁殖的不育系种子不宜用于制种。

（2）由于两系法制种母本不育性受生态条件影响，因此制种基地的选择和季节的安排较三系法制种更严格。除了基地土壤肥力、灌溉条件外，更重要的是气候条件，不仅要有安全抽穗扬花的气候条件保障制种产量，更要有安全可靠的温度条件保障不育系育性敏感期的安全。两系法制种实践证明，育性敏感期不宜安排在气温波动较大的季节；在海拔 450m 以上的山区制种，不仅日均温较低，昼夜温差大，而且一旦遇上阴雨天气，温度下降快，容易造成不育系育性的波动；此外，山区和丘陵区常有山沟冷浸水、水库底层水灌入稻田，水温一般低于 24°C，易造成制种田局部的不育系育性波动，这种育性的波动不易被发现，给两系杂交种子纯度带来隐患。

（3）为保证光温敏核不育系群体育性敏感期的安全通过，群体生长发育的整齐度较三系法不育系要求更高。田面不平整、肥水不均匀、过度稀植、施肥过量或偏迟，均可能导致迟发高位分蘖成穗产生自交结实。

二、两系法杂交水稻种子生产的风险控制

（1）用不育系原种一代种子制种：用原种一代制种，控制了不育系群体育性转换起点温度的遗传漂移，大幅度减少了田间除杂的工作量，杂交种子纯度符合国家标准。核心种子繁殖时采用单本稀植，加强肥水管理，提高繁殖系数，以保证大面积制种能用上通过核心种子生产程序的原种一代种子。如：生产核心种子→繁殖原种（纯度 ≥ 99.9%）→ 繁殖良种（纯度 ≥ 99.5%）→ 杂交制种（纯度 ≥ 98%）。从核心单株的选择到原种一代种子供应量的比例估算：核心单株（200 粒）→ 160 株（1600g）→ 534m^2（200kg）→ 100 亩。若一次选留 300 个核心单株，原种一代种子可供 3 万亩制种。

（2）制种基地选择和季节安排：两系法杂交水稻制种，基地的选择和季节的安排应以不育系育性敏感期安全为前提，从气候条件、耕作制度以及水稻生产、制种的经济效益综合考虑，提出基地选择和季节安排的模式。在长江中下游区域海拔 400m 左右的一季稻区或单、双季稻混栽区夏制，温敏不育系育性敏感期安排在 7 月下旬至 8 月初，抽穗扬花期在 8 月上中旬；在双季稻区可安排早秋制种，不育系育性敏感期在 8 月上旬，抽穗扬花期在 8 月中下旬。无论何地何季制种，育性敏感期都要避免温度低于 24°C 的冷水灌溉。长江以北区域光敏核不育系组配的杂交组合制种，不育系育性敏感期应安排在日照长度大于不育系育性转换临界光照长度的时期。利用具有光温互作特性不育系制种，不能安排秋制。

（3）定向培养整齐母本群体：两系法杂交水稻制种，培养生长发育整齐的多穗型母本群体，缩短群体育性敏感期，是保证制种纯度的重要技术措施。对两系杂交组合的高产保纯制种，应田面平整，肥水均匀，适当加大母本用种量，稀播育壮秧，保证足够的基本苗数。母本采用直播或高密度插秧机机插，有利于提高母本群体生长发育整齐度。制种田施肥应以基肥为主，少施或不施追肥，及早晒田，培养中等长势长相群体，抑制迟发高位分蘖的生长，保证母本每公顷有效穗 375 万左右，穗型中等，颖花数 2000 万以上。

（4）制种纯度监测

①花粉育性镜检。从母本始花期起，在整个制种基地根据母本生育期的迟早、田块的肥力水平、灌溉水源、田块地形等因素选择样本田，采用五点取样法取样进行花粉镜检。由于

母本同一穗内不同部位颖花的花粉发育不同步，花粉育性在发育敏感期因温度而变化，因而不宜在某一天镜检同一穗的上、中、下部颖花，而应取当天能开花的颖花进行镜检。每天每点取当天能开花的颖花 10 朵，取出全部花药，镜检花粉育性。

②取样绝对隔离自交。在花粉育性镜检取样田内，喷施"九二〇"前一天，采用三或五点取样，每点取一厢内的一横行所有植株或随机取 10 穴植株，带泥移至绝对隔离区，并同取样田一样喷施"九二〇"，齐穗后 20d 考察自交结实率。种子成熟期，在同一取样田内五点取样，每点取一横行或取 10 穴植株，调查母本结实率。

③杂交种纯度测算。根据同一取样田取样的母本隔离自交结实率和制种田母本结实率，估算所制种子的纯度。例如，隔离自交结实率为 2%，取样田母本结实率为 40%，则所制种子纯度约为 95%（未排除杂株对纯度的影响）。抽穗前取样隔离考察自交结实率是了解两系法制种纯度较可靠的方法。采用套袋法考察自交结实率，由于袋内结实条件不适宜，导致结果不准确。

（5）种子纯度种植鉴定：杂交种子纯度的种植鉴定法，至今仍是最可靠的方法。无论是两系，还是三系杂交种子，其杂株中均有可能出现不育株。但是，两系杂交种子中的不育株是制种时不育系的自交种子，在纯度鉴定时其育性同样受温度或日照长度条件影响，若育性敏感期温度低于育性转换起点温度或日照短于临界光照长度仍表现自交结实，给纯度鉴别带来难度。因此，两系法杂交种子纯度鉴定时，应尽量将育性敏感期（即幼穗分化第Ⅲ~Ⅵ期）避开低温或短日照条件的影响，使自交种子的不育性得到表现，以便识别。否则，只能依靠自交种和杂交种在生育期、株叶穗粒等特征特性辨别判断。

三、"两系法"制种基地实践

1. 实习田基本情况调查

制种组合名称：　　　　母本名称：　　　　父本名称：

制种基本技术方案

父本分两期播种：第一期父本　月　日播种，第二期父本　月　日播种，两期父本播种相差　天。

母本播期：月　日，父母本播种差期　天，播种叶龄差　叶。父本　月　日移栽，母本　月　日移栽。

父本移栽方式为　，两期父本移栽比例：　。母本移栽株行距　×（cm）。父母本行比　：　。

2. 父母本花期相遇调查与分析

父母本花期相遇情况：　月　日分别调查父本一、二期和母本各 3 穴。根据调查结果分析父母本花期相遇程度。

表 2–3　　　　　　　　　　　父母本花期相遇调查表

		破口穗数	八期	七期	六期	其他	合计
父本一期	Ⅰ						
	Ⅱ						
	Ⅲ						
父本二期	Ⅰ						
	Ⅱ						

续表

		破口穗数	八期	七期	六期	其他	合计
	Ⅲ						
	Ⅰ						
母本	Ⅱ						
	Ⅲ						

3. 父母本抽穗动态调查

父本一、二期各 5 穴，母本连续 10 穴，从见穗之日起至完穗之日止，每天 16：00～17：00 调查抽穗数，统计每天父母本抽穗百分率。

表 2–4　　　　　　　　　　　父母本抽穗动态调查表

日期		
编号		
1	抽穗数	
	百分率	
2	抽穗数	
	百分率	
3	抽穗数	
	百分率	
4	抽穗数	
	百分率	
5	抽穗数	
	百分率	
6	抽穗数	
	百分率	
7	抽穗数	
	百分率	
8	抽穗数	
	百分率	
9	抽穗数	
	百分率	
10	抽穗数	
	百分率	

4. "九二○"喷施情况记载记录（每 2 人为一组，每组选择一小区调查）

（1）始喷期父母本抽穗指标：第一次喷施的当天，调查父本一、二期和母本各 10 穴抽穗率。

表 2–5　　　　　　　　　　　　　喷施"九二〇"当天父母本抽穗率

重复	1	2	3	4	5	6	7	8	9	10
父本一期										
父本二期										
母本										

（2）"九二〇"用量：单位面积总用量、分次用量（每次日期、上或下午、克数）。

（3）加水量：每次喷施时单位面积喷施水量（或每桶水加"九二〇"用量，喷施面积）。

（4）喷施方法：喷施器具、喷施操作方法。

（5）喷施"九二〇"效果调查：在第一次喷施时，随机选 1 株母本作对照（不喷"九二〇"）。盛花期随机调查 1 穴被喷施"九二〇"的母本和未喷施的母本（对照）的各穗高及地上部分各节间长度，并调查柱头外露率（单边、双边、总外露率）。

表 2–6　　　　　　　　　　　　　　　柱头外露率调查表

母本植株	总花数	单边外露数	单边外露率	双边外露数	双边外露率	总外露率
已喷						
对照						

5. 开花习性观察

在父母本盛花期观察记载 1d，选择父母本当天能开花较多的穗子各 3 至 5 穗，从 08:00–12:00，每 60 分钟观察 1 次开花数；18:00 调查 12:00 以后开花数，统计各次开花百分率，计算父母本午前（12:00）开花率、父母本花时相遇率，绘制开花动态曲线图。

表 2–7　　　　　　　　　　　　　　　亲本开花率调查记载表

	开花总数	8:30	9:00	9:30	10:00	10:30	11:00	11:30	12:00	12:30	17:30
父本 1											
父本 2											
父本 3											
父本总数											
母本 1											
母本 2											
母本 3											
母本总数											

6. 制种田间除杂与田间纯度检验

（1）农艺性状杂株识别：选择一块制种田，在始穗期分别对父母本 200 穴或 300 穴的农艺性状（生育期、株高、株型、叶形、色泽）典型性进行观测与判断、分类，并采样经指导老师确认，记录不符合典型性的单株数，计算农艺性状含杂株率。

（2）育性杂株识别：在同上一块制种田的母本行中随机调查 500 穴，在始花期逐穴观察抽穗状态及颖花的花药大小、形状、色泽，分析判断育性，当天取颖花进行花粉镜检，如镜检发现染色花粉，确认该株为可育株或不育性波动株，计算母本群体中可育杂株率。

（3）除杂操作：清出杂株穗子，将杂株拔除或从基部割除，搬出制种田。

（4）制种田间纯度检验（花检）：隔离状况检查、母本育性检查（花粉镜检、隔离自交结实率考察）、田间含杂株率穗率调查、填写田间纯度检验报告单。

7. 种子结实灌浆成熟动态观察

在父母本授粉盛期某一天，每人选择 5 个母本穗子，标记（画穗式图）当天开花的颖花共 50 ~ 100 朵，从次日起观察受精率（子房是否膨大）、种子灌浆成熟动态、第 10 天考察结实率。

8. 授粉操作

用绳、杆为工具，操作授粉，观察父本花粉散落动态。

9. 杂交水稻制种的产量测定

（1）理论产量测定

单位面积产量构成因素：母本有效穗数、平均每穗实粒数、千粒重。

单位面积母本有效穗数测定方法：

平均每穴穗数 × ［单位面积 ÷ 母本（株距 × 行距）］

平均每穗实粒数测定方法：5 点取样，考察每点 5 穴平均每穗实粒数。

千粒重测定：数取净种子 2 份，每份 1000 粒，分别称重，求平均重量，再按含水量 13% 计算重量。

（2）实收测产

按五点取样 5 ~ 6m² 杂交种子，干燥称重，计算母本所占面积比例，再按含水量 13% 折算单位面积实际产量。

实践三　杂交油菜种子生产

油菜一代杂交种种子生产有四条途径：一是利用核质互作雄性不育系，实行"三系"配套制种；二是利用核不育两用系生产杂交种；三是利用自交不亲和系，实行两系制种；四是利用化学杀雄进行制种。以下以化学杀雄进行制种为例。

一、制种基地选择

选择隔离条件好、土层深厚、土壤肥沃、集中连片的田块作基地。要求地势平坦，背风向阳，排灌方便。隔离区周围 1000m 范围内不能有种植的或野生的异品种、异类型油菜，以及与油菜发生自然杂交的十字花科近缘植物，以防飞花串粉，造成生物学混杂。

二、制种田田间管理

（1）适时播种，培养壮苗。长江流域地区冬油菜一般于 9 月中下旬至 10 月上旬播种，应根据当地的气候条件和杂种亲本的特性确定具体的播种日期，为了便于操作管理，父母本一般同期播种。要留足苗床地，整好苗床土，下足苗床肥。苗床与移栽大田的面积 1：（6 ~ 8）较宜。按父母行比 2：4 或 2：6 确定播种量，一般每亩制种田的母本播种量为 100 ~ 150g，父本播种量约 50g。播种盖籽后浇透苗床水。出苗后及时间去拥挤苗，注意用药治袁叶虫跳甲，3 叶期后视菜苗长势轻施少量尿素，5 ~ 7 叶期如菜苗长势过旺，喷施适量多效唑，以培养壮苗。

（2）规格移栽，合理密植。制种地及时翻耕，将田土耙碎整平，厢宽2m（不包括沟），挖好围沟和腰沟，沟宽40cm，移栽前按种植密度挖好移栽穴。苗床期30d后即进行移栽。移栽的前一天将苗床浇湿，以便起苗。起苗时尽量不伤根，多带土。父母本配置以2 :（4～5），厢边栽1行父本，株距35cm。厢中间栽母本。母本行距35cm，株距20cm，即母本密植，同时移栽时应选生长整齐一致的苗移栽，大小苗分栽，以使母本发育进度相对一致，利于喷药杀雄，提高杀雄效果。移栽时要求行直，根顺，苗正，不错栽漏栽，要先栽完一亲本，再栽另一亲本，父本行的行头和行尾应作好标记。栽完后要浇足定蔸水。菜苗成活后，应及时查苗补缺，确保全苗。

（3）科学施肥，加强田间管理。施肥原则是施足基肥，早施苗肥，看苗适施腊肥，母本行生长后期不施氮肥。油菜的繁殖地和制种地的肥力不宜过高，以免贪青、倒伏和招致病虫为害及影响种子质量。在施肥上，应特别注意控制氮肥的施用，在施足基肥的情况下，氮肥只宜作苗期提苗之用，生长后期除用于培管父本外，切忌施用。提倡多施有机肥，强调配施硼肥，每亩可底施1kg 10%以上含量的硼肥，为了防止施硼不匀，可在薹期再喷施一次0.2%的硼砂溶液。

（4）水分管理。油菜制种田间的水分管理十分重要，既不能缺水也不能渍水。播种后及时浇（灌）足水，以保证一播全苗。移栽时，要浇足定蔸水，即使在下雨天气时栽苗也应浇定蔸水，要应避免连续阴雨天栽苗，以免引起僵苗。不同时期干旱都会给油菜的生长发育带来影响。在油菜3叶期以前，宜采用浇灌，大水漫灌常造成土壤下陷、板结、土表结壳，引起僵苗。苗期干旱可进行沟灌，促进苗期生长和安全越冬，冬季干旱和冻害严重的地区要适时冬灌，既可补充土壤水分，又有防冻作用。灌溉可结合中耕追肥进行。

长江流域春季阴雨天气多，空气湿度大，易发生渍害。渍水为害极大，一是易导致病虫发生；二是导致根系生长不良，发生早衰；三是导致油菜倒伏。渍害轻者使种子产量和质量下降，重者导致种子失收。因此，防止渍害应作为南方油菜种子生产的主要技术措施加以重视。在选用种子生产地时应避免冷浸田和排水不便的田块，在技术措施上，首先要规格整地，做到沟深厢直，厢面平整；其次在春季阴雨天气要及时清沟排水，晴天结合除草摘除植株下部枯黄老叶。

（5）中耕除草与冻害预防。菜苗成活结合施提苗肥进行第一次中耕除草，封行前根据田间情况可进行第二次中耕除草。冻害在北方油菜春播出苗时经常发生，在南方油菜苗期和蕾薹期也有发生。防冻的主要措施，一是培养壮苗；二是结合中耕进行壅蔸培土；三是灌水保墒。

（6）防治病虫害。南方冬油菜的病害主要为菌核病和病毒病。对于这两种病害，目前还没有特效药进行防治，因此以预防为主，加强农业防治，如：控制氮肥施用量，防止旺长贪青，春季及时清沟排渍，薹期摘除枯老黄叶等。虫害主要是菜青虫和蚜虫。菜青虫主要发生在苗期，在苗床期和菜苗移栽成活返青后注意及时用药防治，常用药剂有：氯氰菊酯、速灭杀丁、敌敌畏等。蚜虫在苗期和开花后都可发生，是传播病毒病的媒介，在秋冬干旱年份和病毒病流行地区尤其要严防其为害，常用的药剂有：氧化乐果、抗蚜威、大功臣等。虫害的防治应及时，在发生的初期就要施药治虫。花蕾期应避免用药，以利蜜蜂摄蜜传粉。

北方油菜的主要病害有：菌核病、白锈病和霜霉病。病害应以预防为主，加强农业防治，如合理轮作，实行稻油水旱轮作、麦类与油菜轮作等，避免与十字花科作物连作并远离蔬菜地和杂草地；控制氮肥用量，防止贪青旺长；开花前进行中耕培土，防止后期倒伏；及时清沟排水，防止渍水；花期及时清除枯黄老叶，改善田间小气候，等等。

三、母本杀雄

（1）杀雄时期。当母本达现蕾时（小孢子发育为单核期）第一次喷药，若用杀雄剂1号，浓度为0.03‰；7d后第二次喷药，杀雄剂1号浓度为0.02%。喷药用背囊式喷雾器，仅喷母本，株株喷到，每株药量15～20mL，每公顷约1125kg。为避免将药喷到父本上，可用薄膜将父本隔开。

（2）喷药方法。油菜群体的杀雄效果与喷药方法有密切关系，最重要的是每个单株都应接近一定药量。如果接受的药量太小，就没有杀雄效果；如果接受的药量太多，又会产生药害，闭营株、死株率增加。据官春云等（1979）以手执式手动喷雾器进行单株喷药量试验，以每株接受15～20mL药量为好。当然这与植株大小有很大关系，若植株大，药量还要增加；植株小，药量可酌情减少。喷药次数也有关系，以上系指一次喷药，若三次喷药则每株接受药量减少，10～14mL即可。在喷药时还应做到雾点细而均匀，药量足，以将整株叶面喷湿为度。在大田喷药时，一般采用背囊式手摇喷雾器，常常因喷药不均匀影响杀雄效果或产生药害，采用分厢称药喷药的办法可适当克服这一问题。此外，喷药量与喷药时的气温和天气状况也有关，气温高，天气晴朗，药量可适当减少。

（3）喷药次数。油菜为无限花序作物，由于花芽分化先后不同，杀雄效果与喷药次数和药剂类型有关。据官春云等（1979）研究，同样以0.02%有效浓度的杀雄剂1号喷1次，喷2次，喷3次，结果表明，喷药1次即可收到良好效果，全不育株率为42%，并且不育株在整个花期都不会嵌合出现可育枝或可育花。喷药2次和3次，由于浓度有累加作用，药害较重，闭蕾株和死株率增加。喷药1次之所以能起到良好的杀雄效果，这与杀雄剂1号对油菜花芽分化每一个时期都有杀雄效果有关。

四、除去母本中可育株及辅助授粉

开花后逐日检查，除去母本中可育株（不足10%）。一般用鸡毛帚进行辅助授粉，在晴天上午11～12时进行。若隔离区范围大，可在隔离区内放蜂，每0.3～0.4hm²配置一箱强盛蜂群，于盛花期安放在规定位置，父本终花后及时撤走。

一般情况下，由于蜜蜂活动范围大，可以远距离迁移寻找蜜源。在油菜开花期间，由于油菜花色泽鲜艳，蜜腺发达，对蜜蜂很有吸引力，因此，油菜花期野外蜜蜂数量较多，一般能满足油菜花传粉的需要。但在南方地区油菜开花期常有寒潮侵袭，影响油菜开花和蜜蜂的活动，因此抢晴天进行辅助授粉非常必要。辅助授粉的方法，一是人工养蜂传粉，0.33～0.4hm²种子生产田于花期置一箱蜂；二是人工辅助授粉，即利用拉绳或竹竿等工具摇动油菜花序，在操作时注意动作要轻，不能损伤油菜花序。

五、关于角果成熟期的管理

（1）防夜蛾类幼虫的为害。西北地区制种时，在油菜角果发育前期，常有一个夜蛾类幼虫的为害高峰期，其幼虫啃食角内籽粒，造成空角，且难以发现，对产量影响很大，应在终花后及时施药防止成虫产卵于角果内。

（2）防雀鸟为害。在南方油菜角果成熟期，雀鸟寻食活动较频繁，尤其是麻雀和野鸽子喜食油菜籽，数量多时对种子产量有一定影响，应及时防赶。

（3）去除病杂株。经苗期和花蕾期去杂后，角果成熟期时杂株数量相对很少，但要特别注意去除带病单株，在收割之前必须仔细检查，凡发现带病的植株都要淘汰。

（4）适时收获油菜种子。收获一般是在全田角果有80%转色变黄时进行收割，但在北方干旱地区，由于阳光充足，角果成熟快，空气干燥并时常伴有大风，如收割太迟可造成大量角果开裂落籽，影响种子产量，因此，要适当早收，可在70%角果转色时即割倒后熟。

六、关于父本的培管和清除

（1）加强父本的培管。加强父本的培管主要是为了增强父本的长势，以增加其花粉供应量和延长花粉供应时间。在具体措施上，对于父本行，一是适当稀植；二是补施肥料，尤其是在打蕾后应及时补肥。

（2）终花后及时铲除父本。为了防止混杂和为母本行提供更有利的生长发育空间，终花后及时清除父本非常必要，特别是在胞质不育系的繁殖时这一点尤为重要，如果在不育系中混有保持系的种子，因苗期时不育系与保持系的植株特性相近，不易辨别难以除净，保持系植株具有就近传粉的优势，将严重影响杂种纯度。

七、去杂去劣，清理环境

去杂去劣工作应自苗床期开始，以苗期和花蕾期为重点时期。南方地区制种的环境清理工作重点，一是在生活区内种植的菜用十字花科作物，包括白菜、红菜薹等；二是隔离区内旱土上种植的甘蓝型油菜和白菜型油菜，一定要在开花之前铲除干净。

八、收获

当油菜70%~80%角果变黄，主花序中下部角果种子转色时，即可收获。先收父本，割倒后即时搬出田外，集中摊晒或堆垛，避免与杂交种子混杂。待父本收后再收母本，可就地摊晒或搬至另一地点摊晒，割后放置于本田晾晒后熟，4~5d后选晴天就地脱粒，脱粒后及时放油布或竹垫上晒干，注意不能直接放水泥地上暴晒，以免灼伤种胚。参与繁殖的农户应分户单独收晒，种子晒干后经精选分别挂牌装袋贮藏备用。在以上操作中注意避免将其他杂籽带入造成混杂。

根据我国现行的种子质量标准，油菜杂种种子可分为一级种和二级种。一级种要求纯度不低于90.0%，净度不低于97.0%，水分不高于9.0%，发芽率不低于80.0%；二级种要求纯度不低于83.0%，净度不低于97.0%，水分不高于9.0%，发芽率不低于80.0%。从质量标准来看，一级种和二级种的差异主要是对纯度要求的差异上，种子纯度的高低对大田生产具有直接重大的影响，是杂交制种生产中除产量外必须重视的另一关键。

实践四　杂交棉花种子生产

棉花杂交种子生产技术有人工去雄、雄性不育、应用指示性状制种等。其中人工去雄是目前国内外应用最广泛的棉花杂交制种方法。人工去雄制种技术即用人工除去母本的雄蕊，然后授以父本花粉来生产杂交种。一位技术熟练工人一天可配制0.5kg种子，结合营养钵育苗或地膜覆盖等技术措施，可供一亩棉田用种，所产生的经济效益是制种成本的十几倍。人工去雄授粉法杂交制种，应重点抓好六个环节：隔离区的选择、播种及管理、人工去雄、人工授粉、去杂去劣、种子收获与保存。

一、隔离区的选择

为避免非父本品种花粉的传入，制种田周围必须设置隔离区。一般隔离距离应在 200m 以上，如果隔离区带有蜜源作物，要适当加大隔离距离。若能利用自然屏障做隔离，效果更好。隔离区内不得种植其他品种的棉花或高粱、玉米等高秆作物。

二、播种及管理

（1）选地 选择地势平坦、排灌方便、土壤肥沃、无或轻枯黄萎病的地块。

（2）播种 调整父母本的播期，当双亲生育期相近时，父本比母本早播 3 ~ 5d；当双亲生育期差异较大时，可适当提早晚熟亲本的播种期。父母本种植面积比通常为 1 :（6 ~ 9）（父本集中在制种田一端播种），一朵父本花可以给 6 ~ 8 朵母本花授粉。宽窄行种植，株行距一般 100cm : 67cm 或 90cm : 70cm，密度 3000 株 / 亩。

（3）管理 苗期管理主攻目标是培育壮苗、促苗早发；蕾期管理主攻目标是壮棵稳长、多结大蕾；花铃期管理主攻目标是适当控制营养生长、充分延长结铃期；吐絮期管理主攻目标是保护根系吸收功能、延长叶片功能期。

（4）严格去杂去劣 去雄授粉前一次或多次进行。

三、人工去雄

（1）棉花整株开花顺序：由下至上，由内到外。第 2 ~ 10 果枝上靠近主茎第 1 ~ 2 果节上的花，开花早，营养充足脱落少，种子饱满，成熟好，种子质量高。该部分为主要去雄授粉对象。适宜去雄花蕾标准为花冠迅速伸长，明显露出苞叶（第二天将要开放）。

（2）大面积人工制种宜采用"全株"去雄授粉法。为了保证杂交种子的成熟度，一般有效去雄授粉日期为 7 月 5 日至 8 月 15 日，此区间外的父母本花、蕾、铃则全部去除。在此期间，每天下午 2 : 00 至天黑前，选第二天要开的花去雄。

（3）去雄方法：采取徒手去雄的方法，当花冠呈黄绿色并显著突出苞叶时即可去雄。用左手捏住花冠基部，分开苞叶，用右手大拇指指甲从花萼基部切入，并用食指、中指同时捏住花冠，向右轻轻旋剥，同时稍用力上提，把花冠连同雄蕊一起剥下，露出雌蕊，去雄后立即在柱头上套一麦管或蜡管隔离，以防传粉混杂；去雄后的花蕾可以用白线作标记，以便于第二天授粉时寻找。

注意事项：①指甲不要掐入太深，以防伤及子房；②不要弄破子房白膜和剥掉苞叶；③扯花冠时用力要适度，以防拉断柱头；④去雄时要彻底干净，去掉的雄蕊要带出田外，以防散粉造成自交；⑤早上禁止去雄。

四、人工授粉

授粉时间 一般从 8:00 ~ 12:00 都可授粉。授粉方法有单花法、小瓶法、扎把法。

（1）单花法。摘取的父本花，用父本花药在母本柱头上轻轻转两圈，使柱头上均匀地沾上花粉。一般每朵父本花可授 6 ~ 8 朵母本花。

（2）小瓶法。授粉前将父本花药收集在小瓶内，瓶盖上凿一个 3mm 小孔，授粉时左手轻轻捏住已去雄的花蕾，右手倒拿小瓶，将瓶盖上的小孔对准柱头套入，并将小瓶稍微旋转一下或用手指轻叩一下瓶子，然后拿开小瓶，授粉完毕。

（3）扎把法。将多个父本的雄蕊扎在一起，然后，用其在母本柱头上涂抹。

注意事项：① 在雨水或露水过大，柱头未干时不能授粉，否则花粉粒会因吸水破裂而失去生活力。如预测上午有雨，不能按时授粉，可在早上父本花未开时，摘下当天能开花的父本花朵，均匀摆放在室内，雨停后棉棵上无水时再进行授粉。或在下雨前将预先制作好的不透水塑料软管或麦管（长 2 ~ 3cm，一端密封）套在柱头上，授粉前套管可防止因雨水冲刷柱头而影响花粉粒的黏着和萌发，授粉后套管可防止雨水将散落在柱头上的花粉冲掉。② 去雄授粉工作 8 月 15 日结束，不能推迟。结束的当天下午先彻底拔除父本，次日要清除母本的全部花蕾。以后每天检查，要求见花（含蕾、花和自交铃）就去，直至无花。

五、去杂去劣

苗期根据幼苗长势、叶型、叶色等形态特征进行目测排杂；蕾期根据株型、节间长短、叶片大小、叶形叶色、有无毛等特征严格去杂；花铃期根据铃的形状、大小再进一步去杂。

六、种子收获与保存

为确保杂交种子的成熟度，待棉铃正常吐絮并充分脱水后分 2~3 次采收种子棉。一般截止到 10 月 25 日。收购时要求统一采摘，地头收购，分户取样，集中晾晒，严禁采摘"笑口棉"、僵瓣花。不同级别的棉花要分收、分晒、分轧、分藏，各项工作均由专人负责，严防发生机械混杂。

实践五　杂交玉米种子生产

学习杂交玉米制种原理和技术，掌握杂交玉米制种关键环节的操作技术。要求学生参加制种操作全过程，包括父母本生育期、叶龄观察记载、田间管理、去雄与人工辅助授粉、除杂、测产。

玉米制种的总目标是高产、优质，并减少复杂性，以降低成本，争取最高效益。为达上述目标，根据现代玉米生产发展的趋势，对制种亲本自交系的具体要求为：容易保苗，双亲播期尽量一致或者接近，花期协调。母本吐丝顺利，容易接受花粉，容易去雄；穗大、粒数多或粒大、空秆率低、结实性好，自身产量高，穗轴较细，籽粒容易脱水。父本花粉量大，生活力强，散粉期长。双亲抗病性强，至少无某种严重病害，抗虫、抗倒伏、抗旱、耐涝，有些地区则要求耐低温、耐盐碱；株型好，株高适宜，叶片光合能力强等。

玉米是雌雄同株的异花授粉作物，当前其杂种优势利用主要靠人工去雄生产杂交品种。为了提高杂交玉米制种的产量，确保杂交种的质量，在制种时必须把握以下几个基本环节：

一、安全隔离

（一）隔离区的选择与落实

1.隔离区的选择

（1）地址的选择　杂交种的生产基地应选择土壤肥沃、地势平坦、肥力均匀、排灌方便、旱涝保收的地方。不仅不允许有检疫性病虫害，而且病、虫、鼠、禽害都比较轻，以保证制种稳产高产。

为了降低成本，兼顾隔离问题，制种基地一般符合如下三种条件：A 生产力水平低，制种减产幅度较小的地区；B 非该作物主产区，以便于解决隔离问题；C 选择山区的平原地带，或自然条件较好的沟、塘平地。

（2）土壤的选择　制种一般都是大面积的，同一隔离区就涉及很多制种户，从实际出发，只要是中等以上肥力水平，能够配合施肥，保证玉米能正常生长发育也就可以了。关键是应着眼于土壤肥力均匀。这样，可以使植株生产整齐，有利于鉴别杂株，能为准确去杂提供有利条件，对保证种子纯度很有意义。同时，地力均匀也有利于保证抽雄散粉吐丝期一致，不但能使母本去雄工作可集中在较短时间内完成，节约人力，避免母本自交，而且有利于保证父母本花期相遇，具有保质、保产的双重意义。

2.隔离区的落实　隔离区应尽早安排，最好在年初进行。落实好地块和面积后，种子生产部门与制种基地乡（镇）、村以及制种户签订合同，明确双方责、权、利，共同遵守。播种前后还应对隔离区进行检查。

（二）隔离的方法

1.自然屏障隔离　是指利用山岭、较大面积和长度的树林、较大规模的村庄等自然屏障来防止外来玉米花粉的侵入，达到隔离目的。

2.空间隔离　是指在繁种或制种田周围一定的空间距离内，不种父本以外的其他玉米，以杜绝非父本的外源花粉侵入。玉米单交种制种田的空间隔离距离要求在400m以上。外源花粉的天然杂交率还与风向、风速、空气湿度、地势及制种田面积有关。应根据具体条件，考虑上述因素，酌情调整隔离距离，以保证安全隔离。

3.时间隔离　在玉米生产面积大而集中的平原区，既缺乏屏障隔离的条件、空间隔离也难以解决的情况下，当地无霜期可以保证错期播种的前后两期均能正常成熟，可采取时间隔离的办法。即将制种田内的玉米播期提前或错后，使其开花期与邻近地块的其他玉米的开花期错开，保证制种田开花授粉时，其他玉米尚未开花或已开花完毕，以达到隔离的目的。

在夏播区可以春播制种，一般错期60~75d以上，隔离毫无问题。春播区利用时间隔离，在保证后播的玉米能正常成熟的前提下进行。前后两次播期至少要相隔40d以上。而且，不论制种田或相邻的其他玉米田（如生产田或另一组合的制种田）哪块地先播，均应采取促"早"的措施，以拉大两块地的花期间距。如先播的应选用早熟类型的组合，结合采用浸种、地膜覆盖，或提早保护地育苗、晚霜过后移栽的办法，以促其生育期提前，早吐丝。后播的尽量选用生育期较长的品种或组合。

时间隔离的安全指标应该是隔离区内外的玉米，不管哪个在先，哪个在后，其群体的散粉终期与吐丝始期，或吐丝终期与散粉始期相距10d以上，这样才能确保安全隔离。

高秆作物隔离　即在制种田四周种植高秆的高粱、麻类、向日葵等作物，以阻挡隔离区外的玉米花粉飞入制种田。作为隔离用的高秆作物要适当早播及加强管理，以保证在玉米散粉、吐丝时高秆作物的株高超过玉米高度70cm以上。在高度得到保证的前提下，高秆作物隔离的宽度应能保证切实起到阻挡外来花粉的作用。这种隔离方法在实际运用中有一定难度。如周围均需隔离，每一面按200m宽度计，其长度又要能包围住隔离区内的玉米，故高秆作物所占面积相当大。在多数情况下较难落实，这种方法单独采用的较少，多与其他方法结合运用。

事实上，在制种过程中经常是上述几种隔离方法综合运用或不同方法配合运用，来解决因条件限制使某一种方法不便安排的难题。

（三）隔离区的数目

我国当前玉米生产基本上都是利用单交种。配制玉米单交种只需3个隔离区，即两个亲本自交系各设 1 个隔离区进行繁殖，另设一个配制单交种的隔离区。为减少繁殖亲本自交系的隔离区，并延缓自交系混杂退化的进程，可采取以下方法：

第一，不同单位之间分别繁育共同需要的不同自交系，然后进行调剂交换的办法。

第二，对于应用较广，在几年内不会被淘汰，且纯度又高的亲本，可采取一次加大繁殖面积，生产够 3 ~ 4 年用的种子。种子在充分干燥后，放于低温库中保存，保证种子发芽率每年降低不超过 2%，达到一年繁，3 ~ 4 年用。这样，不但减少了自交系隔离区数目，也减少了繁殖世代，降低了发生生物学混杂和机械混杂以及退化的机会，有利于保持遗传平衡。

第三，可采用"一父多母"的制种方法，即将有共同父本的杂交组合安排在同一隔离区内制种。

第四，打破行政区划界限，将土地相邻的乡联合成片制种，统一安排隔离区，配制同一杂交组合或同一父本的杂交组合。

二、规格播种

玉米制种的播种工作是整个制种工作的基础，必须高度重视，严格按技术要求进行。

1. 父母本播种期的确定

确定父母本播期必须能使父母本的开花期良好相遇，这是杂交制种成败的关键。父母本花期相遇的指标是母本吐丝，父本散粉，最主要的方法是采用分期播种父母本。确定播期应考虑双亲的生物学特性、外界环境条件、生产条件与管理技术等可能影响的因素，事先做好调整。确定播期原则："宁可母等父，不可父等母。"

确定播种差期准确度：叶龄＞有效积温＞生育期。

2. 播种规格和密度

行比：行比是制种田中父本行与母本行的比例关系。行比大小决定着母本占制种田面积的比例大小和结实率，进而影响制种产量。确定行比的原则是：在保证父本花粉充足供应前提下，尽量增加母本行的比例。在确定具体行比时，应根据制种组合中父本的株高、花粉量及花期长短等因素灵活掌握。一般行比种植父母本比例因组合不同保持在（1∶4）~（1∶6）为宜。

株行距及密度：考虑植株正常生长所需行距的同时应留下田间走道，便于授粉操作。

严把播种关。播种是保证制种成功的关键，因此，必须做好以下几项工作：核对父母本自交系种子是否准确无误；播种时严格分清父、母本行，保证做到不重播、漏播、错播。当父母本分期播种时，要将晚播亲本行的位置在田间预作标记，以免播种该亲本时发生重播、漏播或交叉等现象。为了便于去雄和收获，可在父本行头种植其他作物作为标记。保证播种质量，争取一次全苗。出苗后如果缺苗，切不可补种其他玉米，父本行可补种或移栽原父本的种子或幼苗；母本行一般不允许补种或移栽，只可以补种其他作物，以防止抽雄持续时间长，影响去雄质量。

确定播种密度。根据密度确定播量，做到苗全、苗壮。一般叶片紧凑型亲本要求每亩留苗不少于 6000 株，平展叶型不少于 5000 株。

三、严格去杂去劣

田间去杂去劣工作应该贯穿于玉米整个生育时期，不同时期采取不同处理方法。

1. 播种前期。晒种及进行其他项种子处理时，根据种子形状、颜色、粒型剔除杂粒、异型粒，并检出霉粒、病粒、虫蛀粒和过小的粒。

2. 苗期。定苗时，根据 1.3 叶叶型，叶色和茎基部叶鞘色以及幼苗生长势的表现，将不符合典型性状的杂苗和有怀疑的苗拔除，同时结合去劣，将病、劣苗一并拔除。

3. 拔节期。可根据植株高度、生长势、叶色、叶形及宽窄、长短、株型等性状，将不符合典型性状的植株全部拔除。同时也要结合拔除劣病株。

4. 散粉前期。对于散粉早而快，随抽雄随散粉的自交系，利用株型、株高、叶色、叶片开张角度、叶形及其长短、宽窄等性状来鉴别，对于抽雄穗后才开始散粉的自交系，除观察上述性状外，还可通过抽雄早晚、雄穗形状、分枝多少、护颖颜色等性状来鉴别。逐行观察，及时去除杂株。

5. 收获期。收获后脱粒晾晒母本果穗时，根据穗形、籽粒行数、粒型、粒色、轴色等性状再进行一次去杂，将杂穗、异型穗、杂粒多的穗全部淘汰。穗上个别杂粒要剔除干净，以确保种子纯度。

四、花期预测

由于多种原因，在制种中可能出现父母本花期不遇，造成严重减产甚至绝收。例如，大气或土壤干旱、高温或低温、病虫害、追肥不当以及施用农药、除草剂和生物调节剂等，不同自交系可能产生不同的反应，而使花期发生变化。为此应在生育期间采取不同措施进行观察，以预测花期是否相遇，为确定调节措施提供依据。

1. 叶片检查法　此法根据观测双亲叶片出现的多少，预测其雌雄穗发育的快慢，判断花期是否相遇。其方法是在制种田中选有代表性的父、母本植株各 10 株或 20 株，从第 5 叶起，每长出 5 片叶用红漆标记一次，定点、定株检查父、母本分别出现的叶片数。

采用这种方法，首先必须知道双亲各自的总叶片数，并要按期进行标记，以便准确观测与判断。

父母本总叶片数相同的组合，父本已出现的叶片数比母本少 1 ~ 2 叶为花期相遇良好的标志。如父本已出的叶片数与母本已出叶片数相同或超过母本叶片数，表明父本早于母本，花期不能良好相遇。对于父母本总叶片数不同的组合，预测花期时应将父母本总叶片数的差数反映出来。例如，母本总叶片数为 20 片，父本总叶片数为 18 片，则父本已出叶片数比母本已出叶片数少 3 ~ 4 片，花期才能相遇良好。如父本总叶片数比母本多 2 片，父母本已出叶片数相同，则花期可以相遇。

2. 剥叶检查法　在双亲拔节后，选有代表性的植株，剥出未长出的叶片，根据未出叶片数来测定双亲是否花期相遇。如果母本未长出的叶片数比父本未长出叶片数少 1 ~ 3 片，则双亲相遇良好。如果双亲未长出叶片数相等或母本比父本多，说明母本晚、父本早，花期相遇不好。

此种方法不需要了解双亲总叶片数，也不用定点调查叶龄，应用较为方便，故应用也较普遍，特别是在大喇叭口期以后检查，准确度很高。它的缺点是必须毁株。

3. 镜检雄幼穗法　在双亲拔节后（幼穗生长锥开始伸长）的不同时期，随时可以选有代表性的父、母本植株，分别剥去未长出来的全部叶片，然后用放大镜观察雄穗原始体的分化时期。母本的雄穗发育早于父本一个时期，则花期相遇良好。如果父本雄穗发育早于母本，或与母本发育时期相同，说明父本发育快了。如果母本幼穗发育早于父本 2 个时期，说明母本发育太快。这种方法可与剥叶检查法结合起来进行，先观察未长出叶片数，再观察雄穗分化进程，两相对照，结果会更准确。

4. 花期不遇的调节措施

（1）苗期　苗期比较容易出现问题。例如，晚播的父本常因土壤失墒较重，或天气干旱造成出苗延后，或幼苗细弱，生育迟缓；也可能播种后遇小雨，未渗入土壤，而造成表土板结不能出苗。遇此等情况则应打破板结，偏追肥、浇水，以促其加速生长发育。如果父本偏早，可留大、中、小苗，同时对母本采取偏追肥、浇水措施。尤其是苗期干旱，对晚苗偏浇水，偏追化肥效果显著。

（2）中期　指拔节期至大喇叭口期。此阶段主要采取利用水、肥和生长调节剂来促偏晚的亲本，或用断根法来控偏早的亲本。在促偏晚亲本时，可用速效性氮肥进行土壤追肥，然后浇水，结合叶面喷施磷酸二氢钾，浓度为 200 ~ 300 倍液。也可以同时加等量尿素，按比例加水，每亩约用 100kg 溶液。最好连续喷 2 ~ 3 次，约能使散粉或吐丝期提前 3d。磷酸二氢钾也可与生长调节剂配合使用。生长调节剂也可单独喷施。如"九二〇"（赤霉素）溶液浓度为 30 ~ 50mg/L，每亩用药液 20 ~ 25kg。

应用生长调节剂时应注意严格按照其介绍的浓度配制药液。最好在 16:00 以后喷。这些溶液也可以采取灌心的办法。为促其生长，应在追肥灌水后进行 2 ~ 3 次浅中耕。

对发育偏早需要控制的亲本，可以采取切断部分根系的办法抑制其生长。其方法是：在 11 ~ 14 片可见叶时，用铁锹在距离主茎 7 ~ 10cm 周围垂直向下切约 15cm 深，以断掉部分永久根。断根多少依父母本生育进程的差距而定，差距大，多断根，差距小，少断根。断根后，植株吸收能力减弱，且大部分营养要供生长新根之用，故地上部生长受到抑制。一般断根后可使发育快的亲本延迟 4 ~ 6d 吐丝或抽雄。断根时间不要过早或过晚，因为在 11 叶以前断根，新根会很快长出，而恢复正常生长；待抽雄时再断根，因穗分化已经完成，已起不到控制的效果，故断根时间在 11 叶以后至大喇叭口期为好；并应注意在肥水上加以控制，以加大抑制的效果。

（3）后期　指抽雄前后至散粉、吐丝期。这个阶段比较复杂，而且时间紧迫，大多要采取断然措施，或采取多种措施相配合，以加强促控效果。如在抽雄前发现某一亲本发育滞后，仍可用磷酸二氢钾或生长调节剂进行叶面喷施，还可起到提前 2 ~ 3d 的作用。

在将要抽雄时，如发现母本花期晚于父本，可采取母本超前带叶去雄，一般能促母本雌穗早吐丝 3d，如去雄早可争取到 4d，甚至 5d。同时结合母本雌穗剪苞叶，一般能促母本雌穗早吐丝 3 ~ 5d。

五、及时彻底去雄

母本去雄是保证种子质量的中心环节。在母本雄穗刚露出顶叶尚未散粉前要及时彻底拔除雄穗。去雄要有专人负责，加强巡回检查，最好组织去雄专业队以保证去雄质量。

1. 去雄的要求

坚持做到及时、彻底去雄。及时是指制种田内母本植株的雄穗一定要在散粉前拔除。彻底是指制种田内全部母本植株的雄穗的去雄必须做到一穗不漏，不论主轴和分枝一枝不留，一段也不留。

2. 去雄的时期与方法

对于雄穗抽出才开始散粉的自交系，可以等雄穗露出 1/3 左右，用手能握住时拔除。但必须提前观察，即在母本快要抽雄的几天，经常到制种田中顺母本行逐株检查，发现有雄穗抽出，就要坚持每天去雄，要做到风雨无阻。当只剩 10% 左右时，为节约时间与人力，可以一次集中彻底拔除。此时应特别注意一些弱小、生育期延迟的植株，这些植株一般容易忽略。但因它们抽穗较晚，当散粉时，母本花丝已全部抽出，如未提早去雄，有可能造成相当大的为害。所以不必计较去雄带叶与否，要及时拔除，甚至可以将植株拔除。

去雄时间虽然上下午均可，但以上午 11:00 前完成为好。拔除的雄穗要运出地外，挖坑集中埋好，切勿随手丢在制种田中，以免开花散粉再发生自交。如发现个别植株已开始散粉，要轻轻地将雄穗慢慢弯下来，然后拔下或折断，就地用土埋在行间，切不可拿着散粉的雄穗在田内走动，以免花粉在空间飞散，造成自交。

3. 带叶去雄的效果

玉米植株最上部 1～2 片叶对产量的直接影响是很轻微的。因为对果穗和籽粒产量贡献最大的叶片是穗位叶及其上两片叶，或者再加穗位下一片叶。此外，带叶去雄可以避免残留分枝或小穗，有利于确保去雄质量，又因为是超前去雄，时间略有缓冲，万一遇雨一天内不能进入田间去雄一般不至于散粉。而且带叶去雄还有减轻玉米螟和蚜虫为害的作用。

六、人工辅助授粉

搞好人工辅助授粉是提高结实率、增加制种产量的有效手段。特别是在花期未能良好相遇的情况下，更应做好辅助授粉工作。人工辅助授粉的方法有：

1. 摇株授粉　在父本花粉量非常充足，母本比例不大，父母本花期相遇良好，母本吐丝非常整齐的条件下，一般采取用细杆拨动父本茎秆果穗上部或用手摇动植株，使花粉散落下来。这种方法省工，效率高，但仍然要靠风力传播花粉，不能人为控制，花粉利用率很低，且易受自然条件制约，无风或空气湿度过大均会缩小散粉距离，浪费花粉多。所以，必须在花粉十分充足时才宜使用。且要选择适宜的天气和时间，一般以微风为最好，风大和无风均不利于散粉和授粉。每天在露水干后，气温还不很高的 8:00～11:00 进行为好，阴天也可以在下午进行。除母本吐丝初期和末期以及父本散粉末期必须进行外，中间应尽量多进行几次，以保证充分授粉。

2. 采粉授粉　在父本花粉量不足、父母本花期相遇不好、母本吐丝持续时间过长、母本比例大时，则需采取人工采集花粉直接集中给母本花丝授粉的方法。如父母本花期不遇，隔离区内母本吐丝期无父本花粉时，则更需采取这种方法。人工采粉直接授粉的方法能控制花粉，浪费很少，而且可以人为掌握授粉时间。在最需要、最有利的时机进行授粉，有利于保证母本全部果穗的各部位的花丝都能接受足量花粉，效果很好，但较为费工。

（1）采粉　晴天露水干后 8:00～10:00 采粉为最好，用厚纸盒盛装，避免阳光直射。随采随授粉，收集一定数量后，立即筛去花药和黏结块，迅速放入授粉器中，给母本授粉，花粉 6h 之内生活力最强。采粉株应选择父本的典型健壮株。

（2）授粉　可用较软的塑料瓶，将瓶盖用粗针刺几圈小孔。授粉时，将已装入花粉的瓶盖拧紧，瓶倒置，盖孔对准母本花丝，用手挤压瓶身，花粉即可喷出。

这种方法应逐株授粉，不要遗漏。如能结合在吐丝前剪苞叶，花丝出得快而整齐，又短，适时人工直接授粉，一次就能结满粒。

七、割除父本

玉米制种中的父母本用处不同，母本接受父本花粉受精，形成杂交种子，是收获的目的产品，而父本只是提供花粉参与授精的角色，散粉后，即完成其历史使命。授粉后及时割除父本，既能防止收获时混杂，又能保证种子质量、提高制种产量。

八、田间管理

根据玉米生长发育过程中需水肥规律，制种栽培上总体要满足父母本水肥要求，加强中耕除草，加强病虫害防治。结合灌水进行适时追肥。

九、适时收获

及时收获成熟的制种田玉米是保证种子质量和数量的最后措施。一般在果穗基部的籽粒尖端出现明显黑色层则表明种子已成熟，此时无论苞叶是否变黄都可以收获。收获后果穗应及时晾晒，并挑出杂穗、病穗、霉穗，及时脱粒。

实践六　种子纯度鉴定

学习水稻品种纯度田间小区种植鉴定的原则、程序和要求，初步掌握水稻品种纯度田间小区种植鉴定技术。

品种纯度是指品种在形态特征、生理特性方面典型一致的程度，即供检样品中本品种植株（穗）数占供检该作物样品总株（穗）数的百分率。它是种子质量的四项必检指标之一。

品种纯度检验分田间检验和室内检验。田间小区种植鉴定是目前最常用、最可靠的品种纯度检验方法。田间小区种植鉴定的目的：一是判断品种的真实性；二是鉴定样品纯度是否符合国家规定的质量标准或者标签标注值的要求。

一、试验样品及其处置

（1）样品数量及种子重量。市场上购买的或由种子企业提供的水稻种子 20 ~ 30 份，每份样品需种子 500g；标准样品种子由育种家提供或由相关种子企业提供。

（2）样品处置。对试验样品进行编号，将相同品种、类似品种相邻编排；真实性鉴定须将标准样品对应编排。样品编号后，根据鉴定种植株数的要求核对样品数量并分取样品 30g（需种植 400 株的分取 30g）或 60g（需种植 1000 株的分取 30g）。杂交水稻大田用种的品种纯度质量标准为 96.0%，常规水稻大田用种的品种纯度质量标准为 99.0%，按照 4N 原则，杂交水稻大田用种和常规水稻大田用种鉴定总株数应分别大于 100 株和 400 株即可。但在实际工作中，为了提高精确度，减少误差，一般杂交水稻监督抽查样品种植株数在 400 ~ 500 株；真实鉴定的种植株数一般被鉴定样 1000 株，标准样 100 ~ 200 株。

二、制定方案与田间管理

（1）田块选择与净化。田间小区种植鉴定的田块应选择水源排灌方便，无检疫性病虫害，前作未种植同类作物且地块形状规则的土壤肥力中等、光照条件好的丘块。前作若是稻田，应灌水让稻粒发芽成苗，翻耕之前予以彻底拔除，确保不出现自生株污染。

（2）播期确定与浸种。样品的播种期以气温确保安全播种、齐穗为基点，兼顾考虑错开灾害易发期。按样品播始历期的长短安排浸种时间，迟熟样品先浸种，早中熟样品后浸种。依据播种日期，提前 2d 将袋装样品每 10 个编号扎为一组，进行药剂浸种，24h 后冲洗沥水催芽，当天的气温过低时可在发芽箱进行，破胸即可播种。

（3）秧田设计与播种。秧田选择前作未种水稻的田块。如果条件不允许，要将稻田的禾蔸齐泥割掉，秧田进水 3 ~ 5d，让前作落粒稻谷萌发成苗，于翻耕前应彻底扯净稻苗和杂草。秧田 1.5m 开厢，秧厢净宽 1.2m，耥平厢面后在 0.6m 处拉绳画线，将厢面一分为二然后从厢头开始每隔 0.5m 处画一横线，每一样品播种小区面积为 0.6m×0.5m。种子破胸整齐即可播种，若种子根、芽过长不便倒种空袋，影响播种质量。播种时按对应序号在小区净播面积（0.45m×0.35m）内由外及里精细匀播，注意小区间隔 0.15m，距厢沟 0.07m。播后塌谷，每小区塌谷时应检查塌板剔除芽谷，严防样品相互混杂。核对、插好标签，绘制秧田示意图。出苗后及时核对编号，其他管理与水稻大田生产相同，但重点是实现没有病虫为害的苗壮、苗匀，秧龄在 35d 左右便于剔出单株，移栽前普防一次病虫。

（4）大田耕整与小区设计。大田第 1 次耕整可在栽前 1 个月进行，以使田间可能会出现的植物苗出现，第 2 次在移栽前 3 d 结合施基肥进行，基肥同于或少于水稻大田生产用量，整田后及时捞去田边漂起的污物，沉实后拉线规划小区。小区设计规划要考虑四周的保护行，并用保护行形成矩形后，依据每样品的种植株数、栽插规格和便于鉴定制定田间小区规划图，小区间留走道。株行距要满足样品特征特性充分表现；如鉴定田块面积充足，为便于中后期的观察和鉴定，株行距可增大，栽插规格从 10cm×13cm 至 23cm×30cm 均可。

（5）规范移栽。播种 20d 前后或秧龄 5 叶左右即可移栽。扯秧时将小区秧苗和标签捆绑在一起，按序摆好，专人挑秧，核对标签。每小区栽插单株 400 株，不设重复。栽插要求单株、栽稳、栽直、均匀，剩余秧苗留少量寄存小区内，其他踩入深泥中，栽后 3 d 开始用寄存秧补苗，漂株和剩余的寄存秧及时处理掉。

（6）肥水管理。田间小区种植鉴定只要观察该组合的特征特性，不要高产，保证每株有 3 ~ 4 个分蘖即可，苗穗过多反而会影响鉴定，所以要尽量少施肥，防止稻苗疯长、倒伏。一般情况下最好不要使用除草剂。田间培管应以灭鼠、防止禽畜为害和防治病虫为重点，采取一切措施防止样品小区受损。整块大田插完后应及时进水；要及时防治病虫害，特别要注意防治稻飞虱传播矮缩病，铲除周边田埂的杂草。

三、鉴定与记录

田间小区种植鉴定在整个生长季节都要观察记载，特别是同品种间的观察比较，真实性鉴定要经常观察被鉴定样与标准样的一致性。抽穗扬花期是水稻鉴定的主要时期，鉴定的小区多时，要按抽穗的先后分批进行鉴定；真实性鉴定要详细记录差异，纯度鉴定要对变异株或者其他杂株进行分类记录，并做好杂株的标记。对初次鉴定后标记的杂株需进行再次鉴定和确认。对一时难以鉴别的应作好标记，并作好记载，待后期考察判别。

变异株为一个或多个性状（即特征特性）与原品种育成者所描述的性状明显不同的植株。在田间小区种植鉴定中判断某一植株是否划为变异株，需要田间检验员的经验。检验员应对种植样品的形态特征特性有研究，并熟悉该样品种子的品种特征特性，作出主观判断时要借助于官方品种描述，区分是遗传变异还是由环境条件所引起的变异。需特别注意两点：一是由于某些特征特性（如植株高度与成熟度）易受小区环境条件的影响；二是特征特性可能受化学药品（如激素、除草剂）应用的影响。

田间检验员应掌握一个原则，在最后计数时，忽略小的变异株，只计数那些非常明显的变异株，从而决定接受或淘汰种子批。那些与大部分植株特征特性不同的变异株应仔细检查，并有记录和识别的方法，通常采用标签、塑料牌或有颜色的带子等标记系在植株上，以便于再次观察时区别对待。

四、结果计算与填报

（1）结果计算。当样品小区鉴定结束，应该即时作好纯度计算。

品种纯度（%）=（供检总株数－非典型株总株数）/供检总株数 ×100

品种纯度结果保留 1 位小数。按 GB/T3543.5 规定的容许误差判定供试样品是否达国家种子质量标准或标签标注值。

（2）结果填报。将小区种植鉴定结果填入表 2-8。

表 2-8　　　　　　　　　　　　　　　小区种植鉴定结果表

作物名称	小区号	品种或组合名称	鉴定日期	鉴定生育期	供检株数	本品种株数	杂株种类及株数	品种纯度（%）	病虫为害株数	杂草种类	检验员	校核人	审核人

检测依据

备注

第三章　机械化生产实践

第一节　农业生产机械化

实践一　土壤耕作机械化

一、牵引动力：拖拉机

拖拉机用于牵引和驱动作业机械完成各项移动式作业的自走式动力机（图3-1），也可做固定作业动力。由发动机、传动、行走、转向、液压悬挂、动力输出、电器仪表、驾驶操纵及牵引等系统或装置组成。发动机动力由传动系统传给驱动轮，使拖拉机行驶，现实生活中，常见的都是以橡胶皮带作为动力传送的媒介。按功能和用途分农业、工业和特殊用途等拖拉机，按结构类型分轮式、履带式、船形拖拉机和自走底盘等。拖拉机本身是一类农田动力机械，它必须挂接相关农田操作机具才能工作，挂接铧式犁或旋耕机用于田间耕田整地作业，挂拉植保机械可用于农田撒药作业，甚至还可用于运输。

图3-1　轮式拖拉机、手扶拖拉机和履带式拖拉机

二、土壤机械化耕作

耕翻机械是用来对耕作层翻土、松土作业的机械设备。铧式犁可进行全耕作层作业，实现土壤上下交换；圆盘犁属于深耕设备，特别适用于杂草丛生，茎秆直立，土壤比阻较大，土壤中有砖石碎块等复杂农田的耕翻作业；深耕机主要用于松土；旋耕机同时具有耕、耙作用，碎土能力强（图3-2）。此外，中耕机主要用于松土除草，灭茬机主要用于灭茬和表层松土。南方稻田耕翻作业中，还可以使用平泥机进行田面平整。

图 3–2　铧式犁、圆盘犁、深耕机、双轴压茬旋耕机

三、耕种施肥一体化作业

现代工业装备技术迅速发展，土壤耕作机械不断推出新产品。为了减少农田作业次数，降低劳动消耗和能源消耗，传统的播种机械已从单一作业向多种作业转变，水稻精量直播机可以实现平泥、播种、起垄一次完成，甚至出现了耕作、施肥、播种、覆膜一体化作业的现代农业机械设备（图 3-3）。现代农业机械设备广泛应用信息技术，大量使用农业传感器，自动化水平不断提高，与 3S 技术结合，自主作业的农业机械已悄然进入生产领域。

大型小麦播种机　　　　　　　　水稻精量直播机

施肥–播种一体机　　　　　　耕作–施肥–播种–覆膜一体机

图 3–3　各类一体化作业的现代农机

实践二　作物采收机械化

一、玉米收获机械化

（一）农艺技术要求

茎秆回收型玉米果穗收获作业：果穗总损失率≤3%，籽粒破碎率≤1%，果穗含杂率≤1.5%，苞叶剥净率≥85%，茎秆切碎长度合格率≥85%。

茎秆还田型玉米果穗收获作业：果穗总损失率≤3%，籽粒破碎率≤1%，果穗含杂率≤1.5%，苞叶剥净率≥85%，茎秆切碎长度合格率≥85%，留茬高度≤8cm，秸秆抛撒不均匀度≤20%。

（二）玉米收获机的作业条件

作物表面无明水，收获时籽粒含水率为15%～30%（果穗收获），籽粒含水率15%～25%（可直接脱粒收获）；收获时作物无倒伏，果穗下垂率低于15%，最低接穗高度>35cm；作物种植行距与收获机明示行距偏差为±5cm。

玉米收获机械作业应达到国家有关标准要求：籽粒损失率≤2%，果穗损失率≤3%，籽粒破碎率≤1%。籽粒含水量≤25%，割茬高度≤8cm，茎秆切碎长度≤10cm，抛撒不均匀度≤20%。

为保证玉米果穗的收获质量和秸秆处理的效果，减少果穗及籽粒破损率，玉米机械收获应合理确定收获期。完熟期是玉米的最佳收获期，玉米进入完熟期的特征是：植株的中部、下部叶片变黄，基部叶片干枯，果穗包叶成黄白色而松散，籽粒变硬。机械收获时间不宜过早或过晚，收获过早，籽粒不饱满，收获过迟，果穗易发霉，要在玉米穗下垂之前收获。

（三）玉米收获技术模式

（1）玉米割晒＋人工摘穗＋秸秆处理模式。工艺流程为：玉米带穗机械切割—人工摘穗—机械或人工剥皮—机械秸秆处理—玉米棒经晾晒后用脱粒机脱粒五个环节分段进行。这种模式属于分段收获，目前多用于一家一户小地块玉米收获后秸秆饲用。

（2）人工果穗收获＋秸秆机械化粉碎还田模式。工艺流程为：人工摘穗—剥皮—秸秆机械还田处理—玉米棒经晾晒后用脱粒机脱粒三个环节分段进行。这种模式也属于分段收获，目前多用于一家一户小地块玉米收获后秸秆粉碎还田。

（3）机械摘穗＋秸秆粉碎还田联合收获模式。工艺流程为：机械摘穗—剥皮—输送集箱—秸秆还田，玉米棒用脱粒机脱粒两个环节。这种模式是采用联合收割机果穗收获与秸秆粉碎还田联合作业，一次完成摘穗、剥皮、果穗升运、集箱、秸秆粉碎还田作业工序。

（4）茎穗兼收模式。工艺流程为：机械摘穗—剥皮—输送集箱—秸秆收集，玉米棒经晾晒后用脱粒机脱粒两个环节。这种模式采用茎穗兼收型玉米联合收获机在玉米果穗收获（包括摘穗、剥皮、升运、集箱）的同时，将秸秆粉碎集箱回收，用作青贮饲料，剥皮后的玉米棒经晾晒后用脱粒机脱粒，采用茎穗兼收型玉米收获机可以一次完成机械摘穗、剥皮、输送集箱、秸秆收集，这种模式主要适用于牛羊养殖区。

（5）玉米青贮模式。工艺流程为：机械收获穗茎与输送集箱两个连续环节。这种模式利用玉米青贮收获机，一次性将玉米果穗与秸秆同时收获，直接粉碎用于青贮饲料，这种模式是畜牧养殖区青贮玉米收获的主要模式。

（6）联合收获模式（籽粒型收获）。利用玉米联合收获机，一次完成摘穗、剥皮、集穗、脱粒（此时籽粒含水率应为 25% 以下），同时进行秸秆处理（切断黄贮或粉碎还田）等项作业。

（四）玉米收获机械

玉米收获机械种类很多（图 3-4）。①背负式玉米联合收获机：即与拖拉机配套使用的玉米联合收获机，它可提高拖拉机的利用率，机具价格也较低。但因与拖拉机配套受到限制，作业效率较低。目前国内已开发单行、双行、三行等产品，分别与小四轮及大中型拖拉机配套使用，按照其与拖拉机的安装位置可分为正置式和侧置式，一般多行正置式背负式玉米联合收获机不需要开作业道。②自走式玉米联合收获机：即自带动力的玉米联合收获机，该类产品国内目前有三行和四行，其优点是工作效率高，作业效果好，使用和保养方便，唯一不足是用途单一。国内现有机型摘穗机构多为摘穗板 - 拉径辊 - 拨禾链组合结构，秸秆粉碎装置有青贮型和粉碎型两种。③玉米割台：又称玉米摘穗台。玉米割台是与麦稻联合收获机配套作业使用，它扩展了现有麦稻联合收获机的功能，同时价格低廉。目前国内开发该类型的产品主要与福田谷神、新疆 -2、佳木斯 -3060、北京 -2.5 等型小麦联合收获机配套。这类机具一般没有果穗收集功能，是将果穗铺放在地面。

图 3-4　玉米收获机械

二、油菜收获机械化

油菜机械化收获是一项农机与农艺相结合的新型栽培技术，具有省工、节本、高效等特点。但由于油菜籽粒小，角果容易炸裂，收获不当损失严重，导致高产不能丰收。目前，油菜机收采用水稻联合收割机改装型收割油菜，割倒、脱粒一次作业完成，机收油菜标准，在全田 80% 油菜角果呈黄色，再后延 3 天（转入成熟），于早晨或傍晚收割，减少落粒损失。在收割的同时，进行碎秆和均匀抛撒作业，实现秸秆还田。由于油菜植株高大、分枝多，上下植株角果成熟度不一致，分枝相互交叉，是机收油菜的难点。机收油菜在栽培管理上应注意以下几点：①品种。机收油菜宜选用产量高、抗性强、植株较矮、分枝少或不分株、分枝部位高、分枝角度小，花期与角果层集中、成熟期较一致、茎秆坚硬不倒伏、角果不易炸裂的品种种植。②增加密度。采用直播方式，增加密度，以获得紧凑型株体，并使相邻株间分枝交叉重叠状况有所改善，便利于机械收获。③适时收获。机收油菜过早收获时，青荚不易脱净，籽粒的含水量高，品质差，不易贮运；过晚收获角果炸裂，籽粒脱落，损失严重。采用一次性联合收获法，应在油菜转入完熟阶段，植株角果含水量下降，籽粒含水量降至 15% ~ 20%，冠层略微抬起时进行收割最好，并宜在早晨或傍晚进行操作。

油菜收获机械可以使用专用油菜籽粒收割机，也可以使用谷物收割机。但是使用一次性籽粒收割机时菜籽入仓率较低。收获时期过晚田间掉籽严重，收获时间提早则菜籽成熟度不够导致含油量较低。加拿大的油菜收获机械采用两段式收获，先行割倒并堆积田间 5 ~ 10d，待其完成后熟作用后再由拣捡脱粒机械完成收获，有效地克服了这一问题（图 3-5）。

图 3-5　油菜收获机械

三、棉花收获机械化

用机器收获棉花，有一次收获法和分次收获法两种。一次收获法通常使用摘棉桃机，在霜前或霜后一次摘取全部吐絮和未吐絮的棉桃；然后将子棉同未成熟棉桃分开，用剥棉桃机从未成熟棉桃中剥出子棉。这种方法所用机器的结构较简单，收摘效率和摘净率较高。但在收获的子棉中含有大量铃壳、断枝和碎叶等杂质；若在霜前收获时还因霜前花和霜后花混杂在一起而降低了子棉的等级。因而只适用于棉桃吐絮期比较集中、抗风性较强的棉花品种。分次收获法通常使用水平摘锭式或竖直摘锭式摘棉机，霜前分次采摘吐絮棉桃中的成熟子棉，霜后再用摘棉桃机摘取剩余的未吐絮棉桃。这种方法的适应性较强，摘棉机采摘子棉的质量较好，但机器的结构复杂、造价高，使用可靠性还不够理想。

在用机器收获棉花前，须喷洒化学制剂进行脱叶催熟，使大部分棉叶干枯脱落，以免在收获时妨碍机械作业，并减少收获子棉中的含杂量。

摘棉桃机：由扶导器、采摘装置、风机、气流分离装置、棉桃箱和子棉箱等组成，悬挂在轮式拖拉机上。其采摘装置是一对与水平面约成 30° 角的纵向摘辊。辊面上相间地均匀安装着 4 块纵长橡胶叶片和 4 条纵长尼龙丝刷。两个摘辊约以 720r/min 的转速向外相对反向旋转。作业时，拖拉机动力输出轴通过传动装置驱动各工作装置。当棉株相对地经扶导器进入两摘辊之间时，受到橡胶叶片和尼龙丝刷的打击和刷剥作用，吐絮棉桃中的子棉和未吐絮的棉桃遂被剥摘下来，落入两外侧的输送槽，经螺旋推运器送到气流分离装置。由于子棉和未吐絮棉桃在风扇气流中悬浮速度的差异而使两者分离。较重的未吐絮棉桃落入下部的棉桃箱，而子棉则由风机气流吹进上部的子棉箱中。在有些摘棉桃机上，还装有进行分离和清理铃壳、断枝和碎叶等杂质的装置。水平摘锭式摘棉机由扶导器、摘棉装置、输棉管、风机和子棉箱等组成。其摘棉装置是安装在竖直摘棉筒上的水平摘锭。两个摘棉筒前后错开而转向相反。每个筒上按圆周均匀配置 12 ~ 16 根摘锭竖管。每根竖管从上到下安装着 12 ~ 20 个摘锭。摘锭随竖管以 60 ~ 80r/min 的速度绕摘棉筒的轴线旋转；同时又由竖管内的锥齿轮传动；以 2000 ~ 3000r/min 的速度自转。摘锭表面有 3 ~ 4 行倒刺。作业时，棉株相对由扶导器导入立式栅板和压紧板之间的摘棉区。摘锭经湿润器湿润后，从栅板的水平栅缝中伸出，依靠湿黏性钩住吐絮棉桃中的纤维，使其缠绕在摘锭上。摘锭离开摘棉区后，便进入脱棉区。在一组由带橡胶凸块的旋转圆盘构成的脱棉装置作用下，子棉从摘锭上脱下，被风机气流吹送，通过输棉管进入子棉箱。

水平摘锭式摘棉机：在美国应用较多。其结构复杂，对工作部件的制造精度要求高。其摘棉率可达 90% 左右，子棉含杂率为 5% ~ 10%。

竖直摘锭式摘棉机：其摘棉装置由前后两对并列的竖直摘棉筒组成。每个摘棉筒按圆周均匀配置 12 根或 15 根竖直摘锭。摘锭表面有 3 ~ 4 条纵槽。槽的棱边刻满刺状细齿。作业时，摘锭随摘棉筒转动，并由三角胶带传动以 1250 ～ 1465r/min 的速度自转。棉株进入成对摘棉筒之间时，摘锭上的刺齿钩住棉花纤维，使其缠绕在摘锭上。随后摘锭转到脱棉装置处，被内三角胶带传动作反向旋转，将缠绕的子棉松开。子棉被毛刷滚筒刷下，通过输棉管进入子棉箱。竖直摘锭式摘棉机在苏联棉区广泛应用。其结构较水平摘锭式简单，摘棉率为 80% ～ 90%。但棉花落地较多，机器对棉株的损伤较大。

发展动向摘棉机采用静液压传动，并装备摘锭堵塞自动报警系统和摘棉高度传感器，可保证正常作业和最佳采摘高度。为解决落地棉损失和子棉含杂率高的问题，还可在摘棉机上装置落地棉捡拾、清理装置和清花装置。相应地改进摘子棉的清理加工工艺，则可提高皮棉质量。与此同时，研究培育株型紧凑、矮小、抗风性好、结桃部位高、棉叶少而无茸毛，并在霜前集中成熟吐絮的高产棉花品种，可为提高棉花对机械收获的适应性创造条件。此外，适用于 15 ～ 35cm 窄行距棉花的收获机械也在研制中。

图 3–6　棉花收获机械

四、马铃薯收获机械化

马铃薯收获机又名土豆收获机、洋芋收获机，是专门用于收获马铃薯的机器。将机具下悬挂壁销轴插入拖拉机悬挂臂孔中，销好销锁，机具上悬挂臂与拖拉机中央拉杆链接，可以通过旋转中央拉杆以调整机具深浅，分合变速箱加固拖拉机的输出轴上，机具变速箱与分合变速箱以拐臂连接。

图 3–7　马铃薯收获机械

实践三　植物保护机械化

一、病虫草害防治方法及其机械化

（一）植物保护的主要方法

（1）农业技术防治法：农业技术防治包括选育抗病、抗虫品种；增施有机肥料及化学肥料，以增强作物抗病虫能力；选择合理的播种期和及时收割，以避开病虫害；改进栽培方法，实行合理轮作，深耕和改良土壤，加强田间管理等。

（2）生物防治法：通过培育寄生蜂、微生物和利用益鸟等害虫的天敌来消灭病虫害。如利用培育的赤眼蜂防治玉米螟和夜蛾等。采用生物防治措施，可减少农药残毒对农产品、空气和水的污染，改善环境条件。因此，生物防治法日益受到重视。

（3）物理和机械防治法：病虫害发生期，利用物理方法和相应工具来防治病虫害，如采用机械捕打、果实套袋、药液浸种消灭害虫和病菌；利用成虫的趋光性，用紫外线灯（黑光灯）诱杀害虫等。

（4）化学防治法：利用各种化学药剂消灭病虫、杂草及其他有害生物。这种方法的特点是操作简单、防治效果好、生产效率高，且受地域和季节的影响小，是目前广大农村使用的主要植保方法。

（5）组织制度防治法：通过对植物的检疫，特别是对作物种子的检疫和有效管理，控制病虫害的扩大和蔓延。

（二）化学药剂的施用方法和农业技术要求

化学药剂的施用方法很多，主要有喷雾法、弥雾法、超低量喷雾法、喷粉法和喷烟法等。植保机械化主要指化学药剂的施用机械化。

根据农药剂型不同（如粉剂，可溶性粉剂，乳剂，胶体剂，烟剂，颗粒剂，油剂等）及病虫害和杂草的特点，可采用不同喷施方法，如喷雾、弥雾、喷粉、喷烟、熏蒸、撒毒饵、拌种、浸种、土壤处理、涂抹和注射等，相应的机具有喷雾机、弥雾机、喷粉机、喷烟机、多用机等。植保机械的农业技术要求如下。

（1）喷雾或弥雾的雾滴要均匀细密，喷幅内雾化程度均匀，不漏喷，不重喷，药量均匀一致。

（2）喷粉的粉粒细小均匀，喷粉量前后一致。

（3）喷出的雾滴或粉粒，能很好地黏附到水稻植株表面上、杂草上或落到土壤表面。

（4）与药液、药粉直接接触的机具部件应具有良好的耐腐蚀性，各部分密封良好，不允许漏液、漏粉。植保机械在考虑高效、经济、安全的同时，还要尽量减少对环境的污染，维护可持续发展，这对粮食生产的高产、高效、优质具有重要意义。

（三）植物保护机械的类型

（1）根据动力配备分类。①人力植保器械：如肩挂式喷雾器、背负式喷雾器、手持式喷雾器、手动超低量喷雾器、踏板式喷雾器、手动喷粉器和手摇拌种机等。②机动植保器械：如担架式机动喷雾机、背负式机动弥雾机、拖拉机牵引喷雾机、拖拉机悬挂喷雾机、机动喷粉机、机动烟雾机和机动拌种机等。③电动植保器械：如电动超低量喷雾器和静电超低量喷雾器。④航空植保器械：如飞机喷雾机和飞机喷粉机。

（2）根据工作方法分类。①喷雾机械：如喷雾器、喷雾机，使药液在一定的压力下通过喷头或喷枪，雾化成直径为 150 ~ 300μm 的雾滴，喷洒到农作物上。②喷粉机械：如喷粉器、喷粉机，利用风机产生的气流，使药粉形成直径为 6 ～ 10μm 的粉粒，喷洒到农作物上。③弥雾机：如弥雾喷粉机，是一种低容量喷雾机，利用高速气流，将雾滴进一步雾化成 100 ～ 150μm 的细小雾滴，并喷洒到农作物上。④超低量喷雾机：利用高速旋转的转盘，将微量药液抛出，雾化为直径 20 ～ 100μm 的雾滴。⑤熏烟机械：如烟雾机、烟雾机。⑥拌种机械：如拌种机。⑦诱杀器械：如黑光诱虫灯、高压电网灭虫器及其他诱虫器具等。

目前使用的植保器械中，以喷雾器（机）、喷粉器（机）、弥雾器（机）和烟雾器（机）等应用较广泛。

二、典型植保机具

（一）喷雾机

喷雾是指对药液施加一定的压力，通过喷头雾化成 150 ～ 300μm 的雾滴，喷洒到农作物上。喷雾是化学防治法中的一个重要方面，因为有许多药剂本身就是液体，另一种是可以溶解或悬浮于水中的粉剂。喷雾的优点是能使雾滴喷得较远，散布比较均匀，黏着性好且受气候的影响较小，药液能较好地覆盖在植株上，药效较持久。因此，它具有较好的防治效果和经济效果。但由于需用大量的水稀释，因此在缺水或离水源较远的地区应用时受到限制。另外，由于喷雾需用较高的压力，故功耗较大。主要作业机型为背负式电动喷雾机、背负式机动喷雾机、担架式机动喷雾机（图 3-8）。喷雾机一般都由发动机、压力泵、药液箱、空气室、喷射部件、压力表、调压阀和机架等部件组成。

图 3-8 各类喷雾机

背负式电动喷雾器的使用说明：使用前请先充电。除草剂和农药要分开使用，用时请仔细检查。要正确安装喷雾器零部件。检查各连接部位是否漏气，使用时，先安装清水试喷，然后再装药剂。正式使用时，要先加药剂后加水，药液的液面不能超过安全水位线。喷药前，先扳动摇杆 10 余次，使桶内气压上升到工作压力。扳动摇杆时不能过分用力，以免气室爆炸。初次装药液时，由于气室及喷杆内含有清水，在喷雾起初的 2 ～ 3min 内所喷出的药液浓度较低，所以应注意补喷，以免影响病虫害的防治效果。工作完毕，应及时倒出桶内残留的药液，并用清水洗净倒干，同时，检查气室内有无积水，如有积水，要拆下水接头放出积水。若短期内不使用喷雾器，应将主要零部件清洗干净，擦干装好，置于阴凉干燥处存放。若长期不用，则要将各个金属零部件涂上黄油，防止生锈。

（二）喷粉机

喷粉机是利用风机产生的气流，使药粉形成直径 6 ～ 10μm 的细粒呈粉雾喷出，一般由发动机、风机、药粉箱、搅拌机构、输运机构和喷粉部件等组成（图 3-9）。背负式一般采用小型汽油机作动力，悬挂式直接利用拖拉机作动力。风机有离心式与轴流式两种。喷粉头是喷撒药粉的主要装置，其形状和结构直接影响粉流的方向、速度、射程、喷撒的均匀性，有圆筒形、扁锥形、勺匙形、弯曲锥形等几种，可根据使用条件选用。长薄膜喷粉管长25 ~ 30m，管径约100mm，在管的下面开有等距的小孔，可显著提高生产率。这种作业模式主要用于水田除草；水稻幼苗期、分蘖期病虫害防治。优点：由于（颗）粒剂粒度较大，下落速度快，撒播时受风力影响较小，可实现农药的针对性施药；缺点：我国（颗）粒剂农药品种少，价格高，相应的颗粒施撒机具性能差，效率低。

图 3-9　背负式机动喷粉机

（三）弥雾机

弥雾是指利用高速气流将粗雾滴破碎、吹散，雾化成 75 ~ 100μm 的雾滴，并吹送到远处。弥雾时的雾滴细小、均匀，覆盖面积大，药液不易流失，可提高防治效果，可进行高浓度、低喷量喷洒药液，大量减少稀释用水。主要机型为背负式机动弥雾机。优点：操作简单，价格低；缺点：飘移多、排放大、噪声大、劳动强度高（图 3-10）。

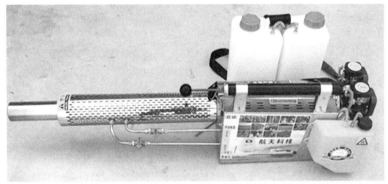

图 3-10　背负式机动弥雾机

（四）微量喷雾机

微量喷雾又称超低量喷雾，可分为超低容量喷雾和超低剂量喷雾，前者是喷少量雾液，后者是指在雾液中加入少量有效成分。一般采用 990 ~ 2250cm³/hm² 的喷雾量，大都使用不加溶剂和加少量溶剂的药液。超低量喷雾机一般采用在弥雾机上配装一套超低量喷雾喷头，通过高速旋转的齿盘将微量原药液甩出，雾滴直径可小至 15 ~ 75μm（图 3-11）。微量喷雾是防治虫害及杂草的一种新技术，它不用或很少用稀释水，工作效率高，防治效果好且节约农药。

图 3–11 微量喷雾机

（五）航空植保机械

在大面积生产中，航空植保方法较地面喷药（粉）经济及时，具有效率高、效果好、成本低等特点。飞机施药在森林害虫防治方面已具有较久的历史，主要针对大面积森林，采用飞机施药（也可以播种），可以大大提高劳动效率。无人机一般是指无人驾驶的小型飞行器，包括固定翼无人机和旋转翼无人机。在航拍、农业遥感、植保、微型自拍、快递运输、灾难救援、观察野生动物、监控传染病、测绘、新闻报道、电力巡检、影视拍摄、制造浪漫等领域的应用，大大地拓展了无人机本身的用途。近年来，无人机技术迅速发展，为植物保护拓展了新途径。

图 3–12 直升机施药、微量喷雾无人机

三、植保机械的使用与安全

正确地使用和管理喷雾机（器），才能取得经济而有效的防治病虫草害的效果，延长机具的使用寿命和降低作业成本。

（一）机具准备

作业前应对喷雾机（器）进行全面认真的检查和维护，使之处于正常工作状态。

（1）检查喷雾机（器）各滤网是否完好，各连接部件是否紧固，开关是否灵活，接头是否畅通而又不漏液，各运动部件是否转动灵活。

（2）检查压力表和安全阀是否正常。

（3）根据喷雾作业的要求，正确选择喷雾机（器）的类型，喷头的形式和喷孔的尺寸。多行喷雾机应根据作物行距和喷雾要求配置喷头。

（4）对各注油点加注润滑油，并检查动力机的润滑油油面。

（5）确定喷雾作业行走速度。为了保证喷雾的均匀性，要求喷雾机组的行走速度只能在不大的范围内变动。人力喷雾时操作人员的步行速度，在旱地时一般为 0.9 ~ 1.1m/s，在水田时为 0.6 ~ 0.7m/s。若行走速度过高或过低，可在保证药效的前提下，适当改变药液的浓度，以适应排液量和行走速度的要求，或适当调整行走速度，以改变排液量，满足实际作业要求。有的喷雾机可以通过调整开关直接改变排液量，来适应行走速度。

（二）使用方法

（1）试喷：正式喷雾作业前，用清水试喷，检查各工作部件是否正常，有无渗漏或堵塞，喷雾质量是否符合要求。

（2）喷雾作业：喷雾作业时，一般应先检查喷雾机具的压力泵，达到规定的工作压力后，再打开喷药开关喷药。工作时应经常检查压力泵压力，保持喷头所需的药液压力。

弥雾喷洒虽然也属针对性施药，但由于其雾滴直径较小，部分雾滴属漂移累积性施药。故作业时决不可直接对着作物近距离喷射，以免喷药过多，引起药害和浪费农药，应使喷头与作物离开一定距离（例如 3WFB-18AC 型弥雾机喷头应距离作物 2m 左右）进行喷洒。当观察到作物叶片被吹动，说明已有雾滴附着。在作业时，应使喷头来回摆动，且保持行走速度与喷头摆动频率相协调。使用背负式喷雾器时，人走一步喷头应来回摆动一次。

超低容量喷雾作业：超低容量喷雾是漂移累积性施药，自然风力与超低容量喷雾作业的有效喷幅关系密切。根据试验，3WFB-18AC 型多用机超低容量喷雾时，当风速分别为 0 ~ 0.5m/s、0.5 ~ 2.0m/s、2.0 ~ 4.0m/s 时，其有效喷幅分别为 8 ~ 10m、10 ~ 15m、15 ~ 20m。风速超出 5m/s 时，不能喷药，有较大上升气流时也不能喷药。

为确保操作人员安全，超低容量作业时，应将喷管朝着顺风向一边伸出，与风向一致或稍有夹角；当风向与走向的夹角小于 45° 时，应停止喷药。为避免药害，喷头不可直接对准作物，应高出作物一定距离。这样还有利于借自然风力使雾滴漂移沉降在作物上。

喷雾行走方法，一般采用梭形走法，并按规定的行走速度匀速行驶，以保证单位面积上的喷药量。

（三）植物机具的维护与保养

（1）防止药液腐蚀机件，喷药后应清洗有关部件。喷雾机每次工作后，应用清水喷几分钟以洗净药液箱、压力泵、管路和喷射部件内残存药液，并把清水排净。

（2）按说明书规定进行清洁、检查、润滑、调整和更换有关部件，以保证良好的技术状态。

（3）全部作业结束后，机器长期存放前，除将药液箱、压力泵和管路等用水清洗干净外，还应卸下三角皮带、喷雾胶管、喷射部件、混药器和进水管等部件，清洗晾干，与喷雾机集中存放在室内干燥通风处，橡胶制品应悬挂在墙上，以免压、折受损。

（4）喷雾器长期存放时，应将喷射部件的开关打开，拆下药桶盖，并把药桶和喷射部件倒挂在室内干燥通风处。

（5）不要与腐蚀性农药或化肥等放在一起。

（6）除橡胶件和塑料件外，机具内外未涂漆的外露零件要涂上润滑油，以防生锈腐蚀。

（四）植保机械的安全使用

大多数农药都是有毒的，如果不注意防护，会影响身体健康，造成环境污染，甚至造成人畜中毒事故。因此，工作人员必须严格遵守安全规则，注意安全生产，杜绝事故发生。

（1）开始工作前，工作人员必须了解药剂的毒性和安全防护方法。

（2）体弱有病、孕妇和身体暴露部位有未愈伤口的人，不得从事施药作业。操作人员应穿戴安全防护用具，施剧毒农药时，操作人员应穿长袖衣服并扎紧袖口，穿长裤和鞋袜，戴口罩和手套。作业后，全都换下并用肥皂清洗干净。

（3）作业中严禁吸烟、饮水和进食。作业时的行走路线和喷向须根据风向而定，应从下风处开始喷药。工作完毕，要用肥皂将手、脸等裸露部位洗净，并在漱口后，才能饮水和进食。

（4）操作人员如果有头痛、头昏、恶心和呕吐等中毒现象时，应立即进行诊治。

（5）施药前应检查机具有无损坏，有无漏液、漏粉沾染身体的可能。喷施剧毒农药时，如果喷雾机（器）发生故障，必须先用碱水洗净，然后进行检修。

（6）检修喷雾机（器）的管路或液泵时，必须先降低管路中的压力。在打开压气式药液箱时，应先放出箱内的压缩空气。

（7）工作中，应经常检查压力表的准确性。喷雾机（器）加压时，不应超过规定的最高压力，以防爆炸。

（8）药物的包装须有显著的标志，注明"毒剂"或"剧毒剂""不可入口"等字样，并放在封闭的容器中贮运。搬运时要轻拿轻放。药品应妥善保管，严禁任意堆放，存放时不得和食物或饲料同放一处。散落在地上的药物应随即扫净或掩埋处理。盛药器皿不得作其他用途。

（9）应在防治地区内装药，不要在人、畜经常活动的地方装药。

（10）对于剧毒农药，应该集中保管，专人负责，不应零星地保存在使用者手中。未用完的剧毒农药要妥善处理，切勿随手乱倒。

（11）在作物开花盛期，不宜进行喷粉作业，以免妨碍作物的授粉和毒害有益的昆虫。特别在作物收获前 15 ~ 20d 内，应停止喷雾或喷粉，以免人、畜食用中毒。

（12）在果园内施用有挥发性的剧毒药剂时，由于树叶遮蔽，通风不好，应禁止非操作人员入内。施药后，应用明显标志，标明在一定时期内，禁止人、畜入内，也不准采食喷过药剂的果实。喷雾或喷粉的地区，在两星期内禁止放牧。

实践四　籽粒烘干机械化

一、作物籽粒烘干技术

农业物料干燥的目的是防止变质，提高贮藏性和加工性。所谓干燥是指除去物料中湿分的过程。一般采用的方法是把常温或者加热后的空气送入物料层，供给其水分蒸发所需的热量，然后除去蒸发出的水蒸气。我国自 20 世纪 70 年代起就开始研制干燥机，发展初期，主要是引进、消化、吸收国外干燥技术及机型，也开发了一些自己的产品，积累了一些粮食收获后处理的经验。但至今我国的粮食烘干装备水平还很低（机械化程度仅为 1% ~ 39%）。在发展干燥机械化过程中，还存在着诸多问题。近年来，干燥理论研究取得了长足进展，为开发适合我国国情的干燥设备奠定了理论基础。随着我国农业由数量型向质量型的转变，稻米品质的管理将逐步由形质转向内质，未来的干燥机将是能够实现高品质、高效率、低成本、安全、无公害，可持续发展的智能控制技术装备。

（一）水分

以水稻为例，稻谷是一种活的吸湿材料，水分是其内部新陈代谢的一种介质。稻谷物理性质的变化和生化过程都和水分状态有密切关系。稻谷含有的水分量，采用湿基含水率（Mw）或干基含水率（Md）来表示。湿基含水率是指湿谷内含的水分量（W）与湿谷的总质量之比的百分数。干基含水率是指湿谷内含的水分量与湿谷的绝干物质量（d）之比的百分数。一般所说的含水率是指湿基含水率，干基含水率主要用于干燥过程的理论分析。当把稻谷长期放置在温度、湿度一定的环境中时，稻谷释放水分与从空气中吸收水分最终将趋向于动态平衡，从而使其含水量稳定在与介质温度和湿度相对应的平衡状态，处在平衡状态下的稻谷的含水率称为平衡含水率。平衡含水率是干燥所能进行的极限值，它对干燥和贮藏具有重要指导意义。在密封状态下长时间存放稻谷时，谷粒间空气的湿度则会稳定在与介质温度和稻谷水分相对应的恒定状态，处在这一恒定状态下的介质的相对湿度称为平衡湿度。把相对湿度低于平衡湿度的空气送入谷物层时，谷物则被干燥；若把相对湿度高于平衡湿度的空气送入谷物层时谷物则被吸湿。

（二）干燥速率

干燥速率是指单位时间内稻谷的降水量。物料的总降水量与总干燥时间之比称为平均干燥速率（或者小时降水率）。干燥速率是稻谷干燥过程控制的主要参数之一，也是循环式缓苏干燥机品质管理的代表性指标。当稻谷收获水分为 24%，终于水分为 14% 时，采用循环式缓苏干燥机干燥时的平均干燥速率应控制在 0.8%/h ~ 1%/h，用现有的 20 余种稻谷干燥机，在不同平均干燥速率下，把收获水分在 20% ~ 30% 的稻谷干燥至 13% ~ 15%。

（三）温度

稻谷在干燥及贮藏过程中，为保持其品质对温度有一定的要求，一般干燥介质的温度不应高于 45 ~ 50℃，稻谷的温度不应高于 35 ~ 40℃。对于高湿稻谷，当介质温度过高时，在干燥初期，会使稻谷表面急剧蒸发，引起表面"干结"，使内部水分难于向外扩散而集结，在稻谷继续受热的过程中，集结在内部的水蒸气分压会迅速升高，高过一定值后，必从表皮较薄弱的部位冲出，从而形成爆腰。

（四）湿度

湿度有绝对湿度和相对湿度两种。绝对湿度是指每立方米湿空气中所含的水蒸气的质量。相对湿度是指未饱和空气的绝对湿度与同温度下饱和空气的绝对湿度之比，或者是空气的蒸汽压与同温度下饱和蒸汽压之比。可见相对湿度是表示空气距离饱和程度的量，或者说是表示空气容纳水分能力的量。平常所说的湿度指的是相对湿度。空气的相对湿度直接关系稻谷的贮藏性。在 25℃ 的环境中，当空气的相对湿度高过 85% 时，稻谷就会发生霉变。

（五）风量

风量是干燥设计时的一个重要指标。在实际干燥过程中，风量直接影响平均去水速率。气流在通过干燥层的过程中，吸收水分而使温度降低、湿度增大，干燥能力下降。全层的平均去水速率取决于送风风量与谷物量之比，亦即对于初期水分相同的稻谷，在同一干燥时间内，无论干燥床面积和深度如何变化，只要风量谷物比的值不发生变化，那么，都可以达到同样的平均去水速率，获得基本上相同的产品。风量谷物比可以近似作为深床干燥设计的一个相似准则。

稻谷的安全贮存期限与稻谷的温度和水分有关。高湿稻谷的安全贮存期限很短，要延长贮存期，必须给谷层内通入一定的风量，以去除部分水分，降低谷物温度。一般常温气候条件下，新收获的鲜稻谷，在堆放储存的过程中，最低应向谷层中通入 0.02 m³/（s·t）的风量，平均每小时降水速率应不小于 0.03%。

二、作物籽粒干燥机

（一）平床干燥机

平床干燥机由底部为金属筛网的干燥箱、辅助加热器、送风机等构成，属干燥设备中最简单的一种（图 3–13）。因主要用常温空气进行干燥，所以又称常温通风干燥机。当外界空气相对湿度较高时，需用辅助加热器进行加热。其优点是适应面广，但存在干燥时间较长、上下层物料干燥不匀、进排料费工等缺点。在使用中，应特别注意的是，物料的堆积层厚度及风量会显著影响干燥速度和干燥的不均匀性。加大风量可提高干燥速度，减小上下层物料水分偏差，但风压损失会明显加大，动力消耗急剧上升。因此，在风量谷物比一定的条件下，通过增大干燥床面积、减小谷物层厚度，可使送风动力消耗降低。

图 3–13 平床干燥机

（二）搅拌混合仓式干燥机

搅拌混合仓式干燥是把适量湿谷堆积在一定量的干谷上，利用悬垂在干燥仓的螺旋搅拌器上下翻动谷物，实现干湿谷混合（图 3–14）。在与湿谷相互接触交换水分的同时，向干燥仓内通入少量常温或者加热的空气以带走谷物中的水分。工作时把湿谷逐日分批送入干燥仓。初日送入 20t，次日送入 10t。搅拌干燥两日后根据送入湿谷的水分、送风量，逐日确定出安全风量比，然后一次送入当日（10 ~ 30t）的湿谷。SSD–8M 仓干燥机充满时的风量谷物比为 $0.04\ m^3/$（s·t）。悬垂在干燥仓内的螺旋搅拌器在工作过程中，既自转又公转的同时还沿干燥仓作径向运动。此种干燥方式可以大幅度提高湿谷的贮藏性能，延长其干燥时间，有利于改善干燥谷物品质，而且设备投资较小，操作简单，处理成本低，可作为预干燥处理设备应用于大型的谷物干燥贮藏干燥设施。缺点是排谷必须在完成全仓谷物干燥之后，一次排出机外，干燥谷物占用干燥仓的时间较长（一般为 20 ~ 30d），且靠近干燥床面（10cm 内）的谷物会出现过干现象。

图 3–14 搅拌混合仓式干燥机

（三）横流式谷物干燥机

（1）横流式谷物干燥机特点。①结构简单，制造方便，成本低，是目前应用比较广泛的一种干燥机型。②谷物流向与热风流向垂直。③主要缺点是干燥不均匀，进风侧的谷物过干，排气侧的谷物干燥不足；单位能耗较高，热能没有充分利用。

（2）横流式谷物干燥机的改进措施。为改善横流式干燥机干燥的不均匀性常采取以下措施：①谷物换位：可在横流式干燥机网柱中部安装谷物换流器，使网柱内侧的物料流到外侧，外侧的物料流到内侧，这样可减少干燥后谷物水分的不均匀性。②差速排粮：在横流式干燥机同一料柱的排料口处，设置两个转速不同的排料轮，靠进风侧的排料轮转速较快，而排风侧的排料轮转速较慢，这样可使高温侧的物料受热时间缩短，因而使得物料的水分保持均匀。两个排料轮的转速比为 4∶1 时，干燥效果较好。③热风换向：采用改变热风流动方向的方法，可使干燥均匀，即沿横流式干燥机网柱方向分成两段或多段，使热风先由内向外流动，再由外向内流动，物料在向下流动的过程中受热比较均匀，从而改善了干燥质量。④多级横流干燥：利用多级或多塔结构，采用不同的风温和风向，可以大大改善横流式干燥机的干燥不均匀性。⑤锥形料柱：为了提高横流式干燥机的干燥效率，可采用不同厚度的料柱，即上薄下厚的结构，这样可使上部较湿的物料受到较大风量的高温气流，这样可提高干燥效率。

图 3–15　横流式谷物干燥机

横流式谷物干燥的风路设置在干燥机中央，谷物堆积在两侧（图 3–15）。谷物从储料段靠重力向下流至干燥段，加热的空气由热风室受迫横向穿过谷层，在冷却段有冷风横向穿过谷层，谷层的厚度一般为 0.25 ~ 0.45m，干燥段高度为 3 ~ 30m，冷却段高度为 1 ~ 10m。根据谷物类型和对品质的要求确定热风温度，食用粮一般为 60 ~ 75℃，饲料粮可采用 80 ~ 110℃。横流式干燥机一般有两个风机，热风风量为 15 ~ 30 m³/（min·m²）和 83 ~ 140 m³/（min·t），静压较低，为 0.5 ~ 1.2 kPa。日本的横流式谷物干燥机容量为 400 ~ 1500kg，风量谷物比为 0.05 ~ 0.1 m³/（s·100 kg），干燥速率每小时一般为 0.2% ~ 0.7%。

谷物在干燥机内的滞留时间即谷物流速可利用排料轮的转速进行控制，谷物的流速主要

取决于谷物的水分和介质的温度

（四）顺流式谷物干燥机

在顺流式谷物干燥机中，热风和谷物同向运动，通风壁面为半圆形，外侧为多孔铁板，内侧面为波浪式，稻谷在流动过程同时受通风壁面的搅拌，干燥比较均匀（图3–16）。为防止加大风速时，稻谷中夹杂物被吹散到机外，干燥机的排风侧做成有孔金属板。

（1）顺流式谷物干燥机的特点。①热风与谷物同向流动。②生产率高，可以使用很高的热风温度，如200～285℃而不会使谷温过高，因此干燥速度快，单位热耗低，效率较高。③高温介质首先与最湿、最冷的谷物接触。④热风和粮食平行流动，干燥质量较好。⑤干燥均匀，无水分梯度。⑥粮层较厚，粮食对气流阻力大，风机功率较大。⑦适合于干燥含水分高的粮食。⑧排气能够循环利用，单位能耗低。

（2）顺流式干燥机的性能。在顺流式干燥机中，热风和高温的流向相同，高温热风首先与最湿、冷的粮食相遇，因而它的干燥特性不同于横流式干燥机，美国的试验证明顺流式干燥机比传统横流式干燥机节能30%。此外，在顺流干燥时，最高粮温点，既不在热风入口，也不在热风出口处，而是在热风入口下方的某一位置，其值与许多因素有关，如热风温度、谷物水分、谷物流速和风量等，一般情况下，在热风入口下方10～20 cm处。

图 3–16　顺流式谷物干燥机

（五）混流式谷物干燥机

混流式谷物干燥机由于内部角状盒的形状、尺寸、排列方法、进气道与排气道的布置等不同，可分为若干类型。如图3–17所示为六角形气道、平行排列、进风管与排气管交互排列，塔身为整体式的混流式谷物干燥机。热风管（或者排气管）的断面积占干燥机内侧面面积的10%～20%,风量比为每吨稻谷2.5 m³/s。六角气道以一定排列方式，固定在塔的两壁上，一端封闭，另一端开口，开口在进气一侧的是进气角状管，开口在排气一侧的是排废气角状管。稻谷从干燥塔的顶部送进入烘干塔，先经过贮粮段，然后到烘干段。稻谷在干燥塔内受角状盒的作用，在不断改变流动方向的同时也在不断地翻动，稻谷在干燥时先接触到进气管，再接触到排气管，接触的温度由高到低，加上进风管与排气管交互排列，一个进气管由四个排气管等距离地包围着，形成混流，使每颗谷粒都能得到相同的处理，所以总体干燥比较均匀。

由于谷物接触高温气流的时间很短，多次遇到低温气流，因而可用较高温度的热风，而排出废气的温度低，湿度高，降低了单位热耗。混流式谷物干燥机的特点：由于干燥塔内交替布置着一排排的进气和排气角状盒，谷粒按照 S 形曲线向下流动，交替受到高温和低温气流的作用，因而可采用比横流式干燥机高一些的热风温度。随着风温的提高，蒸发一定量的水分所需的热风量也相应减少，使用的风机也可以小一些。

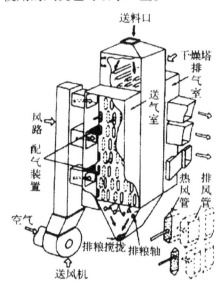

图 3–17　混流式谷物干燥机结构示意

（六）圆仓式循环干燥机

圆仓式循环干燥机由圆仓体、循环机构、加热器、通风系统、进排料装置等组成（图 3–18）。仓体分为上下两部分，中间由透风板隔开，下部为热风室，上部为干燥段和预热段。湿谷由斗式提升机提至仓顶喂入，在重力的作用下向下流动，经过预热段和干燥段，到达仓底。在底板上设有扫仓螺旋，螺旋既可自转又可环绕谷仓中心公转，将流至仓底的谷物输送到中心处卸出。热风从仓底穿过透风板进入干燥层，经过射线状的水平风槽，沿竖风筒到达仓顶，然后由排湿风机排出仓体。日本此类干燥机容量一般为 20t，圆筒仓直径 5.23m，鼓风机功率 11.0kW，干燥温度约 40℃，平均每小时干燥速率 0.4% ~ 0.6%。

圆仓式循环干燥机的特点：①采用了循环机构，物料既可在机内循环也可在机外循环，降水幅度大。物料经过一次循环干燥后，可由提升机提升到仓顶再重复循环干燥。若经过一次循环干燥后，谷物内部出现较大的水分偏差和温度偏差时，则可将物料直接排出机外进行缓苏，然后再次送入机内干燥。②公转螺旋将物料分层排出并具有搅拌混合的作用，从而改善了干燥的均匀性。③干燥物在机内连续流动，使物料层始终处于疏松状态，因而减少了通风阻力。

属于此类干燥机的还有圆筒内循环式谷物干燥机。近年从国外引进的圆筒内循环移动式烘干机 GT–380，结构简单、重量轻，生产率较高。它有以下几个特点：①）生产率高，干燥速度快：一个直径 2.4m，高度 5m，重量 1.5t 的干燥机每小时可烘干玉米 2t（降水 5%），一天（20h）可烘干 40t 粮食。②使用方便：烘干机可以移动，不仅可以牵引还可以传动。③谷物循环速度快：每 10 ~ 15min 完成一次循环，比混流式干燥机的谷物流速高 7 倍，比普通横流式快 3 倍。可采用较高送风温度干燥，粮温也不会过高，且干燥均匀，混合好。④干燥机设计为内外圆筒形，结构紧凑，占地面积小，热空气分布均匀，粮食受热一致，而且容易制造。⑤干燥缓苏同时进行：高温干燥后的谷物用立式螺旋送到上锥体上方，进行短时间的缓苏，便于谷粒内部水分向外扩散，符合粮食干燥的规律，有利于保证粮食品质。⑥利用较短的干燥段和谷物高速循环流动，代替高塔慢速流动，机身高度大大减小。另外由于采用谷物内循环省掉了庞大的提升机。因此，在相同的生产率和降水幅度条件下机器的重量轻、体形小，节约钢材。⑦干燥循环过程中有清理粮食的作用。⑧卸料快，进料方便，虽然干燥机间歇作业，但是平均效率高，卸粮只需 15min。⑨自动控制系统先进。可以利用粮食温度控制水分，有微处理器及控制程序。粮食始终处于不断地混合与流动状态中，因此干燥均匀，水分蒸发速度快。烘干不受原粮水分影响，水分高时可多循环一些时间。

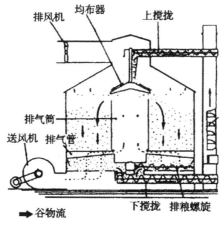

图 3-18 圆仓式循环干燥机结构示意

第二节 水稻全程机械化生产实践

实践一 稻田耕种机械化

一、水稻秧田耕整技术要求

水稻大田在秧苗移栽前进行耕整，是水稻全程机械化生产技术中一项十分重要的内容，一般包括耕翻、灭茬、晒垡、施肥、碎土、耙地、平整等作业环节。由于机插秧采用中小苗移栽，对大田耕整质量等要求相对较高。耕整质量的好坏，不仅直接关系到机插质量，而且也关系到机插秧苗能否早生快发。耕整的技术要领包括精耕细耙，肥足田平，上烂下实，田面干净等，其具体技术要求，应做到"足、平、干、烂、实"5个字。足：翻耕前施足肥。根据土壤地力等因素，采用有机肥和速效化肥相结合施足基肥，再精耕细耙。平：田块平整。耕耙后的田块高低相差不超过 3cm，插秧后达到"寸水棵棵到"。干：田面清洁干净。耕耙后的田块面应达到无杂草、无杂物。烂：田块耕耙后，上烂下实，插秧机作业时不陷机，不壅泥。实：为提高机插秧质量，避免栽插过深或漂秧，浮泥压秧，大田耙平后要进行沉实，沉实时间视土壤和季节而定。一般早稻田沉实 2 ~ 3d,晚稻田沉实 1 ~ 2d。沉实标准为沉淀不板结，泥软水清不浑浊，并要进行封杀灭草，用薄水插秧。

二、大田耕作方法

（一）耕整方法

茬口地（空白茬）在春耕晒垡的基础上，机插前进行旋耕整地上水耙平。为提高前茬秸秆的深埋效果，应采用旋耕灭茬机灭茬，同时做到边灭边埋茬。在适宜的土壤湿度和含水量的情况下，可采用正（反）旋、浅耕、耙垡等方法灭垡，整个过程尽量避免深度耕翻。待旋耕后，进行干整拉平，并做好杂草、杂物的清除，整修沟渠、田埂等工作。上水后，待土垡完全吸足水分，再进行耙地塌平，高留茬地可先直接上水浸泡，最后用水田埋茬起浆机进行耕整作业。另外，麦、油茬在上水耙地前应根据秧龄长短，在确保适期移栽的基础上，视天气情况可晒垡 2 ~ 3d，利于改善土壤理化性状。

（二）施足基肥

基肥施用应根据土壤肥力、茬口等因素，并坚持有机肥和无机肥结合施用的原则，施用量一般为总施肥量的 20%，以满足水稻前、中期生长养分的供给。一般在移栽前 5 ~ 10d 每亩施有机肥 1000 ~ 1500kg 和 45% 复合肥 50 ~ 80kg 用于培肥地力，也可结合旋耕作业每亩大田施人畜粪 15 ~ 20 担，氮、磷、钾复合肥 20 ~ 25kg、碳铵 10 ~ 15kg（或尿素 3 ~ 4kg）。在缺磷土壤中应亩增施过磷酸钙 20 ~ 25kg，对麦茬秸秆还田较多的田块，在插秧前一天，需亩增施碳铵 10 ~ 15kg 作面肥。避免秸秆在腐烂过程中形成"生物夺氮"，造成土壤中速效氮肥短时亏缺。

（三）泥浆沉淀与化除封杀

为提高机插质量，避免出现秧苗过深、漂秧、倒秧，大田耙地塌平后须经一段时间沉实。沉实时间的长短应根据土质情况而定。砂质土需沉 1d 左右，壤土一般需沉实 1 ~ 2d，黏土一般需沉实 3d 左右。对稗草、牛毛草等浅层杂草发生密度较高的田块，可结合泥浆沉淀，耙地后选用适宜除草剂拌湿润细土均匀撒施，施后田内保持 6.6 ~ 10cm 水层 3 ~ 4d，进行药剂封杀灭草，压低杂草发生基数，待泥浆完全沉淀后即可排水机插。

实践二　工厂化育秧技术

一、育秧播种机械设备

水稻育秧播种机是一种配套机插秧盘的自动化播种机（图 3–19）。它包括铺土总成、定位喷水总成、播种总成和覆土总成等，依次安装在秧盘输送台上，实现水稻播种从铺土、洒水、播种、覆土的流水作业，每小时作业量达 500 张盘，使用可靠性达 95%，且播量均匀、容易控制，播种质量高。

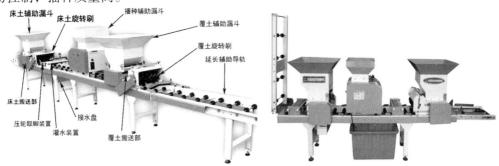

图 3–19　水稻育秧播种机主要结构、水稻育秧播种机 2BX–580

二、工厂化育秧技术

（一）播前准备

（1）床土选择：床土应选择土壤肥沃、中性偏酸、无残茬、无砾石、无杂草（籽、根）、无污染、无病菌的壤土；耕作熟化的旱田土（荒草地或当季喷施过除草剂的麦田和旱地不宜）；秋耕、冬翻、春耖的稻田土；经过粉碎过筛、调酸、培肥、消毒等处理后的山黄泥或河泥等。

（2）床土要求：土质疏松、通透性好，土壤颗粒细碎、均匀，球径在5mm以下，粒径2～4mm的床土占总重量60%以上。床土含水率适宜，达到手捏成团，落地即散。床土pH值为5.5～7.0。床土数量按58cm×22cm×2.5cm标准秧盘，每盘备土5kg或按每亩大田200kg备土。

（3）床土培肥：根据床土种类和自身肥力情况进行培肥，如采用农业公司开发的育苗基质，可在后期进行追肥。每100kg过筛细土中匀拌0.050～0.075kg水稻壮秧剂或匀拌硫酸铵0.10～0.13kg、过磷酸钙0.10～0.18kg、氯化钾0.04～0.10kg等。

（4）床土消毒：早稻育秧为预防立枯病，床土必须用敌克松药剂消毒，消灭病原菌。消毒方法有3种：一是结合播种流水线播种洒水时按每盘0.3g标准喷洒；二是播种前7d每1000kg床土用40～60g敌克松100倍液直接喷洒闷堆消毒；三是播种后盖膜前用敌克松500倍液喷洒。早稻育秧床土必须消毒。

（5）秧床选择：选择地势平坦，排灌方便，背风向阳，邻近备插大田的田块做秧田。有条件的地区，可选择室温或温棚内整地坐床，先清除根茬，打碎土块，整平床面。

（6）秧田面积：常规稻按每亩60个秧盘留足秧田面积，杂交稻按每亩40个秧盘留足秧田面积。

（7）秧田制作：对于软盘育秧，在播前10d带水起畦、制作秧田；对于硬盘客土上育秧，可以不耕整秧田，直接硬板田清杂、削平制作。总体要求板实、平整、不陷脚、无残茬杂物、沟直、边整齐。

（8）品种选择：选择经省级以上审定或认证通过的成熟期适中、秧龄弹性大、抗逆性好的品种。种子质量应符合国家良种标准（GB4404.1—1996）。纯度标准：杂交水稻在96%以上，常规稻在98%以上。发芽率标准：杂交水稻在90%以上，常规水稻在92%以上，发芽势均在85%以上。早稻、双季晚稻品种具体要求是：早稻品种要求中成熟期，苗期抗寒性较强，耐寒播，能够早生快发、分蘖力较强、生长旺盛、抗病性较好、高产等特点。代表品种有中嘉早17、中早39、陆两优996、株两优819、陵两优268等。双季晚稻应选择生育期较短的优质高产品种，要求选择的品种（组合）具有成熟期早、插种后起发快、分蘖力强、田间生长繁茂性好、后期耐寒性强、抗病性强、米质优等特点。代表品种有H优518、桃优香占、泰优390、玉针香等。

（9）种子备量：杂交稻按大田每亩2.0～2.5kg备足种子，常规稻按大田每亩4.0～5.0kg备足种子。

（10）种子处理：①晒种：浸种前，根据种子的质量、含水率和天气情况，浸种前2～3d将水稻种子在太阳下晒24～48h，增加种子活力，提高种子发芽率和催芽整齐度，脱芒过筛，去除枝梗枯叶。②选种：常规品种采用盐水漂浮法选种，选种后用清水淘洗，清除谷壳外盐分，晒干备用或直接浸种。杂交水稻采用风选法选种，用低风量扬去空瘪籽粒。③浸种消毒：将晒过的种子倒入事先用烯效唑、杀菌剂、吡虫啉等配制好的溶液中浸种2～3昼夜（早稻3昼夜），再用清水淘洗干净后进行催芽。④催芽：将吸足水分的种子上堆或装入湿麻袋，保持谷堆（湿麻袋）内外上下的温度在 35～38℃（必要时进行翻拌，使种谷间温度均匀），时间一般为 1 昼夜，待 90% 以上的种子破胸露白后进行适温催芽，然后将芽谷摊薄炼芽。手工播种的根、芽不超过 2mm。⑤晾干：催芽后将种子置于室内摊晾，达到内湿外干，不黏手，易散落状态。

（二）播种

（1）播种量。早稻常规稻按每盘 150g 播种，杂交稻按每盘 75g 播种；晚稻常规稻按每盘 140g 播种，杂交稻按每盘 70g 播种。

（2）机械播种。调整播种机：调整播种流水线，使其处于正常工作状态；调节铺土量：盘内底土厚度为 20～25mm，要求铺放均匀平整；调节洒水量：经洒水后秧盘的底土面积无积水，盘底无滴水，播种覆土后能湿透床土；调节播种量：播前用 10～12 只空盘试播，取其中正常播种的 5～6 盘的种子称重，计算平均盘播量，根据试播情况进行调整，达到确定的播种量；调节覆土量：覆土厚度为 3～5mm，要求覆土均匀，不漏籽。

（三）秧田管理

（1）立苗。秸秆盖草法：盘面铺一薄层麦秆，麦秆上盖农膜，农膜四周封严封实，膜面上均匀加盖稻草，厚度以基本看不见盖膜为宜。采用封膜盖草立苗应注意雨前及时清除盖膜上积水，以免闷种烂芽。拱棚覆膜法：搭棚盖膜，棚高 45～55cm，拱架间距 120～140cm，覆膜后四周压边。

（2）炼苗。秸秆盖草秧的炼苗：一般在秧苗出土 2cm 左右、不完全也至第一叶抽出时揭膜炼苗。原则上高温提前揭，低温滞后揭；晴天傍晚揭，阴天上午揭；小雨雨前揭，大雨雨后揭。拱棚秧的炼苗：幼芽顶出土面后，棚内地表温度控制在 35℃以下，超过 35℃时，揭开苗床两头通风降温，如床土发白、秧苗卷叶，灌"跑马水"保湿。当秧苗现青、最低气温稳定在 15℃以上时，可拆去拱棚。

（3）水分管理。清理秧沟：播种（移盘）后、揭膜时应及时清理秧沟，确保秧田排灌畅通。灌溉要求：一般灌平沟水，保持秧板湿润，自然落干后再灌平沟水。高温晴好天气，日灌夜排或以喷洒方式补水湿润床土；大风暴雨等恶劣天气灌水护苗，风过雨止后及时排水；一般阴雨天气保持秧田无积水；施肥、喷药时灌平沟水；起秧前 3～5d，控水炼苗。

（四）肥料运筹

（1）用好断奶肥。根据床土肥力、秧龄和气温等情况因地制宜进行，在一叶一心期按每盘用尿素 2g，按 1∶100 兑水搅匀后，于傍晚秧苗叶片吐水时均匀喷施，施肥后用清水喷施。

（2）施好送嫁肥。叶色褪淡的秧苗，一般盘用尿素 2g，按 1∶100 兑水搅匀后于傍晚时分均匀喷施，施肥后用清水喷施。叶色正常、叶片挺拔的秧苗，略施送嫁肥，一般盘用尿素 0.5g，按 1∶100 兑水拌匀后于傍晚时分均匀喷洒。叶色正常、叶片下垂的秧苗，不施送嫁肥。

（五）病虫草害防治

苗期个体较嫩，易受立枯病、稻蓟马、灰飞虱、螟虫等病虫及草害侵袭，应密切注意病虫情报及田间实际发生情况，及时对症下药。如除草要谨慎，要视秧田及苗床不同草相、为害度，选择对口药剂科学防控，并严格按照药剂说明书及注意事项操作。

实践三　机械化移栽技术

一、插秧机简介

插秧机是实现水稻机械化和标准化生产的关键设备，由于国家政策的扶持和企业研发能力的提升，插秧机的品质与构造已越来越好，产品类型也逐渐丰富多样化（图 3–20）。目前国家推广支持的插秧机产品主要有：久保田农业机械（苏州）有限公司 SPU–68C 和 SPD–8 型号、洋马农机（中国）有限公司 VP6 和 VP8D 型号、江苏东洋机械有限公司 P600 型号、现代农装株洲联合收割机有限公司的 2ZZ–6 型号等。

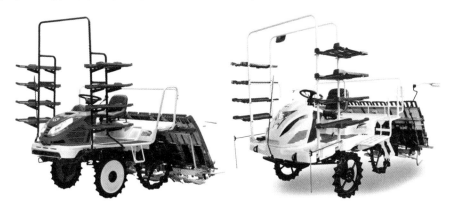

图 3–20　久保田 2ZGQ–8D 高速乘坐式插秧机、洋马 VP6DZF 高速乘坐式插秧机

二、水稻机械化移栽技术

（一）机插秧苗的基本要求

早稻机插秧苗要求苗齐、均匀、无病虫害、无杂株杂草、茎基粗扁、叶挺色绿、根多色白、根系盘结、提起不散，可整体放入秧箱内，才不会造成卡滞、脱空或漏插，秧龄为 25d 左右，叶龄为 3.5 ~ 4.0 叶。

双季晚稻机插秧苗要求苗齐、均匀、无病虫害、无杂株杂草、茎基粗扁、叶挺色绿、根多色白、根系盘结、提起不散，可整体放入秧箱内，才不会造成卡滞、脱空或漏插，秧龄为 25d 左右，叶龄为 4.0 ~ 5.0 叶。

（二）栽插要求

（1）作业条件。秧苗苗高 15 ~ 20cm；叶龄 3.5 ~ 5.0 叶；土块不松散，盘土厚度为 1.5 ~ 2.5cm。床土内不应有石块等硬质异物。插前床土绝对含水 35% ~ 55%，秧苗插前均匀度合格率 ≥ 85%，空格率 ≤ 5%。作业田块，泥脚深度不大于 30cm，水深 1.0 ~ 3.0cm，田块平整。

（2）作业质量要求。①伤秧率 ≤ 4%。②漂秧率 ≤ 3%。③漏插率 ≤ 5%。④翻倒率 ≤ 3%。⑤伤秧率、漂秧率、漏插率与翻倒率总和 ≤ 10%。⑥相对均匀度合格率 ≥ 85%。⑦插秧深度合格率 ≥ 90%。⑧平均株数：不超过农艺要求的 ±10% 株。⑨实际栽插基本苗：不超过农艺要求亩基本苗数的 ±10%。⑩邻间行距合格率 ≥ 90%。

（三）插秧机的选择

（1）插秧机分类。①水稻插秧机按适应秧苗的状态分拔洗苗型、带土苗型和两用型。②

按动力分为人力插秧机和机动插秧机两类。人力插秧机采用间歇插秧方式，插秧动作在机器停歇状态下进行，插秧动作结束后，手拉机器移动一个株距，再次进行插秧动作。机动插秧机采用连续插秧方式，在机器行进过程中完成分秧、插秧动作。机动插秧机又分手扶自走式、乘坐自走式和拖拉机悬挂式等类型。③按分秧和插秧机构的运动特征可分为纵分滚动直插式、纵分摆动直插式和横分摆动直插式。滚动直插和摆动直插是指取秧器定位杆件分别由做圆周运动和做往复运动的机构驱动，并在轨迹控制机构的控制下完成分秧、插秧动作，取秧器在插秧段的运动轨迹接近与地面垂直，使形成的插孔较小，秧苗直立性和稳定性好。滚动直插只用于机动插秧机。

（2）工作原理。插秧机的工作过程，因结构不同而各有差异，但基本流程大致相同。其"群体逐次分格取秧直接栽插"原理为：秧苗以群体状态整齐放入秧箱，随秧箱作横向移动，使取秧器逐次分格取走一定数量的秧苗，在插秧轨迹控制机构作用下，按农艺要求将秧苗插入泥土中，取秧器再按一定轨迹回至秧箱取秧。

（3）基本结构。各种插秧机栽插部分的组成基本相同：人力插秧机由秧箱、分插秧机构、机架和浮体（船板）等组成，自走式机动插秧机还设有动力驱动、行走装置、送秧机构等部分。

（4）性能指标。①插秧深度及插深一致性，一般插秧深度在 0 ～ 10mm（以盘育秧苗土层上表面为基准）。PF455S 型插秧机依靠其液压仿行系统获得机插秧苗的深度及插深的一致性。②漏插。指机插后插穴内无菌，漏插率 ≤ 5％。③勾秧。指机插后茎基部有 90％ 以上弯曲的秧苗，勾秧率 ≤ 4％。④伤秧。指茎基部有折伤、刺伤和切断现象的秧苗，伤秧率 ≤ 4％。⑤漂秧。插后漂浮在水泥面的秧苗，漂秧率 ≤ 5％。⑥全漂。指整秧漂秧，全漂率 ≤ 4％。⑦插倒。指小秧块倒于田中，秧苗叶梢部与泥面接触。插倒率 ≤ 4％。⑧均匀度。指所测各穴秧苗株数与平均株数的接近程度。均匀度合格率 ≥ 85％。

（四）栽插技术

（1）田间操作技术要领。水稻机插秧质量的好坏直接影响水稻产量，并与机手操作插秧机技术有很大的关系。为确保机插秧质量，达到水稻增产的目的，机手应熟练掌握以下操作技术：①插秧机作业中，要保持匀速前进，不能忽快忽慢或频繁停机。作业行走路线要保持直线性，行走中尽量不用或少用捏转手把或猛烈扳动扶手架的方法来纠正行驶的直线性，以防急转弯造成漏插或重插。②在作业中，边插秧边观察，发现问题要及时排除。同时注意送苗辊在苗箱槽口的工作情况。若发现槽口有秧根或粘土，要及时停机清理，以防影响插秧质量。③做到"五不插"，即遇到大雨不插，低温不插，浮泥糊泥不插，田不平整不插，插秧机没有调整好不插。④及时维护保养插秧机。每天作业后，要清理插秧机上的泥土杂物，加足燃油、机油、齿轮油。对各部位进行润滑，调整，紧固各联接件等。

（2）取苗量的调节。①纵向取苗量，主要是指秧针切秧块的高度范围。其调节范围是 8 ～ 17mm，标准为 11mm。如果取苗量过大或过小，通过苗移送辊上端的螺母来调节。螺杆往上调，也就是螺母往下调，取苗量变大，反之则相反。②横向取苗量，是指苗箱由一端移到另外一端时插植臂运动的次数。它的调节有三个挡位，20、24、26。通常，根据苗的大小调节，大苗应放到 20 的挡位，中苗 24，小苗 26。调节时，一定要与苗移送拨叉组合相对应。

（3）株距调节。在齿轮箱右侧株距变速手柄，共有六挡调节，从外向内分别是：12cm、14cm、16cm 一种和 17cm、19cm、21cm 一种。当变速杆处于插秧一挡时对应的株距分别是 12cm、14cm、16cm，用于栽插粳稻；当变速杆处于插秧二挡时，对应的株距分别是 17cm、19cm、21cm，用于栽插杂交稻。

（4）插秧密度调节。变速杆在中立位置，主离合器、插秧离合器接合，插植臂慢速运转。推或拉株距手柄，调节到所需的位置，然后加大油门，使插植臂高速运转，确认株距无掉挡现象即可。

（5）插秧深度调节。插秧深度应按农艺要求而定，一般情况为不漂不倒、越浅越好。插秧深度是通过改变插深调节手柄或改变浮板后部安装孔的位置来实现适宜的栽插深度。

（6）插秧机操作。①进入稻田。加足汽油、润滑油；燃油旋阀置于"ON"位置上；节气门拉到最大位置；油门手柄置于1/2位置上；拉反冲式启动器，启动后，将节气门手柄推向原位置，发动机启动，下拨液压操作手柄，提升插秧机机体，用行走挡直接将插秧机开到田边驶入稻田。②插秧机驶入稻田后，上拨液压操作手柄，使机体下降，将变速杆置于"插秧"位置，合上主离合器准备插秧作业。插秧前注意事项：弄清稻田形状，确定插秧方向；最初四行是插下一行的基准，应特别注意操作，确保插秧直线性；插秧作业开始前，检查下列事项：变速杆是否拨到"插秧"速度挡位上；株距手柄是否挂上挡；液压操作手柄是否拨到"下降"位置上；插秧离合器手柄是否拨到"连接"位置上，将油门手柄慢慢地向内侧摆动，插秧机边插秧边前进。③秧苗补给。苗箱延伸板补给秧苗时，秧苗超出苗箱的情况下拉出苗箱延伸板，防止秧苗往后弯曲。取苗时，把苗盘一侧苗提起，同时插入取苗板。在秧箱上没有秧苗时，务必将苗箱移到左侧或者右侧，再补给秧苗。秧苗不到秧苗补给位置线之前，就应给予补给。若在超过补给位置时补给，会减少穴株数。补给秧苗时，注意剩余苗与补给苗应对齐。④正确使用划印器。为了保持插秧直线度必须使用划印器，其使用方法是：检查插秧离合器手柄和液压操作手柄是否分别在"连接"和"下降"位置上。摆动下次插秧一侧的划印器杆，使划印器伸开，在表土上边划印插秧。划印器划出的线是下次插秧一侧的机体中心，转行插秧时中间标杆对准划印器划出的线。⑤侧对行器使用。为了保持均匀的行距而使用侧对行器。插秧时把侧浮板前上方的侧对行器对准已插好秧的秧苗行，并调整好行距。⑥田埂周围插秧方法。一种方法是先中间，后四边；一种方法是先一边顺次到中间，后三边。⑦转向换行。当插秧机在田块中每次直行一行插秧作业结束后，按以下要领转向换行：将插秧离合器拨到"断开"位置，降低发动机转速，将液压操作手柄拨到"上升"位置使机体提升；将手柄往上稍稍抬起，旋转一侧离合器同时扭动机体，注意使浮板不压表土而轻轻旋转，旋转不要忘记及时折回、伸开划印器。⑧插秧机驶出稻田。下拨液压操作手柄，使机体上升，将变速杆拨到"插秧"位置上，断开插秧离合器手柄，合上主离合器驶出水田。

实践四　水稻收获机械化

一、水稻收获作业

水稻收获作业是水稻生产过程中需要劳动量最多的田间作业项目之一，也是水稻生产过程的最后一个环节，直接影响水稻的产量和质量，还影响下茬作物的及时栽种，季节性强。水稻的机械化收获有利于减轻劳动强度，提高生产效率；有利于减少损失，抢农时；还有利于收获后继续进行的深加工和处理。因此，水稻收获机械化是水稻生产机械化中应优先考虑的环节之一。

水稻收获应满足如下农业技术要求：①收割干净，掉穗落粒损失小。②割茬低，便于后续耕作作业。③铺放整齐，以便于人工或机械捡拾，且不影响机具下一趟作业。④适应性好，能适应不同作物状况、不同田块条件（土质、泥深等）。

水稻机械化收获作业包括收割、脱粒、分离和清粮等步骤。

如果先用机械或人工将作物割倒，铺放在田间，然后在田间或打谷场用脱粒机进行脱粒，最后进行分离和清粮，这种收获工艺称为分段收获。分段收获使用的机具结构较简单，操作和维护方便，但在整个收获过程中要使用较多的人力从事打捆、运输、堆垛、喂入脱粒和扬场作业，劳动强度大，生产效率低，作物在多次搬动转运过程中的损失也较大。

用联合收割机在田间一次完成切割、脱粒、分离和清粮等作业，叫作联合收获。这种收获工艺机械化程度高，可以大幅度地提高劳动生产率，减轻劳动强度，减少收获损失，能及时收获和清理田地，以便下茬作物耕种。但联合收割机结构复杂，价格高，一次性投资大，每年机器利用率低，对操作技术、田块条件与作物成熟度等要求都较高。

二、水稻收获机械

（一）收割机

收割机的功用是将作物的茎秆割断（图 3–21），并按后续作业的要求铺放于田间。按放铺方式不同，收割机械可分为收割机、割晒机和割捆机。收割机将作物割断后，把作物茎秆转到与机器前进方向基本垂直的状态进行铺放（"转向条铺"），便于后继人工捆扎。割晒机将作物割断后，将茎秆直接放铺于田间（"顺向条铺"），形成与机器前进方向基本平行的条铺，适用于装有捡拾器的联合收割机进行捡拾联合收获作业。割捆机将作物割断后进行机械打捆。按收割机与动力机的连接方式不同，水稻收获机有悬挂式和自走式两种，悬挂式应用较多，一般采用前悬挂的方式，便于工作时挂接和自行开道。按割台输送装置的不同，收割机割台可分为立式割台、卧式割台和回转式割台收割机。立式割台收割机工作时，利用作物被割断后的短瞬站立状态，由输送器输送并放铺，它结构紧凑，重量轻，机动性能好，适于田块较小的场合，但对倒伏作物的适应性较差。卧式割台收割机工作时，主要由拨禾轮配合切割并将割作物拨至输送带上，作物的输送过程比较稳定，对于倒伏作物的影响不像立式割台那样敏感，但它机组较长，重量较大，结构较复杂。回转式割台工作时，利用回转式切割器切割作物，集束放堆，便于直接打捆，工作较稳定可靠，但效率较低，刀片寿命较短，收割易落粒的水稻时损失较大，目前在水稻收获中已很少使用。

图 3–21　水稻收割机

（二）脱粒机

有半喂入式脱粒机和全喂入式脱粒机（图3-22）。半喂入式脱粒机脱粒时用夹持链夹住稻秆，将穗头喂入机器进行脱粒，脱粒后茎秆基本保持完整，可直接铺放在田间以便以后收集使用，也可以在脱粒机出口处加装切刀，将茎秆切断直接还田。全喂入式脱粒机脱粒时穗头和茎秆全部喂入机器进行脱粒。

图3-22 半喂入式脱粒机、全喂入式脱粒机

（三）联合收割机

水稻联合收割机在田间一次完成切割、脱粒、分离和清粮等项作业，直接获得清洁的谷粒。它要求作业田块较大，作物成熟度一致，才能充分发挥机器的作用。自我国实行农机购置补贴以来，收割机市场一直呈现出持续火热之势，收割机产销量急剧上升，保有量也迅速增大，但是，我国水稻收割机的发展不平衡，吉林、辽宁等东北产区以及江苏、浙江、上海等发达地区机械化程度较高，而其他水稻主产区（如四川和重庆等地）水稻机收率偏低。

目前，我国水稻收割机主要有以下几种类型：①按喂入方式，可分为全喂入式联合收割机和半喂入式联合收割机。全喂入式联合收割机结构简单，成本低廉，适合地形较好的平原地区大面积作业；半喂入式联合收割机生产效率高，收获损失小，适用范围更加广泛。②按配置结构，可分为自走式和背负式两种。背负式收割机主要与手扶拖拉机以及8.83~47.8kW的四轮拖拉机配套使用，以拖拉机作为动力，降低了购机成本。而自走式收割机工作稳定，效率高，已经逐渐取代了背负式收割机，成为水稻收割机的主要发展趋势。③按行走方式，可分为轮式和履带式两种。轮式行走机构结构简单，成本较低，在长江以北土质较好的平原地带以及田地分散的丘陵山区地带使用较为普遍；履带式行走机构附着力强，适宜在泥地和水田中作业。④按脱粒方式，可分为梳脱收获和喂入式收获两种。喂入式收获即先将植株割下后整体经过脱粒装置进行脱粒；而梳脱收获又称为割前脱粒，即先进行脱粒操作，再将植株割下。梳脱收获可以大大减少进入脱离装置中的物料的草谷比例（仅为0.18~0.48），从而减少功率消耗，提高工作效率。另外，梳脱收获具有湿脱性能好、损失小和清洁度高等优点，尽管目前梳脱机型在可靠性和配套性方面都存在着某些不足，尚处于样机推广阶段，但它是未来水稻联合收割机的一个重要发展方向。以洋马农机（中国）有限公司AG600联合收割机（图3-23、表3-2）、久保田农业机械（苏州）有限公司4LZ-5联合收割机（图3-24、表3-2）和雷沃重工股份有限公司GN70联合收割机为例（图3-25、表3-3），介绍其主要配置和技术参数。

图 3–23 洋马 AG600 联合收割机　　图 3–24 久保田 4LZ‑5 联合收割机

图 3–25 雷沃谷神 GN70 联合收割机

表 3–1　　　　　　　　　　　洋马 AG600 半喂入式联合收割机主要技术参数

尺寸（长 * 宽 * 高）	mm		4290*1940*2410	
质量（重量）	kg		2920	
发动机		型号	4TNV98–ZCSRCC	
		种类	洋马 4 缸水冷直喷式柴油机	
		标定功率 L/kW（ps）	44.1（60）	
履带宽 * 接地长（mm）	450*1480			
变速方式 * 变速挡数	液压式无级变速（HST）* 副变速 3 挡			
行驶速度（前进）低速、标准、移动 m/s	0–1.01/0–1.65/0–2.05			
割幅（mm）	1400			
脱粒方式	轴流式二次脱粒 + 枝梗处理筒			
清选方式	振动、鼓风、吸引			
出粮口及卸粮方式 / 容量	2；人工集袋式 /360L			
作业效率 /（亩·h）	7.5			

表 3-2 久保田 4LZ-5 联合收割机主要技术参数

	分类	大粮仓	
	结构形式	轮胎自走全喂入式	
	驾驶室类型	无空调驾驶室	带空调驾驶室
外形尺寸	长度（mm）（运输状态／工作状态）	5900/5900	
	宽度（mm）（运输状态／工作状态）	2850/2850	
	高度（mm）（运输状态／工作状态）	3350/3350	
	结构质量（kg）／使用质量（kg）	4510	4550
配套发动机	型号	V3800-DI-T-ET13	
	结构型式	立式水冷 4 缸涡轮增压柴油机	
	总排气量（L）	3.769	
	标定功率／标定转速 [kW/（r/min）]	72.9/2600	
	燃油	优质柴油（0#）	
	起动方式	电起动	
	蓄电池规格（V×Ah）	12×100	
行走部	驱动轮（前轮）	规格	15-24-10PR
		轨距（mm）	1880
	导向轮（后轮）	规格	10.00-15-8PR
		轨距（mm）	1935
	最小离地间隙（mm）	290	
	变速箱类型	机械变速＋液压无级变速（HMT）	
	变速级数	前进无级，后退无级（副变速各 2 挡）	
	理论作业速度（km/h）	前进	0～10.8（作业）、0～25.56（行走）
		后退	0～3.24（作业）、0～7.2（行走）
	转向方式	全液压转向	
割台部	割台宽度（mm）	2600	
	割刀宽度（mm）	2514	
	最小割茬高度（mm）	40（割刀刀尖）	
	倒伏适应性	顺割：85°以下；逆割：70°以下	
	喂入量（kg/s）	5	
脱粒部	脱粒型式	钉齿轴流式	
	脱粒滚筒	脱粒齿种类	钉齿
		尺寸（mm）（外径×长度）	φ620×2210
	筛选方式	振动筛，风选（气流分选）	
谷粒处理部	粮仓容量（L）	2400	
	排粮方式	液压翻斗倾斜式	
	适应作物	小麦、水稻（选装水稻收割组件）	
	作业小时生产率（hm²/h）	※ 小麦：0.5～0.8；水稻：0.3～0.5（直立干田作物时）	

表 3–3	雷沃谷神 GN70 联合收割机主要技术参数
参数项	参数值
外形尺寸（长 * 宽 * 高，mm）	9030*4970*4100
配套动力（kW）	125
割幅（m）	4.57
喂入量（kg/s）	7
整机质量（kg）	10160
粮仓容积（m^3）	3.2
驱动轮距（mm）	2445
最高行走速度（km/h）	19.7
工作效率（hm^2/h）	0.6 ~ 1.2
最小离地间隙（mm）	375
清选形式	风筛式
脱粒分离形式	切流 + 单纵轴流
油箱容积（L）	260

实践五　稻谷烘干机械化

　　粮食烘干机是针对稻谷、玉米、小麦、高粱及豆类等粮食作物进行干燥的一种农业机械。目前，我国粮食烘干机主要有 2 种类型：连续式稻谷烘干机和循环式稻谷烘干机。连续式稻谷烘干机是利用全连续式烘干原理，稻谷在烘干机的顶端进料口流进塔体内，并在自身的重力作用下流进粮柱中，最终会在其对应烘干机的底部排出。而循环式稻谷烘干机是将相关的谷物从烘干机的顶端进入烘干机之后，再缓慢地经过其烘干机内部，烘干以及缓速冷却均是在烘干机内部经过数次的循环式展开的，直到其达到了最初的目标水分再将其排出。以上海三久机械有限公司 NP–120e 谷物干燥机（图 3–26、表 3–4）和中国一拖集团有限公司 5H–15 粮食烘干机（图 3–27、表 3–5）为例，介绍其主要配置和技术参数。

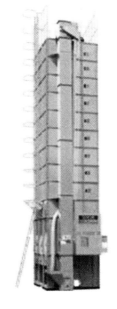 

图 3–26　三久 NP–120e 谷物干燥机　图 3–27　东方红 5H–15 粮食烘干机

表 3–4　　　　　　　　　　三久 NP–120e 谷物干燥机主要技术参数

处理量	稻谷（1L=560g）	2800 ~ 10800kg	2800 ~ 12000kg
	玉米（1L=690g）	3450 ~ 13300kg	3450 ~ 14760kg
	小麦（1L=680g）	3400 ~ 13110kg	3400 ~ 14550 kg
机台尺寸	全长（mm）	3609	
	全宽（mm）	2660	
	全高（mm）	8991	9602
空机重量（kg）		2205	2290
燃烧机	型式	枪型双喷嘴高压喷雾燃烧	
	点火方式	高压自动点火	
	最大燃烧量	17.5L/h	
使用燃料		煤油或 0 号柴油	
所需动力		三相 380V 50Hz	
		6.35 kW	
性能	入谷	约 55min	约 60 min
	出谷	约 52 min	约 58 min
	减干率	0.5% ~ 1.0%/h	
安全装置	热动电驿、风压开关、满量警报、定时开关、燃烧机熄火（电眼）、控制保险丝、异常过热		

表 3–5　　　　　　　　　　东方红 5H–15 粮食烘干机主要技术参数

谷物种类和容量	稻谷		kg	15000
	小麦		kg	18000
外形尺寸	长		mm	3940
	宽		mm	1820
	高		mm	9660
机体重量（总重）			kg	3230
排风机	型号		–	GXF–5.0F 2.2kW
	种类		–	斜流式
	转速		r/min	1420
热源形式	燃烧器	型号	–	BS15
		形式	–	双喷嘴调温式燃油炉
		耗油量	1/h	8.0 ~ 13.5
	使用燃料		–	0# 柴油

续表

所需动力	电源		–	三相四线 220V/380V（50Hz）
	额定输出功率	排风量	kW	2.2
		下搅拢	kW	0.75
		提升机、上搅拢	kW	2.2
		其他	kW	0.55
	最大同时使用电量		kW	6.541
性能	装料时间	稻谷	min	
		小麦	min	60 ～ 90
	排粮时间	稻谷	min	60 ～ 90
		小麦	min	60 ～ 90
	降水幅度	%/h	0.6~1.2	
	干燥不均匀度	%	≤ 1	
	单位耗热量	kJ kgH$_2$O	≤ 5800	
	热风温度	℃	40 ～ 90	
	干燥能力	t·%/h	≥ 5.0	
	处理量（换算）	稻谷	t/h	≥ 0.5
		小麦	t/h	≥ 0.6
	适用谷物种类		水稻、小麦、高粱、玉米等粒径≥ 2.2mm 的谷物	
装置	安全装置		电磁阀、气流开关、光电传感器、电流过载检测装置、料位器、温度传感器、风压传感器、在线水分监控	
	运转控制方法		人机互动电脑程序控制	

第四章　作物学科研实践

作物学科研实践是学生综合实习期间以班或小组为单位，在专业教师指导下独立开展的综合性、设计性、创新性科研试验研究。旨在提高学生田间试验设计的能力、数据采集与分析的能力，强化学生科研能力的训练。

第一节　田间试验实践

田间试验是指在田间土壤、自然气候等环境条件下栽培作物，并进行与作物有关的各种科学研究的试验。其根本任务是在自然或田间条件下选育和鉴定新的作物品种、评定优良品种及其适应区域；探索农作物的生长发育规律及其与自然环境和栽培条件的关系，制定出合理而有效的绿色优质增产增效技术措施，或者改进农业生产技术，研究各项增产技术措施及其应用范围，使科研成果能够合理地应用和大面积推广，尽快转化为生产力，发挥其在农业生产上的作用。

任何农业技术措施、作物优良品种在大面积推广应用前必须要进行田间试验研究，只有当优良品种通过了区域试验、增产增效技术措施通过了技术示范试验之后才能在某个区域进行推广应用。因此，田间试验研究对于农业技术的应用是不可缺少的重要环节。田间试验采用较多的主要有完全随机试验、随机区组试验、裂区试验和拉丁方试验。在掌握了这四种常用的试验设计的特点及其要求的前提下，首先把试验方案确定好，并且画出大田试验示意图，明确试验所需要田块面积、小区面积、小区形状、长宽以及小区田埂、过道等要素的要求。如何把纸上的示意图在大田中实现，变成大田实验小区分布图，需要懂得大田小区划分的方法。

实践一　熟悉田间试验基本环节

一、如何编写试验计划书

试验计划是整个试验活动的依据，在进行试验之前必须制订试验计划，明确试验目的要求、方法以及各项技术措施的规格要求，以便试验的各项工作按计划进行，确保试验任务的顺利完成。因此，试验计划书必须充分考虑，仔细斟酌，反复研讨，认真修改，直至定稿。

一个完整的试验计划书一般包括以下 12 个方面的内容：试验的名称、地点和时间；试验研究背景以及国内外研究动态；试验的目的、期限和预期效果；试验地基本情况，包括土质、肥力、前作、水利条件等；试验处理方案，包括试验因素、因素水平的确定、试验设计方法；试验设计，包括小区面积、长宽、种植行数、行株距、小区排列方式、重复次数等；整地播种及田间管理措施；田间观察记载和室内考种、分析测定项目和方法；试验取样及收获计产方法；试验资料的统计分析方法和要求；制订田间种植图、观测记载表、室内考种表等图表；计划制订人、执行人。

二、如何编制种植计划书

种植计划书的编制是为了把试验种植到田间做好准备。栽培试验、品比试验等种植计划书比较简单，内容一般只包括处理种类、处理代号、种植区号、田间记载项目等；而育种试验研究的各阶段的试验，由于材料多，具有连续性，要记清楚试验材料的来龙去脉和历年的表现，以利于对材料的评定，因此育种试验种植计划书包括品种或品系名称、代号及其来源、今年种植区号（或行号）、去年种植区号（或行号）、田间记载项目等。无论何种试验，都应该绘制田间种植图，放在种植计划书前面，是试验地区划和种植的具体依据。

三、种子如何准备

不同作物种子、不同品种种子的粒重和发芽率存在差异，种植密度也不同，因此试验种子的播种量要按播种密度、种子净度、发芽率、千粒重以及小区面积计算出小区用种量，从而确定试验种子用量。

$$播种量（kg/hm^2）= \frac{每公顷应播发芽种子粒数 \times 千粒重(g) \times 0.001 \times 小区面积(m^2)}{10000 \times 种子净度 \times 种子发芽率}$$

如果直播，计算每行播种粒数，则按下式计算：

$$每行应播粒数 = \frac{每公顷应播发芽种子粒数 \times 每行平均面积(m^2)}{10000 \times 种子净度 \times 种子发芽率}$$

根据计算好的各小区或各行的播种量称量种子，每小区或每行的种子装入一个纸袋，袋面上写明小区号码（或行号）。

四、如何确定田块的试验区域

试验区域为长方形是最优选择，那么这个问题的关键是如何确保试验区域是一个长方形。在大田绘制长方形的方法是直角三角形法。以一个长 50m、宽 20m 的长方形为例。

选择的试验田块大体呈长方形，其长边的长大于 50m，短边的长大于 20m。

准备一盘长 100m 的皮软尺、若干根长约 40cm 的竹竿和若干捆红色的纤维绳。

靠试验田最外边离田埂和离田短边最近处至少 1m（作为试验区的保护行）的地方拉一条长绳，确定长方形的一条长边，用竹竿固定红绳的两端，即为长方形的两个端点。

取 12m 长的皮尺，以确定好的一个端点为基点，皮尺的起点和终点均为这个基点，作为三角形的一个顶点；然后沿着已经确定的长边拉伸皮尺离基点长为 3m 或 4m，并固定此点，作为三角形的第二个顶点；再把 12m 长的皮尺拉成直角三角形，另一条直角边为 4m 或 3m，斜边长为 5m。这样确定直角三角形的第三个顶点和另一条直角边。在第三个顶点处插一根竹竿固定，确定了长方形的一个直角和一条短边（图 4-1）。以第一个基点为起点，沿已确定了的长方形一条短边拉伸一根红绳，长为 20m，即确定了长方形的一条短边和长方形的第三个顶点。再以第三个顶点为基点，采用同样的方法，确定长方形的另一条长边，即确定了第四个顶点。至此，整个长方形试验区即已绘出。完成此项工作的人员不要太多，一般 6～8

人即可。

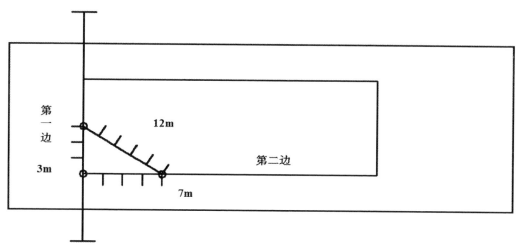

图4-1　大田试验区的划定

五、如何确定重复或区组

从理论上说，重复次数越多，试验误差越小。在实际运用中由于重复太多，尤其是处理数也较多时，试验地面积和田间操作管理工作量会大幅度增加，其他因素带来的误差增加，而且需要投入的人力物力成倍增加。因此，实际研究工作中，常设置 3～4 次重复，分别安排在 3～4 个区组上，这时重复与区组等同，每一区组包括全部处理，称为完全区组。当处理数较多时，每个区组只安排部分处理，称为不完全区组。

不同的试验设计方法对重复或区组的要求不同。大田绘制重复必须依据试验设计方法来定。以 6 个处理、3 次重复的随机区组设计为例。

第一，区组的排列要与试验田土壤肥力变化梯度方向垂直，即如果土壤肥力变化梯度方向与长边平行，那么区组排列方向要与长边垂直或与短边平行。基本原理是确保每个小区的土壤肥力变化梯度方向与大田一致，以确保每个重复或区组内的小区土壤肥力基本相同，减少试验误差。

第二，根据试验田间示意图的要求，按每个区组的长与宽来确定 3 个区组的位置，并用红绳明确每个区组的界限。两个区组间一般要留足 30cm 以上的过道。如果区组要做田埂，则过道的宽度应更大。

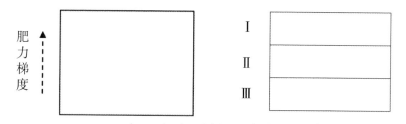

图4-2　按土壤肥力变异趋势确定区组排列方向

六、如何进行小区设计

（一）如何确定小区的形状与排列方式

适当的小区形状在控制土壤差异、提高试验精确性方面也有相当大的作用。小区形状是指长宽比例。一般情况下，长方形尤其是狭长形小区的试验误差比正方形小区的小。不论土壤差异呈梯度变化或斑块状变化，狭长形小区均能较全面地包括不同肥力的土壤，狭长形小区也使各小区更紧密相邻，减少小区之间的土壤差异。当已知土壤肥力呈梯度变化时，一定要使小区的长边与肥力变化方向平行，使区组的长边与土壤肥力梯度方向垂直，才能获得最小的试验误差，如果小区和区组排列方向与前述相反，获得的试验误差就会最大，因此当土壤肥力变化程度与方向未知时，小区的长宽比不宜过大。

小区的长宽比依试验地形状、面积及小区多少、大小而定，一般以（3∶1）～（5∶1）为宜。为了便于试验小区实现机械化作业，小区的长宽比可大些，或依机械作业的宽度而定。

小区的长宽比除了考虑土壤差异的分布状况外，还要考虑到边际效应、作物倒伏等因素。

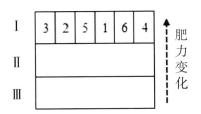

图4–3　小区排列方向

（Ⅰ、Ⅱ、Ⅲ表示区组，1，2，…，6表示处理）

（二）如何确定小区面积

小区面积的大小对于减少土壤差异的影响和提高试验的精确性有密切关系。在一定范围内增加小区面积，可以减少试验误差。但当小区面积增大到一定程度时，降低试验误差不明显；试验误差减少的幅度低于小区面积增大的幅度。当试验地的面积一定时，精确性因小区面积增大而提高，但随着重复次数减少而有所下降，增加重复次数比增大小区面积能更有效地降低试验误差，因而试验小区面积与重复次数应综合考虑，在保证一定重复次数的基础上，适当增加小区面积。

研究性试验小区面积一般在6～30m²，示范性试验的小区面积通常不小于300m²。稻麦的植株个体较小，种植密度较大，小区面积可小些，其品种比较试验的小区面积一般为5～15m²；棉花、玉米等植株个体较大，种植密度宜较稀，小区面积应大些，其品种比较试验的小区面积一般为15～25m²，考虑小型农机具操作的方便，栽培试验小区面积要适当增大。

七、田间试验的实施与管理

（一）试验地准备

试验地在进行区划前，应做好充分准备，以保证各处理有较为一致的环境条件。试验地应按试验要求施用基肥，最好采用分块分量方法施用，以达到均匀施肥。

（1）试验地一般要求匀地播种。为减少土壤肥力差异对试验的影响，试验前应匀地播种。试验地经过一次试验后还要进行合理的轮作换茬。

（2）整地和施肥。一般试验地在试验前，需进行整地和施肥。整地要耕深一致，耙匀耙平；整地方向应与小区的长边垂直，使每一区组内各小区的整地质量基本相同；整地区域可延伸出试验区边界 1 ~ 2m；整地要求在一天内完成。整地时结合施肥，基肥施用数量应相同，并且施用必须均匀一致，尽量在较短时间内施完。试验地切忌堆放肥料，以免造成新的土壤肥力差异。在病虫害比较严重的地方需进行土壤消毒处理，处理措施要一致并于当日完成，农机整地要求平整，田块面积大，可以配备激光平底仪，确保试验田泥面平整。

（二）田间小区划分

试验地准备工作初步完成后，即可按田间试验计划进行试验地区划。田间区划就是根据田间试验布置图在田间实际"放大样"（按比例放大到试验地上）。区划时用测绳取直线，要特别注意防止偏斜。田间区划可分为如下步骤：

（1）认真阅读田间试验种植计划书。弄清比例和小区、区组的布置，换算好有关长度数据，记录在图纸反面。然后实际勘察试验地地势地貌，确定田间实际布置朝向。

（2）拉标准线。标准线应与试验地的长边平行，并离田边至少要有 2m，以供设置走道和保护行之用。

（3）以标准线为基准，在两端定点处按照勾股定理各作一条垂直线的标准线。垂直标准线一般为以后试验小区的起始行（或终止行）的位置，亦应离田边 2m 以上。

（4）打桩定点。根据试验设计的小区长度和走道宽度，以垂直标准线与标准线的交点为起点，沿着垂直标准线丈量过去，打桩定点。

（5）确定整个试验区域内的区组位置。将两条垂直标准线上的对应木桩系绳拉直，确定区组、走道和保护行的位置。

（6）确定小区位置和面积。若旱作试验在区组内和保护行带内按规定行距划行，确定小区位置和面积；若水田试验则按小区长宽尺寸确定小区位置和面积，并在每个小区的第一行前插上标牌。一般在标牌上写明区组号（常用罗马数字表示）、小区号和处理名称（或代号）。标牌在播种（或移栽）前插下，直到收获，一直保留于田间。标牌必须字迹清楚，位置准确。

（7）写、插标牌。试验前必须将整个试验所需的标牌写好。一般一个小区需插一个标牌。在标牌上按试验计划的小区或行号用油性笔写上代号，对于一个处理在一个重复内只种1行或一个小区，可以每5行或10行写一个标牌。标牌的正反两面都应写上，以便两个方向走来都可以观察。播种前应根据计划将标牌全部插好并校对一次。

（8）播种育苗或移栽。在做好种子准备的前提下，按照种植计划书播种育苗或移栽。

（三）田间试验的管理

试验设计除了所规定的处理间差异外，其他栽培管理措施应尽量一致，以减少试验误差。比如施肥，每个小区的肥料要求质量和数量一致，而且分布均匀。实施前先计算每小区肥料使用量，计算方法如下：

$$每小区肥料施用量（kg）= \frac{每公顷施用有效成分的量（kg）× 小区面积（m^2）×10^{-4}}{肥料中有效成分的比例（\%）}$$

中耕除草、灌溉、病虫防治等管理措施都要尽可能一致，而且每项作业在同一天内完成，如果不能在一天内完成，至少要保证一个重复在一天内完成。

八、田间试验调查与观察记载

田间调查记载项目因试验目的不同存在差异，但有一些基本项目一般都采用，包括气候条件的观察记载、田间农事操作的记载（整地、施肥、播种、中耕等）、作物生育动态的观察记载（生育期、形态特征、生物学特征、生长动态、经济性状等）以及收获物的室内考种及测定。同一个试验的一项观察记载工作应由同一工作人员完成，不同处理间的观察记载工作也应在一天内完成。

九、田间试验的收获与测产

收获时先将保护行、各小区的边行、两端植株等不计产部分先行收获，然后在小区中按计划采取作为室内考种或用于其他测定的样本，捆扎成束或装于袋中，挂上标记小牌，运回晒干考种或室内分析。接下来收获计产面积上余下的植株，收获物也装于袋中或扎成捆，挂上标记牌子。脱粒时应严格按小区分区脱粒，分开晒干后称量。

收获物充分晒干后称量。一个小区的产量应为计产面积上的产量。因此，记录小区产量时还要加上收获前抽为样本的那一部分植株的产量。如果试验小区中有缺株，不能按收获的平均每株产量或每平方注产量简单地予以补足。因为缺株的四周植株都成为边际植株，不能代表小区中的一般植株。如何解决？一般来说，如果小区面积不大，或有足够的重复，可以将整个小区淘汰，不必做缺区处理。若缺区面积超过折算面积的 25%，也可以将整个小区淘汰。当不能做整区淘汰时，要以采用割除法或差产法估计产量损失。

割除法是在收获时将缺株的边际植株统统先行割除（宽度等于试验中去除边际影响的宽度），不计其产量。然后再测定割去的面积（包括缺株在内），根据正常密度下的单位面积产量，估计出割去面积上的产量，加到小区产量上。

差产法是指通过调查小区中缺株边际的植株产量和没有缺株影响的植株产量的差异来估计产量损失。设缺株数为 n_1，缺株边际株数为 n_2，无缺株地段的每株平均产量为 x_1，缺株边际的每株平均产量为 x_2。首先算出缺株损失系数 C，再计算缺株损失的产量 W。

$$C=1-n_2(x_2-x_1)/x_1 \qquad\qquad W=Cn_1x_1$$

割除法适宜于机械化栽培等小区面积较大的试验，差产法适合于个体较大按株或按穴种植的作物。

要注意的是对于同期成熟同时收获的试验，晒干产量可以用于处理间的比较。如果收获期不同，由于晒干的标准可能不一致，易造成不同处理间实际含水量差异很大，需要抽样测定含水率，然后再将晒干产量换算成标准水分下的产量。

含水率（h）＝（样本质量 – 样本烘干质量）/ 样本质量

标准水分下的产量（W）＝某小区实收产量 ×（1–h）/（1–H），H 为作物标准含水率，指符合一般储藏要求的临界含水率。比如谷类和豆类为 0.14。

十、如何进行抽样调查

大田试验作物植株量大，不可能对所有试验单位均进行调查、观测，往往采用抽样调查方法获取样本，由样本特征来推断总体性质的方法进行研究。如何从总体获取样本，要掌握正确的抽样方法，遵循随机和独立原则，以得到具有代表性的个体组成样本，同时还需要明确样本容量，以减少抽样误差和进行无偏误差估计。常用的抽样方法主要有：①典型抽样：依据试验目的有意识地抽取一定数量的具有代表性的抽样单位构成样本的抽样方法，依靠调查者经验与知识，没有随机原则，不能估计抽样误差。②顺序抽样：按照某种既定顺序抽取一定数量的抽样单位构成样本的抽样方法，一般只有在试验单位内个体性状表现相当一致的情况下采用。这种方法也不能无偏估计抽样误差。常用的顺序抽样方法有：三点式、五点式、对角线式、棋盘式、分行式、平行线式和"Z"字式等。③随机抽样：所有抽样单位都有同等机会被抽中成为样本的抽样方法，样本代表性强，能无偏估计试验误差。

田间试验的观察记载可以分为一次性观察和连续性观察两种。有些观察项目如某种病害药剂筛选试验，只需在施药后间隔一定时间调查一次发病率或病情指数的数据即可；而另一些观察项目如测定植株高度的变化、秧苗重量的增长等则需要间隔一定的时间连续观察若干次，以取得系统的资料。需要多次观察记载动态的项目，可以一次取样（定点或定株）以后间隔一定的时间，连续多次观测，取得一系列的数据，由于是研究固定植株，避免各次取样的机误，观测的数据比较准确。但是，被确定的植株有时因机械损伤、病虫的伤害造成死亡或异常生长，为此应在取样时适当地增多，以备随时提补，但选定的样点不要轻易变更。

一次性观察，比如水稻考种测产、稻米品质测定、水稻地上部干物重、根系活力等；连续性观察，比如，叶龄调查：选择有代表性的地块，从小区田埂边向里数三行，选择穴距均匀，穴株数相近的10穴为调查对象，每穴选择苗质好、叶片健全、有代表性的秧苗一株，共选10株，组成样本，并在两边插上标志物。水稻分蘖动态调查：在试验小区定点10株，从水稻移栽返青期开始，每3天记载一次苗数，直至水稻抽穗为止。

实践二　顺序排列设计及其实施

一、对比设计

每个处理直接排列于对照旁边，即每隔两个处理设置1个对照，使每个处理都可以与其相邻的对照直接比较。如果处理数是偶数，在每个重复区开头先设1个处理；如果处理数是奇数，可以是处理开头，也可以是对照开头。这种设计对照所占试验单元太多，一般只用于单因素试验，而且处理数不宜太多（小于10个）。

比如，某个水稻品种比较试验，5个品种，1个对照，3次重复，采用对比设计。田间种植图见图4-4。

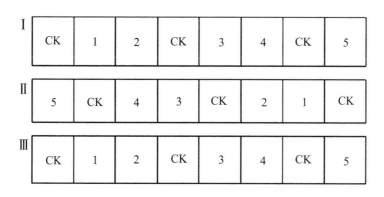

图4-4　5个处理3次重复对比设计小区排列
（Ⅰ、Ⅱ、Ⅲ表示重复，1、2、3、4、5表示处理，CK表示对照）

二、间比设计

在每两个对照之间安排3个或3个以上处理，各重复区的第一个和最后一个小区一定是对照。当各重复区排列成多排时，不同重复区内处理的排列可采用阶梯式或逆向式。如果一块地不能安排整个重复区的小区，则可接到另一块土地上，但开始时必须设置一个对照。特别注意间比设计的两个要求，一是对照均匀分布在整个试验地上；二是任何两个对照间都要安排相同数量的处理。根据处理数目、小区大小、要求的精确度以及方便实施，确定两个对照间的处理数量。一般来说，处理多、小区面积小、精度要求较低，可以多安排，反之则少安排。通常在实际应用中，两个对照间的处理数安排较常见的是 4 个、9 个或 19 个。间比法设计遵循了试验设计的重复和局部控制两个原则。一般只用于单因素试验，处理数量可以多，但试验精度较低，常用于育种的初期阶段。

比如，某个水稻品种比较试验，8 个品种，1 个对照，3 次重复，采用间比设计。田间种植图见图 4-5。

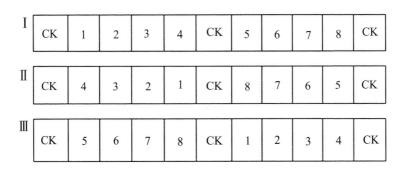

图 4-5　8 个处理 3 次重复间比设计小区排列
（Ⅰ、Ⅱ、Ⅲ表示重复，1、2、3、4、5、6、7、8 表示处理，CK 表示对照）

如果有 12 个处理，一块田只能排 8 个处理，则可选择相邻地块继续排列，但第一个小区必须安排一个对照，见图 4-6。

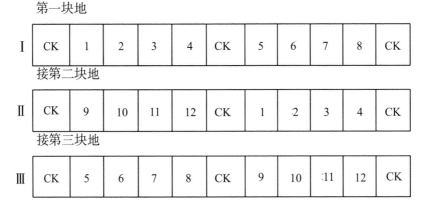

图 4-6　12 个处理 2 次重复间比设计小区排列
（表示重复，1、2、3、…、12 表示处理，CK 表示对照）

实践三　完全随机试验设计及实施

一、完全随机试验设计及其特点

完全随机设计（completely random design）是将各处理完全随机地分配给不同的试验单

位（如试验小区），每一处理的重复次数可以相等也可以不相等。这种设计使每一试验单位都有同等的机会接受任何一种处理，它是随机排列试验设计中最简单的一种。"随机"的方法可以采用抽签法或随机数字法。

1. 抽签法　将总体容量全部加以编号，并编成相应的号签，然后将号签充分混合后逐个抽取，直到抽到预定需要的样本容量为止。

缺点：总体容量很多时，编制号签的工作量很大，且很难掺和均匀。

2. 随机数字法　随机号码表法应用的具体步骤是：将调查总体单位一一编号；在随机号码表上任意规定抽样的起点和抽样的顺序；依次从随机号码表上抽取样本单位号码。凡是抽到编号范围内的号码，就是样本单位的号码，一直到抽满为止。表4–1就是一个随机号码表。

表 4–1　　　　　　　　　　　　　　　　　　随机号码表

03	47	43	73	86	36	96	47	36	61	46	99	69	81	62
97	74	24	67	62	42	81	14	57	20	42	53	32	37	32
16	76	02	27	66	56	50	26	71	07	32	90	79	78	53
12	56	85	99	26	96	96	68	27	31	05	03	72	93	15
55	59	56	35	64	38	54	82	46	22	31	62	43	09	90
16	22	77	94	39	49	54	43	54	82	17	37	93	23	78
84	42	17	53	31	57	24	55	06	88	77	04	74	47	67
63	01	63	78	59	16	95	55	67	19	98	10	50	71	75
33	21	12	34	29	78	64	56	07	82	52	42	07	44	28
57	60	86	32	44	09	47	27	96	54	49	17	46	09	62
18	18	07	92	46	44	17	16	58	09	79	83	86	19	62
26	62	38	97	75	84	16	07	44	99	83	11	46	32	24
23	42	40	54	74	82	97	77	77	81	07	45	32	14	08
62	36	28	19	95	50	92	26	11	97	00	56	76	31	38
37	85	94	35	12	83	39	50	08	30	42	34	07	96	88
70	29	17	12	13	40	33	20	38	26	13	89	51	03	74
56	62	18	37	35	96	83	50	87	75	97	12	25	93	47
99	49	57	22	77	88	42	95	45	72	16	64	36	16	00
16	08	15	04	72	33	27	14	34	09	45	59	34	68	49
31	16	93	32	43	50	27	89	87	19	20	15	37	00	49

完全随机试验应用了试验设计的重复和随机两个原则，其优点主要是设计容易，处理数与重复次数都不受限制，统计分析也比较简单。完全随机设计的主要缺点是没有应用局部控制的原则，试验环境条件差异较大时试验误差较大，试验的精确度较低。

二、设计原则

完全随机设计遵循了重复和随机原则，试验设计简便、应用灵活，适合于单因素和多因素试验，试验重复次数可以相等也可以不同，能够满足不同处理对结果的精确度要求不同的试验。其次，本试验设计统计分析简便而且估计误差的精确性也较高，因为与其他试验设计相比较，完全随机设计误差项自由度可以达到最大，因此可以提高误差估计的精确性。但是本试验设计没有局部控制原则，应用时必须要求试验环境条件要均匀一致，以减少试验误差。完全随机试验设计适用于温室、网室和实验室培养试验，田间试验尽可能少用，如果试验处理数量少且土壤肥力均匀可以采用。

三、排列小区

以一个研究某种生长调节剂试验为例。研究某种生长调节剂兑水稻株高的影响，进行 6 个处理（包括施用清水的对照）的大田小区试验，每处理重复 3 次，共 18 个小区。试验田块面积约 1.5 亩，长方形，田块长为 70m，宽 15m。

首先，根据所选试验田块的实际情况，绘制大田小区分布示意图，确定小区面积与形状。一般地，大田小区试验的小区面积不超过 $30m^2$。根据试验田块面积和形状，确定小区面积为 $30m^2$，小区形状为长方形，长为 7.5m，宽为 4m，长边与大田长边平行。如果排成一列，整块田排不下，可以安排 2 列，每列 9 个小区，把所选田块分成面积相等的 18 个小区。

然后，根据所绘制示意图把小区划分出来。

第三步，把各个小区随机编号 1、2、3… 、18，然后用抽签法从所有编号中随机抽取 3 个编号作为实施第 1 处理的 3 个小区，再从余下的 15 个编号中随机抽取 3 个编号作为实施第 2 处理的 3 个小区，如此进行下去，直到确定出实施第 6 处理的 3 个小区。于是可得各处理实施的小区如下：

第 1 处理：6、8、14　　　　　　第 2 处理：5、12、18
第 3 处理：1、11、17　　　　　　第 4 处理：3、10、15
第 5 处理：4、9、16　　　　　　第 6 处理：2、7、13

第四步，作小区田埂，并覆膜，每个小区单排单灌，防止水肥串灌。

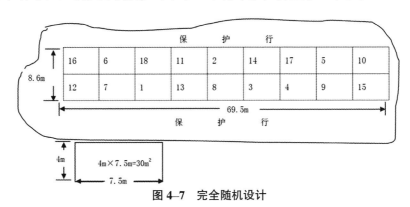

图 4–7　完全随机设计

实践四　随机区组试验设计与实施

一、随机区组试验及其特点

先将整个试验地划分成等于重复次数的若干个区组，每个区组内土壤肥力等环境条件相对均匀一致而不同区组间相对差异较大，然后在每一区组中随机安排全部处理的试验设计，称为随机完全区组设计，简称随机区组设计。

第一，根据局部控制的原则，划分区组时应使区组内的环境变异尽可能小，区组间的环境变异尽可能大。

第二，由于试验地的限制，同一试验的不同区组可以分散设置在不同的田块或地段上，但同一区组内的所有小区必须设置在一起，绝不能分开。

第三，每一区组内各处理的随机排列必须独立进行，这称为以区组为单位的独立随机化。

随机区组设计的主要优点包括：①设计简单，容易掌握；②灵活性大，单因素、多因素以及综合性试验都可以采用；③符合试验设计的三原则，能提供无偏的误差估计，能有效地减少单向的土壤肥力差异对试验的影响，降低试验误差，提高试验的精确度；④对试验地的形状和大小要求不严，必要时不同区组可以分散设置在不同的田块或地段上；⑤易于分析，当因某种偶然事故而损失某一处理或区组时，可以除去该处理或区组进行分析。

随机区组设计的主要缺点是：①处理数不能太多，因为处理数太多，区组必然增大，区组内的环境变异增大，从而丧失区组局部控制的功能，增大试验误差。在田间试验中，处理数一般不超过 20 个，最好为 10 个左右。②只能控制一个方向的土壤差异，试验精确度低于拉丁方设计。

二、试验设计示例

以 8 个处理 4 次重复的田间试验设计为例，说明随机区组试验设计的过程。

第一步，按照划分区组的要求，把试验区等分为 4 个区组，也就是 4 个重复。

I	II	III	IV
2	1	3	4
1	5	6	8
8	4	5	7
3	6	7	2
7	3	4	6
6	8	1	5
5	2	2	3
4	7	8	1

肥　————————————————→　瘦

图 4-8　随机区组设计

第二步，把第一个区组再划分成 8 个小区，分别给以 1、2、3、4、5、6、7、8 的代号。从随机数字表任意指定一页中的一行，去掉 0 和 9 以及重复数字而得到 21837654，按此顺序自上而下把 8 个处理随机分配到 8 个小区，即得到 8 个处理在区组内的排列。这就是随机排列。

第三步，其他 3 个区组，逐一重复第二步的过程，即可得到试验小区排列随机化的结果，实现随机原则。

实践五　裂区试验设计与实施

一、裂区试验及其特点

裂区设计（split plot design）先将试验地划分为若干个区组，区组数等于试验的重复数；再将每个区组划分为若干个主区（main plot），主区数等于主区因素的水平数；然后将每一主区划分为若干个副区或裂区（split plot），副区数或裂区数等于副区因素的水平数；将重要因素各水平分配给副区（该因素称为副区因素，副区因素的各水平也称为副处理），将次要因素各水平分配给主区（该因素称为主区因素，主区因素的各水平也称为主处理）。由于在设计时将主区分裂为副区，故称为裂区设计。

在进行裂区设计时，每一区组内的主处理和每一主区内的副处理都必须独立随机排列。裂区设计的主区可以作随机区组排列，也可作拉丁方排列。裂区设计是多因素试验的一种设计方法。通过多因素随机区组设计和裂区设计的比较，可以看出裂区设计的特点：

（1）多因素随机区组设计研究的因素同等重要，小区面积相同；而裂区设计副区因素是主要研究的因素，主区因素是次要研究的因素，副区面积小、主区面积大。

（2）在田间排列上，多因素随机区组设计的各区组中，每个处理（即水平组合）完全随机地安排在每个小区上。但裂区设计的各区组先划分为主区，安排主区因素的各水平（即主处理），再由主区划分副区安排副区因素的各水平（即副处理）。这样对副区来说主区就是一个完全区组，但对全试验所有处理（即水平组合）来说，主区仅是一个不完全区组。主处理的重复数等于试验的重复数，副处理的重复数等于试验的重复数乘主处理数，显然副处理的重复数大于主处理的重复数。

（3）在多因素随机区组设计中，各因素水平间比较的精确度是一致的；但在裂区设计中，在主区因素水平间和副区因素水平内的主区因素水平间进行比较，其精确度较低；而在副区因素水平间和主区因素水平内的副区因素水平间进行比较，其精确度较高，尤其是副区因素水平间的比较，比主区因素水平间的比较更为精确。所以，裂区设计以牺牲主区因素的精确性来提高副区因素主效以及副区因素与主区因素的互作效应的精确性。因此，对于副区因素主效以及副区因素与主区因素的互作效应来说，裂区设计比随机区组设计精确度更高。

（4）多因素随机区组设计方差分析只有一个试验误差，两因素裂区设计有两个误差（主区误差和副区误差），三因素再裂区设计有三个误差（主区误差、副区误差、副副区误差）。通常主区误差大于副区误差，副区误差大于副副区误差。

二、如何安排区组和小区

以一个肥料密度两因素试验为例。拟进行水稻栽植密度（A，主区因素）和施肥量（B，副区因素）试验，A 因素设置 3 个水平：A_1、A_2、A_3，B 因素设置 4 个水平：B_1、B_2、B_3、B_4，重复 3 次，主区作随机区组排列，试进行裂区试验设计。

第一步，将试验区划分为 3 个区组，每个区组再划分成 3 个主区，随机安排主处理，如图 4-9 所示。

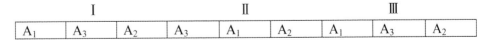

I			II			III		
A_1	A_3	A_2	A_3	A_1	A_2	A_1	A_3	A_2

图 4-9　3 个区组每个区组包含 3 个主区
（I、II、III 表示重复，A 为主区因素）

第二步，将主区因素 A 的 3 个水平 A_1、A_2、A_3 独立随机地排列在每个区组的 3 个主区中。

第三步，将各区组的每个主区划分为 4 个副区。

第四步，将副区因素 B 的 4 个水平 B_1、B_2、B_3、B_4 独立随机地排列在每个主区的 4 个副区中，即得裂区设计的田间排列，见图 4-10。

　　裂区设计可以把主区作拉丁方设计后再将副处理随机区组设计。设 A 因素有 A_1、A_2、A_3 共 3 个水平，B 因素有 B_1、B_2、B_3、B_4、B_5 和 B_6 共 6 个水平，重复 3 次。重复数等于主区处理的整数倍，如图 4–11 所示。

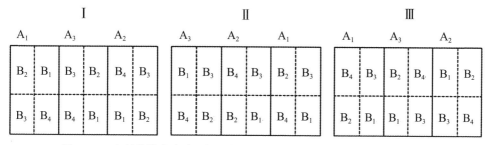

图 4–10　水稻栽植密度（A）和施肥量（B）试验的裂区设计的田间排列

（Ⅰ、Ⅱ、Ⅲ表示区组，A 为主区因素作随机区组排列，B 为副区因素）

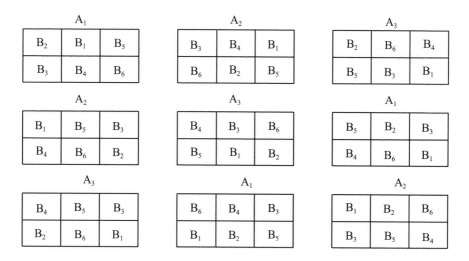

图 4–11　主区拉丁方排列的裂区设计

（Ⅰ、Ⅱ、Ⅲ表示区组，A 为主区因素拉丁方排列，B 为副区因素随机区组设计）

　　也可以把主区为随机区组排列，副区为拉丁方排列，重复数等于副处理数或副处理数的整数倍。比如主处理为 A_1、A_2、A_3、A_4，副处理为 B_1、B_2、B_3，如图 4–12 所示。主区形成 3 个完全随机区组，每个区组有 4 个处理，而副区是 3 个重复的同一主处理的 3 个副处理形成的一个 3×3 的拉丁方排列。如从 A_3 来看，3 个重复的副处理排列为 2、3、1，3、1、2，1、2、3。

Ⅰ				Ⅱ				Ⅲ			
A_3	A_1	A_4	A_2	A_2	A_1	A_4	A_3	A_1	A_3	A_4	A_2
B_2	B_3	B_3	B_1	B_3	B_1	B_2	B_3	B_2	B_1	B_1	B_2
B_3	B_2	B_1	B_3	B_2	B_3	B_3	B_1	B_1	B_2	B_2	B_1
B_1	B_1	B_2	B_2	B_1	B_2	B_1	B_2	B_3	B_3	B_3	B_3

图 4–12　副区拉丁方排列的裂区设计

（Ⅰ、Ⅱ、Ⅲ表示重复，A 为主区因素，B 为副区因素，先随机区组设计后拉丁方设计）

当重复数等于 A 因素水平数（主处理数）等于 B 因素水平数（副处理数）时，主处理与副处理均可采用拉丁方排列。比如，主处理 A 有 4 个水平 A_1、A_2、A_3、A_4；副处理 B 有 4 个水平 B_1、B_2、B_3、B_4。如图 4–13 所示。主区中各处理是一个 4×4 的拉丁方排列，从副区来看，4 个重复的同一主处理的 4 个副处理构成了一个 4×4 的拉丁方排列。例如从主处理 A_1 来看，4 个重复的副处理排列分别为 B_1、B_2、B_3、B_4，B_3、B_1、B_4、B_2，B_4、B_3、B_2、B_1，B_2、B_4、B_1、B_3。

Ⅰ

A_1	A_3	A_2	A_4
B_1	B_3	B_4	B_2
B_2	B_1	B_3	B_4
B_3	B_4	B_2	B_1
B_4	B_2	B_1	B_3

Ⅱ

A_2	A_4	A_1	A_3
B_2	B_1	B_3	B_4
B_4	B_3	B_1	B_3
B_1	B_3	B_4	B_2
B_3	B_4	B_2	B_1

Ⅲ

A_3	A_2	A_4	A_1
B_1	B_3	B_2	B_4
B_2	B_4	B_3	B_1
B_3	B_4	B_1	B_2
B_4	B_2	B_3	B_1

Ⅳ

A_4	A_1	A_3	A_2
B_4	B_2	B_3	B_1
B_3	B_4	B_1	B_2
B_2	B_1	B_4	B_3
B_1	B_3	B_2	B_4

图 4–13　主区、副区均为拉丁方排列的裂区设计

（Ⅰ、Ⅱ、Ⅲ、Ⅳ表示重复，A 为主区因素，B 为副区因素，两次拉丁方设计）

实践六　拉丁方试验设计与实施

一、拉丁方试验及其特点

拉丁方设计（latin square design）是从横行和直列两个方向对试验环境条件进行局部控制，使每个横行和直列都成为一个区组，在每一区组内随机安排全部处理的试验设计。在拉丁方设计中，同一处理在每一横行区组和每一直列区组出现且只出现一次，所以拉丁方设计的处理数、重复数、横行区组数和直列区组数均相同。

进行拉丁方设计时，首先应根据处理数确定选取哪一个标准拉丁方，然后进行直列、横行和处理的随机排列。对于 3×3 和 4×4 标准拉丁方，随机所有直列和第二、第三、第四横行，再对处理进行随机；对于 5×5 及其以上标准拉丁方，随机所有直列和横行，再对处理进行随机。

拉丁方是一个由 n 个拉丁字母构成的 $n \times n$ 阶方阵，各字母在每一横行和每一直列出现且只出现一次。第一横行和第一直列的拉丁字母均按顺序排列的拉丁方称为标准拉丁方。3×3 标准拉丁方只有一个，如图 4–14。

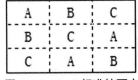

图 4–14　3×3 标准拉丁方

将每个标准拉丁方的横行和直列进行调换，可以得到许多不同的拉丁方。图 4–15 为（4×4）～（8×8）的选择标准拉丁方。

拉丁方设计具有三个特点：一是试验的重复数与处理数相等；二是每一横行和每一直列都包括全部处理，形成一个完全区组；三是所有处理在横行和直列中都进行随机排列。

由于每一横行和每一直列都形成一个区组，因此拉丁方设计具有双向的局部控制功能，可以从两个方向消除试验环境条件的影响，具有较高的精确性。这是拉丁方设计的最大优点，特别适用于土壤肥力存在双向变化的情况。拉丁方设计的缺点：①由于重复数等于处理数，

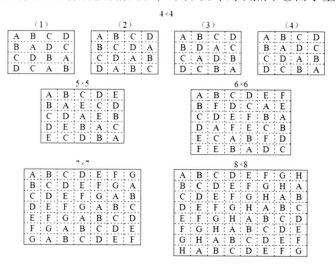

图4–15 （4×4）~（8×8）的标准拉丁方

故处理不能太多，否则横行区组、直列区组占地过大，试验效率不高；若处理数少，则重复次数不足，导致试验误差自由度太小，会降低试验的精确度和鉴别处理间差异的灵敏度。因此，拉丁方设计缺乏伸缩性，一般常用于5–8个处理的试验。②田间布置时，不能将横行区组和直列区组分开设置，要求有整块方形的试验地，缺乏随机区组设计的灵活性。

二、例题分析

以5个水稻品种的比较试验为例说明拉丁方设计的具体步骤：

5个水稻品种分别为 A_1、A_2、A_3、A_4、A_5。

第一步，在所提供的拉丁方中任选一个5×5的标准拉丁方。

第二步，随机调换该标准方的行顺序。从1、2、3、4、5这5个数中进行取样后不放回随机抽签，假设抽到的顺序为5、3、2、4、1，按照这个顺序对标准方进行重新排列。

第三步，随机调换该标准方的列顺序，再次抽签，假设抽到的顺序为4、2、5、1、3，按此顺序对拉丁方进行列重排。见图4–16示。

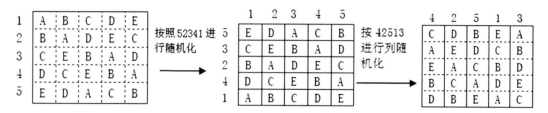

图4–16 拉丁方设计过程

第四步，把拉丁方字母随机"翻译"成处理代号，再次在1、2、3、4、5这5个数字中

进行抽签，假设抽签的顺序是 5、4、2、1、3，按这个顺序将 5 个品种分配给拉丁方中的字母，即 A=5=A_5，B=4=A_2，C=2=A_2，D=1=A_1，E=3=A_3。将第三步的结果按照先行后列的次序，依次分配给 25 个试验单元，最后结果如图 4-17 所示。

图 4-17　拉丁方设计结果

实践七　田间试验的数据记录

一、常用记载表示例

表 4-2　　　　　　　　　　　水稻试验农事管理记录表（样表）

田块基本信息	生育期记载	田间管理情况								产量（kg/亩）	
		日期	肥料使用情况			病虫草害防治			水层管理	目标产量	
			名称	亩用量	用途	名称	亩用量	防治对象			
生产区	落谷期									实测产量	基本苗
地号	出苗期										高峰苗
面积	移栽期										高穗苗
品种	返青期										亩穗数
栽插方式	分蘖期										每穗总粒数
秧龄	拔节期										每穗实粒数
亩穴数	抽穗期										结实率
基本苗	成熟期										千粒重
责任人	收获期										理论产量
记录人	全生育期									实收产量	

表 4-3　　　　　　　　　　　水稻农事档案记录表（样表）

田块基本信息	生育期记载	肥料使用情况				病虫草害防治				水层管理		产量（kg/亩）	
			日期	名称	亩用量	日期	名称	亩用量	防治对象	日期	管理方式		
地号	落谷期	基肥										目标产量	
面积	移栽期	蘖肥										实测产量	亩穗数
品种	拔节期	穗肥											每穗总粒数
栽插方式	抽穗期	调节肥											每穗实粒数
秧龄	成熟期	中面肥											千粒重
亩穴数	收获期	其他											理论产量
基本苗	全生育期	总肥量											实收产量

表 4–4　　水稻农事档案记载表（样表）

计量单位：亩、kg、化肥（商品量）、农药（商品量）

田块基本信息		生育期记载		田间管理情况								特记事项（水淹、倒伏等）		产量（kg/ 亩）		
				日期	肥料使用情况			病虫草害防治			水层管理					
					肥料名称	用量	用途	药剂名称	亩用量	防治对象		面积	程度			
地号		落谷期												目标产量		
面积		移栽期												实测产量	基本苗	
品种		返青期													高峰苗	
栽插方式		分蘖期													亩穗数	
栽插深度		拔节期													每穗总粒数	
叶龄		抽穗期													每穗实粒数	
秧龄		成熟期													千粒重	
株行距		收获期													理论产量	
基本苗		全生育期			用N总量										实收产量	

表 4–5　　水稻农事档案记载表（样表）

计量单位：亩、kg、化肥（商品量）、农药（商品量）

田块基本信息		生育期记载		田间管理情况							产量（kg/ 亩）			倒伏情况	
				肥料使用情况				病虫草害防治							
				日期	用途	名称	用量	用途	日期	药剂名称				面积	程度
地号		落谷期			基肥	尿素		化除			目标产量				
面积		移栽期				二铵					实测产量	基本苗			
品种		返青期			促蘖肥	尿素						高峰苗			
栽插方式		分蘖期			保蘖肥	尿素		病虫防治				亩穗数			
栽插深度		拔节期			促花肥	尿素						每穗总粒数			
叶龄		抽穗期			保花肥	尿素						每穗实粒数			
秧龄		成熟期										千粒重			
株行距		收获期										理论产量			
基本苗		全生育期			全生育期（用N总量）							实收产量			

二、个性记载表示例

表 4–6　　水稻考种调查表（样表）

处理：　　　品种：　　　单株有效分蘖数：　　　千粒重：　　　单株产量

穗号	株高 /cm	穗长 /cm	实粒数	瘪粒数	总粒数	一次枝梗数	二次枝梗数

表 4–7　　　　　　　　　　　　　水稻生育期记载表（样表）

处理	播种	移栽	分蘖始期	分蘖盛期	拔节期	幼穗分化初期	抽穗期	黄熟期	收获期

表 4–8　　　　　　　　　　　　　玉米考种表（样表）

处理	穗长 /cm	穗粗（以周长表示 /cm）	秃尖长度（cm）	穗行数	轴粗（cm）	行粒数	单穗重

表 4–9　　　　　　　　　　　　　生长速度调查（样表）

项目 ＼ 处理		日 / 月	日 / 月	日 / 月	日 / 月	日 / 月	日 / 月	日 / 月
1	株高（cm）							
	分蘖数							

表 4–10　　　　　　　　　　　　　小区产量记载表（样表）

处理 ＼ 重复	产量（kg/ 小区）			
	Ⅰ	Ⅱ	Ⅲ	平均
1				
2				
3				
4				
…				

表 4–11　　　　　　　　　　　　　水稻病虫害田间调查记载表（样表）

调查日期 ＼ 病虫数	灰飞虱		白背飞虱		褐飞虱		纹枯病		稻瘟病		稻曲病	
	幼虫数（m²）	成虫数（/m²）	幼虫数（/m²）	成虫数（/m²）	幼虫数（/m²）	成虫数（/m²）	病穴数/调查数	病株数/穴株数	病叶数/总叶数	病穗数/总穗数	病穗数/总穗数	病粒数/总粒数

实践八 数据整理与统计分析

试验研究过程中所测得的数据经统计分析后用图或表来表达是科学研究常见的表达方式。因此,作为大农学本科生学生必须要会作统计图和表,是大学生基本科研素养的具体要求。

（一）科研论文图表要求

科技论文中,图表有着特殊的作用,它是对时间、空间等概念的表达,是对一些抽象思维的表达,具有文字和言辞无法取代的传达效果,能够简明清晰地将语言文字难以表述的内容用醒目的形式展示和表达出来,便于读者理解和查阅。科技论文常用的图主要有坐标图、流程图、示意图等。表的格式主要为三线表;表的种类有对照表、分析表、统计表等。图表题名是图表的重要组成部分,它的撰写不仅要准确得体,更要简短精炼,说明性和专指性是其主要特征。

GB/T 7713—1987《科学技术报告、学位论文和学术论文的编写格式》对科技论文图表题名的正确表达和书写规范进行了详细的说明。关于图表题名的要求主要有以下两点：①要具有自明性,即图表题名本身充分表达图表所示内容;②要简短确切,即图表题名应该精炼,准确表达所要表述的对象内容。

图表要求：凡用文字已能说明的问题,尽量不用表和图。如用表和图,则文中不需重复其数据,不要同时用表和图重复同一数据。图表中量和单位应是量的符号在前,单位符号在后,其间加一斜线方式表示,如 t/min 即表示以分钟为法定单位的时间。表格用三线表,不用纵线。表格上方应注明表序和表名。插图应精选,具有自明性,勿与文中的文字和表格重复。插图需用电脑绘制或用碳素墨水绘制在绘图纸上。插图必须线条均匀、清晰,主线和辅线粗细比例约为 2 : 1。图勿过大或过小,每图不超过 10 cm×10 cm。插图下方应注明图序和图名。如为照片时,应层次清晰、反差合适、剪裁恰当。

避免以下常见问题：

①图表与文中论述重复。稿件中文字所述已很清晰,没有必要再用图表显示;②图不清,表不明。科技论文主要是科学技术人员或其他研究人员在科学实验（或试验）的基础上,对其研究领域的现象（或问题）进行科学分析并研究的结果。科技论文中,不能有由各种科研仪器自动生成的图表直接引用到论文中;③图表中错别字;④图表在文中位置。一般图表要紧跟文中文字说明的后面,尽量不要离得太远。标准规定图表在文中的布局要合理,一般随文编排,先见文字,后见图表。图表在文中要以阿拉伯数字连续编号的顺序编排;⑤图表设计。图表要精心设计和绘制,有些科技论文的图表设计存在名称笼统、表格栏目空缺、表身数据排列逻辑性不强、表格横读竖读混乱等问题。图名应在图下方,与图有适当距离并居中排列;表名应在表上方,与表有适当距离并居中排列;⑥图表中量与单位。图表中使用不规范的量与单位,主要表现在：a.使用已废弃的旧名称,例如,质量写成重量,比热容写成比热等;b.同一个名称出现多种写法,例如,体积质量、密度或相对体积质量;c.使用自造的名称。科技论文图表中量与单位应尽量使用《法定计量单位》推荐使用的国际单位符号,并注意统一。特别是表中所有栏的单位如果相同,应将该单位标注在表的右上角,并注意不写"单位"两字。

（二）统计表的制作

"结果"是论文的核心,是科学研究获得的数据统计分析处理或验证后得出的主要发现,主要以文字、图、表互补并用的方式表达。作者在选择采用何种表达方式时,可根据论文的资料内容和表达目的而定。一般来说,表格用来描述那些用文字难于表达或不能表达的数据内容，如描述的重点是对比各事项间的隶属关系或对比量、数值的准确程度，或者定量反映事物的变化过程和结果的系列数据，宜采用表格；如果强调事物的形态，或者需要形象、直观地表现事物间的关系以及参量变化过程、趋势和结果，采用插图为宜；如果能用文字方便、简单地叙述清楚，就不应再采用表格或插图。总之，在选择文字、表格和插图表达方式时，择其优者，但不得重复表达。

科研论文中表格通常采用"三线表"。①三线表的结构：取消了栏头的斜线，表身不出现竖线，省略了横向割线，对复杂的表格只需添加辅助横线，使表格经纬分明、简单明快。科技论文普遍采用三线表，其结构以顶、底、中三条横线为主。三线表以其形式简洁、功能分明、阅读方便而在科技论文中被推荐使用。三线表通常只有 3 条线，即顶线、底线和栏目线。其是顶线和底线为粗线，栏目线为细线。当然，三线表并不一定只有 3 条线，必要时可加辅助线，但无论加多少条辅助线，仍称作三线表。三线表的组成要素包括：表序、表题、项目栏、表体、表注。②表序和表题。表序位于表题的前面，按照表格在文中出现的顺序用阿拉伯数字依次排列，如表 1、表 2 等。每张表用一个标题说明表的主题，不可缺少。标题文字应该简明扼要、清晰确切地反映出统计表中的中心内容，以不超过 15 字为宜，不用标点符号。③标目。是统计表的重要内容，根据其位置与作用分为横标目、纵标目和总标目。横标目位于表的左侧，向右说明各行数字的含义，标目的安排要围绕主题力求醒目、鲜明，层次清楚，文字简明，给读者留下深刻印象；分组不仅要符合专业逻辑，还要符合统计表排列的逻辑性，避免标目间混淆或交叉。④线条。表内尽量少用线条。顶线和底线用粗线，中线用细线，不用纵线和斜线，两端不置竖线，采取开放式。⑤表注。表的"备注"及说明一般列于表的底线下，且在表内以＊标注，以免表内杂乱，但并非是表格的必要组成部分。若有多处需要说明，则以 2 个或 2 个以上的标示号区分，在表下依次说明。"备注"不应与文字叙述重复，一般说明统计量值以及需要说明的问题。⑥位置。表格应紧随相应的文字叙述之后，切忌先出现表格而后出现提及表序语句的情况。

要注意的主要问题：第一，将所有欲表达的内容，不分层次混作一团列在一起，使表格失去应有的清晰逻辑对比功能；把能用简单文字叙述清楚的内容列成一个很大的表；在同一篇文章中列有多个同类型表格，使文章松散；表格设计复杂，将与正文无关的内容或未交代的内容罗列在一个表格中，使读者阅读理解困难。第二，表题过于简单或不准确，说明不了表格的中心内容；或过于繁琐，词不达意。有的表格甚至无表题表序。第三，标目不确切，缺少必要的计量单位，或无标目，使人不知所云；标目层次不清或有重复组合的现象。第四，已用表格表达清楚文稿内容，又在论文中对统计表的内容和数据详细描述，或在表的下方加一段长长的文字说明，失去了表格的功能和意义。

每张表包括表头、行指标、列指标、行列对应的正表内容、表脚注释等内容。

以下是几种常见表的基本格式举例。

（三）统计图的制作

统计图（Figure）是用图形将统计资料形象化，利用线条高低、面积大小代表数量，通俗易懂，比文本与统计表更便于理解和比较。

统计图种类较多，常用的包括直条图、百分直条图、直方图、线图和点图等。在科技论文中，应根据资料的类型及表达目的选用合适的统计图。例如，对不同性质分组资料进行对比时可选用直条图，说明事物各组成部分的构成情况可用圆形图或百分直条图，用于表达连续性资料频数分布可用直方图，为表明一事物随另一事物而变化的情况选用线图，表达两种事物的相关性和趋势可用点图。

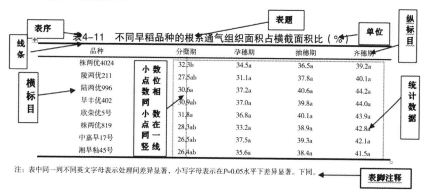

图 4-18 表格构成

表 4-12 不同早稻品种植株氮利用效率比较

品种	2013 年			2014 年		
	氮素积累总量（kg/hm²）	氮素干物质生产效率（kg/kg）	氮素稻谷生产效率（kg/kg）	氮素积累总量（kg/hm²）	氮素干物质生产效率（kg/kg）	氮素稻谷生产效率（kg/kg）
中嘉早 17 号	37.7 fF	259.3 bB	195.7 bB	87.4 dD	83.9 bcAB	65.5 abcAB
湘早籼 45 号	43.2 dD	203.7 eD	178.2 dD	81.6 dD	75.9 cC	59.9 bcAB
欣荣优 5 号	52.2 cC	188.4 fE	156.7 eE	109.6 bB	75.2 cC	51.9 cB
株两优 4024	54.5 bB	209.3 dD	144.3 fF	135.3 aA	101.9 aA	78.7 aA
早丰优 402	39.7 eE	218.3 cC	187.2 cC	80.2 cC	77.5 cC	61.4 bcAB
陆两优 996	53.2 cC	207.6 deD	157.4 eE	104.3 bB	95.9 abAB	71.1 abAB
陵两优 211	57.3 aA	174.7 gF	134.2 gG	117.3 abAB	84.8 bcAB	65.4 abcAB
株两优 819	36.8 gG	275.9 aA	215.7 aA	94.6 cC	78.5 cC	62.9 bcAB

注：表中同一列不同英文字母表示处理间差异显著，小写、大写字母分别表示在 $P=0.05$、0.01 水平下差异显著。

表 4-13 早晚两季 CH_4 与 N_2O 排放总量与增温潜势

处理	早稻排放总量			晚稻排放总量			合计排放总量		
	CH_4/ kghm⁻²	N_2O/ kghm⁻²	增温潜势 (CO_{2eq})/kg·hm⁻²	CH_4/ kg·hm⁻²	N_2O/ kg·hm⁻²	增温潜势 (CO_{2eq})/kg·hm⁻²	CH_4/ kg·hm⁻²	N_2O/ kg·hm⁻²	增温潜势 (CO_{2eq})/kg·hm⁻²
W1N0									
W1N1									
W1N2									
W1N3									
W2N0									
W2N1									
W2N2									
W2N3									

注：W1 代表淹水灌溉 Flooding irrigation，W2 代表间歇灌溉 Intermittet irrigation: N0、N1、N2、N3、分别代表不同的施 N 水平：不施 N、低 N、中 N、高 N 这 4 种施 N 措施；表中同一列不同小写、大写字母分别表示在 $P<0.05$ 和 $P<0.01$ 水平上差异达到显著。

表 4–14　　　　　　　　　　　土壤溶液 Eh 值与温室气体排放能量相关性

土壤 Eh 值		CH₄/mg·(m²·h)⁻¹		N₂O/μg·(m²·h)⁻¹	
		γ 值	拟合函数	γ 值	拟合函数
早稻	5cm 深层土壤	−0.907 8**	$y=-0.032\,4x+0.278\,7(n=24)$	−0.221 5	–
	10cm 深层土壤	−0.650 5**	$y=-0.034\,5x-0.958\,17(n=24)$	−0.263 2	–
	15cm 深层土壤	−0.195 3	–	−0.244 2	–
晚稻 7~13cm 处	孕穗期	−0.739 6*	$y=-0.148\,8x-0.772\,9(n=24)$	0.094 8	–
	抽穗期	−0.915 4**	$y=-0.117\,9x+1.898\,5(n=24)$	−0.158 6	–
	齐穗期	−0.563 2	–	0.135 7	–

注：表中数值为相关系数（γ 值），相关系数的显著性通过 F 值检验，* 和 ** 分别表示在 $P<0.05$ 和 $P<0.01$ 水平下差异显著，下同。

统计图在绘制过程中对其结构组成，包括标题（Legend）、轴标（Axis Label）、数轴（Axis）、图例（Symbol and Key to Symbols）、误差棒（Error Bar）和正文引述（Describe）有一定的要求（图 4–19、图 4–20）。典型的直条图和线图，粗线粗字体标记了各组成部分。

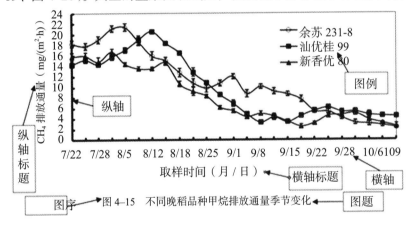

图 4–19　统计图的构成要素 1

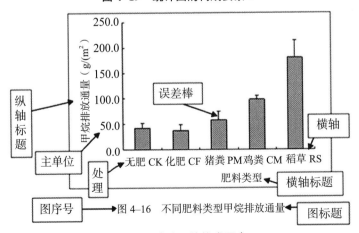

图 4–20　统计图的构成要素 2

1. 标题

标题一般位于图的下方。Figure 可简写为"Fig."，按照图在文章中出现的顺序用阿拉伯数字依次排列（如 Fig.1，Fig.2…）。对于复合图，往往多个图公用一个标题，但每个图都必须明确标明大写字母（A，B，C 等），在正文中叙述时可表明为"图 1A"。复合图的标题也必须区分出每一个图并用字母标出各自反映的数据信息（图 4–21）。

例如：

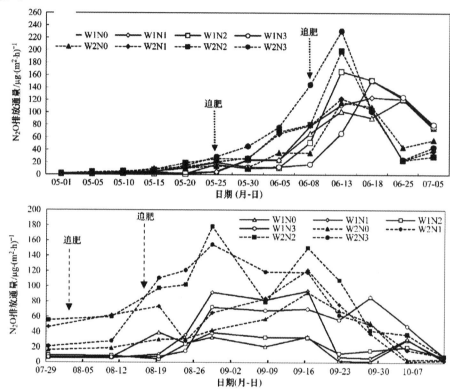

图 4–21　不同处理稻田 N_2O 排放通量季节变化（上图为早稻；下图为晚稻）

Fig. 4–21　Seasonal variation of N_2O emission flux from paddy field in treatments

（A Early rice; B Late rice）

2. 轴标

对于含有横轴、纵轴的统计图，两轴应有相应的轴标，同时注明单位。

3. 数轴

数轴刻度应等距或具有一定规律性（如对数尺度），并标明数值。横轴刻度自左至右，纵轴刻度自下而上，数值一律由小到大。一般纵轴刻度必须从"0"点开始（对数图、点图等除外）。

4. 图标

图中用不同线条、图像或色调代表不同事物时，应该用图标说明，图标应该清晰易分辨。

论文中每一个图都必须在正文中提及，并对统计图所反映的事物关系或趋势做出解释或得出结论。

以下简要介绍常用的直条图、频率直方图、XY 散点图、XY 线图这四种图的用法。

1. 直条图

直条图是利用直条的长短来代表分类资料各组别的数值，表示它们之间的对比关系。可分为单式和复式两种。

单式直条图：①标题位于图下方。标题含有丰富的信息量，包括处理方法、统计学检验及显著水平的解释等；②Y 轴表示测量值（Stem Length），标注单位（mm）；X 轴为不同的处理组；③各直条图均标记了误差范围，并在标题中做出解释；④在误差条上面用横线表示处理组间的统计学差异，并在标题中给予说明。

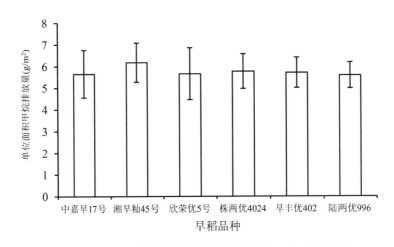

图 4-22　不同早稻品种单位面积甲烷排放量（单式直条图）

复式直条图：①横轴为基线，表示各个类别，纵轴表示其检测数值；②同一类型中两个亚组用不同颜色表示，并有图例说明，表示不同养鸭数量的处理；③各直条宽度一致，各类型之间间隙相等；④标记了误差范围。

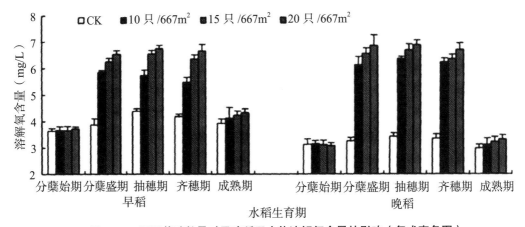

图 4-23　不同养鸭数量对早晚稻田水体溶解氧含量的影响（复式直条图）

2. 频率直方图

直方图是以不同直方形面积代表数量，各直方形面积与各组的数量多少呈正比。用于表达连续性资料的频数分布。Y 轴可以是绝对数（如计量）也可以是相对数（如百分比）。

从图 4-24 我们看到：①直方图的 Y 轴用于表示频数（一般用 "%" 表示），纵轴有主刻度和次刻度，刻度从 0 开始；②X 轴用于表示检测变量的测量值，将其分割成多个组以显示不同体重范围的频数分布情况。要注意每组间距应该合适，避免过宽或过窄；③直方图各直条间不留间隙，各直条间可用直线间隔，也可不用直线形成一个多边形图。

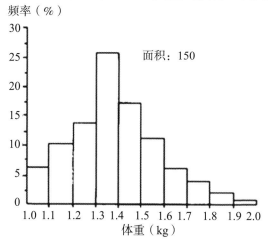

图 4–24　频率直方图

3.XY 散点图

散点图用于表示两种事物的相关性和趋势。根据点的散布情况推测两事物有无相关。例如：

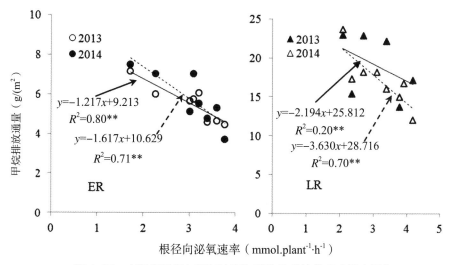

图 4–25　水稻根系径向泌氧速率与甲烷排放的关系（散点图）

从图 4-25 可知，①图中含有两个变量，一般 X 轴表示自变量，Y 轴表示因变量。有时候并没有明确指出哪个是自变量，哪个是因变量，仅仅要表达两个变量间的相关关系，这时候哪个变量值设置在 X 轴 /Y 轴没区别；②以确保更能准确地绘制点，两轴刻度包含主刻度和次刻度。各轴刻度不一定从 0 开始，并且数值的范围应该包含所有点；③根据点的分布情况，推测两变量间是否相关。如果数据通过统计学分析证实变量间存在关系，如图中可以绘制出回归直线，并可计算出回归方程等信息。

4.XY 线图

线图适用于连续性资料，用于表明一事物随另一事物而变动的情况。如图 4-26 所示。

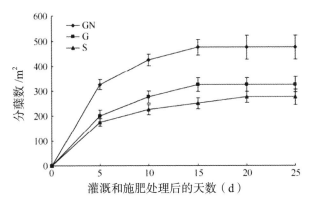

图1 再生稻不同水肥调控下再生分蘖情况

Fig. 1 Tiller amounts of ratooning rice under different irrigation and fertilizer treatments

GN: 干湿交替灌溉施用促苗肥处理; G: 干湿交替灌溉不施用促苗肥处理; S: 淹水灌溉不施用促苗肥处理。

GN: dry-wet alternate irrigation with nitrogen application for bud development; G: dry-wet alternate irrigation without nitrogen application for bud development; S: flood irrigation without nitrogen application for bud development.

图4-26 再生稻不同水肥调控下再生分蘖情况（线图）

说明：①横轴表示连续变量，纵轴表示频数，纵轴刻度从 0 开始；②按照时间先后及其频数确定并绘制各个点，再用线段连接起来；③绘制不同组别的点使用不同的图例，并有图例说明。

（四）数据分析

1. 数据整理与描述

利用 Excel 软件即可解决原始数据的描述性统计，比如求平均数、方差、标准差、变异系数、相关分析及回归分析等常用的统计数以及利用 Excel 软件中"数据分析"功能，可以作处理间的方差分析。利用 Excel 软件可以作常用的统计图。当然还有如 origin、sigmaplot、spss、matlab、DPlot 等软件可以制出十分美观的统计图。

描述数据的集中表现用平均数，它是统计学中最常用的统计数，表示资料中观测值的中心位置，作为资料的代表与另一资料相比较。

描述数据的变异程度常用极差、方差、标准差和变异系数。但极差只与数据中最大、最小两个极端值有关，与其他数据无关联，因此用此统计数来衡量数据变异度和平均数的代表性优劣存在缺限；由于各样本所包含的观察值个数不同，为便于比较常用均方或方差来反映数据的变异程度，但标准差和方差均有单位，不能用来比较度量单位不同的两组数据的变异度以及度量单位相同但平均数不同的两个或多个样本资料的变异程度的大小。因此，比较两组或多组数据变异程度的最适宜统计数是变异系数。变异系数是一个不带单位的纯数，可比性好。变异系数用 CV 表示，计算式如下，

$$CV = \frac{S}{\bar{x}} \times 100\%$$

式中 S 为数据标准差，$\bar{x}$ 为数据平均值。S 可以在 Excel 中"插入"菜单中"函数"，直接用 stdev 统计函数求解得到。

2. 数据分析

不同的试验设计，所获得的数据统计分析方法不同。因此，对试验数据进行统计分析必须明确试验设计方法，否则所作分析可能是错误的，结果不可信。前述及顺序排列设计、完全随机、随机区组、裂区设计和拉丁方设计五种常见的大田试验设计方法，因此对其数据进行统计分析时必须用与之对应的统计分析方法，确保分析方法的科学准确。

方差分析与多重比较是大田试验数据分析常用的方法。方差分析解决试验各处理间的差异是否显著的问题，多重比较是在方差分析差异显著的前提下再对各处理两两之间的差异进行比较。

多重比较通常用最小显著差数法（LSD 法）和新复极差法（LSR 法，包括 q 法和 SSR 法）。如何选择比较方法？一般来说，如果试验中确定了明确的比较标准，凡是与对照相比较，或与预定要比较的对象进行比较，选用最小显著差数法（LSD 法）；在实际应用中，如果试验的处理数较多，超过了 10 个，有时也用 LSD 法进行多重比较。LSD 法和 LSR 法的显著尺度不相同，LSD 法最低，SSR 法次之，q 法最高，因此，如果试验结论事关重大或有严格要求时用 q 法，一般试验可用 SSR 法。SSR 法可用于任何情况下的多重比较，与有无对照无关，是目前生物统计上常用的效果较好的方法，q 法实质与 SSR 法相同，只是提高了比较标准而已。

多重比较结果的表示方法常用字母标记法，做法是：首先把全部平均数按从大到小依次排列，在 α=0.05 显著水平比较时，先在最大的平均数后面标上字母 a，再将该平均数与以下各平均数相比，凡差异不显著的，均标上字母 a，直到某一个差异显著时标上字母 b；再以标有字母 b 的这个平均数与其上方各平均数依次相比，凡差异不显著的标以字母 b，显著的不标记；然后再以标有字母 b 的最大平均数为标准，与以下未标记的平均数相比，凡不显著的也标以字母 b，直到与某一个平均数差异显著时标以字母 c，……如此反复进行下去，直到所有平均数都标上字母为止。显著水平 α=0.01 的标记方法相同，只是均用大写字母标记而已。

比如，5 个水稻品种比较试验，方差分析表明，品种间产量差异显著，多重比较结果如表 4–15。

表 4–15　　　　　　　　水稻品种产量比较的差异显著性（SSR 法）

品种	小区产量（kg）	差异显著性	
		0.05	0.01
A₄	32.5	a	A
A₃	29.2	ab	AB
A₁	27.0	ab	AB
A₂	24.5	b	BC
A₅（CK）	20.3	c	C

目前，利用统计分析软件进行数据分析是常用的手段。统计分析软件一般具有几个主要特点：功能全面，系统地集成了多种成熟的统计分析方法；有完善的数据定义、操作和管理功能；方便地生成各种统计图形和统计表格；使用方式简单，有完备的联机帮助功能；软件开放性好，能方便地和其他软件进行数据交换。常用的统计分析软件主要有 SAS、SPSS、DPS 等。SAS 统计分析软件被誉为国际上的标准统计软件和最权威的组合式优秀统计软件。但人机对话界面不是很好，学习起来较困难，需要编程。本科学生可以去了解，但不需要熟

练掌握。SPSS 统计分析软件被誉为统计软件中的贵族，操作界面极为友好，输出结果与中文 Word 存在一定兼容性，易学易用。S–Plus 统计分析软件有极为强大的统计功能和绘图能力，应用上以理论研究、统计建模为主，但需要有较好的数理统计背景，对编程能力要求很高。Stata 统计分析软件具有小巧、绘图美观、统计分析能力很强等特点，但数据接口差，不提供对话框界面，命令行方式操作。NCSS 统计分析软件是最易上手的统计软件，界面友好，功能齐全，数据接口很简单；DPS 统计分析软件是国产软件，应用较普遍，是一套通用的多功能数据处理、数值计算、统计分析和模型建立软件，具有较强的统计分析和数学模型模拟分析功能，是目前国内功能最完整的统计软件包。建议初学者选为最佳软件。

学习使用软件必须弄清分析的目的，正确收集待处理和分析的数据，弄清统计概念和统计含义，知道统计方法的适用范围，当然不需要记忆公式。可以选择一种或几种统计分析方法探索性地分析数据；其次要能读懂计算机分析的数据结果，发现规律，得出分析结论。因此，我们还必须弄清各种试验设计方法的基本原理，有助于正确应用统计分析软件。

（1）顺序排列设计试验的数据分析

由于顺序排列设计试验没有遵循随机原则，不能正确地估计试验误差，所以其结果的统计分析一般采用百分比法进行。

①单因素对比法试验

以 6 个水稻品种比较试验为例。首先，计算总和数。计算各品种在各重复小区的产量总和。然后计算小区的平均产量；再计算对邻近对照的百分比（%），即以邻近对照（CK）产量为100%，计算各品种产量对邻近对照产量的百分数，也就是相对生产力。数据整理成如表 4–16 所示模式。

某品种对邻近对照的百分数 = 某品种总产量 / 邻近对照总产量 ×100%= 某品种平均产量 / 邻近对照平均产量 ×100%

结果分析：相对生产力＞100% 的品种，其相对生产力愈高，愈可能显著优于对照，但不能认为相对生产力＞100% 的品种都显著优于对照。一般认为相对生产力大于对照 10% 以上的品种，可以判断其生产力确实优于对照，相对生产力仅超过 5% 左右的品种，都应继续试验，再作结论。

表 4–16　　　　　　　水稻品种比较试验（对比法）产量结果分析（数据样式）

品种	各重复小区产量（kg）			总和	平均数	对邻近对照的百分数（%）
	Ⅰ	Ⅱ	Ⅲ			
CK						
A						
B						
CK						
C						
D						
CK						
E						
F						
CK						

②单因素间比法试验

单因素间比法试验数据的统计分析与对比法相同，即计算产量总和，再计算平均产量，然后计算对照标准，各品系的对照标准为前后两个对照产量的平均数；计算相对生产力，即各品系产量对相应的理论对照标准产量的百分数；最后按各品系相对生产力的大小进行排序。见表4–17所示的数据模式。

表 4–17　　　　　8 个水稻品种比较试验（间比法）产量结果分析（数据样式）

| 品种 | 各重复小区产量（kg） | | | 总和 | 平均数 | 对照标准（CK） | 对 CK 百分数（%） | 排序 |
	I	II	III					
CK1								
A								
B								
C								
D								
CK2								
E								
F								
G								
H								
CK3								

（2）完全随机排列设计试验的数据分析

①单因素完全随机试验

本试验设计遵循了随机和重复原则，但没有采用局部控制，因此要求在非试验因素尽可能一致的条件下进行试验。根据每个处理的重复数或重复的方法不同，单因素完全随机试验可以分为组内观察值数目相等、组内观察值数目不等和组内又可分为亚组的完全随机试验3种类型。这种试验常用于实验室培养试验、网室、温室的盆栽试验。

组内观察值数量相等与不等的完全随机试验的统计分析的异同：两种试验方差分析的步骤基本相同，只是由于组内观察值数量不同，某些计算公式上有差异。两种试验公式差异比较见表4–18。组内又可分为亚组的完全随机试验，其测定结果简称为系统分组资料。这种试验设计也称为巢式设计。比如，水稻盆栽试验，设有 l 个品种（1组），每个品种重复播种 m 盆（亚组），每盆栽 n 株（n 个观测值）。所测得每盆产量数据形成系统分组资料。其方差分析与多重比较方法上和步骤上与组内观察值相等的完全随机试验相同，只是计算公式有差异。

②两因素完全随机试验

两因素完全随机试验在实验室和盆栽试验中经常用到。根据各因素水平组合方式不同，可以分为交叉分组和系统分组两类。在交叉分组试验中，又有单个观测值和有重复观测值之分。单个观测值无重复，因素间的互作和试验误差混为一起，无法分开，也就不能对互作效应作检验。因此，多因素完全随机单个观测值试验设计只能用于因素间无互作的情况。如果存在互作，则要设置重复，采用有重复观测值的试验设计。假设 A 因素有 a 个水平，B 因素有 b 个水平，单个观测值试验只有 ab 个数据；n 个重复观测值试验则有 abn 个观测值。单个观测值和有重复观测值试验方差分析比较见表 4–19。

表 4–18　　　　　　　　　　　**计算公式差异比较**

项目		计算公式		
		组内观察值相等	组内观察值不等	组内又可分为亚组
自由度	总自由度	$df_T = kn - l$	$df_T = \sum n_i - l$	$df_T = lmn - l$
	组间自由度	$df_t = kn - l$	$df_t = kn - l$	$df_t = l - l$
	组内亚组间自由度			$df_{m(l)} = l(m - l)$
	误差自由度	$df_e = df_T - df_t$	$df_e = \sum n_i - k = \sum_i^k n_i - 1$	$df_e = lm(n - l)$
平方和	矫正数	$C = \dfrac{T^2}{kn}$	$C = \dfrac{T^2}{\sum n_i}$	$C = \dfrac{T^2}{lmn}$
	总平方和	$SS_T = \sum\sum x_{ij}^2 - C$	$SS_T = \sum\sum x_{ij}^2 - C$	$SS_T = \sum\sum x_{ij}^2 - C$
	处理平方和	$SS_t = \dfrac{1}{n}\sum x_i^2 - C$	$SS_t = \sum \dfrac{T_i^2}{n_i} - C$	$SS \ \dfrac{\sum}{mn}\ C$
	组内亚组间平方和			$SS_{m(l)} = \dfrac{\sum T_{ij}^2}{n} - \dfrac{\sum T_i^2}{mn}$
	误差平方和	$SS_e = SS_T - SS_t$	$SS_e = SS_T - SS_t$	$SS_e = SS_T - SS_t - SS_{m(l)}$
	SSR 法多重比较平均数标准误（SE）	$S_{\bar{x}} = \sqrt{\dfrac{MS_e}{n}}$	$S_{\bar{x}} = \sqrt{\dfrac{MS_e}{2}\left(\dfrac{1}{n_A} + \dfrac{1}{n_B}\right)}$	组间平均数多重比较：$MS_e = \sqrt{\dfrac{S_{m(l)}^2}{mn}}$　组内亚组间平均数多重比较：$MS_{ij} = \sqrt{\dfrac{MS_e}{n}}$

表 4–19　　　　　　　　　　　**两因素完全随机试验结果的方差分析**

变异来源	单个观测值				重复观测值			
	自由度 df	平方和 SS	均方 MS	F 值	自由度 df	平方和 SS	均方 MS	F 值
处理					$ab - 1$	$SS_t = \dfrac{\sum\limits_{i=1}^{a}\sum\limits_{j=1}^{b} T_{ij\cdot}^2}{n} - C$		
A 因素	$a - 1$	$SS_A = \dfrac{\sum\limits_{i=1}^{a} T_{i\cdot}^2}{b} - C$	MS_A	$\dfrac{MS_A}{MS_e}$	$a - 1$	$SS_A = \dfrac{\sum\limits_{i=1}^{a} T_{i\cdot\cdot}^2}{bn} - C$	MS_A	$\dfrac{MS_A}{MS_e}$
B 因素	$b - 1$	$SS_B = \dfrac{\sum\limits_{i=1}^{b} T_{\cdot j}^2}{a} - C$	MS_B	$\dfrac{MS_B}{MS_e}$	$b - 1$	$SS_B = \dfrac{\sum\limits_{i=1}^{b} T_{\cdot j\cdot}^2}{an} - C$	MS_B	$\dfrac{MS_B}{MS_e}$
A×B					$(a-1)$ $(b-1)$	$SS_{A\times B} = SS_t - SS_A - SS_B$	$MS_{A\times B}$	$\dfrac{MS_{A\times B}}{MS_e}$

续表

变异来源	单个观测值				重复观测值			
	自由度 df	平方和 SS	均方 MS	F 值	自由度 df	平方和 SS	均方 MS	F 值
误差	$(a{-}1)$ $(b{-}1)$	$SS_e = SS_T - SS_A - SS_B$	MS_e		$ab(n{-}1)$	$SS_e = SS_T - SS_t$	MS_e	
总变异	$ab{-}1$	$SS_T = \sum x_{ij}^2 - C$			$abn{-}1$	$SS_T = \sum x_{ijk}^2 - C$		

在方差分析得出处理间差异显著的前提下进行处理间的多重比较。对于单个观测值试验，采用 SSR 法时，计算 A 因素各水平比较的标准误 SE_A 的公式为：$SE_A = \sqrt{\dfrac{MS_e}{b}}$；采用 SSR 法时，计算 B 因素各水平比较的标准误 SE_B 的公式为：$SE_B = \sqrt{\dfrac{MS_e}{a}}$。对于重复观测值试验，采用 SSR 法，计算 A 因素各水平比较的标准误为 $SE_A = \sqrt{\dfrac{MS_e}{bn}}$；计算 B 因素各水平比较的标准误为 $SE_B = \sqrt{\dfrac{MS_e}{an}}$；各水平组合平均数间的差异比较时，如果两因素互作显著，则需要对互作效应进行多重比较；如果互作效应不显著，则最优的水平组合即为 A 和 B 各因素主效应检验中分别选出的最优水平。计算标准误公式为：$SE_{A \times B} = \sqrt{\dfrac{MS_e}{n}}$。

（3）随机区组试验

随机区组试验设计遵循了随机、重复和局部控制三个原则，是常用的一种试验设计方法。根据因素的多少可以分为单因素和多因素随机区组试验，数据的统计分析根据因素的多少也存在差异。单因素与两因素随机区组试验方差分析见表 4–20、表 4–21。因素越多，方差分析的总变异来源分解越复杂，计算过程越困难，因此实际研究中一般是两因素，最多是三因素的随机区组设计。

表 4–20　　　　　　　　　　单因素随机区组试验结果的方差分析

变异来源	自由度 df	平方和 SS	均方 MS	F 值
区组间	$r{-}1$	$SS_r = \dfrac{\sum T_r^2}{k} - C$	MS_r	$\dfrac{MS_r}{MS_e}$
处理间	$k{-}1$	$SS_t = \dfrac{\sum T_t^2}{n} - C$	MS_t	$\dfrac{MS_t}{MS_e}$
误差	$(k{-}1)(n{-}1)$	$SS_e = SS_T - SS_t - SS_r$	MS_e	
总变异	$kn{-}1$	$SS_T = \sum x_{ij}^2 - C$		

在方差分析得出处理间差异显著的前提下进行处理间的多重比较。采用 SSR 法时，计算 SE 的公式为：$SE = \sqrt{\dfrac{MS_e}{n}}$；采用 LSD 法时，$S_{\bar{x}_i - \bar{x}_j} = \sqrt{\dfrac{2MS_e}{n}}$。

表 4–21　　　　　　　　　　　　　两因素随机区组试验结果的方差分析

变异来源	自由度 df	平方和 SS	均方 MS	F 值
区组间	$r-1$	$SS_r = \dfrac{\sum T_r^2}{ab} - C$	MS_r	$\dfrac{MS_r}{MS_e}$
处理间	$ab-1$	$SS_t = \dfrac{\sum T_t^2}{r} - C$	MS_t	$\dfrac{MS_t}{MS_e}$
A	$a-1$	$SS_A = \dfrac{\sum T_A^2}{rb} - C$	MS_A	$\dfrac{MS_A}{MS_e}$
B	$b-1$	$SS_B = \dfrac{\sum T_B^2}{ra} - C$	MS_B	$\dfrac{MS_B}{MS_e}$
A×B	$(a-1)(b-1)$	$SS_{A\times B} = SS_t - SS_A - SS_B$	$MS_{A\times B}$	$\dfrac{MS_{A\times B}}{MS_e}$
误差	$(r-1)(ab-1)$	$SS_e = SS_T - SS_t - SS_r$	MS_e	
总变异	$rab-1$	$SS_T = \sum x_{ijk}^2 - C$		

在方差分析得出处理间差异显著的前提下进行处理间的多重比较。采用 SSR 法时，计算 A 因素间比较的标准误 SE_A 的公式为：$SE_A = \sqrt{\dfrac{MS_e}{br}}$；B 因素间比较的标准误 SE_B 的公式为：$SE_B = \sqrt{\dfrac{MS_e}{ar}}$；计算水平组合间的标准误的公式为：$S_{\bar{x}_{AB}} = \sqrt{\dfrac{MS_e}{r}}$。

（4）单因素拉丁方试验

拉丁方试验在纵横两个方向都应用了局部控制原则，因此试验处理纵横两个方向皆成区组，双向控制试验误差，消除了两个方向的土壤肥力差异，所以精确度比随机区组设计要高，可用于对精确度要求较高的试验。拉丁方设计最重要的特点是处理数 = 重复数 = 横行区组数 = 纵列区组数 =k。拉丁方试验结果分析要比随机区组多一项区组变异。拉丁方设计方差分析见表 4–22。

表 4–22　　　　　　　　　　　　　　拉丁方试验方差分析表

变异来源	自由度 df	平方和 SS	均方 MS	F 值
横行区组间	$k-1$	$SS_c = \dfrac{\sum T_c^2}{k} - C$	MS_c	$\dfrac{MS_c}{MS_e}$
纵列区组间	$k-1$	$SS_r = \dfrac{\sum T_r^2}{k} - C$	MS_r	$\dfrac{MS_r}{MS_e}$
处理间	$k-1$	$SS_t = \dfrac{\sum T_t^2}{n} - C$	MS_t	$\dfrac{MS_t}{MS_e}$
误差	$(k-1)(k-2)$	$SS_e = SS_T - SS_t - SS_r - SS_c$	MS_e	
总变异	k^2-1	$SS_T = \sum x_{ijk}^2 - C$		

在方差分析得出处理间差异显著的前提下进行处理间的多重比较。比较各处理与对照的差异显著性时，采用 LSD 法时，计算平均数差数的标准误的公式为：$S_{\bar{x}_i-\bar{x}_j}=\sqrt{\dfrac{2MS_e}{k}}$；各处理间的平均数相互比较时采用 SSR 法，计算平均数标准误的公式为：$SE=\sqrt{\dfrac{MS_e}{k}}$。

（5）两因素裂区试验

两因素裂区设计是把两个因素分为主区因素和副区因素，分别进行安排的试验设计方法。把精确度要求较高、面积较小的主要考察因素作为副区因素。在方差分析时，分别估算出主区误差和副区误差，并按主区部分和副区部分进行分析。假设一个两因素裂区试验，主区因素为 A 有 a 个水平，副区因素 B 有 b 个水平，重复 r 次，该试验共有 rab 个观测值。方差分析见表 4-23。

表 4-23　　　　　　　　　　　　**两因素裂区试验资料的方差分析**

变异来源		自由度 df	平方和 SS	均方 MS	F 值
	区组	$r-1$	$SS_r=\dfrac{\sum T_r^2}{ab}-C$		
主区部分	A	$a-1$	$SS_A=\dfrac{\sum T_A^2}{rb}-C$	MS_A	$\dfrac{MS_A}{MS_{Ea}}$
	E_a	$(r-1)(a-1)$	$SS_{Eb}=SS_m-SS_r-SS_A$	MS_{Ea}	
	B	$b-1$	$SS_B=\dfrac{\sum T_B^2}{ra}-C$	MS_B	$\dfrac{MS_B}{MS_{Eb}}$
副区部分	$A\times B$	$(a-1)(b-1)$	$SS_{A\times B}=\dfrac{\sum T_{AB}^2}{r}-C$	$MS_{A\times B}$	$\dfrac{MS_{A\times B}}{MS_{Eb}}$
	E_b	$a(r-1)(b-1)$	$SS_{Eb}=SS_T-SS_m-SS_B-SS_{A\times B}$	MS_{Eb}	
总变异		$rab-1$	$SS_T=\sum x_{ijl}^2-C$		

注：主区平方和 SSm，$SS_m=\dfrac{\sum T_m^2}{b}-C$。

表 4-23 可能分析出主区因素 A、副区因素 B 以及交互作用 A×B 的 F 检验的 F 值，从而判断差异是否达到显著水平。在进行多重比较时，主区因素各水平间比较，应用主区误差均方及其自由度；副区因素各水平副区间比较及互作比较，应用误差均方及其自由度；在做处理间比较时，则应用两种误差均方及其自由度。计算主区因素 A 各水平间比较，采用 SSR 法，计算 $SE_A=\sqrt{\dfrac{MS_{Eb}}{rb}}$；副区因素 B 各水平间比较，即 B 的主效检验，采用 SSR 法，计算 $SE_B=\sqrt{\dfrac{MS_{Eb}}{ra}}$；计算同一主处理内不同副处理间比较，采用 SSR 法，计算 $SE_B=\sqrt{\dfrac{MS_{Eb}}{r}}$；全部处理间比较，用 SSR 法，计算 $SE_t=\sqrt{\dfrac{(b-1)MS_{Eb}+MS_{Ea}}{rb}}$。

第二节　作物信息技术实践

实践一　生物信息技术实践

生物信息学实验技术包括：数据获取、数据注释、基因组图和比较、蛋白质结构测定、分子模式和模拟、基于结构的药物设计、结构排序和比较、结构预测、序列比对排序、分子进化、数据库检索工具、基因识别等。它将各种各样的生物信息如基因的 DNA 序列、染色体定位、基因产物的结构和功能及各生物种间的进化关系等进行收集、分类和分析，并实现全生命科学界的资源共享。下面只介绍如何对克隆的基因进行生物信息学分析。

一、生物信息数据库和软件简介

核酸序列数据库有 GenBank, EMBL, DDBJ 等；蛋白质序列数据库有 SWISS–PROT, PIR, OWL，NRL3D，TrEMBL 等；蛋白质片段数据库有 PROSITE，BLOCKS，PRINTS 等；三维结构数据库有 PDB，NDB，BioMagResBank，CCSD 等；与蛋白质结构有关的数据库还有 SCOP，CATH，FSSP，3D–ALI，DSSP 等；与基因组有关的数据库还有 ESTdb，OMIM, GDB, GSDB 等；文献数据库有 Medline, Uncover，High Wire Press 等。

核酸序列分析软件 BioEdit、DNAstar 等；序列相似性搜索 BLAST；多重系列比对软件 Clustalx；系统进化树的构建软件 Phylip、MEGA7.0 等；PCR 引物设计软件 Primer Premier6.0、Oligo7.0 等。

二、利用 Map viewer 查找基因序列

1. 进入 NCBI（http://www.ncbi.nlm.nih.gov/），点击 Map viewer。
2. 在 Search 中选择物种，for 填写目的基因，点击 Go。
3. 在 Quick Filter 复选框中点选 Gene，点击 Filter。
4. 点击第一条序列对应的 Genes seq，出现新的页面。
5. 点击 Download/View Sequence/Evidence ，即下载查看序列等功能。
6. 在 Sequence Format 中 GenBank，然后点击下面的 Display。
7. 在打开的网页中，查看基因长度，序列，mRNA，CDS，编码蛋白等信息。

三、Primer Premier 6.0 引物设计

1. 打开 Primer 5，依次点击 "file"，"new"，"DNA Sequence"，新建操作界面。
2. 复制基因模板，粘贴到空白框内，然后选择 "As is"，点击 "OK"。
3. 点击左上角 "Function" 中 " Primer"，在新跳出的界面上点击 "Search"。
4. 在跳出的新界面中，依次点选 "PCR Primers"，"Pairs"。设置 "Search Ranges" 和 "PCR Product Size"；"Primer Length" 一般为 20+（ – ）2。
5. 点击两次 "OK"，跳出软件为你选择的按照合成率从高到底的全部引物序列。
6. 将引物表与引物设计直观图结合起来进行引物的选择。

四、IBS 绘制基因和蛋白结构图

1. http://ibs.biocuckoo.org/download.php 下载安装 IBS 软件。

2. 打开软件后，选择 Protein Mode 或 Nucleotide Mode，点击 "Enter"。

3. 点击下方的 protein，设置参数，包括全长序列的长度起始位置，宽度，颜色等，点击 "OK"。

4. 点击 "Domain" 并设置参数。点击 "OK"。后面的几个 domain 用同样的方法设置。

5. 点击 "site" 并设置标注位点的参数，包括需标注的位置和标注的名称，字体大小等，点击 "OK"。用鼠标左键点击可移动标注到适当位置。

6. 点击 Note 并设置图片标题参数，点击 "OK"。用鼠标左键点击可移动标题到适当位置。

五、Plantcare 进行启动子元件分析

1. 打开 Plantcare 在线网址（http://bioinformatics.psb.ugent.be/webtools/plantcare/htmL/）。

2. 点击左栏 Menu 的 "Search for CARE"。

3. 在 Sequence to submit 中，粘贴基因启动子序列，点击 "Search"。

4.Motifs Found 会显示启动子元件的位置与功能。

六、蛋白质理化性质分析

1. 进入 ExPASy 网站（http://www.expasy.org/），点击左侧 Proteomics。

2. 进入新页面，点击 Tools 下的 ProtParam 分析工具。

3. 在搜索框中粘贴蛋白序列，点击 "Compute parameters"。

4. 结果显示：相对分子质量，氨基酸组成，等电点（PI），消光系数，半衰期不稳定系数（II 小于 40 为稳定蛋白），脂肪系数，总平均亲水性（GRAVY）等。

七、蛋白质疏水性分析

利用瑞士生物信息学研究所（Swiss Institute of Bioinformatics，SIB）的 ExPASy 服务器上的 ProtScale 程序对氨基酸序列做疏水性分析。

1. 进入 ExPASy 网站（http://www.expasy.org/），点击左侧 Proteomics。

2. 进入新页面，点击 Tools 下的 ProtScale 分析工具。

3. 参数选择：Hphob./Kyte & Doolittle，Window size（默认 9，用于估计每种氨基酸残基的平均显示尺度）。

4. 结果图分析：疏水性图谱中分值正值表示疏水，分值负值表示亲水；点击 Numerical format（verbose），可查最大正值和最小负值出现的具体位置。

八、蛋白质跨膜结构预测

利用丹麦科技大学（DTU）的 CBS 服务器上的 TMHMM Server v. 2.0 程序进行蛋白序列跨膜区分析，区分膜蛋白和可溶性蛋白。

1. 进入 TMHMM Server v. 2.0 网站（http://www.cbs.dtu.dk/services/TMHMM/）。

2. 上传或粘贴 FASTA 格式蛋白序列；参数选择：Extensive with graphics。

3. 点击 Submit。

4. TMHMM result 显示：outside,TMhelix,inside 分别位于多肽链的位置，下面还有图形表示。

九、蛋白质信号肽预测

1. 进入 ExPASy 网站（ http://www.expasy.org/ ），点击左侧 Proteomics。

2. 进入新页面，点击 Tools 下的 SignalP 分析工具。或直接进入（ http://www. cbs.dtu.dk/services/SignalP/ ）。通过神经网络的方法的组合，预测信号肽的位置和相应的切点。

3. 上传或粘贴 FASTA 格式蛋白序列，进行物种选择，方法选择（ both ），输出格式和分析长度选择等。

4. 点击 Submit。

5. 结果显示：有两个图，分别为 SignalP–NN 和 SignalP–NMM 预测的结果。其中 S 值代表每个氨基酸对应的 S 值，信号肽区域的 S 值较高；C 值代表剪切位点值，在剪切位点处 C 值是最高的；Y–max 综合考虑 S 值和 C 值的一个参数，剪切位点是由 Y–max 值来推测的。

十、Coil 区分析

卷曲螺旋（ coiled ciol ）是由两股或两股以上 α 螺旋相互缠绕而形成超螺旋结构，存在于如转录因子、结构蛋白、膜蛋白中。典型的有亮氨酸拉链结构。

1. 打开 COILS Server（ http://embnet.vital–it.ch/software/COILS_form.htmL ）。

2. 在搜索框中粘贴蛋白序列，点击 Run Coils。

3. 结果有三种格式，分别是 GIF–format，Postscript–format，numerical format（ window 14, 21, 28 ）。

十一、亚细胞定位

1. 打开在线程序 TargetP 1.1 Server（ http://www.cbs.dtu.dk/services/SignalP ）。

2. 在搜索框中粘贴蛋白序列。 Organism group 中选择 Plant; Cutoffs 使用 default。

3. 点击 "Submit"。

4. 预测结果主要基于叶绿体转运肽（ cTP ）线粒体导肽（ mTP ）及分泌通路信号肽（ SP ）的 N 端序列进行预测，并给出相应分值。

十二、蛋白质的二级结构预测

1. 打开 http://npsa–prabi.ibcp.fr/。

2. 在 Secondary structure prediction 下，选择方法 SOPMA。

3. 在结果中显示蛋白各二级结构（不同颜色显示）所占比例，如 Alpha helix，Extended strand ，Beta turn，Random coil 等的比例，以及图形显示。

十三、蛋白质保守结构域分析

1. 打开 NCBI 在线程序（ http://www.ncbi.nlm.nih.gov/Structure/cdd/wrpsb.cgi ）。

2. 在搜索框中粘贴蛋白序列，点击 "Precalculated"。

3. 结果在 List of domain hits 中显示保守结构域名称和位置信息。

十四、蛋白质三级结构预测

SWISS–MODEL 程序先把提交的蛋白序列在 ExPdb 晶体图像数据库中搜索相似性足够

高的同源序列，建立最初的原子模型，再对这个模型进行优化产生预测的结构模型。

1. 进入 ExPASy 主页（https://www.expasy.org/），点击 SWISS–MODEL。

2. 点击 "Start Modelling"。

3. 在 Target Sequence 中粘贴目标蛋白质序列，并在 Project Title 中输入序列名称，点击 "Search For Templates"。

4. 在出现的多个 Template Results 中，点选 Template 后，点击 "Build Models"。

5. 在新页面点击下载保存蛋白质三级结构。

十五、蛋白质功能预测

1. 打开在线程序（http://www.predictprotein.org/），需提供电子邮件注册后使用。

2. 在搜索框中粘贴蛋白序列，点击 "PredictProtein"。

3. 打开提供的电子邮件，结果包括：一个多重序列比对，PROSITE 序列 motif，低 – 复杂性区域（SEG），ProDom 区域分配，核定位信号，缺乏常规结构和二级结构预测的区域，溶剂可接触性，球状区域，跨膜螺旋，复合螺旋区域，结构开关区域和二硫键。

十六、MEGA7.0 构建遗传进化树

1. 打开下载安装好的 MEGA7.0 软件，点击【Align】，选择【Edit/Build Alignment】，点击【OK】。

2. 在弹出的小窗口中选择 protein 或者 DNA，之后操作在新窗口中进行。

3. 点击【Edit】，选择【Insert Sequence From File Ctrl+I】，在文件夹中选择自己要分析的 FASTA 格式序列文件。

4. 选择【Date】子菜单中的【Export Alignment】【MEGA Format】。

5. 对刚才打开的文件进行命名，选择存储位置，点击【保存】，出现一个小窗口，输入同样的名字，点击【OK】，文件已转换为 MEGA 格式。

6. 用 MEGA7.0 软件打开保存的 MEGA 格式的文件，选择 Phylogeny 中的 Neighbor Joining 方法进行构建遗传进化树，点击 Compute 按钮，则进化树可自动生成。

实践二　叶绿素仪的使用

一、仪器组成

目前使用最广泛的叶绿素仪 SPAD 502 是一个很轻便的速测仪器，整机如图 4–27 所示。

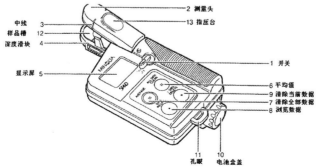

图 4–27　SPAD 502 叶绿素仪外观

二、测量原理

SPAD 502 叶绿素仪通过测量叶片在两种波长范围内的透光系数来确定叶片当前叶绿素的相对数量，是广泛使用的叶绿素活体测定方法。其原理是在二个不同波长区域，叶绿素对光吸收是不相同的，在这二个不同波长区域下，根据光通过叶片传输数量的不同进行叶绿素相对含量的计算（图 4–28）。这二个区域是红光区（对光有较高的吸收且不受胡萝卜素影响）和红外线区（对光的吸收极低）。

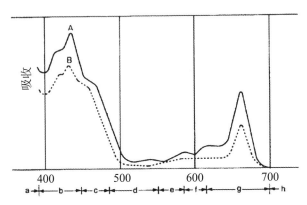

图 4–28　叶片 A 和叶片 B 在不同光线下的吸收曲线图
a: 紫外线 b: 紫光 c: 蓝光 d: 绿光 e: 黄光 f: 橙光 g: 红光 h: 红外线

测量头上的二个 LED 光源发射二种光，一种是红光（峰波长 650nm），一种是红外线（940nm），二种光照到叶片上，穿透叶片，照到接收器上，光信号被转换成模拟信号，模拟信号被放大器放大，由模拟 / 数字转换器转换成数字信号，数字信号被微处理器利用，计算出 SPAD 值并显示在显示器上，自动储存到内存中。二个 LED 光源被安装在测量头上，当测量头关闭时次序发光，发出的光通过发射窗 — 通过样品 — 进入接收窗 — 打到硅光电二极管（SPD）接收器上转换成模拟信号 — 被放大器放大 — 模拟数字转换器转换成数字信号 — 微处理器通过按键选择 — 在屏幕上显示（图 4–29）。

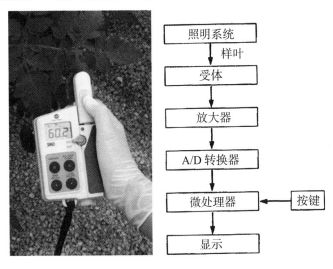

图 4–29　仪器工作流程图

三、仪器的校准

每次开机都需校准,请遵照以下程序进行。

(1)打开电源。直接打开电源开关。

(2)不放样品,按下探测头,直到听到"哔"一声,屏幕显示 $N=0$,表明校准完成。

(3)如果持续蜂鸣,出现 CAL 图示,表示校准未正确完成,按(2)重复进行校准。如果出现 CAL 图示,则发射窗或接收窗需要清洁,清洁后按(2)重新校准。

四、操作流程

在野外,SPAD502 使用非常便捷。SPAD 的测量面积只有 2mm×3mm(厚度不超过1.2mm),对于狭小的叶片来说,测量也毫不费力。中心线指示所测面积的中心。发射窗和接收窗指示位置如图 4–30,深度滑块(the depth stop)可以使被测叶片放入的深度保持一致。

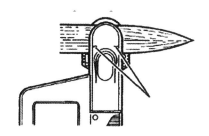

图 4–30 SPAD502 的正确使用方法

1. 仪器校准。

2. 将叶片放入测量头部。操作时注意:①样品完全覆盖接收窗;②不要测定过厚的样品,例如叶脉,如果测定有较多叶脉的样品,请多次测量并求平均值;③如果发射窗或接收窗脏了,测量不准确,要先清洁;④避免日光直射仪器,以免影响测量结果。

3. 关闭测量头,按指压台直到听到"哔"一声,测量结果会显示在屏幕上如 329,并自动储存。①如果听到连续的蜂鸣,屏幕显示如 ------,说明测量头闭合不严,或者样品太厚或太薄,重复 2、3 步测量,直到测定结束。②如果显示的结果小数点闪烁(或者没有小数点),说明测量结果大于 50(100),结果的精确性不能保证。

五、使用深度滑块

当测量小叶片时使用深度滑块(the depth stop)是非常有用的。

(1)设置滑块位置,将叶片卡在它的两边,然后移动滑块,滑块可从中心线最远移动6mm(图 4–31)。

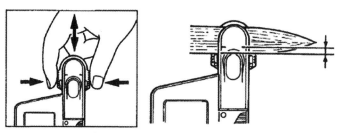

图 4–31 使用深度滑块

（2）当不用滑块的时候，向上移动取下滑块。

六、数据储存

SPAD502 在测定完后自动储存，存储空间为 30 个数据，当存储满了后，第一个数据将被删除，新的数据存储在第 30 号位置，即删除了第 1 个，那么原来的 2～30 变为 1～29。当机器关闭后，所有的数据都被删除。

（1）平均：所有存储的数据进行平均计算。

（2）清空：所有的数据被删除。

（3）浏览数据：显示以前数据。

（4）删除当前数据：删除当前显示的数据。如果使用了"1data delete"功能键，接下来的新测量数据将被填充到被删除的这个数据的位置上，有两种填充情况。①假设删除了第 21 号数据，屏幕显示"——"，或在删除数据后只按了一下 AVERAGE 键，那么新测量值储存在原 21 号位置，然后继续存储到内存下个空白位置。②如果删除了第 21 号数据后，又按了"date recall"键，原存储的数据将会自动填充被删除的空位，新测量值将存储在内存后面的空白位置。

七、输入补偿值

补偿值是用户根据自己的需要输入，进行数据修订的，这种修订是以几台仪器的标准化为依据的。补偿值可以设 –9.9~9.9。补偿值输入后，数据按照如下公式计算：

显示值 = 测量值＋补偿值

（1）进入补偿值模式：打开电源，同时按"AVERAGE"和"DATA RECALL"，LCD 显示以前输入的补偿值（图 4–32）。

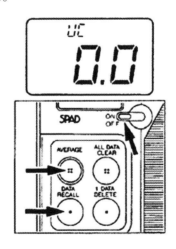

图 4–32　补偿值模式

（2）设置补偿值：通过按"ALL DATA CLEAR"键和"1 DATA DELETE"键设置补偿值，每按"ALL DATA CLEAR"键一次，补偿值增加 0.1，每按"1 DATA DELETE"键一次，补偿值减少 0.1。补偿值范围可设在 –9.9~9.9。读数校验卡不能用来确定补偿值（图 4–33）。

（3）补偿值保存：按"AVERAGE"键，显示的补偿值将被保存，完成输入。关机，然后再开机，补偿值被起用，可以开始测量。电源重新打开后，将次序出现下列屏幕，进入到校准程序（图 4–34）。

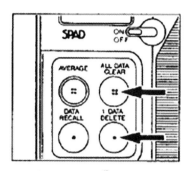

图 4—33 设置补偿值

Compensation value in memory

图 4—34 补偿值保存

八、如何使用读数校验卡

（1）打开开关，同时按"1 DATA DELETE"键和"DATA RECALL"键，仪器进入检查模式，屏幕立刻出现"CH"，然后转到"CAL"状态（图 4–35）。

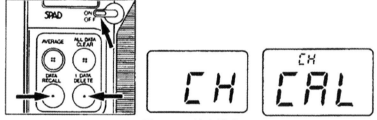

图 4–35 检查模式

（2）校准，直到出现 ▣ 图示，说明校准完成。

（3）移动深度滑块。

（4）插入读数校验卡，按下指压台，直到听到一声"哔"声，测量值显示在屏幕上（图 4–36）。

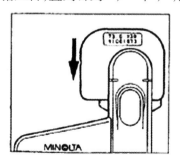

图 4–36 插入读数校验卡

（5）重复测量读数校验卡几次。

（6）按"AVERAGE"键，求测量的平均值，屏幕上显示的平均值应在读数校验卡上的范围之内，如果不在范围内，请清洁发射窗和接收窗，从步骤（1）开始重复测量，如仍不在范围内，机器可能需要修理（图4–37）。

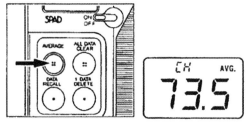

图4–37 求平均值

（7）将电源关闭，然后重新开机，正常测量。

注意：①读数校验卡只能在检查模式下使用；②只有随机的读数校验卡（与机器有机同序列号）能提供精确值；③读数校验卡不能在户外使用，不能在阳光直射、高温、高湿的环境中使用；④测量值与读数校验卡上的值不同时，不能通过输入补偿值修正；⑤不要碰读数校验卡的玻璃表面，如果脏了，可用湿的软布处理；⑥要将读数校验卡放在附件包里保护，并且不能放在高温、高湿环境中。

实践三　冠层分析仪的使用

叶面积指数（Leaf Area Index，LAI）不仅直接反映作物生长状况，而且影响着农作物的生理生化过程，如光合作用、呼吸作用、蒸腾作用、碳氮循环和降水截获等。因此，叶面积指数的快速和准确测定显得十分重要。

LAI测量方法包括直接测量法和间接测量法。直接测量法通过先测定所有叶片的叶面积，再计算LAI，叶面积测量方法有求积仪测定法、称重法、方格计算法、排水法、经验公式计算法、异速生长法等。其中常用的有利用叶片形状的标准形状法、根据叶面积与叶重之间关系的称重法以及利用叶面积与胸径的回归关系推算叶面积的易速生长法。

间接测量法利用冠层结构与冠层内辐射与环境的相互作用这一可定量耦合关系，通过测定辐射的相关数据推断冠层的结构特征，具体有顶视法和底视法。间接测量法可以避免直接测量法所造成的大规模破坏植被的缺点，不受时间的限制，获取数据量大，仪器容易操作，方便快捷，还可以测定一年中森林冠层LAI的季节变化。间接测量法常用的仪器有LAI–2200C植物冠层分析仪（美国LI–COR公司）、AccuPAR（美国Decagon公司）、SunScan（英国Delta–T Devices）、TRAC（陈镜明）、CI–110植物冠层图像分析仪（美国CID公司生产）等。

目前使用最广泛的是LAI–2200C植物冠层分析仪，其特点是利用"鱼眼"光学传感器（垂直视野范围148°，水平视野范围360°）测量树冠上、下5个角度的透射光线，利用植被冠层的辐射转移模型计算叶面积指数、平均叶倾角、空隙比、聚集度指数等冠层结构参数。LAI–2200C基于成熟的LAI–2000技术平台，并内置GPS模块，能够整合GPS信息，进行散射光校正，从而使LAI–2200C适用于任何天空条件下的任何冠层测量。GPS数据还可叠加至Google Earth上生成冠层信息地图。利用专业FV–2200软件，可对数据进行深入处理分析。

一、LAI–2200C 的构成

（1）硬件部分。LAI–2200C由LAI–2270控制器和LAI–2250传感器两部分构成。LAI–2250传感器主要的构成部分包括：鱼眼镜头：半球型市场（74°）；反射镜：反射鱼眼镜头接收的光；滤光镜：最小化树叶散射光的贡献；系列透镜；硅光敏圆环：从中心向外分为 5 个环形，张开的角度分别为 7°、23°、38°、53°、68°；LAI–2270 控制器包含了测量和计算结果必要的电子元件和 64kB 的文件存储空间，以及一个可显示两个数据的液晶显示屏控制器有 5 个接口，其中有 2 个 LAI–2250 传感器接口（X,Y）、2 个 BNC 接口（1,2）和 1 个与计算机通信用的 RS–232 接口。LAI–2270 控制器由 4 个电池驱动，可持续工作 180h。除此之外，LAI–2200C 还有一系列的观察帽，用于在一定情况下限制传感器的视域（图 4–38）。

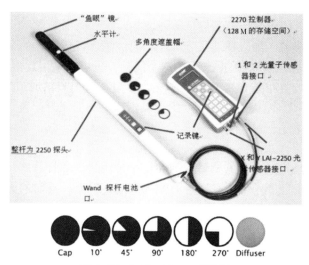

图 4–38 LAI‒2200C 的硬件

（2）工具软件。基于 Windows 平台的 FV2000 软件用于从 LAI–2270 控制器下载、浏览、分析数据，并计算结果。

二、LAI–2200C 测量原理

当光线透过植物冠层时，由于受到叶片和枝干的阻拦，辐射强度会迅速消减。根据其消减程度就可推算出植物的叶量。LAI–2200C 便是依据此原理，通过测量植被冠层以上（A）和植被冠层以下（B）5 个角度的透射光线，利用植被树冠的辐射转移模型，计算 LAI。LAI–2200C 测量一次至少包括 10 个数据：传感器置于冠层上方的 5 个数据和传感器置于冠层下方的 5 个数据。这两组数据测量时，传感器都要水平朝上放置。通过这两组相应数据相除就可计算出 5 个冠层透射率值。

三、LAI–2200C 测量的假设条件

（1）叶片不透光，且无反射：假设冠层下的读值不包括任何叶片反射或透射的光线。LAI–2050 探头波长范围 320 ～ 490nm，过滤了波长大于 490nm 的光线。因为在低于 490nm 区域的光线受叶片反射及透射作用最小。这使得叶簇在天空背景下是黑色的，从而满足了前题假设。

（2）叶片排列是随机的：不同的冠层有不同的形状，可能是条状（条播作物）、椭圆体（单一植株）、巨大的正方体（草地）或者是有孔的大正方体（充满林隙的落叶林）。在这些不同形状的空间中叶片分布是随机的。

（3）叶片面积相对每环的观测范围是很小的：即探头与最近叶片的距离应至少为叶片宽

度的 4 倍。

（4）叶片的位置分布是随机的：不管叶片如何倾斜，只要所有叶片不是朝向同一角度即可。用广视角进行测量时这种假设基本是得到满足的。

四、测量时其他注意事项

（1）遮盖帽的用途。从传感器的视野中去除太阳；从视野中去除操作者的影响；天空亮度不均匀；冠层内有明显的空隙；减小对测量样地尺寸的需要；减小了森林内必需的空地尺寸。

（2）斜坡的影响。应该使传感器保持与斜坡相匹配，而不是实际的水平。

（3）样地尺寸的影响。如果样地尺寸太小，要注意保证传感器的视野范围是冠层高度的 3 倍，可以采用去除第 5 个环的数据来解决这个问题，也可以采用观察帽的方法。

（4）光照需求。应尽可能避免直射的阳光，尽量在日出日落时或多云的天气进行测量，如果避免不了，那么需要注意：使用 270 度的遮盖帽或更小的视野遮盖帽；背对阳光进行测量，遮挡住日光和操作者本身；对植物冠层进行遮阴处理；天空云分布不均匀导致光线不均匀的天气条件，等待云彩飘过并遮挡了阳光时再进行测量。适宜光线条件：均匀的阴天或者散射光照下才能测量。最易找到合适的测量时间往往是黎明之前和日落之后的瞬间。作为一般原则，如果可以看到地上的影子或者林冠上有阳光照射的叶子，这时的天空的光照条件就没有满足。

（5）叶片与传感器的距离限制。一个叶片与传感器的距离是重要的，距离太近将导致测量的误差。简单的计算方法是根据采用的遮盖帽的角度来得到距离因子参数，再除以 B 值的重复次数，再乘以叶片的宽度，即得到最小需要的距离了。如果距离无法缩小，可以考虑增加重复次数来解决这个问题。

（6）冠层内的空隙。由于 LAI 是空隙比例的对数，那么最好的情况是取对数后进行平均，而不是平均后取对数。如果一个视野内既有稠密的冠层又有稀疏的冠层，那么最好采用遮盖帽来减少其同时出现在同一视野的可能（这样将导致对叶面积指数的低估）。

五、仪器使用基本模式和步骤

（一）LAI–2200C 的测量模式

单传感器模式：目前国内较多使用的模式。植被冠层上部数据（A）和植被冠层下部数据（B）由同一个传感器测得。这种模式最适合测量可将传感器置于冠层之上的低矮植被类型，如低矮灌木、农作物和草本植物，但也可以用于高大森林植被类型的测定，测定可从测定林分周边或内部较大的空地开始，并作为乔木层之上的 A 值。LAI–2200C 用最近的 A 值来计算透射率。如果天空条件稳定，一个 A 值可以和几个 B 值相对应计算，如果天空情况变化较快，则在每次测 B 值之前，应测量一个新的 A 值。

（二）单传感器模式设置

（1）sensor X（setup，FCT11）

（2）set clock（oper，FCT05）

（3）set prompt（oper，FCT12）

（4）set seq=0，重复次数为 0，即转为人工模式

（三）LAI–2200C 的测量步骤

ON → LOG → What → Where → Several A → Y（A、B 测量转换）→ Several B →按实

际情况重复 [Several A → Y（A、B 测量转换）→ Several B] → LOG → FCT 09

（四）LAI–2070 的屏幕显示

```
0 * X1  5.678
0  0.0  ±  0.0
```

说明：实时显示行：* 总是在该行。* 左边的数字是指迄今所测的 A 值个数（或者 B 值个数当实时显示行在底行时）。* 右边是通道序号，后面是该通道的测量值。可以用箭头来改变该序号。

总结行：包含总结这次测量三个值，其含义分别是：SMP：测量了多少对 A，B；LAI：实时的 LAI 平均值；SEL：LAI 的标准差。

测量时，这两个的显示顺序是变化的，实时显示行所在的位置表明接下来要测的是 A 值（在顶行）还是 B 值（在底行）。

（五）数据传输

连接 Computer 与 2070 →启动 FV2000 程序→点击 Get file from LAI–2200C 按钮，或菜单 acquire 命令→选择适当的端口→点击 Download →开启 2070 → FCT 32 →输入待传输的文件号（FROM x，THRU y）（x 为开始传输的文件号，y 为结束的传输号）。

实践四　地物光谱仪的使用

一、技术原理

地物光谱特征是自然界中任何地物都具有其自身的电磁辐射规律，如具有反射，吸收外来的紫外线、可见光、红外线和微波的某些波段的特性，它们又都具有发射某些红外线、微波的特性；少数地物还具有透射电磁波的特性，这种特性称为地物的光谱特性。

地物光谱特征具有反射光谱特性和透射光谱特性。

（1）地物的反射光谱特性。不同地物对入射电磁波的反射能力是不一样的，当电磁辐射能到达两种不同介质的分界面时，入射能量的一部分或全部返回原介质的现象，称之为反射。反射的特征可以通过反射率表示，它是波长的函数，故称为光谱反射率。反射率不仅是波长的函数，同时也是入射角，物体的电学性质（电导、介电、磁学性质等）以及表面粗糙度、质地等的函数。一般地说，当入射电磁波波长一定时，反射能力强的地物，反射率大，在黑白遥感图像上呈现的色调就浅。反之，反射入射光能力弱的地物，反射率小，在黑白遥感图像上呈现的色调就深。在遥感图像上色调的差异是判读遥感图像的重要标志。

（2）地物的透射光谱特性。当电磁波入射到两种介质的分界面时，部分入射能穿越两介质的分界面的现象，称为透射。透射的能量穿越介质时，往往部分被介质吸收并转换成热能再发射。界定透射能量的能力，用透射率来表示。透射率就是入射光透射过地物的能量与入射总能量的百分比。地物的透射率随着电磁波的波长和地物的性质而不同。例如，水体对 $0.45 \sim 0.56\mu m$ 的蓝绿光波具有一定的透射能力，较混浊水体的透射深度为 $1 \sim 2m$，一般水体的透射深度可达 $10 \sim 20m$。又如，波长大于 1mm 的微波对冰体具有透射能力。一般情况下，绝大多数地物对可见光都没有透射能力。红外线只对具有半导体特征的地物，才有一定的透射能力。微波对地物具有明显的透射能力，这种透射能力主要由入射波的波长而定。因此，在遥感技术中，可以根据它们的特性，选择适当的传感器来探测水下、冰下某些地物的信息。对于摄影遥感系统，胶片和滤光片的透射率是个十分关键的参数。自然界中，人们最熟悉的是水体的透射能力。这是因为人们可以直接观察到可见光波段辐射能的透射现象。然而,可见光以外的透射,虽人眼看不见,但它是客观存在的,如植物叶子,对于可见光辐射是不透明的,但它能透射一定量的红外辐射。

二、ASD FieldSpec 4 操作技术

（一）仪器组装

（1）仪器电源连接好,镍氢电池放置于背包侧腰包中,连接线穿过腰包开孔,连接到仪器电源接口端,旋紧固定螺丝（注意:去除电源端口时,请把螺丝旋松,拔出时请握紧前端）。

（2）打开仪器,预热一段时间（如果测量反射率,预热 5 ~ 15min；如果测量辐射度,推荐预热 1h）。预热完成后打开电脑,仪器和电脑或平板的通信连接有以下两种选择：以太网端口连接,使用交叉网线连接（去野外时,建议携带网线,预防无线通信异常）。无线网络连接时,断开电缆连接,打开仪器控制器（电脑）无线网络开关,如果工程师已经给你设置好,通常自动连接（图 4–39）。如果连接不上,请参看后续章节"ASD 连接故障解决方案"。

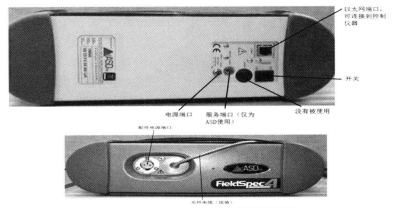

图 4–39　ASD FieldSpec 4 的操作面板

（3）打开电脑桌面上的图标 RS3 软件（彩色图标为室内使用,黑白图标为室外使用,阳光下,黑白显示看得更清晰）。

（4）如果需要使用探头类配件,请使用电源连接线将探头与机身上的配件电源端口连接（直接插入,拔出时,用拇指按压 PUSH 金属拨片,然后将探头端口左右晃动拔出）。

（二）提前准备的工作

（1）为 ASD 光谱仪专用的镍氢电池、便携笔记本（控制器）电池及 GPS 充满电。

NiMH 电池组的使用和充电频率越多,它们的使用寿命就越长。无论放电还是不放电,长期保存最好每 60 天给 NiMH 电池组充电一次。电池充电器上 LED 指示灯显示电池状态,有以下几种情况：橙色表明以下几种状态：没有连接电池,充电器在初始化和分析；红色表明电池在快速充电的状态；绿色表明电池在涓流充电状态；交替绿 / 橙色表明出现一个错误。

（2）检查近红外区(1000 ~ 2500nm)波长漂移:使用随仪器附带的文件夹内的聚酯薄膜片；使用室内照明器,将光纤对着 3.63 英寸白板,点击 OPT,然后点击 WR,看到直线反射率 1 时,保持光纤对准白板；将聚酯薄片放置在 3.62 英寸的白板上,观察曲线稳定后,点击空格键采集薄片的透射率光谱曲线；使用 ViewSpecPro 软件打开采集的数据,检查特征吸收峰发生的波长位置,与薄膜片上的理论吸收波长进行比较,偏差小于 1nm,说明仪器波长无漂移。大于 1nm 时,建议对仪器重新进行波长定标。

（3）检查可见光区（800～1000nm）波长漂移：让太阳直射光照射白板，手持光纤对准白板，点击 OPT，然后按下空格键，保存 DN 光谱曲线。使用 ViewSpecPro 软件打开采集的数据，检查 761nm 波长位置处的特征吸收峰是否发生，若偏差小于 1nm，说明仪器波长无漂移。大于 1nm 时，建议对仪器重新进行波长定标。

（4）检查光纤。取下光纤电缆前部的所有光学配件；将放大镜贴在光纤电缆的末端；在电脑上，退出所有可能在运行和通信的 ASD 软件；确保仪器打开；启动光纤检查软件：AllPrograms>ASDPrograms> RS3 Tools >FiberCheck>Start；确定仪器的 IP 地址。有线通信输入 10.1.1.11，无线通信输入 10.1.1.77；分别单独选择：VNIR、SWIR1 或 SWIR2，单击 Check；透过放大器察看计数发光光纤数目，如果没有破损，每个区各有 19 根光纤发光；完成检查后，关闭纤维检查软件；小心地取下放大器。

（5）整理仪器。携带野外采样需要的仪器配件，必须带上交叉网线，防止无线连接不上。

（6）数据采集方案。根据采样地点和时间，设计采样方案，分配采样工作，合理安排一天的采样时间和工作，此外，出发前请关注采样当地的天气预报。

（三）开机设置

（1）使用背包背负仪器，打开光谱仪主机电源开关预热。特别注意：必须在打开光谱仪电源之前打开计算机。

（2）确定电脑右下角临时无线连接显示 connected 后，双击图标启动 RS3 软件。如果准备测量反射率，仪器至少预热 15min。如果准备测量辐射亮度与辐射照度，仪器的预热时间应不少于 1h。

（3）在 RS3 软件界面上，选择 GPS，点击 ENABLE，RS3 软件下方开始搜索蓝牙 GPS，这时，长按蓝牙 GPS 的开关键，GPS 信息显示在下方，表明 GPS 连接成功。

（4）主窗口底部显示纬度，经度和高程数据。GPS 锁标，表示启用或禁用读取 GPS。当激活时，波浪形在左下滚动。

（四）采集光谱特征数据

（1）打开"Control"菜单的"Spectrum Save"选项输入下列信息：①存储数据名称：数据存储到你指定的文件夹（图 4–40）；② Comment：额外的信息。它可以记录天气条件下，样品类型等，这些信息可以在 ViewSpec 软件中查看。所有存储文件的信息填写完成后点击"OK"保存此参数设置，关闭此窗口。Begin Save 是开始保存光谱。

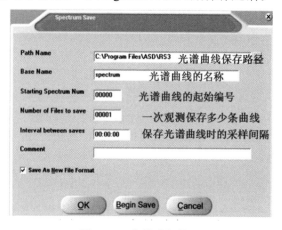

图 4–40 存储路径界面

（2）打开 "Control" 菜单，选择 Adjust Configuration，输入下列信息：①选择你准备使用的镜头类型（也可用下拉窗口选择）：Bare Fiber 是指 25° 裸光纤镜头，RCR 是指余弦接收器（180° 锥度角），10degree 是指 10° 镜头，Bare Jumper 是指光纤跳线（注：使用光纤跳线无法测量辐射亮度，余弦接收器用来测量辐射照度，其他 25° 及小角度镜头用来测量反射率或辐射亮度（辐射亮度测量的前提是仪器已做了相关的镜头标定）。②样品光谱、暗电流以及白板光谱预平均次数；推荐使用 10 ~ 30 次平均。③ Spectrum：样品的预平均次数，如果设置为 10，是指光谱仪连续测量样品的 10 次 DN 数据，自动平均获得一条 DN 光谱曲线，然后将其显示在 RS3 软件的图区内，因此，在 RS3 软件上看到的光谱数据曲线都是预平均后获得的。如果你准备保存样品光谱数据，点击空格键或者触发器，将保存图区上显示的光谱数据曲线，这条曲线就是 10 次预平均之后获得的。④暗电流（Dark Current）：是指仪器快门关闭，没有光信号进入光谱仪的检测，检测器自身的微电流值，也是仪器自身噪声值（系统噪声及部分随机噪声），软件会自动扣除，暗电流预平均次数保持默认即可。⑤ White Reference：白板预平均次数是指点击 WR 之后，光谱仪采集白板反射 DN 值的次数，如果设置 10，表示光谱仪采集白板的反射光 DN 值为 10 次，然后将 10 次曲线数据平均获得一条白板的 DN 值，将其存储到软件中，标记为样品的入射光 DN 值（此处仪器做了两个假设，假设白板 100% 反射，假设白板入射光与样品入射光一致）。⑥ Raw DN：全称为 Raw Digital Number，简称为 DN。即原始的数字信号值，是光电传感器将光信号转化为电信号的原始值。⑦点击 OK 关闭此窗口。

（3）相对反射率测量。①将白板放置在样品周围，确定白板与样品面处于同一相当水平位置（目的是保证白板和样品入射光环境一致），操作者面向太阳，伸展手臂，手持手枪式把手（或安装了镜头）垂直对准白板（白板另一只手平持），确定光纤采样高度，保证光纤视场域内充满白板且无阴影；②点击 OPT（Ctrl+O）图标优化光谱仪，让仪器根据当前的太阳光水平自动设置合适的积分时间（350 ~ 1000nm）和增益值（1000 ~ 1800，1800 ~ 2500nm），从而使光谱仪获得的光谱数据信噪比最佳。注意：每间隔 15 ~ 20min 或者照明条件以及环境条件（比如云层覆盖、湿度变化、太阳移动等）发生大的改变时，需要重新点击 OPT 进行优化，这对数据质量是有益处的。实际操作时，推荐在每次更换目标，采集光谱数据之前都要重新优化；③优化结束后（在 RS3 软件的右下底部显示 OPTCOMPLETED，即表示优化结束），点击 WR 图标，光纤仍垂直对准白板，仪器开始执行 WR，仪器会自动重新采集暗电流，之后采集白板反射光 DN 值，几秒之后界面上显示一条反射率数值为 1.00 的平直线（当仪器采集完白板 DN 值之后，仪器自动开始采集样品的反射 DN 值，并将其与白板平均反射 DN 值相比，计算样品反射率。因为自始至终，我们手持光纤一直对着白板，所以当看到反射率数值为 1.00 的平直线时，即表明你正确采集了太阳的入射光 DN 值）；④这时即可将光纤瞄准样品（注意：应当与采集白板参比光谱时瞄准方位相同；根据样品面积控制采样高度，保证光纤视场域内覆盖待测样品），此时界面上稳定地显示样品的相对反射率光谱线；⑤按空格键或触控器按钮存储当前的光谱曲线。按下空格键后能够听到提示音提示数据保存结束。

注意：保存数据时界面是否提示出现饱和。如果出现饱和则存储数据前必须重新点击 OPT 进行优化后再继续重复以上步骤进行测量。之后每隔 15 ~ 25 分钟 – 晴朗天气 –（时间的间隔长短需要根据太阳光强稳定度来控制），点击 WR 键，重新进行一次白板校正，更新入射光 DN 值。

（4）绝对相对反射率测量。在 Control/Adjust configuration 菜单下选中 Absolute reflectance，使用漫反射率校准的参考白板，其他测量步骤与相对反射率测量相同。

（5）辐亮度测量。①依照上述采集相对光反射率光谱数据的程序，直到优化完毕（注意：优化时，光纤可以直接对准你的测量样品，也可以对着白板）。然后点击 RAD 图标。注意：选择经过标定的镜头后，RAD 图标（功能）才能够激活，否则此图标呈灰色；②几秒钟之后，界面显示辐射亮度曲线；③点击 RS3 软件上方的 PC 键，进行抛物线校正，解释：PC 校正可以修正 1000nm 及 1800nm 处的辐射度台阶，符合实验及理论计算，不会造成数据误差；④点击空格键或触控器即可保存；⑤之后每隔 15 ~ 25min，点击 DC 键，进行一次暗电流背景噪声更新。因为随着仪器工作时间的延长，仪器背景噪声有所变化，这时便需要点击 DC 做一次更新。

注：购买光谱仪时必须同时购买相应的辐射度标定才能进行此工作。

（6）辐射照度测量。①将光纤前端安装余弦接收器，并在设置中选择前置镜头为 RCR；②依照上述的采集相对反射率光谱的程序直到优化完毕（注意：此时的优化是将镜头对准测量目标），然后点击 RAD 图标。注意：选择经过标定的 RCR 系统后 RAD 图标（功能）才能够激活，否则此图标呈灰色；③点击 RS3 软件上方的 PC 键，进行抛物线校正，解释：PC 校正可以修正 1000nm 及 1800nm 处的辐射度台阶，符合实验及理论计算，不会对造成数据误差；④点击空格键即可保存；⑤之后每隔 15 ~ 25min，点击 DC 键，进行一次暗电流背景噪声更新。因为随着仪器工作时间的延长，仪器背景噪声有所变化，这时便需要点击 DC 做一次更新。

注意：RCR 的视场角为 180° 锥度角，因此其测量的范围为测量平面以上的半球空间。任何落入 RCR 视场内的阴影比如树冠、操作者自身等都会影响采集到的辐照度数值。

（五）测量条件

（1）室内测量。室内测量时需要考虑的因素：①暗室操作；②几何布置光路径；③用黑天鹅绒布作背景；④白板完全覆盖视场；⑤环境要求为实验室环境，负责测定的实验室应具有国家认证资格。温度、湿度、电磁干扰、振动及电源条件应在仪器稳定工作要求范围之内，符合"试验场、试验室与波谱测量仪器设备规范"的要求。

（2）野外测量。①目标选取：选取测量目标要具有代表性，应能真实反映被测目标的平均自然性。对于植被冠层及地物的测量应考虑目标和背景的综合效应。②能见度的要求：对一般无严重大气污染地区，测量时的水平能见度要求不小于 10 km。③云量限定：太阳周围 90° 立体角，淡积云量，无卷云、浓积云等，光照稳定。④风力要求：测量时间内风力小于 5 级，对植物，测量时风力小于 3 级。⑤光源：自然太阳光，要求有一定的辐照度以满足测量精度要求下的信噪比，即要有一定的太阳高度角，测量时太阳天顶角小于 50°，一般中纬度地区夏天测量时间为地方时早晨 10 点至下午 2 点地方时，低纬度地区可以适当放宽，高纬度地区和冬季则严格一些。⑥测试方法：在 11:30 ~ 14: 30（北京时间）进行测量，每种地物光谱测量前，对准标准参考板进行定标，得到接近 100% 的基线，然后对着目标地物测量；为使所测数据能与卫星传感器所获得的数据进行比较，测量仪器均垂直向下进行测量。⑦避免阴影：探头定位时必须避免阴影，人应该面向阳光，这样可以得到一致的测量结果。野外大范围测试光谱数据时，需要沿着阴影的反方向布置测点。⑧测量速度：单通道波谱仪测量时要保证目标和参考体在相同的光照条件和环境状态下测定，每组测量在一分钟内完成。⑨白板反射校正：天气较好时每隔 10min 就要用白板校正一次，防止传感器响应系统的漂移和太阳入射角的变化影响，如果天气较差，校正应更频繁。校正时白板应水平放置。⑩采集辅助数据：必须在测试地点采集 GPS 数据，详细记录测点的位置、植被覆盖度、类型以及异常条件、探头的高度，配以野外照相记录，便于后续的解译分析。

此外，采集地物光谱特征数据时特别要注意防止光污染：测量人员可以选择低反射率的服装和鞋帽，不要穿戴浅色、特色衣帽。穿戴白色、亮红色、黄色、绿色、蓝色的强反射暗色衣帽，会改变反射物体的反射光谱特征。当使用翻斗卡车或其他平台从高处测量地物目标时，要注意避免金属反光，如果有，则需要用黑布包住反光部位。

测量站位：测定时人员和探头应正对太阳射来方向，前面不能有其他人员或地物遮挡，应避开阴影和邻近的运动物体。测量期间测量人员和辅助人员不能有明显的移动，对参考板和目标物进行测量时操作人员的姿态和相对于太阳的方位应相同。

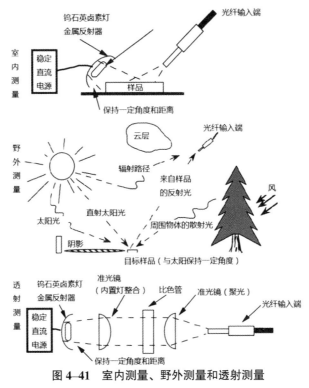

图 4-41　室内测量、野外测量和透射测量

（六）数据处理

（1）安装 ASD 光谱仪配套的光谱数据处理软件 ViewSpecPro。

（2）将 ASD 光谱仪配套笔记本电脑上面的光谱数据文件拷贝到本地硬盘。

（3）打开 ViewSpecPro 软件，单击 setup->input directory，指定光谱数据的目录。

设置好输入目录后，会弹出对话框，问是否将输出目录设置和输入目录设置相同，这里一般选择"是"。

（4）打开输入目录下的全部光谱数据，根据现场记录选择若干条曲线，单击 view->graph，便可以显示选中的光谱数据的曲线图形，通过选择 Format 浏览不同类型的数据曲线。

（5）选择 ->Header Info，便可以浏览光谱文件的头文件信息。

（6）根据曲线图，删除有问题的曲线，将其他曲线取平均值，即选中要用来取平均值的曲线，单击 process->statistics，然后点击"OK"，程序便会输出平均值光谱，并在程序界面中显示（图 4–42）。

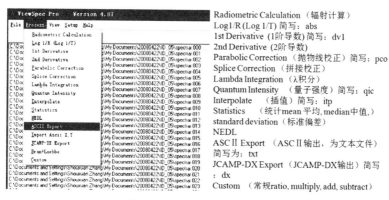

Radiometric Calculation （辐射计算）
Log1/R (Log 1/T) 简写：abs
1st Derivative (1阶导数) 简写：dv1
2nd Derivative (2阶导数)
Parabolic Correction （抛物线校正）简写：pco
Splice Correction （拼接校正）
Lambda Integration （λ积分）
Quantum Intensity （量子强度）简写：qic
Interpolate （插值）简写：itp
Statistics （统计mean 平均,median中值,）
standard deviation （标准偏差）
NEDL
ASCⅡ Export （ASCⅡ输出，为文本文件）
简写为：txt
JCAMP-DX Export （JCAMP-DX输出）简写
：dx
Custom （常规ratio, multiply, add, subtract）

图 4–42　Process 菜单功能

（7）选中求好平均值的光谱，单击 process->Acsii export，正确选择准备导出的数据类型，点击 OK，便可以将原来的二进制文件输出为文本文件 TXT，从而可以利用 Excel 或者其他程序进行后续计算。

（8）此外 ASD 采集的数据可以在 ENVI 中直接打开。方法如下：①打开 ENVI，在 Spectral 菜单点击 Spectral Libraries，选择 Spectral Library Builder；②在弹出窗口中选择 First Input Spectrum，点击 "OK" 按钮；③在弹出窗口中点击 Import 菜单，选择 From ASD binary file；④从选择文件窗口中选择要打开的文件（注，可以多选），点击 "打开" 按钮；⑤在 Spectral Library Builder 窗口中，点击 Polt 可以绘制光谱曲线，在 File 菜单中可以将原始光谱数据输出为 ASCII 格式。

实践五　便携式光合仪的使用

LI–6400XT 便携式光合作用测量系统可以控制叶片周围 CO_2 浓度、O_2 浓度、温度、相对湿度、光照强度和叶室温度等相关环境因子。配置 6400–40 荧光叶室，系统可同时测量叶片的气体交换、荧光参数和呼吸参数等指标。气体浓度可在适宜范围内控制，从而测量相应曲线，解决了叶片温度随光照时间增加而升高的问题；同时测量叶片表面光照强度光源便携且可准确控制光强，而不依赖外界天气条件现场实时查看试验数据，能够适应各种环境条件；试验数据准确、稳定。

图 4–43　LI–6400XT 的硬件

一、仪器连接安装

（一）加装化学药品

（1）蓝色干燥剂在正面主机上面，白色苏打在下面；

（2）换药时先拧开底盖并且填充量低于螺线 1cm，将盖帽旋紧，注意密封圈；

（3）两个化学管在不测时调在中间，测定时要在 bypass，调零时 Scrub，测 CO_2 响应曲线时苏打管完全 scrub，干燥管 bypass；

（4）白色苏打不能重复利用且不变色，而干燥剂可重复利用，吸水后变红色，在 210℃烘 90min，变成蓝色，当出现粉末时将其倒掉。

（二）连接硬件

（1）将 25 针的连接器一端插入标有［IRGA］的插座中，另一端插入标有［CHAMBER］插座中，宽面（长边）朝上，且拧紧螺丝钉（注意不要拧得太紧，否则螺丝钉将被折断）；

（2）将末端有黑色标记的软管与操作台右端标有［SAMPLE］的端口（有黑色皮垫）连接，另外一个软管（无黑色标记）与标有［REF］的端口（无黑色皮垫）连接；

（3）标有［INLET］的端口（套有绿色软管）是空气的入口，连接缓冲瓶（悬挂在空中 2～3 m，空气流动相对稳定处，以防止污物进入主机，同时在测量过程中可减少空气流动对测量结果的影响）；

（4）连接电缆与 IRGA 头部圆形 IRGA 端口上的红色圆点和 IRGA 分析器上的红色选点对齐时插进，且能听到响声。注意：插头一定要推到底，不能留有空隙；

（5）安装 CO_2 钢瓶（测 CO_2 响应曲线时才安装，或实验必需）。将 CO_2 小钢瓶装入套筒，顺时针旋转，直到感觉保护罩接触到了小钢瓶，稍微加力便导致钢瓶被刺穿，这时需要快速旋紧，防止 CO_2 泄漏，注意：O 形圈后将套筒旋紧；

（6）切记分析器各部件：光量子传感器，紫色插头处，叶温热电偶，2 个黄色：匹配阀，如果使用 CF 卡存数据，则插入主机后面固定小槽内。注意：插头直插直拔，勿晃动，最好拔金属，勿动线。另外，把光量子传感器红帽和进气口（缓冲瓶）绿帽都先收好。

（三）电池安装

将电池倾斜，以顶起电池槽上端的止脱销，然后平推到底，2 节电池能用 4h；充电器上灯灭表示充好，充时灯亮，一节电池 3h 就能充好，充满电池不需再充电；检测有电标志，先灯亮，几秒后灭掉表明有电，注意换保险丝 220～230V，1/4A（图 4-45）。

二、开机预热

（一）预热期间检查

（1）检查温度：h 行三个温度值 Tblock, Tair 和 Tleaf 彼此相差应该在 1℃以内；

（2）叶温热电偶的位置：直接测叶片 T 时，其位置应高于叶室垫圈约 1mm，使夹叶片时能充分接触；若用能量平衡方法测量叶温，则叶温热电偶的结点位置应低于叶室垫圈 1mm，确保夹叶片时，接触不到叶片；

（3）检查光源和光量子传感器：光源，正常否，传感器，g 行 ParIn_μm 和 ParOut_μm 是否有响应（叶室密封为 0），g 行 Prss_kPa（大气压）值是否合理，注意查完将分析器松开；

（4）叶室混合扇：测量菜单中，按 2、F1、O 关闭，或按 F 打开，听分析器头部声音是否有变化，若有变化，表示正常，注意测量用恒温时才打开风扇；

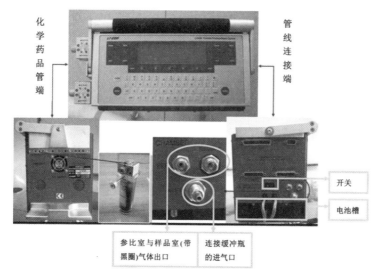

图 4-44 LI-6400XT 的构成

（5）检查是否存在气路堵塞：设定流速 1000，化学管拧到完全 bypass，当检查仪器实际流速能否达到 650 以上，然后将化学管从完全 bypass 调节到完全 scrub，检查仪器实际流速能否达到 650 以上，若达不到，则说明气路堵塞，则首先检查两管，方法都是将调解旋钮从一侧完全旋到另一侧，检查流速下降是否大于 10，若有则存在堵塞，常见堵塞地方是：化学管内过滤嘴；化学管顶部的两个小的聚乙烯透明管，注意把流量调回原来设定值 400 ~ 500。

（二）预热后检查

（1）叶室的漏气检查：将化学管 scrub，在叶室四周吹气，如果发现 A 行样品室 CO_2S 的读数变化小于 2μmol，说明密封好，如果变化超过 2mg/L，即为漏气（注意：叶室垫圈、密封圈、排气管）。

（2）检查流速零点：（测量菜单中按 2、F2，按 N 关闭），然后关闭叶室风扇（按 2、F1，按 O 关闭）；检查 b 行 flow 在 ±2mg/L 之间表示正常；如果不在需进入校准菜单，进行 Flow meter zero。

（3）检查 CO_2 和 H_2O IRGAs 零点。①将两个化学管都完全吸收（scrub），完全闭合约 5min，参比 CO_2 读数在 ±5mg\L 以内，且 ΔCO_2 在 ±1mg\L 以内，参比 H_2O 在 ±0.5mg\L，且 ΔH_2O 在 ±0.1mg\L，说明零点正常；②如果超过这个范围，约 10min，还不能达到要求，需进入校准菜单，进行 IRGAs zero[IRGA 调零：关闭叶室（不能有叶片）] 等待 CO_2 和 H_2O 浓度下降，CO_2 R 和 S 波动范围在 ±0.1，苏打管：scrub, 化学管：bypass（按下 F1-Auto CO_2 进入自动调整 CO_2 零点），H_2OR 和 S 波动范围在 ±0.01，苏打管：bypass，化学管：scrub（按下 F2-Auto H_2O，自动调整 H_2O 零点）按 quit-F5 退出，约 15min，化学管完全 scrub，注意一个一个管开始调，若对 CO_2 和 H_2O 同时调 F3-Auto All，切记都不要经常调；③可直接从 view Settings-veiw History（查看历史）– 调用以前出厂校准信息（最顶端带 ** 进入 –set to（F3）–F5（OK）。注意:绝不允许进行 "CalibMenu" 中 "IRGASpan" 的任何操作！

（4）校准叶温热电偶。拔出连接插头，切断叶温热电偶连接，然后检查 h 行 Tblock-Tleaf<0.1℃以内，不在 0.1℃以内，需要调节电位调节器进行校准。

（5）检查匹配阀。开始测量前进行一次匹配，当全天都在相同的 CO_2 浓度下做实验，每 20 ~ 30min 就应当匹配一次，每次测量都要改变 CO_2 浓度，每变一次需要进行一次匹配。

三、校准菜单（Calib Menu）

（一）Flow Meter Zero

选择"Flow Meter Zero"，校正自动进行，10s 后，流量计信号应在 0 ± 1mV 范围内，按 F5 退出。注意关闭空叶室，化学管完全 scrub。

（二）红外分析仪——IRGA Zero

（1）选择"IRGA Zero"，先校正 CO_2 零点：按 F1，$AutoCO_2$，苏打管：Scrub，化学管：bypass；等待 CO_2R 和 CO_2S 稳定在 ±1μmol/mol；

（2）再校正 H_2O 零点：按 F2，$AutoH_2O$，苏打管：bypass，化学管：scrub；等待 H_2OR 和 H_2OS 稳定在 0.01（时间最少 15min），按 F5（Quit）返回 Calibration Menu；

（3）当对 CO_2 和 H_2O 都同时调零，这时按 F3（AutoAll），旋紧碱石灰管和干燥管上端的调节螺母指向 Full scrub 方向，按 F5（Quit）退出，在"Calib Menu"（按 F3 中）选择"View, Store Zero & Spans"，按提示进行存储操作。

注意：绝不允许进行"Calib Menu"中"IRGA Span"的任何操作，校正 CO_2 和 H_2O 零点时，应该关闭叶室并且保持叶室中不能夹入叶片，而且利用新鲜的碱石灰和干燥剂。关闭仪器叶室，然选择"Y"。

（三）CO_2Mixer 校正

（1）选择"CO_2 Mixer –Calibrate"，确认 CO_2 Mixer 的最大值，应该在 2000μmol/mol 以上；

（2）自动校正 CO_2 Mixer，该过程在 0 ~ 5000mV 之间进行 8 个点的校正，每个点需要 20 ~ 30s；

（3）显示校正数据并提示用户 Plot this（Y/N），选择"Y"，显示校正数据的图形；

（4）应用校正结果"Implement this calibration（Y/N）"，选择 Y，退出返回到校正主菜单。

注意：校正前应该安装 CO_2 Mixer，并将 Cylinder Cover 拧紧以刺破 CO_2 钢瓶，如长期未使用 CO_2 钢瓶，则首次使用时需要进行 CO_2 calibration，以后则不必经常校准，注意将 CO_2 调节旋钮拧至 Scrub 并关闭叶室。

（四）LED 光源校准

（1）LED 光源取代上部叶室的位置，LED 的光传感器接头替代原叶室的内置光量子传感器接头；

（2）选择"Light Source Calibrate"；选择"Y"；自动校正 LED 光源；

（3）显示校正结果并显示响应的图形；应用校正结果，选择"Y"；选回 OPEN 测量主菜单。

注意：只有当安装了 LED 红蓝光源并且选择了响应的配置文件才能够按以上操作；不要忘记安放 3 个 O 形圈。

四、测量流程

下列测量方式都需进行以上相关的准备步骤，以下详细说明各方式测定流程。

（一）非控制环境条件（日变化）流程

1. 开机选择 Config Menu 打开标准叶室（factory default）；

2. 打开测量菜单进行日常检查（参照以上第二大点内容）；

3. 打开叶室，夹好叶片，再密封（注意叶温热电偶避开叶脉，用手柄上旋钮密封后，确定不漏气，每次用直接打开夹叶片，切记不必每次再拧手柄旋钮了，不然会折断）；

4. 进入测量菜单 F4（New Menu）

（1）按 1，F1，打开 Open LogFile 将数据存入建立一个文件，（注意 按 F1 "Dir"，重新定义路径：选中 Flash，这样文件保存在 CF 卡，方便导数据；不然默认在 User 主机上，导数据费时费电）确定输入一个 remark（标记何处理何品种名），完成文件名。

（2）等待 a 行参数稳定，b 行 ΔCO_2 值波动 < 0.2，Photo 参数稳定在小数点之后 1 位；c 行参数在正常范围内（0 < Cond < 1、Ci > 0、Tr > 0）；

（3）按 F1（Log）记录数据；

（4）更换另一叶片（按 F4，添加 remark，分清不同处理或品种）；按 F3，一定记住 Close file 保存数据文件；注意：至少半小时进行一次 Match（建议每一品种测 3 片叶子，读 3 个数）。

5. 导出数据（若在 CF 卡上，直接用读卡器导出来，存在主机时详细见后面第四大点）。

6. 退回主界面：关机。注意：把化学管旋钮旋至中间松弛状态；保持叶室处于打开状态。

（二）控制环境条件的测定流程

1. 开机选择。主菜单 Config Menu（打开红蓝光源（LED）已安装。

2. 进入测量菜单

（1）将光强设为自然状态一致或光强饱和点（一般 1000 ~ 1500 范围），设定需要 CO_2 浓度，取下外置光量子传感器的小红帽，若外界光强低于 1000，则要进行光诱导，光越弱诱导时间越长（取决于最高光强，诱导完成后在测量菜单第 2 功能行 F5，按 F5，选择 "Q）Quantum Flux XXX mol/m^2/s"，enter，输入需要光强，enter；

（2）将苏打管拧到完全 scrub 位置，化学管拧到完全 bypass 位置，按 2，再按 F3– Mixer（CO_2）按上下箭头键选择参考室 R 和样品室 S 设定 CO_2 需要浓度（安装钢瓶状态）；

（3）按 2（2 功能行）：F1，LeafFan，保持 Fast；F2，Flow 通常为 500（小叶片或低光合速率的植物，可以将 Flow 调低到 200 以上）；F4，Temp，一般为 off 状态，做控制温度时才进行设定，测量之前一定要首先查看参数行 H 的值，了解当前环境的温度，因只能控制环境温度的正负 7° 以内；F5，Lamp 通常保持 off；

（4）打开叶室：夹好叶片，从测量菜单上按 F1，Open LogFile，然后按 F1 "Dir"，重新定义路径：选中 Flash 或 user 建立一个文件，enter，输入一个 remark 标记；

（5）等待 a 行参数稳定，b 行 ΔCO_2 值波动 < 0.2 μmol–1，Photo 参数稳定在小数点之后一位，c 行参数在正常范围内（0<Cond<1.Ci>0、Tr>0）；

（6）按 F1（Log）记录数据（一般每一品种测 3 片叶子，每片读 3 个数）；

（7）更换另一叶片，按 F4，添加 remark，重复（4）~（6）步骤，进行测量；注意：至少半小时进行一次 Match；

（8）F3（Close file），保存数据文件。

3. 导出数据（详细见后）。

4. 退回主界面：关机。

注意：如果外界光强低于 1000μmol–1，则需要进行光诱导，一般诱导时间在 30min 左右，诱导光强取决于实验设计的光响应曲线中的最高光强，或者植物生活中较适宜的光强，在测量菜单第 2 功能行的 F5，按 Q，设定相应的光强，打开光源，然后将叶片夹入已打开光源的叶室，如果外界光强很好，不需要诱导，夹上叶片后打开光源，设定成光强梯度的饱和点，闭合叶室不漏气，准备测量。注意：把化学管旋钮旋至中间松弛状态；旋转叶室固定螺丝，保持叶室处于打开状态，把光量子传感器红帽和缓冲瓶进气口绿帽都盖好。

（三）光响应曲线测定流程

1. 开机选择主菜单 Config Menu（打开红蓝光源（LED）已安装。

2. 进入测量菜单，进行日常检查（参照以上第二大点内容）

（1）当安装钢瓶状态时，将苏打管拧到完全 scrub 位置，化学管拧到完全 bypass 位置，按 2，再按 F3，Mixer（CO_2）按上下箭头键选择参考室 R 和样品室 S 设定 CO_2 需要浓度；当没有安装钢瓶时，两个化学管都拧到完全 bypass 位置；

（2）当有无钢瓶状态下，光强都设为自然状态一致或光强梯度的第一个点，设定 CO_2 浓度（安装钢瓶时设定：等于或高于空气中的；未安装：直接用自然的 CO_2 浓度），取下外置光量子传感器的小红帽，若外界光强低于 1000，则要进行光诱导，光越弱诱导时间越长，诱导完成后在测量菜单第 2 功能行 F5，按 Q 设定相应光强；

（3）按 2（2 功能行）：F1，LeafFan，保持 Fast；F2，Flow 通常为 500（小叶片或低光合速率的植物，可以将 Flow 调低到 200 以上）；F4，Temp，一般为 off 状态，做控制温度时才进行设定一般 25 ~ 30℃。测量之前一定要首先查看参数行 H 的值，了解当前环境的温度，因只能控制环境温度的正负 7° 以内；F5，Lamp 通常保持 off，做控制温度设为自然状态一致或光饱和点；

（4）当安装钢瓶状态时，需按 F3，Mixer（CO_2），按上下箭头键选择参考室 R 和样品室 S 设定 CO_2 需要浓度，当没有安装钢瓶时，无需按 F3，直接用自然的 CO_2 浓度。

3. 进入测量菜单

（1）打开叶室，夹好叶片，闭合叶室；注意叶温热电偶避开叶脉；

（2）按 F1，Open LogFile，选择将数据存入 Flash 或 user 建立一个文件，进入输入一个 remark 确定；

（3）按 5，F1（Auto prog），进入自动测量界面，按上下箭头键选择 Light Curve，确定，出现 Desired lamp settings，可按 Home 键自高到低设定光强梯度 2000、1600、1200、1000、800、600、400、300、200、150、100、50、0（注意设定时将数据删除完，数值间一定空格间隔，200 以下的可多设几个），确定，出现最小等待时间：设定 120s（不能更改，不然数据不佳），最大等待时间：设定 200s，enter，ΔCO_2 绝对值低于 50 需匹配 enter，按 Y，进入自动测量（Log 记录数据，＊表明数据记录进行中）。

（4）按 1，F3（Close file）保存文件（切记），更换叶片，重复（1）~（3）步骤。

注意：等待测量中可通过功能行 1 的 F2（view file）下的 F1（ImportGrafDef）– 从 light curve 进入看到散点图（完成后功能行左上角 ＊ 消失），或按 F3（View Data），以 D 这种格式的数据为成列排列，按字母 D，查看数据。按住 Shift 键和右键头，可以快速查看各列数据。

4. 导出数据（详细见后）。

5. 退回主界面：关机

注意：把化学管旋钮旋至中间松弛状态；旋转叶室固定螺丝，保持叶室处于打开状态，把光量子传感器红帽和缓冲瓶进气口绿帽都盖好。

提示：①每次开始测量之前，进行一次匹配（F5–match），一个植株上选 3 片叶子，每片取 1 个数，建议轮回测完 1 次重复，再测第 2 次重复，减少时间跨度；②选程序红蓝光，2 ~ 3 日校准一次光源（按 F3 校准菜单—选 LED，calibration，enter，plot Y，一条直线说明正常。

（四）CO_2 响应曲线测定流程

1. 开机选择 主菜单 Config Menu（打开红蓝光源（LED）已安装。

2. 进入测量菜单

（1）安装上 CO_2 钢瓶：将苏打管拧到完全 scrub 位置，Dessicant 化学管拧到完全 bypass 位置（注意密封圈，把油滤勾出来装好，放在 2 个化学管中间并拧好螺丝；每个钢瓶在使用之前都要求做 1 次校准）；

（2）CO_2 混合器校准：将注入系统(钢瓶)进行预热 1min 左右，按 Escape 进入主菜单，按 2，再按 F3，Mixer（CO_2）按上下箭头键选择参考室 R 和样品室 S 设定 CO_2 需要浓度，再按 F3 进入 calib menu（选择 CO_2 Mixer，calibrate，enter），若 CO_2 浓度高于 2000mg\L 按 Y，自动进行 8 点校准(8 个电压值标定 8 个 CO_2 浓度)，完成后提示"implement this calibrate?"，按"Y"，然后按 Esc（注意：每个钢瓶在使用之前都要求校准一次；若曲线不直，把苏打管拧到完全 scrub，再校准 1 次）；

（3）按 2（2 功能行)：F1，LeafFan 保持 Fast；F2，Flow 通常为 500；F4，选择 Block（输入测定温度，一般 25 ~ 30℃）；F5，Lamp，选择 Q）Quantum Flux，设定为饱和光强（根据光响应曲线确定约 700 以上或设为实验要求的光强），enter；按 3，F1（area）输入测量叶面积或默认叶室面积。

3. 进入测量菜单

（1）打开叶室，夹好叶片（可提前夹住叶片，留封勿胁迫，做 20min 光诱导活化，CO2S 浓度可设定为比环境浓度 40 ~ 50mg\L（约 400mg\L）；

（2）将光强设为饱和光强（一般 1200 左右）或设为实验要求的光强，从测量菜单上按 F1，Open LogFile，选择将数据存入 Flash 或 user 建立一个文件，enter 输入一个 remark；

（3）按 5 功能行：F1（Auto prog），进入自动测量界面，按上下箭头键选择 A–Ci–Curve，enter，命名新文件进入，添加 remark，出现 Desired CO_2 settings，可按 Home 键自高到低设定光强梯度 1500、1000–0（注意设定时将数据删除完，数值间一定空格间隔，200 以下的可多设几个），enter，出现最小等待时间：设定 60s；最大等待时间：设定 300，enter，ΔCO_2 绝对值低于 50 需匹配，按 Y，进入自动测量，等待测量结束。其间可通过功能行 1 的 F2（view file）下的 F1（ImportGrafDef）– 从 light curve 进入看到散点图（完成后功能行左上角 * 消失）；

（4）按 1，F3，Close file，保存文件（切记），更换叶片，重复（1）~（3）步骤。

4. 导出数据(详细见后)。

5. 退回主界面：关机。提示：把化学管旋钮旋至中间松弛状态；旋转叶室固定螺丝，保持叶室处于打开状态，把光量子传感器红帽和缓冲瓶进气口绿帽都盖好。

注意：每次换钢瓶后都要求做 1 次校准匹配；提前做 20min 光诱导，把叶室夹住，留缝，勿胁迫，把光强设到最高值。

五、导出数据

用 RS–232 数据线连接电脑和 LI–6400TX（按 Esc 退回主界面，按 F5 Utility Menu），按上下箭头选择 "File Exchange Mode"，在电脑上预先安装 SimFX 软件，双击打开 LI6400FileEx，点击 File，选择 Prefs，选择 Com 端口，按 Connect，连接成功后，选择文件传输到指定位置（CF 卡内的数据也可在退出卡后，直接插入电脑读卡器来导出数据），关机把化学管旋钮旋至中间松弛状态；旋转叶室固定螺丝，保持叶室处于打开状态。测量结束后，应关闭文件（"closefile"按 F3）使其存储。不进行此操作，数据会丢失。

实践六　高光谱成像仪的使用

　　SOC 710 红外成像光谱仪，可测量植被高光谱图像，评估农作物的生长发育及营养状况。可用于野外、实验室或显微测量，实时获得被测物在 400 ～ 1000nm 内的高光谱图像数据，进行植物分类、胁迫生理、生长状况、病虫害遥感监测及预警、果实 / 种子品质、成分分析等研究。仪器采用全息衍射技术，光通过率高、偏振效应小；内置式平移推扫设计，小巧便携，便于野外移动使用，也可以定点长期观测。双 CCD 可视化对焦，能够直接预览测量区域图像；采集软件具有光谱单波段灰度图像、彩色合成图像以及光谱曲线的实时显示功能；可显示任一单波长影像，并可用软件制作 3D 高光谱立体图像显示；可以视频模式存储并连续播放不同波长的影像。单镜头双 CCD 结构，可视化对焦，能够直接预览测量区域图像；采集软件具有光谱单波段灰度图像、彩色合成图像以及光谱曲线的实时显示功能。严格 NIST 可溯源校准，数据准确可靠。多种规格反射率校准板可选（图 4–45）。

图 4–45　SOC 710 成像光谱仪

一、数据分析软件安装及运行

　　（1）数据分析软件需要 JVM 环境，所以需要先安装 JAVA 的开发包；

　　（2）运行 SRAnal710e.bat ；

　　（3）打开采集到的高光谱图像；

　　（4）单击 RGB 使高光谱图像呈现彩色；

　　（5）选定 Select Region 复选框，在灰板上选定一个区域；

　　（6）单击 write 保存灰板的数据，将灰板数据保存到你想保存的位置，并新命名；

　　（7）点击菜单栏 Calibrate–NoRmalRefluence ；

　　（8）找到灰板标准的标定文件，xxxxxx.txt（此标定文件随仪器附带在小 U 盘中），选定灰色标准版文件；

　　（9）单击任务栏中的 Calibrate，单击 Set Light，选定在第（6）步中保存的文件。

　　至此，反射率转化完毕，然后单击保存，将文件保存成 xxx.float 格式。当再次使用 ENVI 打开该 xxx.float 格式的图像时，纵坐标显示的就是反射率了。如果需要专业的 float 格式对比，应使用 ENVI 软件进行操作。

二、测量条件及简单维护

　　（1）正午时分，太阳在正上方，测量取景无阴影（或选择取无阴影进行研究）；

（2）保证获取数据图谱的稳定；

（3）确保电源供电满足，如果连续野外监测应配备适当的电源；

（4）校准灰板在需要拍摄的页面内，以便于计算反射率；

（5）校准灰板保证干净整洁，使用完毕收录文件夹内（清洗可能会影响校准数据导致测量结果偏差）；

（6）光学精密仪器，镜头不用应盖上镜头盖，干燥储存，镜头污染使用专用的镜头抹布；

（7）吊臂及三脚架安装应确认是否安装牢固稳妥（配重加固），以防仪器损坏。

实践七　农产品质量追溯体系

一、追溯系统的技术支撑

条形码（bar code）是将宽度不等的多个黑条和空白按照一定的编码规则排列用以表达信息的图形标识符。条形码可以标出物品的产地、厂家、商品名称、生产日期等许多信息，因而在商品流通、图书管理、邮政管理、银行系统等许多领域都得到广泛的应用（图4–46）。

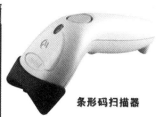

图4–46　条形码、条形码生成器、条形码扫描器

二维码（QR code）是近年来在移动设备上超流行的编码方式，它比条形码能存更多的信息，也能表示更多的数据类型。二维码质量追溯系统是通过一物一码技术给予某个产品一个专属身份证，把生产的过程记录到这个专属身份证中，消费者通过扫这个二维码就可实现产品生产全过程的追溯（图4–47）。

图4–47　二维码生成器、二维码扫描器、手机扫码

射频识别（RFID）是一种通信技术，可通过无线电信号识别特定目标并读写相关数据，无需识别系统与特定目标之间建立机械或光学接触。RFID读写器有移动式的和固定式的，目前RFID技术应用很广，如：ETC、门禁系统、食品安全溯源等（图4–48）。

图 4-48　RFID 技术原理、RFID 读卡机、RFID 读写器

二、追溯系统的技术路径

追溯系统是一种可以对产品进行正向、逆向或不定向追踪的生产控制系统，可适用于各种类型的过程和生产控制系统。全程追溯可以让你追溯到产品的以下信息：哪些材料或哪个零件被安装于成品中了，产品生产过程中产生了哪些需要控制的关键参数，是否都合格，以及对当前制造过程的严密控制等。

二维码追溯系统的技术路径（图 4-49）：①加载信息。将特征加密标识与产品结合通过一码通在线赋码给予每件产品独一无二的二维码加密数字身份信息。②采集信息。利用专门的信息系统在产品入库、出库等各个环节采集产品信息，采集的数据上传到专用信息服务平台上。③信息录入。把产品的基本信息录入二维码质量追溯管理系统。④扫码全程追溯。消费者通过微信扫一扫就可以看到产品生产的全过程和相关材料等信息。⑤防伪追溯效果。企业可登录系统后台查询各项数据，进行防伪、防窜货报表的查看、稽查，可以及时发现窜货，还可有效管理经销商，达到打击假冒、规范市场的目的。

图 4-49　二维码追溯系统的技术路径

RFID 防伪追溯技术突破以往防伪追溯技术的思路，具有难以伪造性、易于识别性、信息反馈性、密码唯一性、密码保密性、使用一次性等特点。RFID 质量追溯系统是针对防伪追溯需求，结合商品加工、生产、流通、消费的特点，以 RFID 电子标签作为防伪追溯信息载体，是集 RFID 技术、计算机网络技术、现代通信技术、数据库技术、软件工程技术于一体的大型信息系统（图 4-50）。

图 4-50　RFID 追溯体系的技术路径

三、农产品质量全程追溯

农产品质量全程追溯是食品追溯中最复杂和最艰难的部分，是一个庞大的系统工程，必须建立一个中心（云端数据中心）三大模块（生产者、监管部门、消费者）的农产品质量安全追溯体系。农产品质量安全追溯体系包括农产品质量安全管理系统和农产品质量安全追溯系统，综合运用现代信息技术和现代通信技术，实现对农业生产、流通过程的信息管理和农产品质量的追溯管理、农产品生产档案（产地环境、生产流程、质量检测）管理（图4-51）。

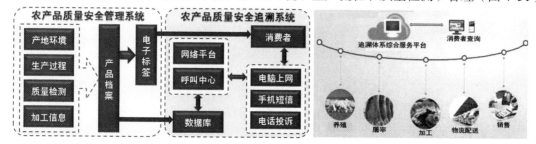

图4-51 农产品质量安全追溯体系构架

农产品质量全程追溯是对农产品全产业链各环节的质量追溯，从植物产品产地的土壤、灌溉水、空气质量和所使用的农业生产资料（农药、种子、肥料等），到农业生产过程（农事操作和农资使用情况等）、粗制加工过程、产品质量检测，形成产品后在产品包装时打码记录全部相关信息（包括生产经营主体的统一社会信用代码）。其中，食用农产品（谷物、油脂、果、蔬菜、茶等）的电子标签可供消费者读码了解和溯源；饲用农副产品的相关信息则提供给养殖企业，养殖企业在打码时录入农业动物的相关信息及饲料信息并将电子标签附着于动物胴体上，其后的屠宰加工和物流配送则扫码添加相关信息或重新打码，最后到消费者手中的产品则真正实现了从农田到餐桌的全程可追溯和质量安全（图4-52）。

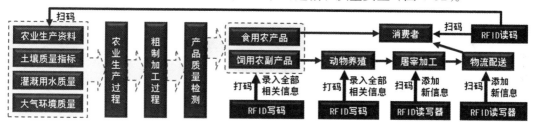

图4-52 农产品质量安全追溯体系的技术路径

实践八 农业物联网监测实践

一、农业物联网概述

简言之，物联网就是物物相联的互联网。物联网是互联网基础的延伸和扩展，实现物物相联、人物对话，是远程自动控制的基础和前提。物联网系统中有三类关键技术，一是传感器技术，通过传感器感知信息并转化为数字信号；二是射频识别技术，通过无线射频技术和嵌入式技术进行自动识别；三是嵌入式系统技术，这是综合计算机软硬件、传感器技术、集成电路技术、电子应用技术为一体的复杂技术。如果把物联网用人体做比喻，传感器相当于人的感官获取，网络就是神经系统用来传递信息，嵌入式系统则是人的大脑，在接收到信息后要进行分类处理和决策。

农业物联网将大量的传感器布设在农业生产场地实时采集各类信息（如光照强度、空气温湿度、空气CO_2浓度、土壤温湿度等）并通过节点和网关传送到服务器，服务器内的农业专家系统根据数据变化进行决策，并将决策信息通过网关和节点反馈到自动控制设备，自动控制设备实时控制相关设备的工作状态（如喷灌、排风、遮阳或补光）。同时提供手机远程控制功能和实时监测、了解动态变化和数据导出等其他功能。

二、农业物联网的技术装备

农业物联网在智能温室和设施养殖等领域已经具有广泛应用，大田作物的农业物联网建设也正在迅速推进。农业物联网可以实现对农业资源、农业环境、农业生物、农事操作等实现实时监测。①农业传感器。农业物联网使用大量传感器来获取信息，土壤水分、养分、重金属等和大气温湿度、CO_2 浓度等可以通过传感器监测，实时采集农业资源环境大数据。也可以使用多种传感器的集成终端，如智能温室中使用较多的温室娃娃（图 4–53）。②微气象站。微气象站集成了多种传感技术，自动采集现实环境下的气象数据，一般包括风向、风速、降水量、气温、相对湿度、太阳辐射量等。③视频监控设备。红外相机、多光谱相机、高光谱相机等可实时采集图像数据，红外网络球机用于监控和实时采集视频数据。④计算机及相关辅助设备。计算机和互联网相关辅助设备是必不可少的，包括服务器、海量存储器或依赖云服务的计算机，以及嵌入式网络芯片、Linksys 天线、智能变送模块、通信装置等，并需光纤、双绞线、线槽、配线架、跳线、接口模块等耗材（图 4–54）。

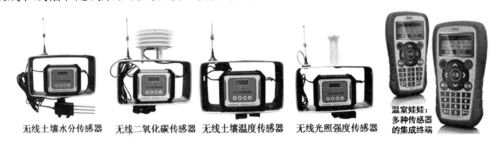

图 4–53　农业传感器

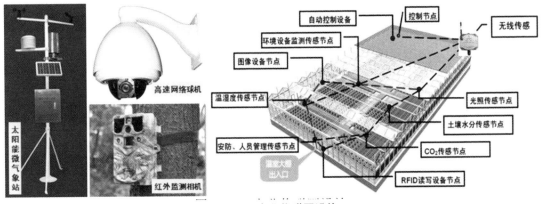

图 4–54　农业物联网设施

三、智能温室的农业物联网

为了实现各种复杂的控制任务，首先要将被控制对象和控制装置按照一定的方式连接起来，组成一个有机的整体，这就是自动控制系统。在自动控制系统中，被控对象的状态可以严格控制在一定范围，如光照，控制器根据被控对象的当前状态实施恰当的控制措施。实际应用中，往往将多种控制器集成为联合控制系统（图 4–55）。

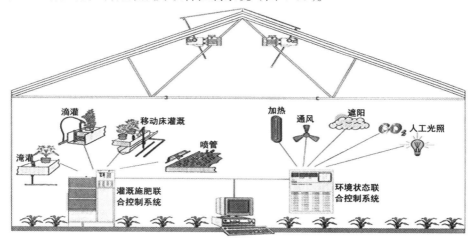

图 4–55　智能温室内的自动控制系统

以智能温室的自动化控制为例，利用各种农业传感器实时采集的动态数据，依托农艺决策模型形成行动方案，利用自动控制系统实现相应的农事操作（图 4–56）。

图 4–56　智能温室的农业物联网监测与自动控制体系示意图

实践九　农业遥感监测实践

一、农业遥感监测概述

农业遥感是指利用遥感技术进行农业资源调查、土地利用现状调查与分析、农业灾害（病虫草害、洪涝、旱灾等）监测与评估、农作物种植面积遥感监测、农作物遥感估产等农业应用的综合技术（图 4–57）。

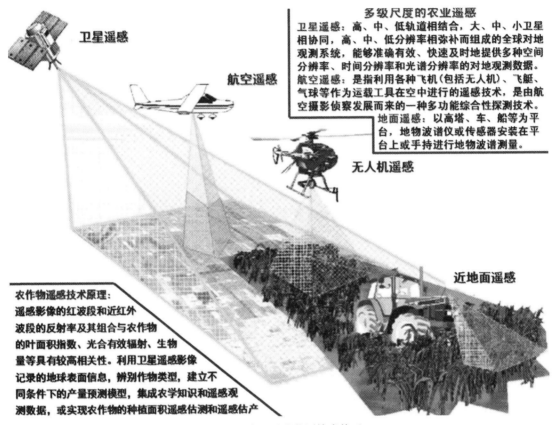

图 4-57　农业遥感监测技术体系

二、农业遥感监测技术装备

（一）搭载设备

卫星遥感是利用人造地球卫星或航天器作为搭载设备，航空遥感使用飞机作为搭载工具，近地面遥感主要使用无人机和专用搭载车、船。无人机即无人驾驶飞机，可分为军用与民用，民用无人机具有广泛的应用领域，有固定翼无人机和旋转翼无人机两类。①植物保护。现代无人机的轻量化和近地面作业，大大拓展了其在农林业生产中的应用，目前的无人机可以在距冠层 1m 的高度实施超低容量喷雾，进一步减少了用量，提高了防治效果。②播种。飞机播种造林应用较早，现代无人机可以实现近地面自动控制精量播种。③杂交水稻制种。杂交水稻制种中将父本和母本相间种植，无人机可以对母本精确喷施"九二〇"促进穗颈伸长，使用无人机赶粉可以有效提高制种结实率，减少劳动消耗。④智慧物流。依托无人机精准投送是智慧物流和农村电子商务的重要发展方向。⑤遥感监测。无人机遥感是智慧农业的重要内容（图 4-58）。

（二）传感设备

图 4—58　农业遥感无人机

三、农业遥感监测应用

农业遥感具有广泛的应用领域，为精准农业和智慧农业奠定了独特的技术基础。目前，农作物遥感估产已具有现实服务能力（图 4—59）。

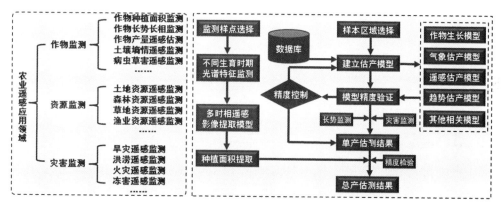

图 4—59　农业遥感监测的应用领域、农作物遥感估产系统

实践十　智慧农业探索实践

一、人工智能实现机制

人脑是如何工作的？人类能否制作模拟人脑的机器？多少年以来，人们从不同学科角度进行理论研究和实践探索，逐渐形成了多学科融合的人工神经网络技术领域，奠定了计算机深度学习基础（图 4—60）。

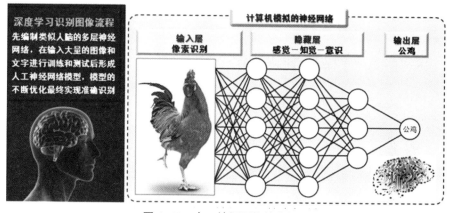

图 4—60　人工神经网络技术机制

刚出生的自然人到成年后的社会人，是在不断的学习与检验中积累经验并运用于实践中。在机器学习领域则是将不断训练与测验的过程存储大数据并不断优化模型，最终实现自主决策和行动（图 4-61）。

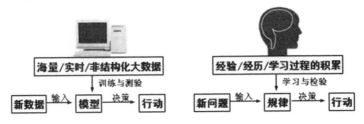

图 4-61　人类智能与人工智能

人工智能是在机器学习的前提下，逐步形成的学习、联想、推理能力，并不断提升学习能力、决策水平、思维素质和创造力（图 4-62）。

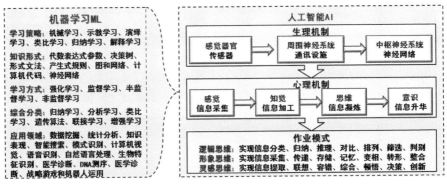

图 4-62　机器学习与人工智能

二、数字农业发展动态

（一）数字农业建设试点

数字农业是将信息作为农业生产要素，用现代信息技术对农业对象、资源环境和生产过程进行可视化表达、数字化设计、信息化管理、智能化控制的现代农业（图 4-63）。

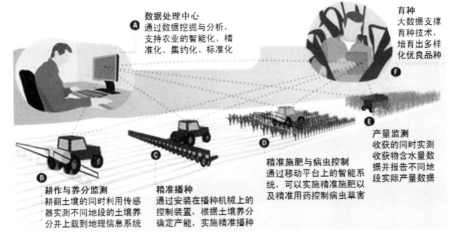

图 4-63　数字农业发展前景

2017 年农业部印发《关于做好 2017 年数字农业建设试点项目前期工作的通知》，积极探索数字农业技术集成应用解决方案和产业化模式：①大田种植数字农业。重点建设北斗精准时空服务基础设施、生产过程管理系统、精细管理及公共服务系统。②设施园艺数字农业。重点建设温室大棚环境监测控制系统、工厂化育苗系统、生产过程管理系统、产品质量安全监控系统、采后商品化处理系统。③畜禽养殖数字农业。重点建设自动化精准环境控制系统、数字化精准饲喂管理系统、机械化自动产品收集系统、无害化粪污处理系统。④水产养殖数字农业。重点建设在线监测系统、生产过程管理系统、综合管理保障系统、公共服务系统。

（二）数字农业运营策略

直面中国农业的"痛点"（图 4–64），采用现代信息技术和现代通信技术武装农业，推进数字农业建设，是推进农业现代化的重大举措。

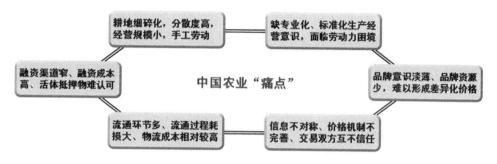

图 4–64　中国农业的"痛点"

数字农业颠覆人们对农业的传统印象，将遥感、地理信息系统、全球定位系统、计算机技术、通信和网络技术、自动化技术等与地理学、农学、生态学、生理学、土壤学等基础学科有机地结合起来，实现在农业生产过程中对农业生物、资源环境等从宏观到微观的实时监测，以实现对农业生物生长发育状况、有害生物为害、营养条件等以及相应的资源环境进行定期信息获取，生成动态空间信息系统，对农业生产中的现象、过程进行模拟，达到合理利用农业资源，降低生产成本，改善生态环境，提高农产品产量和品质的目的。

数字农业运营管理（图 4–65）是在数字农业基地建设的前提下实施的，没有相应的硬件和软件条件，无法采集农业生产过程的各类数据，也就无法实施数字农业，条件建设是关键和前提。数字农业的运营管理，重点在于推进农业生产智能化、经营信息化、管理数据化、服务在线化，全面提高农业现代化水平。

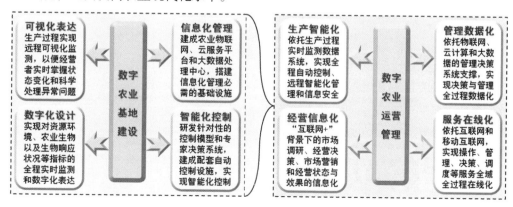

图 4–65　数字农业的基地建设与运营管理

三、智慧农业实践探索

人工智能为农业赋能，必然导致农业产业领域的颠覆性变化，实现真正意义的智慧农业（图 4–66）。农业传感技术和农业遥感技术的发展为智能感知奠定了物质基础，农业物联网也必然不断升级；图像识别、语音识别、自然语言处理技术的发展使智能感知上升到了与人类交流和机器互动的境界。农业生产领域的智能感知若嵌入知识库、专家系统和机器学习，超越人类智能并非难事。依托实时智能感知、大数据资源积累和农业专家系统，智能分析具有广泛的应用领域，同时也是智能预警和智能决策的前提。在对农业自然灾害、有害生物发生发展规律大数据积累、实时智能感知数据和预警模型，智能预警是一个相对简单的领域，进一步的研发是在农业生物体内嵌入 DNA 计算机，实时探测农业生物体内的生理生化过程，形成内源预警机制并激活相关处理策略，则是农业智能预警的全新领域。智能决策是智能控制的前提和基础，在智能分析基础上的联想、思维、灵感、顿悟等强人工智能的基础上决策，依托自动控制系统实现智能控制。

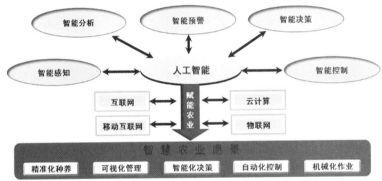

图 4–66　人工智能赋能农业

智慧农业不是简单的"农业产业 + 信息技术"，也不是简单的"农业 + 人工智能"，这是一个庞大的系统工程，需要几代人的努力和积累。近年来，一些具有良好基础的现代农业企业或园区已开始智慧农业实践探索，互联网大佬们也在探索人工智能在农业上的应用。从目前的实践探索来看，智慧农业至少应考虑数据层、服务层、业务层、传输层、设备层、用户层的硬件和软件支持，基础设施建设工程量很大，需要整合全产业链资源（图 4–67）。

图 4–67　智慧农业的基本构架

第五章 作物生产管理调查与实践

第一节 种植制度调查

实践一 作物布局调查与设计

本实践单元的目的在于使学生学习巩固有关作物布局的基础知识,包括作物布局的含义、意义与原则及其影响因素,在此基础上,针对某一区域或生产单位开展作物布局调查与设计实践。

一、学习作物布局相关知识

（一）作物布局的含义

作物布局是指一个地区或生产单位的作物种植计划或规划,即种什么,种多少,种在哪里。作物布局具有时空概念,具体内容包括熟制布局（一年内不同复种方式的结构与比例的布局）、作物种类布局、品种布局、秧苗田布局等。

（二）作物布局的意义

作物布局的意义主要在于三个方面,其一是通过合理的作物布局充分发挥作物和自然资源的生产潜力,其二是通过合理的作物布局解决和缓和作物争地、争肥、争水、争季节、争劳力的矛盾,其三是合理的作物布局有利于复种和间套作安排及轮作与连作的运用。

（三）作物布局的原则

1. 与当地生态条件相适应。作物生态适应性是指作物生物学特性及其对生态环境条件的要求与某地实际环境相适应的程度。首先要根据当地温光水等资源状况进行作物布局,其次要做到因地种植,这样才能充分发挥当地的自然资源优势,达到高产、优质、高效目标。

2. 兼顾国家、市场与自身的需求。过去小农意识下的作物生产,在作物种类选择上完全是从自身需要出发的,而现代农业生产首先要考虑的是市场的需求,同时兼顾国家的需求和自身的需求。

3. 符合可持续发展的要求。现代农业生产必须合理利用与保护资源,在作物结构和配置中要注意用地与养地相结合,维护农田生态系统可持续发展；同时,要通过作物布局协调种植业与养殖业、林业、渔业、加工业等关系,提升农业生态系统的综合生态功能,维护生态平衡。

4. 以科学技术为支撑。科学技术和社会经济对作物布局的影响体现在三个方面：一是农业技术与物质投入可以显著提高作物产量与品质；二是农业技术可以拓宽作物生态适宜范围,如采用常规育种和转基因等生物技术培育各种抗逆新品种；三是农业技术可以改造生态环境条件,克服障碍因子,比如设施农业生产。

5. 坚持效益原则。现代作物生产,尤其规模化条件下的作物生产必须坚持效益原则。必须以经济效益为动力，遵循比较效益原则，充分考虑生产成本，选择比较优势高的作物，不断调整和优化作物结构，不断提高作物生产效益，不断提高农民收入。

总之，在作物布局上，应以市场为导向，以生态适应性为基础，优化调整作物品种品质结构，以当地优势农产品和特色农产品为主导，并促使其向优势产区集中，形成专业化程度高和规模大的优势农产品产业带，提高产量与品质，降低生产成本，提高市场竞争力，提高商品率。

（四）作物布局的影响因素

1. 光照条件影响作物布局。光照条件对作物生长的影响包括光照强度、光照长度和光谱成分三个方面。作物种类多样，特性不一，从喜光程度不同可分为喜光作物与耐荫作物，从作物开花对光照长度的要求不同可分为长日照作物、短日照作物、日中性作物、定日性作物；同时，作物品种之间也具有一定的差异，因此，必须根据某地光照条件来选择作物种类及品种。

2. 温度条件影响作物布局。必须根据当地温度（热量）条件来选择作物种类和品种。根据作物对温度的要求，可分为喜温作物、耐寒作物，喜温作物又包括温凉型（大豆、谷子、甜菜、红麻等）、温暖型（水稻、玉米、棉花、甘薯、芝麻、田菁、黄麻、烟草、花生等）与耐热型（高粱、花生、烟草、苜蓿、甘蔗、西瓜等），耐寒作物分为耐寒型（冬小麦、冬大麦、冬黑麦等）、耐霜型（油菜、豌豆、向日葵、春麦、越冬叶菜等）。

3. 水分条件影响作物布局。作物兑水分条件要求不同，有喜水耐涝型（水稻）、喜湿润型（陆稻、黄麻、烟草、马铃薯、甘蔗等）、中间水分型（小麦、棉花、玉米、大豆等）、耐旱怕涝型（谷子、花生、甘薯、苜蓿、向日葵等）、耐旱耐涝型（高粱、田菁、绿豆、黑豆）等几种类型。

4. 土肥条件影响作物布局。必须考虑作物对土壤质地、盐碱性、酸碱度等的要求，合理安排作物布局。从对土壤质地的要求，作物可分为适应砂性土壤型（块根、块茎、地下果实型）、适应黏性土壤型（水稻、小麦、玉米、高粱、大豆等）、适应壤土型（大多数作物）等类型；从耐盐能力看，作物可分为耐盐较强的（向日葵、高粱、田菁、苜蓿等）、中等耐盐的（棉花、甜菜、油菜）、不耐盐的（谷子、小麦、甘薯、马铃薯、蚕豆）、耐碱的（小麦、大麦、棉花）、中度耐碱的（水稻）、敏感的（豆类）等类型；从对土壤酸碱度的要求，作物有宜酸性（pH 5.5～6）（荞麦、马铃薯、燕麦、甘薯、油菜、烟草、芝麻等）、宜微酸性（pH 6.2～7.0）（大麦、玉米、花生、油菜、大豆、棉花、向日葵、甜菜、水稻、高粱等）与宜碱性（pH 7.5以上）（苜蓿、甜菜、高粱、草木樨等）等3种类型。

5. 作物对土壤肥力的反应影响作物布局。作物对土壤肥力的反应不同，可分为耐肥型（玉米等）、喜肥型（小麦、棉花、杂交稻、甘薯等）和耐瘠型（豆科、高粱、荞麦、黑麦等）。

6. 作物对土壤养分的消耗影响作物布局。作物有用地作物、养地作物与兼养作物（半养地作物）等几类，因此合理作物布局必须考虑作物对土壤养分的消耗量不同的特性。

（五）作物布局设计的一般步骤

作物布局设计即针对某一区域（县、乡镇、村、组）或生产单位（农业公司、种植合作社、种植大户等），开展作物布局调查，然后根据其条件进行作物种植区域划分与作物组成设计。其一般步骤为：查清环境条件—需求预测分析—作物生态适应性确定—作物种植适宜区划分（最适宜区、适宜区、次适宜区、不适宜区）—作物生产基地和商品基地确定—作物组成与结构确定—综合区划或配置—可行性鉴定。

二、作物布局调查与设计实践

针对某一区域（县、乡镇、村、组）或生产单位（农业公司、种植合作社、种植大户等），开展作物布局调查，详细调查其耕地类型与面积、作物种类、作物品种、种植面积、种植季节、种植制度等信息，分析其作物布局特点，评价其合理性与存在的问题，并提出改进建议；然后在此基础上，结合其生产条件，开展作物布局设计。

如果调查区域大，则采取典型调查方式；如果调查区域小，则采取普查方式（表 5–1）。

表 5–1　　　　　　　　　　　　　　　作物布局调查表

区域或生产单位名称：

季节	作物种类	品种	种植面积（亩）	种植地类型	种植制度	评价与建议
早季						
晚季						
冬季						

实践二　稻田复种指数调查

本实践单元的目的在于使学生学习巩固有关作物复种的基础知识，包括相关概念、复种的效益原理、复种的条件与技术，在此基础上，针对某一区域或生产单位开展作物复种指数调查。

一、学习作物复种相关知识

（一）相关概念

1. 复种：在同一田地上，一年内种收两季或两季以上作物。

2. 复种指数：一般是指 1 年内，在同一地块耕地面积上种植农作物的平均次数，即年内耕地面积上种植农作物的平均次数。复种指数是反映耕地利用程度的指标，用百分数表示。复种指数 =（全年作物总播种面积 ÷ 耕地面积）× 100%。

3. 多熟种植：一年内，于同一田地上前后或同时种植两种或两种以上作物。

4. 休闲：在可耕地上，于一季或多季作物生产期内只耕不种或不耕不种以息养地力的方式，包括季节休闲与全年休闲。

（二）复种的效益原理

提高复种指数对发展农业生产、增加产量、提高效益具有重要作用。中国人口多、耕地少，因地制宜地提高复种指数，是扩大作物播种面积、挖掘耕地利用潜力和提高农作物总产量的有效途径。跟一年种植一季作物相比，复种能够实现增产增效目的，其主要原理在于复种条件下，实现了光能、热量资源（生长季节、积温）、水资源、空气（CO_2）与土壤资源的集约利用。

（三）我国复种指数的现状

复种指数的高低受当地热量、土壤、水利、肥料、劳力和科学技术水平等条件的制约。热量条件好、无霜期长、总积温高、水分充足是提高复种指数的基础；经济发达和农业科学技术水平高，则为复种指数的提高创造了条件。中国南方水热条件好，耕地利用率高，湖南、浙江、福建、江西、湖北、广东等省，复种指数均在200%以上。全国各地区复种指数大致为：五岭以南200%左右，五岭以北、长江以南地区180% ~ 200%，长江以北、黄河以南地区为150% ~ 180%，黄河以北、长城以南地区120% ~ 150%，长城以北地区大部分在100%以下。

（四）复种的条件与技术

1. 复种的条件

(1)热量条件。生长期：≥ 10℃天数小于180d，一熟；180 ~ 250d，二熟；250d以上可三熟。积温：≥ 10℃积温3600℃以下，一年一熟；3600 ~ 5000℃，二熟；5000℃以上，可三熟。

(2)水分条件。降雨量小于600mm，一熟；600 ~ 800mm，旱二熟；800 ~ 1000mm，水旱两熟；1000mm以上，双季稻及三熟。另外，灌溉条件与降雨量的季节分布也会影响多熟种植。

(3)肥料条件。复种条件下需要较多的肥料。除了各类化肥与有机肥之外，实行秸秆还田是提高土壤有机质的有效途径。

(4)劳畜力和机械化条件。多熟种植用工多，农活集中，对劳畜力和机械化条件要求高。

2. 复种技术

(1)品种巧妙搭配。主要是指品种的熟期搭配，根据一年的无霜期长短，合理搭配不同生育期的作物，是实现多熟种植、充分利用温光资源的重要技术措施。

(2)采用套作。套作是指在前作物生育后期于其株行间播栽后作物。套作是充分利用季节、避免前后茬作物争地与争季节矛盾的有效措施。

(3)育苗移栽。育苗移栽是充分利用季节的有效措施，但是目前直播种植较为普遍，则需选用生育期短的品种进行密植。

(4)促早发早熟。促早发早熟是充分利用光温资源、实现安全生产的有效措施。

二、稻田复种指数调查实践

针对某一区域（县、乡镇、村、组）或生产单位（农业公司、种植合作社、种植大户等），开展稻田复种指数调查，详细调查其稻田面积、作物种类、种植制度、种植面积等信息，计算其复种指数，就其存在问题与发展潜力进行分析，并提出发展对策与建议。

如果调查区域大，则采取典型调查方式；如果调查区域小，则采取普查方式（表5–2）。

表5–2　　　　　　　　　　　　　　稻田复种指数调查表

区域或生产单位名称：

| 一年一熟 | | 一年两熟 | | 一年三熟 | | 总播种 | 稻田面积 | 复种指数 | 发展对策 |
作物种类	面积（亩）	种植制度	面积（亩）	种植制度	面积（亩）	面积（亩）	（亩）	（%）	与建议

实践三 间混套作调查

本实践单元的目的在于使学生学习巩固有关作物间套作的基础知识，包括相关概念、间套作的意义及其效益原理，在此基础上，针对某一区域或生产单位开展作物间套作调查。

一、学习作物间混套作相关知识

（一）相关概念

1. 单作：在同一田地上，一个完整的作物生长季节内只种植 1 种作物。纯种、清种、净种。

2. 间作：两种或两种以上生育季节相近的作物在同一田块上同时或同一季节成行间隔种植。如：玉米 // 大豆、玉米 // 甘薯。

3. 混作：两种或两种以上生育季节相近的作物在同一田块上同时混合种植。如：紫云英 × 满园花。

4. 套作：在前作物生育后期于其株行间播栽后作物。如：油菜 / 棉花、冬小麦 / 棉花。

5. 立体种植：在同一农田上，两种或两种以上的作物（包括木本）从平面、时间上多层次利用空间的种植方式。是间套作的总称。

6. 立体种养：在同一田块上，作物与食用微生物、农业动物或鱼类分层利用空间进行种植和养殖的结构；或在同一水体内，水生植物与鱼类、贝类相间混养、分层混养的结构。

（二）间套作的意义

1. 增产。间套作有利于充分利用自然资源（太阳能、土壤养分、水分）和社会资源（劳力、科技密集），显著提高单位面积生产力。国际上通用土地当量比（land equivalent ratio, LER）来反映间混套作的土地利用率。LER，为了获得与间混套作中各个作物同等的产量，所需各种作物单作面积之比的总和，亦即等于间混套作中各作物的产量分别与其同面积单作产量之比的总和：$LER=\sum Yi/Yj$，其中 Yi 为单位面积内间混套作中各作物的实际产量；Yj 为各作物在同面积下单作的产量。例如：玉米 // 大豆中，玉米和大豆的产量分别为 300kg/ 亩和 90kg/ 亩，单作下分别为 400kg/ 亩和 150 kg/ 亩，则 LER=300/400+90/150=1.35；LER ≥ 1，表示增产。

2. 增收。利用和发挥作物间的互利关系，提高产投比；纳入高效益的经济作物，增收更明显。

3. 稳产保收。利用复合群体内不同作物的生态适应性不同，增强抗逆能力。

4. 协调作物争地矛盾。套作是在前作物成熟前，将后季作物播栽于其株行间，从而协调了前后茬作物的争地矛盾。

5. 可以调剂劳畜力。间套作条件下，不同作物播种期、收获期等不同，从而错开了劳力高峰。

（三）间套作的效益原理

1. 空间上互补，实现密植效应。主要是选择空间生态位不同的作物进行间套作，错位利用空间，使其在苗期扩大全田的光合面积，减少漏光损失；在生长旺盛期，增加叶片层次，减少光饱和浪费；生长后期提高叶面积指数，实现光与 CO_2 的充分利用，从而在整个生育期内实现密植效应。

2. 时间上互补，实现时间效应。复合群体在时间上的互补，表现为时间效应，即根据时间的延续性，正确处理前后茬作物之间的盛衰关系，因延长光合时间所起的增产效应。

3. 地下养分水分互补，实现营养异质效应。不同作物的营养生态位不同，可协调地全面均衡利用地力。将营养生态位不同的作物进行间混套作，即可实现营养异质效应，实现增产增收目的。

4.生物间的互补，实现边际效应、补偿效应、正对应效应。边际效应即间套作时，作物高矮搭配或存在空带，作物边行的生态条件不同于内行而表现出来的特有产量效应；补偿效应即复合群体多物种共处，能减轻病虫草害和旱涝风等自然灾害；正对应效应即作物之间通过生物化学物质直接或间接产生有利的相互影响。

在间混套作中，上述各种效应发挥得愈充分，增产效果愈好，但一种间套作方式往往难以全部兼有各种效应，但一般要求间混作模式至少要能表现密植效应与时间效应。

二、间混套作调查实践

针对某一区域（县、乡镇、村、组）或生产单位（农业公司、种植合作社、种植大户等），开展间混套作调查，详细调查其耕地面积、间混套作模式与面积、各种间混套作模式的产量水平，再调查主要作物的一般单作水平，再计算各种模式的土地当量比（LER），就其增产效果做出评价，并提出发展对策与建议（表5–3）。

表 5–3 间混套作模式调查表

区域或生产单位名称：

类型	具体模式	面积（亩）	单产水平（kg/亩）			土地当量比（LER）	发展对策与建议
			作物 1	作物 2	作物 3		
单作						—	
间作							
套作							
混作							
立体种养							

实践四 轮作与连作调查

本实践单元的目的在于使学生学习巩固有关作物轮作与连作的基础知识，包括相关概念、轮作的效应与类型、连作的益处与弊端，在此基础上，针对某一区域或生产单位作物生产上轮作与连作的应用开展调查，并评价其合理性与存在的问题，并提出改进建议。

一、学习作物轮作与连作相关知识

（一）相关概念

1.轮作：在同一田块上，有顺序地轮换种植不同作物或不同复种方式。一年一熟条件下，轮作即每年轮换种植不同作物；在一年多熟条件下，轮作即每年安排不同复种方式，如：油菜 – 水稻→绿肥 – 水稻；肥 – 稻 – 稻→油 – 稻 – 稻→麦 – 稻 – 稻，等。

2.连作：在同一田块上，连年种植相同作物或相同复种方式。

（二）轮作的效应与类型

1.轮作增产的原因

轮作应用适当，可带来明显的增产效果，其主要的原因有：①不同作物养分需要类型和吸收能力不同，作物的根系深浅和吸收范围不同，因此轮作有利于作物全面而均衡利用土壤养分，充分发挥土壤的生产潜力。②将养地作物纳入轮作体系，利于生物养地。③轮作有利于改善土性，提高肥效。④轮作有利于改善农田生物种群结构，减少病虫害。⑤轮作有利于改变农田生态条件，减少田间杂草发生。

2. 轮作的类型

长期以来，被实践证明效果较好的轮作类型主要有：禾豆轮作（禾谷类作物与豆类作物轮换）、绿肥轮作（大田作物与绿肥作物轮换）、水旱轮作（水稻与旱作物轮换）、休闲轮作（某个季节休闲）等。

（三）连作的益处与弊端

1. 连作的弊端

连作的主要弊端有：导致某些土壤感染的病虫害严重发生、伴生性和寄生性杂草孳生、土壤理化性状恶化导致施肥效果下降、片面消耗土壤易缺养分和限制产量提高、土壤中积累有毒物质等。

2. 连作的益处

连作的益处主要表现在：连作可增加种植特别适宜于当地气候土壤的作物；连作条件下作物单一，所需农机具相对简化，可降低生产成本；连作条件下作物单一，有利于专业化程度提高；连作条件下作物单一，有利于生产者掌握生产技术。

二、轮作与连作调查实践

针对某一区域（县、乡镇、村、组）或生产单位（农业公司、种植合作社、种植大户等），开展轮作与连作调查，详细调查其耕地面积、轮作与连作模式与面积、各种轮作与连作模式的产量水平，评价其合理性与存在的问题，并提出改进建议（表5-4）。

表5-4　　　　　　　　　　　　　　轮作与连作调查表

区域或生产单位名称：

轮作/连作	熟制	种植制度	面积（亩）	轮作或连作年限	效果与问题	发展对策与建议
	一年一熟					
轮作	一年两熟					
	一年三熟					

续表

轮作 / 连作	熟制	种植制度	面积（亩）	轮作或连作年限	效果与问题	发展对策与建议
	一年一熟					
连作	一年两熟					
	一年三熟					

第二节　农田管理制度调查

实践一　土壤耕作制调查

本实践单元的目的在于使学生学习巩固有关土壤耕作方面的基础知识，包括土壤耕作的实质与任务、土壤耕作的影响因素、土壤耕作措施、少免耕等，在此基础上，针对某一区域或生产单位的土壤耕作情况开展调查，评价其合理性与存在的问题，并提出改进建议。

一、学习土壤耕作制相关知识

（一）土壤耕作的实质与任务

1. 土壤耕作的实质

土壤耕作的实质是通过机械作用，创造良好的耕层构造和孔隙度，调节土壤水气状况，从而调整土壤各肥力因素之间的矛盾。

2. 土壤耕作的任务

土壤耕作的任务包括：①创造良好的耕层构造与三相比例，包括适宜于作物更细生长的孔隙度、松紧度、容重、机械阻力等。②创造适宜播种的表土层。首先，地面平整、土壤松碎、无大土块、表土层上虚下实是基本要求。其次，在低湿地或多雨季节播种时，要作畦或作垄，开沟排水，改善通气透水性能；在干旱地区或干旱季节，疏松的表土层不宜过厚，以利保墒；在坡耕地上，为减轻水土流失应进行等高耕作、起垄种植。③翻埋残茬和绿肥，混合土肥。④防除杂草和病虫害。

（二）土壤耕作的影响因素

1. 土壤质地。壤土结构好，土质疏松，耕性最好，肥力也高。

2. 土壤有机质含量。有机质的物理机械特性介于黏粒与沙粒之间，有机质含量越高耕性越好。

3. 土壤含水量。在影响土壤耕性的各因素中，水分变化是最剧烈的，宜耕性受水分影响最为明显。旱地黏土应在含水量稍低于塑性下限，黏结力、黏着力、抗剪力都较小时耕作，效果最好。此时土壤含水量范围一般为田间持水量的 40% ~ 60%，即湿润状态。

（三）土壤耕作措施

1. 土壤基本耕作措施

土壤基本耕作是指对土层影响较深，作用较强烈，能显著改变土壤物理性状，后效较长的一类土壤耕作措施。包括：①耕翻。即用有铧犁犁地，将耕作层土壤耕翻。一般旱土耕作深度为 20 ~ 25cm，水田耕作深度为 15 ~ 20cm。②深松耕。是指超过一般耕作层厚度的松土。不翻转土壤，打破犁底层，增强通透性。一般情况下，应比传统耕翻法的深度与犁底层厚度之和深一些。如原耕作层深度 15cm，犁底层为 5cm，则深松土可达 30cm。③旋耕。即用旋耕机一次可完成耕、耙、平多种作业。碎土和混土能力强，并能粉碎根茬，且耕后表层细碎，田面平整，在撒施基肥的基础上，可使土肥混融，从而提高肥效。理论耕深可达 16 ~ 18cm，但实际常常只有 10 ~ 12cm。

2. 表土耕作措施

表土耕作或次级耕作，影响土层较浅（一般 10cm 以内），作用强度小，后效短。包括：①耙地。即采用耙（刀耙、钉齿耙、平田耙等）在翻耕之后进行耙地，主要作用是划碎残茬、绿肥、碎土、平土。②中耕。即在作物生长过程中于株行间进行的表土耕作措施，往往与除草相结合。③作畦。即用土埂、沟或走道将大田分隔成作物种植小区，利于灌溉和排水，分为平畦、高畦。多在南方地区的多雨季节采用，便于排水防涝。④起垄。利于提高土温，加厚土层，防洪排涝，防止表土板结，改善土壤通透性等。坡耕地垄作可减少水土流失。

（四）少免耕

免耕，又叫零耕。作物播栽前不进行土壤耕作，直接在茬地上播栽，在作物生育期间也不进行土壤耕作。在国外，用特制的免耕播种机一次完成灭茬、播种、施肥、施药、镇压、覆盖等操作，也属于免耕范畴。少耕，即在常规耕作基础上，尽量减少土壤耕作次数，或间隔耕作减少耕作面积。凡多项作业一次完成的联合作业，以局部深耕代替全面深耕，以耙茬、旋耕代替翻耕，在季节间、年份间轮耕，间隔带状耕作，减少中耕次数或免中耕，等等，均属于少耕范畴。

少免耕的优点有：①保持水土。不翻动土层，且残茬秸秆覆盖，土壤水蚀和风蚀明显减轻，减少土壤水肥蒸发。②保持土壤结构。残茬秸秆腐烂分解后，表土层中土壤有机质增加；土壤偏于紧密，有机质分解缓慢而持久，有助于团粒结构形成。③争取季节，减少动力消耗。

少免耕存在的问题有：土壤变紧；土壤表层养分富集，下层贫化；有机肥施用困难，肥料利用率低；杂草、病虫害增加；残茬覆盖导致地温下降。

二、土壤耕作制调查

针对某一区域（县、乡镇、村、组）或生产单位（农业公司、种植合作社、种植大户等），开展土壤基本耕作方式调查，详细调查其耕地面积、各类土壤耕作措施的应用作物与面积及作物产量水平，评价其合理性与存在的问题，并提出改进建议（表 5-5）。

表 5–5　　　　　　　　　　　　　　　土壤基本耕作方式调查表

区域或生产单位名称：

耕作措施	面积 /单产	稻田						旱地				
		早稻	晚稻	春玉米	秋玉米	烤烟	油菜	春玉米	夏玉米	棉花	烤烟	油菜
耕翻	面积											
	单产											
深松耕	面积											
	单产											
旋耕	面积											
	单产											
少免耕	面积											
	单产											
评价与建议												

注：作物种类根据实际情况调整。面积单位：亩。单产单位：kg/ 亩。

实践二　施肥制调查

本实践单元的目的在于使学生学习巩固有关施肥制方面的基础知识，包括施肥制理论、施肥制制定原则、施肥量的估算等，在此基础上，针对某一区域或生产单位的施肥情况开展调查，评价其合理性与存在的问题，并提出改进建议。

一、学习施肥制相关知识

（一）有关施肥制的理论

1. 无机农业。是指以化肥为主要养地手段的农业。理论基础是李比希的矿质营养学说，即矿物质是一切绿色植物唯一的养料，认为化学肥料代替有机肥，可以提高施肥效率和劳动生产率，有机肥的效果完全可以用化肥加微肥替代。其优点是肥效快、劳动生产率高，缺点是耗能多、污染重、成本高。

2. 有机农业。是指完全不用或基本不用化肥、农药、生长调节剂，尽量依靠作物轮作、作物秸秆、牲畜粪肥、豆科作物、生物防治病虫害等方法，来保持土壤肥力的闭合性循环农业。其优点是耗能低、污染少、地力培肥效果好，缺点是有机质来源受限，劳动生产率低。

3. 有机无机结合农业。有机无机结合农业综合了前两者的优点，在一定程度上克服了两者的缺点。既可发挥有机肥的良好作用，充分利用农牧业生产过程中的废弃有机物质，降低生产成本；又可利用化肥迅速改善农田养分平衡状况，扩大农田养分的输入规模，从而既利于作物高产，又利于可持续发展。

（二）施肥制制定原则

1. 抓住重点，统筹兼顾。首先保证产量水平高、经济价值大、需肥多的作物有足够的肥料，再兼顾小作物和耐瘠作物，并要考虑作物对养分的不同需要。兑水稻、小麦、玉米、油菜、棉花等作物要特别考虑满足其对 N、P 的需要，对豆类作物注意施 P，甘薯、马铃薯、甘蔗、烟草注意施用 K。不同前作对土壤肥力影响不一样，肥茬口可酌情减少施肥量。

2. 注重中低产田，促进平衡增产。中低产田的投肥效益比高产田高。

3. 协调生物养地与人工施肥养地的关系。肥料不足时，应扩大生物养地的比例，反之可缩减。

4. 肥料种类与运输距离的统筹安排。有机无机配合，N、P、K协调。为减少运输成本，一般应将浓度低、体积大、用量多的粗肥，如厩肥、堆肥等分配在近田，并适当搭配一些精肥。而体积小、浓度大的肥料，如化肥、饼肥等用于远田。

5. 与其他农业技术措施协调。施肥制应与种植制度、土壤耕作制、灌溉制等协调。

6. 提高施肥的经济效益。注意"报酬递减"现象。

（三）施肥量的估算

计划施肥量 =（实现作物计划产量需养分量 − 土壤供肥力）（肥效有效成分 × 肥料利用率）

根据作物体内养分含量可估算出计划产量需养分量；土壤供肥量可根据无肥区产量估算；肥料利用率：氮肥表施30%，深施60%~70%；磷肥10%~15%；钾肥40%~70%；人粪尿60%；厩肥中N 17%~20%，P 30%~40%，K 60%~70%；堆肥6%~10%；绿肥17%~30%；油菜饼21%。

表 5–6 　　　　　　　　　　　不同作物形成 100 kg 经济产量需养分量　　　　　　　　　　　kg

作物	N	P₂O₅	K₂O
水稻	$2.1 \sim 2.4$	1.25	3.13
小麦	3	1.26	2.5
玉米	2.57	0.86	2.14
甘薯（鲜）	0.35	0.18	0.55
大豆	7.2	1.8	4
花生（壳）	6.8	1.3	3.8
棉花（子棉）	5	1.8	4
油菜籽	5.8	2.5	4.3
烟草（干叶）	$2.5 \sim 3.5$	1.5	$5 \sim 6.5$
甘蔗（每吨）	$3 \sim 4$	$2 \sim 3$	$4 \sim 5$

二、施肥制调查

针对某一区域（县、乡镇、村、组）或生产单位（农业公司、种植合作社、种植大户等），开展施肥制调查，详细调查其耕地类型与面积、作物种类、肥料情况（种类、用量）与施肥技术等，评价其合理性与存在的问题，并提出改进建议（表5–7）。

表 5–7 　　　　　　　　　　　　　　　施肥制调查表

区域或生产单位名称：

肥料	种类/用量	稻田						旱地					
		早稻	春玉米	烤烟	晚稻	秋玉米	油菜	春玉米	夏玉米	棉花	烤烟	油菜	蔬菜
化学氮肥	种类												
	用量												
化学磷肥	种类												
	用量												

续表

肥料	种类/用量	稻田						旱地					
		早稻	春玉米	烤烟	晚稻	秋玉米	油菜	春玉米	夏玉米	棉花	烤烟	油菜	蔬菜
化学钾肥	种类												
	用量												
其他化肥	种类												
	用量												
有机肥	种类												
	用量												
评价与建议													

注：作物种类根据实际情况调整。用量单位：kg/亩。

实践三　农田杂草防除调查

本实践单元的目的在于使学生学习巩固有关农田杂草防除方面的基础知识，包括杂草种类、杂草的为害、杂草的特性、杂草防除方法等，在此基础上，针对某一区域或生产单位的农田杂草防除情况开展调查，评价其合理性与存在的问题，并提出改进建议。

一、学习农田杂草防除相关知识

（一）杂草的种类

据统计，全世界杂草有 3 万多种，有害于农业的杂草约 1800 种。我国农田杂草约 500 种，常见者几十种。常见杂草有：

1. 旱地杂草。①寄生性杂草。如：菟丝子；②非寄生性杂草。包括一年生杂草（繁缕，藜，无芒草等）、越年生杂草（野燕麦、荠菜等）、多年生杂草（狗牙根、蒲公英等）。

2. 稻田杂草。①湿生型杂草。水层 15cm 以上会被淹死，如稗草、看麦娘、棒槌草等。②沼生型杂草。缺水层时生育不良，甚至死亡，如牛毛草、鸭舌草等。③水生型杂草。无水层时即死亡，如眼子菜、小茨藻等。

（二）杂草的为害

杂草的为害主要表现在 4 个方面：与作物争光、争水、争肥、争空间；一些杂草是病菌害虫的中间寄主和越冬场所；有些杂草种子有毒，影响人畜健康；增加管理用工和生产成本。

（三）杂草的特性

杂草的为害主要表现在 6 个方面：繁殖力强，落粒性强；适应性强，抗逆性强；传播力强，传播方式多样；寿命长，分期分批出土；自然群落组成不断改变；拟态性（如稗子伴水稻、谷莠子伴谷子、亚麻荠伴亚麻等）。

（四）杂草的防除方法

杂草防除采取综合防治、以防为主、防治并举的方针。具体防除方法有以下 3 类：

1. 农业除草法。①建立健全杂草检疫制度；②清除农田周围的杂草；③清选种子和灌溉水中的杂草；④施用腐熟的厩肥和堆肥；⑤及时收获农作物并降低留茬高度；⑥合理轮作（轮作换茬，尤其是水旱轮作）；⑦合理耕作（如耕地前放水泡田几天）。

2. 机械除草法。即机械中耕除草。

3. 化学防除法。除草剂有很多种，有灭生性的（播前或芽前施用，或地边施用）和选择性的（敌稗、灭草灵、2，4–D 等）；有土壤处理剂（施于土壤，杂草吸收后产生毒效）和茎叶处理剂（直接喷于杂草株体上）。

二、农田杂草防除调查

针对某一区域（县、乡镇、村、组）或生产单位（农业公司、种植合作社、种植大户等），开展农田杂草防除调查，详细调查其作物种类、除草方法等，评价其合理性与存在的问题，并提出改进建议（表 5–8）。

表 5–8　　　　　　　　　　　　农田杂草防除调查表

区域或生产单位名称：

作物种类	农业除草法						机械除草法				化学除草法		评价与建议
	(1)	(2)	(3)	(4)	(5)	(6)	人工	次数	机械	次数	除草剂	次数	
早稻													
晚稻													
春玉米													
秋玉米													
烟草													
棉花													
油菜													
……													

注：除次数外，其余请针对相应除草方法打√。农业除草法代号：(1)清除农田周围的杂草；(2) 清选种子和灌溉水中的杂草；(3)施用腐熟的厩肥和堆肥；(4)及时收获农作物并降低留茬高度；(5)合理轮作；(6) 合理耕作。

实践四　多熟制作物生产调查

作为人口大国，中国农产品需求量很大，必须采取多熟复种方式以最大限度地提高土地产出率。据调查，美国等国家复种指数不到 100%，而我国平均高达 160%，尤其南方地区，如湖南、浙江、江西等省，高达 200% 以上。

本实践单元的目的在于使学生学习巩固有关多熟种植方面的基础知识，通过调查了解某区域（国家、省、市、县、乡、村）或某个生产单位（农业公司、合作社、种植大户等）的多熟种植的现状，并评价其合理性与存在的问题，提出未来发展建议。

一、学习多熟复种相关知识

（一）什么是多熟种植

多熟种植即在一年内在同一田地上前后或同时种植两种或两种以上作物，是作物种植在空间（间混套作）或时间（复种）上的集约化。

（二）多熟种植的功能

1. 多熟种植提高经济效益与农产品品质。多熟种植提高单位面积作物产量和经济效益，多熟种植增收途径主要是生态种养增收、多季作物累加增收、减少灾害增收。

2. 多熟制提升生态环境，减少生物灾害。多熟种植可实现农田全年绿色覆盖；土壤全年被作物根系固定，可减少水土流失和风蚀；多熟种植，尤其是多熟种植与养殖的结合，丰富了农田生物，有利于发挥生物防治的作用，减少生物灾害，减少农药投入。

3. 多熟制改良农田土壤。合理的间、混、套作和复种，加上秸秆还田、合理轮作等，能改良土壤、提高地力，利于作物高产。

4. 保障粮食安全与社会稳定。多熟种植为中国粮食安全与稳定发挥了至关重要的作用，目前中国多熟种植耕地约占总耕地的 2/3，而其农产品产出约占总量的 3/4。我国粮食产量的75%、油菜产量的 90%、蔬菜产量的 90% 是由多熟种植产出的。

（三）中国南方主要省份的多熟种植模式

当前，我国长江中下游地区的湖南省等省份稻田主要多熟种植模式为双季稻 / 一季稻 – 油菜（冬闲、绿肥、蔬菜）、早稻 – 玉米、烟草 – 晚稻、玉米 – 晚稻、一季稻 – 小麦等；华南地区的福建、广东等省的稻田主要多熟种植模式为双季稻 – 小麦、双季稻 / 一季稻 – 马铃薯、玉米 – 水稻 – 小麦等；西南地区稻田主要多熟种植模式为一季稻 – 油菜（蔬菜、马铃薯）、一季稻 – 玉米、一季稻 – 大豆、玉米 – 水稻 – 油菜等。

二、稻田多熟制生产调查

针对某一区域（县、乡镇、村、组）或生产单位（农业公司、种植合作社、种植大户等），开展稻田多熟制生产调查，详细调查其耕地面积与类型、多熟制模式与面积、产量情况、成本与效益情况等，评价其合理性与存在的问题，并提出改进建议。

表 5–9　　　　　　　　　　　　　　　　多熟制生产调查表

区域或生产单位名称：

稻田面积	多熟制模式、面积、成本、效益							问题分析	发展对策与建议
	模式	面积	产量		成本		总效益		
			水稻	其他	水稻	其他			
	一季稻								
	双季稻								
	双季稻 – 油菜								
	早稻 – 玉米								
	玉米 – 晚稻								
	烟草 – 晚稻								
	……								

注：面积单位：亩；产量单位：kg/ 亩；投入、效益单位：元 / 亩。

实践五　稻田生态种养实践

一、稻田养鸭生态种养技术实践

稻田养鸭技术利用水稻田中的水和鸭子嬉水及食杂草的特性，把种植业和养殖业有机结合在一起，构建成一个水稻 – 鸭子互利互补的生长环境，有利于生产出品质好、食用安全的优质稻米。稻田养鸭技术是生产无公害水稻的一种有效途径。

（一）水稻栽培技术要点

稻田养鸭技术操作方法比较简单、易学，它并不改变原有的水稻栽培体系。

（1）品种选择。选用分蘖力强，抗性强，品质优，适合本地栽培的水稻品种，如株两优、陆两优等。同时要比普通栽培早育苗一周，尽量培育大、壮苗。

（2）培育适龄壮秧。提倡采用大中棚钵体旱育苗技术，在日平均气温稳定在 5 ~ 6℃时，进行播种，每平方米播种量控制在 250 ~ 300g。注意苗期温湿度管理，早通风，勤炼苗。

（3）本田整地与施肥。秋翻地，耕深 15 ~ 18cm，采用耕翻、旋耕、深松相结合的方法，旱整地与水整地相结合，做到池内高低不过寸，肥水不溢出，秋施充分腐熟有机肥，每亩 800kg 左右，最好秸秆还田。少施化肥，尿素用量减少一半左右，二铵每亩减少 1.5 ~ 2.5kg。水耙地前，每亩施入尿素 3 ~ 4kg，45% 复合肥 10kg 做底肥。

（4）适时早插，稀植人工摆栽。当日平均气温稳定在 12 ~ 13℃时，5 月 15 日左右开始插秧，移栽方法采用人工摆插，插秧深度为 2cm 左右，插秧深度不宜过深，也不宜过浅，过深影响分蘖，过浅易产生漂或倒、倾苗。插秧规格 30cm×20cm，每穴插 3 ~ 4 棵基本苗，插秧做到行直、穴匀、棵准，不漂苗。插秧规格不宜密植，否则影响鸭子在水田中活动。

（5）科学灌溉。水层管理应满足"壮根、增温、通气、节水"等促进生育的要求。插秧后返青前灌苗高 2/3 的水，扶苗护苗。有效分蘖期灌 3cm 浅稳水，增温促蘖。有效分蘖中期 3 ~ 5 天排水晒田、晒 5 ~ 7d，晒后恢复正常水层。孕穗至抽穗前，灌 4 ~ 6cm 活水。水稻减数分裂期是水稻一生中对低温最敏感的时期，为防御低温冷害，如遇低于 17℃以下温度时，灌 10 ~ 15cm 深水护胎。抽穗扬花期，灌 5 ~ 7cm 活水，灌浆到蜡熟期间歇灌溉，干干湿湿，以湿为主。黄熟初期开始排水。

（6）病虫害防治。害虫主要靠鸭捕食为主，一般不用药剂防治。但病虫害发生严重时一定要辅以高效、低毒、低残留的农药予以防治。

（7）收获。当 90% 稻株达到完熟即可收获。做到精收细打，减少损失。

（二）鸭子放养技术

（1）设置围网。一方面可防止鸭子跑失，另一方面也起到防止老鼠、黄鼠狼等天敌的侵害。围网可用尼龙绳编织网或细铁丝网。但现有的尼龙绳编织网网眼过大，容易造成鸭子死亡。因此，最好用细铁丝网，围网高度 50cm，每公顷需 400m 长围网。

（2）建造鸭棚。120m² 的育秧大中棚可放养 1000 余只鸭子，也可在稻田池埂交叉处建造 20m² 左右（3m×4m×1.2m）的小型鸭棚，每公顷约建造 3 个，可放入 500 余只鸭子，供鸭子休息，避风、雨、寒（特别是晚上）。注意平时保持鸭舍的清洁干燥和通风。随时观察，发现病鸭立即隔离及时治疗，做好防病工作。棚底用木板，四周和顶部用塑料布封严，背风处留一个小门。

（3）放鸭技术。①放适龄鸭雏。稻鸭以就地取材，降低成本为主，选用当地水鸭。稻田养鸭，放鸭时鸭龄过大，会把水稻幼苗压倒，鸭龄过小，难以适应稻田环境，因此，放鸭时的鸭龄十分重要。最好是放入刚孵化 7d 左右的雏鸭，鸭龄最大也不宜超过孵化 15d。②单位面积放鸭数量。单位面积放鸭数量与稻田杂草防效以及饲养鸭子成本直接相关。鸭子数量过少稻田杂草防效降低；鸭子数量过多稻田中杂草不够吃，杂草防效虽然好，但饲料成本增加。根据海林市两年的试验研究，放鸭数量以每亩 30 只为适宜标准，既减少饲料成本，又达到很好的杂草防除目的。③放鸭时间。水稻秧苗返青后，5 月 28 日左右及时放鸭。过早会压倒稻苗影响水稻收获株数；过晚，杂草生长较大，鸭子不易食用，杂草防效低。因此，最好是在插秧后 7 ~ 10d 稻苗扎新根缓苗以后及时放鸭，只要稻苗已缓苗，放鸭时间越早越好。④放鸭技巧。鸭子生性比较胆小，每次从鸭棚里放鸭时，不能人为撵鸭，这样会使鸭子受到惊吓，聚堆不吃草。因此，放鸭时小心把鸭棚门打开，让鸭子自行出棚觅食。放养鸭子时不能让鸭子在刚施过药、化肥和有腐败动物的地点活动。⑤鸭子的喂养。白天稻鸭在水田中活动，以杂草、昆虫为食，傍晚上岸后，需要辅助一些精饲料喂养，如豆饼、麦麸、碎米、玉米面等。小鸭放养的前半个月，由于觅食能力较差，需在固定场所添加一些精饲料，开始以 50g/（只·d）饲喂，以后逐日减少，直至鸭子自动觅食。⑥收鸭时间。在水稻孕穗末期，即将抽穗时及时收回鸭子，7 月 25 日左右收回鸭子。因为，此时的鸭子体重一般已长到 2kg 左右，采食能力极强，如不及时回收处理，便会采食快成熟的稻谷，造成水稻减产。

（三）试验设计与记载项目

以常规种植为对照，记载项目有田间档案，投入产出比，每 10 日监测鸭子生长动态（称重），水稻病虫害发生状况，收获测产考种。

二、稻田养虾技术

（一）稻田养殖小龙虾技术

（1）田块选择。宜选择水源充足，排灌方便，水质良好无污染，保水性能强的田块进行小龙虾养殖。

（2）田间工程建设。养虾稻田田间工程建设包括田埂加固、进排水口的防逃设施、环沟、田间沟、遮荫棚等工程。沿稻田田埂内侧四周开挖养虾沟，沟宽 1 ~ 2m，深 0.8 ~ 1m，坡比 1：2.5。面积较大的田块，还要在田中间开挖"田""井"字形田间沟和增设几条小埂。田间沟宽 0.5 ~ 1m，深 0.5 ~ 0.6m，小埂为管理水稻之用。养虾沟和田间沟面积占稻田面积的 5% ~ 10%。利用开挖养虾沟挖出的泥土加固加高田埂，平整田面，田埂加固时每加一层土都要进行夯实，防止雨水冲刷使田埂倒塌。田埂顶部应宽 3m 以上，并加高 0.5 ~ 1m。进排水口要用铁丝网或栅栏围住，防止小龙虾随水流而外逃。进水渠道建在田埂上，排水口建在虾沟的最低处，按照高灌低排的格局，保证灌得进，排得出。还可在离田埂 1m 处，每隔 3m 打一处 1.5m 高的桩，用毛竹架设，在田埂边种瓜、豆、葫芦等，待藤蔓上架后，在炎夏起到遮阴避暑的作用。

（3）放养前的准备工作。①清沟消毒。放虾前 10 ~ 15d，每亩稻田养虾沟用生石灰 50kg，或选用其他药物，对饲养沟进行彻底清沟消毒，杀灭野杂鱼类、敌害生物和致病菌。②施足基肥。放虾前 7 ~ 10d，田沟中注水深 50 ~ 80cm，每亩稻田虾沟用生石灰 50 ~ 75kg 泼洒消毒。然后施肥培水，一般每亩施复合肥 50kg、碳铵 59kg 或农家有机肥 200 ~ 500kg。③过滤及防逃。进、排水口要安装竹箔、铁丝网及网片等防逃、过滤设施，严防敌害生物进入。

（二）虾苗虾种放养

小龙虾虾苗虾种在放养时要试水，试水安全后，才可投放幼虾。放养方式有以下几种：一是头一年的 7 月份将亲虾直接放养在稻田内，让其自行繁殖，根据稻田的实际情况，一般每亩放养规格 40g 以上的亲虾 20kg，雌雄性比 3：1。第二年采用免耕法种植水稻，让其繁殖孵化出来的幼体能直接摄食稻田水中的浮游生物，提高幼体孵化率和幼虾成活率；二是在 5 月份水稻栽秧后投入小龙虾幼虾，一般每亩放养规格 2 ~ 4cm 的幼虾 5000 ~ 8000 尾。放养时，用 3% 食盐水浸浴虾体 3min 左右，在把握好虾苗虾种质量的同时，同一田块须放养同一规格的虾苗虾种，并一次放足。

（三）田间管理

在稻田中饲养小龙虾，除要上足底肥外，还要求投喂人工饲料。可在虾沟内投一些水草，在小龙虾生长旺季可适当地投喂一些动物性饲料如锤碎的螺、蚌及屠宰厂的下脚料等。每天早、晚坚持巡田，观察沟内水色变化和虾活动、吃食、生长情况。田间管理的工作主要集中在水稻保水、晒田、施肥、用药及小龙虾的防逃、防害等工作。

（1）晒田。稻谷晒田宜轻烤，水位降低到田面露出即可，而且时间要短，发现小龙虾有异常反应时，则要立即注水。

（2）稻田施肥。稻田基肥在插秧前一次施入耕作层内，达到肥力持久长效的目的。追肥应少量多次，最好是半边先施半边后施。一般每月追肥 1 次，每亩施尿素 5kg、复合肥 10kg 或发酵的畜禽粪 30～50kg，切忌追施氨水和碳酸氢铵。施追肥时最好先排浅田水，让虾集中到环沟、田间沟之中，然后施肥，使化肥迅速沉积于底层田泥中，并为田泥和水稻吸收，随即加深田水至正常深度。

（3）水稻施药。稻田养虾的原则是能不用药时坚决不用，需要用药时则选用高效低毒农药，避免使用含菊酯类型的杀虫剂。施药时要注意严格把握安全使用浓度，将药喷洒在水稻茎叶上，尽量不喷入水中，而且最好分区用药。防治水稻螟虫，亩用 18% 杀虫双水剂 200mL 加水 75kg 喷雾；防治稻飞虱，亩用 25% 扑虱灵可湿性粉剂 50g 加水 25kg 喷雾；防治稻条斑病、稻瘟病，亩用 50% 消菌灵 40g 加水喷雾。同时，施药前田间加水至 20cm，喷药后及时换水。

（4）防逃、防病害。坚持每天巡田，检查进排水口筛网是否牢固，防逃设施是否损坏，汛期防止漫田，防虾外逃。进排水时要用 40～80 目筛绢网过滤，防敌害生物入田。平时要清除蛙、水蛇、泥鳅、黄鳝、水老鼠等敌害，以免其为害小龙虾。

（四）饲养管理

一般 7～9 月以投喂菜粕、麦麸、水陆草、瓜皮、蔬菜等植物性饲料，10～12 月多投一些动物性饲料，日投喂量为虾体重的 6%～8%，早、晚各投喂 1 次，晚上投喂日饵量的 70%。冬季每 3～5d 投喂 1 次，于日落前后进行，投喂量为虾体重的 1%～2%。从翌年 4 月份开始，逐步增加投饲量，确保小龙虾吃饱、吃好，以免农药对虾体造成为害。管水：除晒田外，平时稻田水深应保持在 20cm 左右，并经常注换新水。稻田注水一般在 10:00～11:00 进行，保持引水水温与稻田水温相接近。注水时要边排边灌，做到温差不大。6 月底每周换水 1/5～1/4；7～8 月每周换水 3～4 次，换水量为田水的 1/3 左右；9 月后，每 5～10d 换水 1 次，每次换水 1/4～1/3，保持虾沟水体透明度 25～30cm。田间沟内，每 15～20d 用生石灰水泼洒 1 次，每次每亩用量为 5～10kg，以调节水质。有条件的话可定期在饲料中添加适量维生素 C、维生素 E 和钙，以增强虾体抗病力和免疫力。

（五）捕捞

稻田养殖小龙虾，一般经 60d 左右饲养，就有一部分虾能达到商品规格，可经常捕捞，捕大留小。捕捞工具有地笼网、虾笼等。可将工具在夜间置于田沟内，次日清晨取虾。

（六）记载观测

建立田间档案，水稻返青后每 5d 记载分蘖动态、生育进程、收获后考种，记载各种投入品类型及费用，计算投入产出比。

第六章　农村社会实践与调查

农林高校大学生必须融入农村、熟悉农业、理解农民，必须深入开展农村社会实践和农村社会调查，奠定服务"三农"的思想基础和行动方向。

第一节　农村社会实践

实践一　农村基层公文管理

一、了解公文基本知识

公文是公务文件的简称，公文的法定作者是依法成立并能以自己名义行使行政权力和承担责任的国家机构或其他社会组织。为了推进党政机关公文处理工作科学化、制度化、规范化，中共中央办公厅和国务院办公厅于2012年联合印发《党政机关公文处理工作条例》，以规范各级党政行政机关公文处理工作。

（一）公文的种类

（1）决议。适用于会议讨论通过的重大决策事项。

（2）决定。适用于对重要事项作出决策和部署、奖惩有关单位和人员、变更或者撤销下级机关不适当的决定事项。

（3）命令。适用于公布行政法规和规章、宣布施行重大强制性措施、批准授予和晋升衔级、嘉奖有关单位和人员。

（4）公报。适用于公布重要决定或者重大事项。

（5）公告。适用于向国内外宣布重要事项或者法定事项。

（6）通告。适用于在一定范围内公布应当遵守或者周知的事项。

（7）意见。适用于对重要问题提出见解和处理办法。

（8）通知。适用于发布、传达要求下级机关执行和有关单位周知或者执行的事项，批转、转发公文。

（9）通报。适用于表彰先进、批评错误、传达重要精神和告知重要情况。

（10）报告。适用于向上级机关汇报工作、反映情况，回复上级机关的询问。

（11）请示。适用于向上级机关请求指示、批准。

（12）批复。适用于答复下级机关请示事项。

（13）议案。适用于各级人民政府按照法律程序向同级人民代表大会或者人民代表大会常务委员会提请审议事项。

（14）函。适用于不相隶属机关之间商洽工作、询问和答复问题、请求批准和答复审批事项。

（15）纪要。适用于记载会议主要情况和议定事项。

（二）公文格式

（1）公文一般由份号、密级和保密期限、紧急程度、发文机关标志、发文字号、签发人、标题、主送机关、正文、附件说明、发文机关署名、成文日期、印章、附注、附件、抄送机关、印发机关和印发日期、页码等组成。份号是公文印制份数的顺序号，涉密公文应当标注份号；密级和保密期限是公文的秘密等级和保密的期限，涉密公文应当根据涉密程度分别标注"绝密""机密""秘密"和保密期限；紧急程度是公文送达和办理的时限要求，根据紧急程度，紧急公文应当分别标注"特急""加急"，电报应当分别标注"特提""特急""加急""平急"；发文机关标志是由发文机关全称或者规范化简称加"文件"二字组成，也可以使用发文机关全称或者规范化简称（联合行文时发文机关标志可以并用联合发文机关名称，也可以单独用主办机关名称）；发文字号是由发文机关代字、年份、发文顺序号组成（联合行文时使用主办机关的发文字号）；上行文应当标注签发人姓名；标题由发文机关名称、事由和文种组成；主送机关是公文的主要受理机关，应当使用机关全称、规范化简称或者同类型机关统称；正文是公文的主体，用来表述公文的内容；附件说明是指公文附件的顺序号和名称；发文机关署名采用发文机关全称或者规范化简称；成文日期应署会议通过或者发文机关负责人签发的日期（联合行文时署最后签发机关负责人签发的日期）；公文中有发文机关署名的，应当加盖发文机关印章，并与署名机关相符；附注是公文印发传达范围等需要说明的事项；附件是公文正文的说明、补充或者参考资料；抄送机关是除主送机关外需要执行或者知晓公文内容的其他机关，应当使用机关全称、规范化简称或者同类型机关统称。

（2）公文的版式按照《党政机关公文格式》国家标准执行。

（3）公文使用的汉字、数字、外文字符、计量单位和标点符号等，按照有关国家标准和规定执行。民族自治地方的公文，可以并用汉字和当地通用的少数民族文字。

（4）公文用纸幅面采用国际标准 A4 型。特殊形式的公文用纸幅面，可以根据实际需要确定。

（三）行文规则

（1）行文关系根据隶属关系和职权范围确定。一般不得越级行文，特殊情况需要越级行文的，应当同时抄送被越过的机关。

（2）向上级机关行文，应当遵循以下规则：①原则上主送一个上级机关，根据需要同时抄送相关上级机关和同级机关，不抄送下级机关。②党委、政府的部门向上级主管部门请示、报告重大事项，应当经本级党委、政府同意或者授权；属于部门职权范围内的事项应当直接报送上级主管部门。③下级机关的请示事项，如需以本机关名义向上级机关请示，应当提出倾向性意见后上报，不得原文转报上级机关。④请示应当一文一事。不得在报告等非请示性公文中夹带请示事项。⑤除上级机关负责人直接交办事项外，不得以本机关名义向上级机关负责人报送公文，不得以本机关负责人名义向上级机关报送公文。⑥受双重领导的机关向一个上级机关行文，必要时抄送另一个上级机关。

（3）向下级机关行文，应当遵循以下规则：①主送受理机关，根据需要抄送相关机关。重要行文应当同时抄送发文机关的直接上级机关。②党委、政府的办公厅（室）根据本级党委、政府授权，可以向下级党委、政府行文，其他部门和单位不得向下级党委、政府发布指令性公文或者在公文中向下级党委、政府提出指令性要求。需经政府审批的具体事项，经政府同意后可以由政府职能部门行文，文中须注明已经政府同意。③党委、政府的部门在各自职权范围内可以向下级党委、政府的相关部门行文。④涉及多个部门职权范围内的事务，部门之间未协商一致的，不得向下级机关行文;擅自行文的，上级机关应当责令其纠正或者撤销。⑤上级机关向受双重领导的下级机关行文，必要时抄送该下级机关的另一个上级机关。

（4）同级党政机关、党政机关与其他同级机关必要时可以联合行文。属于党委、政府各自职权范围内的工作，不得联合行文。党委、政府的部门依据职权可以相互行文。部门内设机构除办公厅（室）外不得对外正式行文。

（四）公文拟制

公文拟制包括公文的起草、审核、签发等程序。

（1）公文起草应当做到：①符合党的理论路线、方针、政策和国家法律法规，完整准确体现发文机关意图，并同现行有关公文相衔接。②一切从实际出发，分析问题实事求是，所提政策措施和办法切实可行。③内容简洁，主题突出，观点鲜明，结构严谨，表述准确，文字精练。④文种正确，格式规范。⑤深入调查研究，充分进行论证，广泛听取意见。⑥公文涉及其他地区或者部门职权范围内的事项，起草单位必须征求相关地区或者部门意见，力求达成一致。机关负责人应当主持、指导重要公文起草工作。

（2）公文文稿签发前，应当由发文机关办公厅（室）进行审核。审核的重点是：①行文理由是否充分，行文依据是否准确。②内容是否符合党的理论路线方针政策和国家法律法规；是否完整准确体现发文机关意图；是否同现行有关公文相衔接；所提政策措施和办法是否切实可行。③涉及有关地区或者部门职权范围内的事项是否经过充分协商并达成一致意见。④文种是否正确，格式是否规范；人名、地名、时间、数字、段落顺序、引文等是否准确；文字、数字、计量单位和标点符号等用法是否规范。⑤其他内容是否符合公文起草的有关要求。需要发文机关审议的重要公文文稿，审议前由发文机关办公厅（室）进行初核。

（3）经审核不宜发文的公文文稿，应当退回起草单位并说明理由；符合发文条件但内容需作进一步研究和修改的，由起草单位修改后重新报送。

（4）公文应当经本机关负责人审批签发。重要公文和上行文由机关主要负责人签发。党委、政府的办公厅（室）根据党委、政府授权制发的公文，由授权机关主要负责人签发或者按照有关规定签发。签发人签发公文，应当签署意见、姓名和完整日期；圈阅或者签名的，视为同意。联合发文由所有联署机关的负责人会签。

（五）公文办理

（1）收文办理主要程序是：①签收。对收到的公文应当逐件清点，核对无误后签字或者盖章，并注明签收时间。②登记。对公文的主要信息和办理情况应当详细记载。③初审。对收到的公文应当进行初审。初审的重点是：是否应当由本机关办理，是否符合行文规则，文种、格式是否符合要求，涉及其他地区或者部门职权范围内的事项是否已经协商、会签，是否符合公文起草的其他要求。经初审不符合规定的公文，应当及时退回来文单位并说明理由。④承办。阅知性公文应当根据公文内容、要求和工作需要确定范围后分送。批办性公文应当提出拟办意见报本机关负责人批示或者转有关部门办理；需要两个以上部门办理的，应当明确主办部门。紧急公文应当明确办理时限。承办部门对交办的公文应当及时办理，有明确办理时限要求的应当在规定时限内办理完毕。⑤传阅。根据领导批示和工作需要将公文及时送传阅对象阅知或者批示。办理公文传阅应当随时掌握公文去向，不得漏传、误传、延误。⑥催办。及时了解掌握公文的办理进展情况，督促承办部门按期办结。紧急公文或者重要公文应当由专人负责催办。⑦答复。公文的办理结果应当及时答复来文单位，并根据需要告知相关单位。

（2）发文办理主要程序是：①复核。已经发文机关负责人签批的公文，印发前应当对公文的审批手续、内容、文种、格式等进行复核；需作实质性修改的，应当报原签批人复审。②登记。对复核后的公文，应当确定发文字号、分送范围和印制份数并详细记载。③印制。公文印制必须确保质量和时效。涉密公文应当在符合保密要求的场所印制。④核发。公文印制完毕，应当对公文的文字、格式和印刷质量进行检查后分发。

（3）涉密公文应当通过机要交通、邮政机要通信、城市机要文件交换站或者收发件机关机要收发人员进行传递，通过密码电报或者符合国家保密规定的计算机信息系统进行传输。

（4）需要归档的公文及有关材料，应当根据有关档案法律法规以及机关档案管理规定，及时收集齐全、整理归档。两个以上机关联合办理的公文，原件由主办机关归档，相关机关保存复制件。机关负责人兼任其他机关职务的，在履行所兼职务过程中形成的公文，由其兼职机关归档。

（六）公文管理

各级单位应当建立健全本机关公文管理制度，确保管理严格规范，充分发挥公文效用。

（1）公文确定密级前，应当按照拟定的密级先行采取保密措施。确定密级后，应当按照所定密级严格管理。绝密级公文应当由专人管理。公文的密级需要变更或者解除的，由原确定密级的机关或者其上级机关决定。

（2）公文的印发传达范围应当按照发文机关的要求执行；需要变更的，应当经发文机关批准。涉密公文公开发布前应当履行解密程序。公开发布的时间、形式和渠道，由发文机关确定。经批准公开发布的公文，同发文机关正式印发的公文具有同等效力。

（3）复制、汇编机密级、秘密级公文，应当符合有关规定并经本机关负责人批准。绝密级公文一般不得复制、汇编，确有工作需要的，应当经发文机关或者其上级机关批准。复制、汇编的公文视同原件管理。复制件应当加盖复制机关戳记。翻印件应当注明翻印的机关名称、日期。汇编本的密级按照编入公文的最高密级标注。

（4）公文的撤销和废止，由发文机关、上级机关或者权力机关根据职权范围和有关法律法规决定。公文被撤销的，视为自始无效；公文被废止的，视为自废止之日起失效。涉密公文应当按照发文机关的要求和有关规定进行清退或者销毁。

（5）不具备归档和保存价值的公文，经批准后可以销毁。销毁涉密公文必须严格按照有关规定履行审批登记手续，确保不丢失、不漏销。个人不得私自销毁、留存涉密公文。

（6）机关合并时，全部公文应当随之合并管理；机关撤销时，需要归档的公文经整理后按照有关规定移交档案管理部门。工作人员离岗离职时，所在机关应当督促其将暂存、借用的公文按照有关规定移交、清退。

（7）新设立的机关应当向本级党委、政府的办公厅（室）提出发文立户申请。经审查符合条件的，列为发文单位，机关合并或者撤销时，相应进行调整。

二、实践农村基层公文管理实践

在乡（镇）政府进行顶岗实习或村级管理实践中，积极参与乡（镇）政府的公文管理工作，了解政府公文类型，学习公文格式和行文规则，参与公文拟制和公文办理等工作。

实践二 农村基层会务管理

一、熟悉会议基本知识

会议是指有组织、有目的的言语沟通活动方式，是围绕一定目的进行的、有控制的集会，有关人士聚集在一起，围绕一个主题发言、插话、提问、答疑、讨论，通过语言相互交流信息，表达意见，讨论问题，解决问题。筹划和召开各种会议，利用会议形式来传递信息，沟通意见，协调关系，也是公共关系常用的一种传播方式。

1. 会务工作及其特点

会议从筹备到善后，有一系列会议秘书工作，称为会务工作。会务工作做得好，是影响会议质量和会议效果的重要因素。会务工作一般具有以下特点：

（1）政治性。会务工作从来都依附于一定的阶段、政党并为它们服务。

（2）服务性。会务工作是随着开会的需要应运而生的，它的一切活动，都是为了给会议提供方便条件，做好各项服务工作，保证开好会议。

（3）被动性。会务工作的辅助地位决定了它的被动性。

（4）事务性。无论是值班接传电话，还是记录整理简报，很多环节都有较强的事务性，繁杂而琐碎。但是，正是通过这些事务性工作，保证了会议的顺利进行。这种事务性工作中蕴含着极强的政治性和思想性。有时一个很小的事务性工作未做好，可能会发展成为一个大的政治问题。

（5）综合性。由于会务工作是直接为领导机关和领导同志召开的会议服务，会议涉及的内容十分广泛，与会人员人才济济，知识渊博，要做好会务工作，需要了解社会科学和自然科学的多学科知识，特别是管理学知识，需要掌握同本职工作相联系的各方面的情况，需要掌握使用各种为会议服务的自动化、电子化设备的技能和本职工作的业务知识，要求会议秘书工作人员成为"通才"和"杂家"，能够从全局出发观察与考虑问题，有高度综合的眼光与能力。当然，会议秘书工作也有它的专业性，如办事能力、写作能力、记录技术等。会议秘书工作的综合性与专业性是互相渗透、相辅相成的。会议秘书工作人员的综合能力越强，越有利于提高专业化水平；会议秘书工作人员的专业化水平越高，总揽全局的综合能力也就越强。

（6）保密性。无论大小机关、单位，许多重要事情都通过会议讨论后作出决定。因而，许多会议的内容都有很强的机密性，保守会议秘密，理所当然是会务工作的任务之一，需要慎之又慎。

（7）时间性。会议是一种有组织有领导的活动，有很强的时间性。作为与会者应遵守时间，按时参加会议。作为会务工作人员更应有高度的时间观念，决不能出现诸如与会者已到齐了，会议记录人员还未到或是会场还未布置好等现象。

2. 会议记录

在会议过程中，由记录人员把会议的组织情况和具体内容记录下来，就形成了会议记录。"记"有详记与略记之别。略记是记会议概要，会议上的重要或主要言论。详记则要求记录的项目必须完备，记录的言论必须详细完整。若需要留下包括上述内容的会议记录则要靠"录"。"录"有笔录、音录和影像录几种，对会议记录而言，音录、影像录通常只是手段，最终还要将录下的内容还原成文字。笔录也常常要借助音录、影像录，以之作为记录内容最大限度地再现会议情境的保证。会议记录的基本要求：

（1）准确写明会议名称（要写全称），开会时间、地点，会议性质。

（2）详细记下会议主持人、出席会议应到和实到人数，缺席、迟到或早退人数及其姓名、职务，记录者姓名。如果是群众性大会，只要记参加的对象和总人数，以及出席会议的较重要的领导成员即可。如果某些重要的会议，出席对象来自不同单位，应设置签名簿，请出席者签署姓名、单位、职务等。

（3）忠实记录会议上的发言和有关动态。会议发言的内容是记录的重点。其他会议动态，如发言中插话、笑声、掌声，临时中断以及别的重要的会场情况等，也应予以记录。

记录发言可分摘要与全文两种。多数会议只要记录发言要点，即把发言者讲了哪几个问题，每一个问题的基本观点与主要事实、结论，对别人发言的态度等，作摘要式的记录，不必"有闻必录"。某些特别重要的会议或特别重要人物的发言，需要记下全部内容。有录音机的，可先录音，会后再整理出全文；没有录音条件，应由速记人员担任记录；没有速记人员，可以多配几个记得快的人担任记录，以便会后互相校对补充。

（4）记录会议的结果，如会议的决定、决议或表决等情况。会议记录要求忠于事实，不能夹杂记录者的任何个人情感，更不允许有意增删发言内容。会议记录一般不宜公开发表，如需发表，应征得发言者的审阅同意。

3. 会议纪要

会议纪要是根据会议的主导思想和会议记录，对会议的重要内容、决定事项进行整理综合、摘要、提高而形成的一种具有记实性、指导性的公文。它适用于记载和传达会议情况与议定事项。会议纪要是用于记载、传达会议情况和议定事项的公文。会议纪要不同于会议记录。会议纪要对企事业单位、机关团体都适用。会议纪要具有以下基本类别：

（1）工作会议纪要。它侧重于记录贯彻有关工作方针、政策，及其相应要解决的问题。如《全国民族贸易和民族用品生产工作会议纪要》《全省基本建设工作会议纪要》。

（2）代表会议纪要。它侧重于记录会议议程和通过的决议，以及今后工作的建议。如《××省第一次盲人聋哑人代表会议纪要》。

（3）座谈会议纪要。它的内容比较单一、集中，侧重于工作的、思想的、理论的、学习的某一个问题或某一方面问题。

（4）联席会议纪要。是指不同单位、团体，为了解决彼此有关的问题而联合举行会议，这类会议形成的纪要侧重于记录两边达成的共同协议。

（5）办公会议纪要。对本单位或本系统有关工作问题的讨论、商定、研究、决议的文字记录，以备查考。

（6）汇报会议纪要。这种会议侧重于汇报前一段工作情况，研究下一步工作，经常是为召开工作会议进行的准备会议。

二、农村基层会议管理实践

在乡（镇）政府进行顶岗实习或村级管理实践中，积极参与会议组织与管理等相关工作，主动承担公务工作，承担会议记录和会议纪要起草等工作，熟悉会议组织工作内涵。

实践三　农村基层档案管理

一、学习档案管理基本知识

机关档案是行政管理的历史记录，是行政机关按照一定程序保存起来的文书资料。只有处理完毕经过筛选，具有一定查考和利用价值的那部分文书资料才能成为档案。档案的形式多种多样，最主要和常见的是文字档案，包括文件材料、电报、手稿、书信、会议记录和其他一切书面形式的材料，其他还有音像制品、照片、画片、技术图纸等。档案作为宝贵的第一手资料，对于人们了解行政历史，总结经验教训，进行历史和现状研究等，都具有非常重要的参考价值，是保持行政的连续性和稳定性的特殊资源。

1. 档案收集

档案收集是指按照有关规定，通过例行的接收制度和专门的征集方法，把分散在各机关、部门、个人手中和散失在社会上的档案，集中到机关档案室或档案馆进行科学管理的一项业务环节。

按照法定的原则、程序和规定的制度移交和接收档案，是档案馆和档案室补充档案资源的最基本形式。其基本内容包括两个方面：①各级国家机关和各种社会组织的档案室，按照规定接收本机关业务部门和文书处理部门办理完毕移交归档的文件；②各级各类档案馆依据国家法律和有关规定接收现行机关和撤销机关的档案。

接收的范围和要求：①档案室接收本机关工作活动中形成的具有保存价值的各种门类和载体的档案，包括科学技术档案、会计档案等各种专门档案以及音像材料和照片等各种特殊载体的档案；②各级档案馆接收本级各机关、团体及其所属单位具有长远保存价值的档案，以及与档案有关的资料。各国对于档案馆保管接收档案的范围不尽相同，有些国家的档案馆只接收具有永久保存价值的档案，有的也接收定期保管的档案。我国省级以上档案馆接收具有永久保存价值的、在立档单位保管已满20年左右的档案，地市（州、盟）级和县级档案馆接收永久和长期保管的、在立档单位保管已满10年左右的档案；③档案室和档案馆正常接收的档案，要求齐全并按规定整理好，进馆档案应遵循全宗和全宗群不可分散的原则，保持原有全宗的完整性及相关全宗的联系性。

征集流散在各机关、各部门、个人与国外的有价值的各种历史档案和相关资料，是档案馆收集工作中必不可少的补充手段，分为非强制性的和强制性的两种。一般采取在协商的基础上，通过复制、交换、捐赠、有偿转让等方式，将档案集中到档案馆；在特殊情况下，集体和个人所有的对国家和社会具有保存价值的或需保密的档案，当其保管条件恶劣或者由于其他原因被认为可能导致档案严重损毁和不安全时，国家可将其收购或征购入馆，也可代为保管。

寄存一般是通过协议的形式将档案存放到档案馆。寄存档案的单位或个人不失其所有权，并享有优先使用权以及能否准许其他人利用的决定权。已保存在博物馆、图书馆、纪念馆等单位的，同时也是档案的文物或图书资料等，一般由其自行管理。

2. 档案整理

档案整理是档案馆（室）对收集来的档案分门别类组成有序体系的一项业务，是档案管理中的一项基础工作。档案整理的基本方法有两种：

（1）以案卷为单位整理。以案卷为单位整理就是立卷，即按照文件材料在形成和处理过程中的联系将其组合成案卷。所谓案卷，就是一组有密切联系的文件的组合体。立卷是一个分类、组合、编目的过程。分类即按照立档单位的档案分类方案，对文件材料进行实体分类；组合即将经过分类的文件材料，按一定形式组合起来；编目即将经过组合以后的文件材料，进行系统排列和编目。

（2）以件为单位整理。以件为单位整理要以计算机管理为前提条件。以件为单位整理就是按照文件材料形成和处理的基本单位进行整理。一般来讲，一份文书材料、一张图纸或照片、一盘录音带或录像带、一本表册或证书、一面锦旗、一个奖杯等均为一件。文书材料的正本与定稿作为一件，转发件与被转发件为一件，正文与附件作为一件，原件与复制件作为一件，来文与复文可为一件。以件为单位整理的档案，其基本保管单位是件。

3. 档案保管与利用

档案保管是档案馆（室）对档案进行系统存放和安全保护的工作，是档案管理中的一项重要内容。档案保管的主要内容：①档案排架。可视不同情况分别采取分类排架和流水排架，或分类、流水综合排架。分类排架即按照档案形成的不同时期、档案的不同类型和立档单位的不同组织系统等，将馆藏档案划分为若干类别进行排架；流水排架即按照档案全宗最初进馆的时间顺序排架；分类、流水综合排架即先将馆藏档案分为若干类别，在每一类别内再按全宗进馆时间顺序排架。无论采用何种方法，属于一个全宗的档案均应集中排放，不应分散和混杂。②档案库房管理。要建立完善的档案库房管理制度，配备必要的防护设备，合理调节和控制温度、湿度，做好防火、防盗、防尘、防霉等各项工作，保持整洁、有序，保证档案安全无损。③档案调出和归还。调出和归还档案都应逐卷点交清楚，办理手续。用完的档案要归还原位。④档案检查。对于馆藏档案的状况应定期进行全面检查，必要时可临时进行部分检查。着重检查档案是否缺少以及每件档案的完好状况，检查时要逐卷进行，要作出详细记录并写出正式报告。一旦发现档案缺少或严重破损等问题，要及时采取措施，妥善处理。

档案利用工作可区分为提供档案利用和利用档案。①提供档案利用是档案管理部门及其人员直接提供档案，为了解查询问题的利用者提供服务；②利用档案是利用者为了研究和解决问题，以阅览、复制、摘录等形式使用档案。

二、农村基层档案管理实践

在乡（镇）政府进行顶岗实习或村级管理实践中，主动参与档案管理工作，学习档案收集、档案整理流程，掌握档案管理与利用的技术流程。

实践四 农村群众工作实践

一、农村土地纠纷处理

（一）理解农业用地

（1）耕地。耕地是指种植农作物的土地，包括熟地，新开发、复垦、整理土地，休闲地（含轮歇地、轮作地）。耕地中又分出水田、水浇地、旱地3类。水田指用于种植水稻、莲藕等水生农作物的耕地，包括实行水旱轮种的耕地。水浇地指有水源保证和灌溉设施，在一般年景能正常灌溉，种植旱生农作物的耕地，包括种植蔬菜等的非工厂化的大棚用地。旱地（雨养地）指无灌溉设施，主要靠天然降水种植旱生农作物的耕地，包括没有灌溉设施，仅靠引洪淤灌的耕地。

（2）园地。园地是指种植以采集果、叶为主的集约经营的木本和草本植物，覆盖度在 0.5 以上的或每亩株数大于合理株数 70% 以上的土地，包括用于育苗的土地。园地又可以细分为果园、茶园和其他园地（如中药材种植用地）。

（3）林地。林地是指成片的天然林、次生林和人工林覆盖的土地，包括用材林、经济林、薪炭林和防护林等各种林木（含竹、藤）的成林、幼林和苗圃等所占用的土地。

（4）牧草地。牧草地是指以生长草本植物为主，用于畜牧业的土地，包括以牧为主的疏林、灌木草地。牧草地分为天然草地、改良草地和人工草地 3 类。

（5）养捕水面。养捕水面是指用于水产养殖或水产捕捞的水域。养殖水面是人工开挖或天然形成的专门用于水产养殖的水域及相应附属设施用地。据农业部资料，全国现有坑塘养殖面积 1747.5 千 hm²（2621.3 万亩），占内陆养殖总面积 4429.8 千 hm² 的 39.5%，而渔业产量却占内陆渔业总产量的 75% 以上。

（6）设施农用地。依据《土地利用现状分类》（GB/T 21010—2007），设施农用地是指直接用于经营性养殖的畜禽舍、工厂化作物栽培或水产养殖的生产设施用地及其相应附属设施用地，农村宅基地以外的晾晒场等农业设施用地。根据设施农用地特点，从有利于规范管理出发，设施农用地具体分为生产设施用地和附属设施用地。

生产设施用地是指在农业项目区域内，直接用于农产品生产的设施用地。包括：①工厂化作物栽培中有钢架结构的玻璃或 PC 板连栋温室用地等；②规模化养殖中畜禽舍（含场区内通道）、畜禽有机物处置等生产设施及绿化隔离带用地；③水产养殖池塘、工厂化养殖、进排水渠道等水产养殖的生产设施用地；④育种育苗场所、简易的生产看护房用地等。

附属设施用地是指农业项目区域内，直接辅助农产品生产的设施用地。包括：①管理和生活用房用地：指设施农业生产中必需配套的检验检疫监测、动植物疫病虫害防控、办公生活等设施用地；②仓库用地：指存放农产品、农资、饲料、农机农具和农产品分拣包装等必要的场所用地；③硬化晾晒场、生物质肥料生产场地、符合"农村道路"规定的道路等用地。

（二）熟悉耕地保护政策

耕地保护是指运用法律、行政、经济、技术等手段和措施，对耕地的数量和质量进行的保护。耕地保护是关系我国经济和社会可持续发展的全局性战略问题。十分珍惜、合理利用土地和切实保护耕地是必须长期坚持的一项基本国策。

《中华人民共和国土地管理法》明确提出了耕地保护的目标，即实现耕地的总量动态平衡。所谓耕地总量动态平衡，是指在满足人口及国民经济发展对耕地产品数量和质量不断增长的条件下，耕地数量和质量供给与需求的动态平衡。实现这一目标必须加强耕地的数量、质量保护并注重耕地环境质量的提高。耕地的数量保护具体措施包括以下两个方面：一是严格控制耕地转为非耕地；二是国家实行占用耕地补偿制度；三是国家实行基本农田保护制度；四是推进土地开发、复垦、整理。耕地的质量保护包括以下几方面：一是国家制定耕地质量保护措施，如防止水土流失、耕地沙化、盐碱化、贫瘠化等；二是实现耕地环境保护。

《中华人民共和国土地管理法》《基本农田保护条例》和国土资源部制定的有关规章对基本农田保护制度作了规定。这些制度概括起来主要有以下几个方面：一是基本农田保护规划制度。各级人民政府在编制土地利用总体规划时，应当将基本农田保护作为规划的一项内容，明确基本农田保护的布局安排、数量指标和质量要求。二是基本农田保护区制度。县级和乡（镇）土地利用总体规划应当确定基本农田保护区，保护区以乡（镇）为单位划区定界，由县级人民政府设立保护标志，予以公告。三是占用基本农田审批制度。基本农田保护区经依法划定后，任何单位和个人不得改变或者占用。国家能源、交通、水利、军事设施等重点建设项目选址确实无法避开基本农田保护区，需要占用基本农田，涉及农用地转用或者征用土地的，必须经国务院批准。严禁通过调整各级土地利用总体规划变相占用基本农田。四是基本农田占补平衡制度。五是禁止破坏和闲置、荒芜基本农田制度。禁止任何单位和个人在基本农田保护区内建窑、建房、建坟、挖砂、采石、采矿、取土、堆放固体废弃物或者进行其他破坏基本农田的活动。禁止任何单位和个人占用基本农田发展林果业和挖塘养鱼。禁止任何单位和个人闲置、荒芜基本农田。六是基本农田保护责任制度。并作为考核领导干部政绩的重要内容。七是基本农田监督检查制度。县级以上地方人民政府应定期组织土地行政主管部门、农业行政主管部门以及其他有关部门对基本农田保护情况进行检查，发现问题及时处理或向上级人民政府报告。八是基本农田地力建设和环境保护制度。地方各级人民政府农业行政主管部门和基本农田承包经营者要采取措施，培肥地力，防止基本农田污染。

2009年，国土资源部、农业部下发《关于划定基本农田永久保护的通知》（国土资发〔2009〕167号）明确指出：基本农田保护制度确立二十年来，基本农田保护工作一直受到党中央、国务院的高度重视。党的十七届三中全会《中共中央关于推进农村改革发展若干重大问题的决定》明确提出要划定永久基本农田，建立保护补偿机制，确保基本农田总量不减少、用途不改变、质量有提高。

（三）了解农村土地承包政策

为稳定和完善以家庭承包经营为基础、统分结合的双层经营体制，赋予农民长期而有保障的土地使用权，维护农村土地承包当事人的合法权益，促进农业、农村经济发展和农村社会稳定，2002年颁布了《中华人民共和国土地承包法》，明确国家实行农村土地承包经营制度，依法保护农村土地承包关系的长期稳定，为农村土地承包提供了法律依据。

（1）农村土地承包的基本特征。农村土地是指农民集体所有和国家所有依法由农民集体使用的耕地、林地、草地，以及其他依法用于农业的土地。农村土地承包采取农村集体经济组织内部的家庭承包方式，不宜采取家庭承包方式的荒山、荒沟、荒丘、荒滩等农村土地，可以采取招标、拍卖、公开协商等方式承包。①农村土地承包后，土地的所有权性质不变。承包地不得买卖。农村土地承包应当遵守法律、法规，保护土地资源的合理开发和可持续利用。未经依法批准不得将承包地用于非农建设。国家鼓励农民和农村集体经济组织增加对土地的投入，培肥地力，提高农业生产能力。②农村集体经济组织成员有权依法承包由本集体经济组织发包的农村土地，任何组织和个人不得剥夺和非法限制农村集体经济组织成员承包土地的权利；农村土地承包，妇女与男子享有平等的权利，承包中应当保护妇女的合法权益，任何组织和个人不得剥夺、侵害妇女应当享有的土地承包经营权。③农村土地承包应当坚持公开、公平、公正的原则，正确处理国家、集体、个人三者的利益关系。国家保护集体土地所有者的合法权益，保护承包方的土地承包经营权，任何组织和个人不得侵犯。④耕地的承包期为三十年。草地的承包期为三十年至五十年。林地的承包期为三十年至七十年；特殊林木的林地承包期，经国务院林业行政主管部门批准可以延长。⑤国家保护承包方依法、自愿、有偿地进行土地承包经营权流转。

（2）农村土地承包的基本程序。农民集体所有的土地依法属于村民集体所有的，由村集体经济组织或者村民委员会发包；已经分别属于村内两个以上农村集体经济组织的农民集体所有的，由村内各该农村集体经济组织或者村民小组发包。村集体经济组织或者村民委员会发包的，不得改变村内各集体经济组织农民集体所有的土地的所有权。国家所有依法由农民集体使用的农村土地，由使用该土地的农村集体经济组织、村民委员会或者村民小组发包。集体经济组织或村民委员会在组织农村土地承包时，必须按照下列基本程序实施：①本集体经济组织成员的村民会议选举产生承包工作小组；②承包工作小组依照法律、法规的规定拟订并公布承包方案；③依法召开本集体经济组织成员的村民会议，讨论通过承包方案；④公开组织实施承包方案；⑤签订承包合同。

（3）家庭承包是农村土地承包的主要形式。集体所有制的农用地，发包方是具有土地所有权集体经济组织，在农村土地承包过程中，发包方享有下列权利：发包本集体所有的或者国家所有依法由本集体使用的农村土地；监督承包方依照承包合同约定的用途合理利用和保护土地；制止承包方损害承包地和农业资源的行为；法律、行政法规规定的其他权利。同时，发包方也必须承担下列义务：维护承包方的土地承包经营权，不得非法变更、解除承包合同；尊重承包方的生产经营自主权，不得干涉承包方依法进行正常的生产经营活动；依照承包合同约定为承包方提供生产、技术、信息等服务；执行县、乡（镇）土地利用总体规划，组织本集体经济组织内的农业基础设施建设；法律、行政法规规定的其他义务。

家庭承包的承包方是本集体经济组织的农户。承包方享有下列权利：依法享有承包地使用、收益和土地承包经营权流转的权利，有权自主组织生产经营和处置产品；承包地被依法征用、占用的，有权依法获得相应的补偿；法律、行政法规规定的其他权利。承包方承担下列义务：维持土地的农业用途，不得用于非农建设；依法保护和合理利用土地，不得给土地造成永久性损害；法律、行政法规规定的其他义务。

（四）了解农村宅基地管理依据

宅基地是指农村居民用作住宅建设和庭院修建而占有、利用其所属集体经济组织所有的土地资源。实际上，宅基地包括建了房屋、建过房屋或者决定用于建造房屋的土地，以及房屋前后一定范围的前坪后院。根据我国法律规定，宅基地属于农村集体所有，公民个人没有所有权，只有使用权。

农村集体经济组织或村民委员会，为了保障农户生活需要，拨给农户一定面积的用于建造房屋及小庭院的土地资源，用于农户建造住房、辅助用房（厨房、仓库、厕所等）、庭院（晒场、小院落）以及庭院生产用房（畜舍禽舍）等。农户对宅基地只有使用权，不得买卖、出租或非法转让，但农户对宅基地上的附着物具有所有权，有买卖和租赁的权利。房屋出卖或出租以后，宅基地的使用权随之转给受让人或承租人，但宅基地所有权始终为集体所有。出卖或出租房屋以后再申请宅基地的，不予批准。

《中华人民共和国物权法》第十三章对宅基地使用权做了明确界定：宅基地使用权人依法对集体所有的土地享有占有和使用的权利，有权依法利用该土地建造住宅及其附属设施；宅基地使用权的取得、行使和转让，适用土地管理法等法律和国家有关规定；宅基地因自然灾害等原因灭失的，宅基地使用权消灭。对失去宅基地的村民，应当重新分配宅基地；已经登记的宅基地使用权转让或者消灭的，应当及时办理变更登记或者注销登记。

概括起来，农村宅基地具有以下特征：①宅基地使用权的主体只能是农村集体经济组织成员，城镇居民不得购置宅基地，除非其依法将户口迁入该集体经济组织。②宅基地使用权的用途主要限于建造个人住宅及辅助用房和相关设施，宅基地使用权人有权获得因使用宅基地而产生的收益，如在宅基地空闲处种植果树等经济作物、养殖畜禽等。③宅基地使用权实行严格的"一户一宅"制。土地管理法规定，农村村民一户只能拥有一处宅基地，其面积不得超过省、自治区、直辖市规定的标准。农村居民建造住宅，应符合乡（镇）土地利用总体规划，并尽量使用原有的宅基地和村内空闲地。④宅基地因自然灾害等原因灭失的，宅基地使用权消灭，对没有宅基地的村民，应当重新分配宅基地。宅基地使用权人出卖、出租住房后，再申请宅基地的，土地管理部门将不再批准，且宅基地使用权的受让人只限于本集体经济组织的成员。

二、农村财务纠纷处理

（一）财务纠纷引发原因分析

农村财务纠纷发生频繁，甚至出现雇请讨债或人命案件。发生财务纠纷的原因多种多样，主要是农村居民的法制意识淡薄，防范意识不强等原因。因此，调解农村财务纠纷的同时，要注意做好宣传工作，提供民间借贷必须注意：①注意借款人的信誉和偿还能力；②应有借款合同或借据，签字画押；③大额借款应履行担保和抵押手续；④借款人的借款用途应合法；⑤借款利率应合理合法，不计复利；⑥注意还款期限和追诉期；⑦依法追债，忌用暴力；⑧谨防"非法集资"。

（二）财务纠纷调解策略

（1）依法调解，平息情绪。作业调解者或第三方，任何情况下的基本策略首先是平息情绪，避免矛盾激化。实施调解时，必须有法律意识、法制意识和法治意识，根据相关法律法规的界定，理性分析矛盾双方的问题症结和解决问题的关键突破口。

（2）重视契约，理性研判。财务纠纷调解过程中，必须重视契约，在一方提供有效契约的前提下，原则上只能按契约进行调解，在债务方确无力偿还的情况下，根据情况做一些力所能及的思想工作，使债权方理性认识债务索取的可行性与现实性，并共同探索有效的解决策略。在不能提供有效契约或契约无法律效力的前提下，应提醒双方尽量提供可供参考的依据。在这里要注意债权有效期，《民法通则》规定：民事权利受到侵害的权利人在法定的时效期（一般为两年）内不行使权利，当时效期届满时，债务人获得诉讼时效抗辩权。例如，A应于2015年1月1日向B偿还100万元，若B直到2017年1月1日都没有向A要求还钱，那么，B在2017年1月1日之后向法院起诉A要求还钱，A可以提出已过诉讼时效的抗辩，届时，法院会驳回B的诉讼请求。但若B在2015年1月1日至2017年1月1日向A主张过债权的，诉讼时效即中断，从B主张债权之日起往后再计算两年。

（3）冷静处理，公平公正。纠纷调解的基本原则是公平公正，即不偏袒任何一方，客观公正地调解，使双方矛盾趋向缓和。在这里，首先要注意调解者本身的身份，即调解者必须获得被调解双方一致认可的第三方资格。如果调解者与矛盾双方中某一方存在特殊关系，或调解过程中被某一方发现有偏袒行为或迹象，很可能导致调解失败甚至激化矛盾。

（4）宽容大度，息事宁人。调解的目标是大事化小、小事化了，息事宁人是一个重要目标或方向，特别要注意在双方矛盾有缓和迹象时及时把握机会息事宁人。在这里，宽容大度有两层含义，一是被调解的双方处于情绪激动状态，言语过激甚至行为过激是常见现象，调解者要能够理解双方心理状态，以第三方身份劝慰双方宽容大度；二是处于激动状态的双方有可能对调解者出现语言伤害甚至肢体碰撞，这时也要求调解者本身的宽容大度。

三、农村家庭纠纷处理

（一）家庭纠纷及其原因分析

农村家庭纠纷主要指夫妻关系问题、老人赡养问题、家庭暴力等，家庭是基本社会细胞，家庭是一个利益共同体，家庭成员共同维护家庭和睦是中华民族的传统美德。另一方面，家庭成员长期共同相处，天长日久，矛盾和摩擦在所难免，如果家庭成员彼此能够相互理解、宽容、大度，矛盾就能化为无形。矛盾激化的原因往往是一方或双方的固执或彼此的误解，导致矛盾激化，调解家庭纠纷时必须密切注意家庭成员的核心利益关系和导致矛盾升级的原因，设身处地地帮助家庭成员分析原因，就容易化解矛盾。

（二）家庭纠纷调解策略

（1）强化情感。家庭是一种社会细胞，具有特殊的自我组织机制。晓之以理，动之以情，重在化解矛盾。

（2）尽力而为。家庭有其个性化的发生、发展过程，旁人无法了解真相；家庭矛盾不是一朝一夕之功，积累性、外相性或内敛性使问题复杂化；文化差异和社会关系是促成家庭矛盾的重要因素，导致问题难于清晰表达。

（3）适可而止。家庭是一种利益共同体，第三方的干预必然被排斥，调解者必须注意适可而止，在矛盾得到一定程度缓解的情况下，要注意及时启动家庭成员的自我组织机制。

四、农村信访工作

信访是指公民、法人或者其他组织采用书信、电子邮件、传真、电话、走访等形式，向各级人民政府及其工作部门反映情况，提出建议、意见或者投诉请求，依法由有关行政机关处理的活动。信访工作应当在各级人民政府领导下，坚持属地管理、分级负责，谁主管、谁负责，依法、及时、就地解决问题与疏导教育相结合的原则。各级人民政府、县级以上人民政府工作部门应当科学、民主决策，依法履行职责，从源头上预防导致信访事项的矛盾和纠纷。为了保持各级人民政府同人民群众的密切联系，保护信访人的合法权益，维护信访秩序，2006 年 6 月 22 日颁布了《国务院信访工作条例》（国务院第 431 号令），为规范信访工作提供了法律依据。

实践五　农业技术推广实践

一、了解农技推广基本知识

（一）农业技术推广服务

中华人民共和国成立后，党和国家高度重视农业发展，逐步建设形成了较完备的农业技术推广体系。《中华人民共和国农业技术推广法》明确：农业技术推广是指通过试验、示范、培训、指导以及咨询服务等，把应用于种植业、林业、畜牧业、渔业的科技成果和实用技术普及应用于农业生产的产前、产中、产后全过程的活动。

中国农技推广信息服务平台是基于云计算、大数据的全国性农技推广服务平台。通过整合资源，搭建"面向全国、分层分类、运转高效、人员互动、成果速递"的全国农业科教云平台，推动农业专家、农技推广人员和以职业农民为主体的广大农民之间的互联互通，实现在线教育培训、技术指导服务、在线管理考核等专业化、个性化服务，为农技推广插上信息化的翅膀，让农民搭乘"互联网 +"的快车。①科技服务。包括专家资源、电子书屋、农技视频、市场信息等页面。②农技问答。系统提供的开放式在线交流服务平台。③智慧农技。主要提供全国示范基地展示，用户可点击相关示范基地观看农事现场。④农技员空间。是农技人员的工作平台。⑤社会化服务。提供"农保姆"等手机 APP 或农业科技服务网站的链接。

（二）农业科技文化传播

农业科技文化传播，首先必须高度重视传播对象，即农业科技文化传播的受众。农业科技文化传播的创新扩散理论认为，新技术的传播首先依赖少量的创新者形成榜样示范效应，带动一批早期采用者和早期跟进者，同时也使他们成为新技术的实际受益者。受众中心论认为，传播者将农业科技文化信息（代码）在接受有关部门把关以后，通过媒介和调节器放大，最终传播到广大受众，从而实现农业科技文化的高效传播（图6–1）。

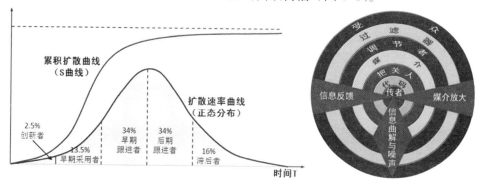

图6–1　创新–扩散曲线模型、信息传播扩散机制

农业科技文化有新知识、新理论、新理念、新信息、新品种、新技术、新材料、新工艺等丰富内涵，通过教育培训、媒体传播、榜样示范、专家指导、远程服务等途径，实现对直接受众（人）的有效传播，提高间接受众（经营主体）的生产经营效益，最终实现农业的产出高效、产品安全、资源节约和环境友好（图6–2）。

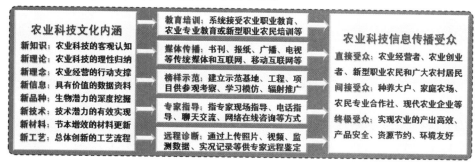

图6–2　农业科技文化传播途径

（三）农业科技服务体系

农业科技服务体系是支撑农业发展、传播农业科技文化、推广农业科学技术、服务农业产业的综合性体系，是提升农民科技文化素质、促进农村产业发展、推动现代农业建设的重要支撑（图6–3）。"互联网＋"时代的农业科技服务体系，更有效地实现对农业、农村和农民的服务，缓解农业技术更新快、农业技术推广难的矛盾。

图6–3　农业科技服务体系的构成

近年来，我国积极构建多元主体协同的农业科技服务体系，政府通过宣传和舆论导向、公共政策支持、政府购买公益服务乃至直接参与农业科技服务等管理创新，为农业科技服务体系建设提供了良好的宏观环境；农业院校和科研院所通过多层次、多途径人才培养为农业科技服务提供人力资源支撑，通过农业科技创新和技术研发为农业生产提供新品种、新技术、新材料、新工艺、新产品、新模式等是农业科技服务的生产力源泉，依托产学研结合、农科教合作等构建特色化的农业科技服务模式；市场主体（农业企业、农民专业合作社、家庭农场和种养大户等）直接或间接地参与农业科技服务，起到了很好的辐射推广示范效应，形成农业科技服务体系的多元主体协同机制。这种多元主体协同的农业科技服务体系在"互联网+"背景下更能凸显奇能（图6-4）。

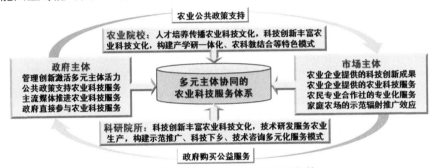

图6-4 多元主体协同的农业科技服务体系

二、农业技术推广实践

农业技术推广实践必须根据所推广的农业技术本身的特点来实施，大学生的农业技术推广实践属于农业技术推广体系中的补充力量，必须根据所学知识和技术来实施，也可以积极参加当地农技部门的农业技术推广活动。

实践六　大学生村官实践

一、了解村民自治制度

（一）村民自治概述

村民自治，简而言之就是广大农民群众直接行使民主权利，依法办理自己的事情，创造自己的幸福生活，实行自我管理、自我教育、自我服务的一项基本社会政治制度。村民自治的核心内容是"四个民主"，即民主选举、民主决策、民主管理、民主监督，因此，全面推进村民自治，也就是全面推进村级民主选举、村级民主决策、村级民主管理和村级民主监督。

《中华人民共和国宪法》第111条明确："城市和农村按居民居住地区设立的居民委员会或者村民委员会是基层群众性自治组织。居民委员会、村民委员会的主任、副主任和委员由居民选举。居民委员会、村民委员会同基层政权的相互关系由法律规定。居民委员会、村民委员会设人民调解、治安保卫、公共卫生等委员会，办理本居住地区的公共事务和公益事业，调解民间纠纷，协助维护社会治安，并且向人民政府反映群众的意见、要求和提出建议。"《宪法》作为国家的根本大法，明确赋予了村民自治的权利。

为了保障农村村民实行自治，由村民依法办理自己的事情，发展农村基层民主，维护村民的合法权益，促进社会主义新农村建设，根据《宪法》，于1998年颁布了《中华人民共和国村民委员会组织法》，该法于 2010 年 10 月 28 日第十一届全国人民代表大会常务委员会第十七次会议修订，为规范村民自治制度提供了法律依据。

1989 年颁布的《人民调解委员会组织条例》（国务院令第 37 号）第 2 条规定："人民调解委员会是村民委员会和居民委员会下设的调解民间纠纷的群众性组织，在基层人民政府和基层人民法院指导下进行工作。"依此法规，村民委员会应下设人民调解委员会，是一个调解民间纠纷的群众性组织。

（二）村民自治组织体系

村民自治组织体系由村民会议、村民委员会、下属委员会、村民小组和附属单位等机构组成，它们在村民自治组织体系中发挥着不同的作用和功能，是一个不可分割的有机整体。为了加强党的领导，行政村都建立村级基层党组织，以全面贯彻党的路线、方针、政策。

（1）村民会议。村民会议是村民自治组织体系的决策机构。村民通过参加村民会议，充分表达自己的意愿，决定涉及全体村民利益的重大问题，实现对本村各项社会事务的民主管理，行使当家作主的权利。村民会议是村民实行民主自治的重要途径，是村民当家作主的根本体现，是村民自治组织体系中的最高权力机构。村民会议由本村 18 周岁以上的村民组成，有全体会议、户代表会议、村民代表会议三种组织方式。《村民委员会组织法》第 24 条规定，涉及村民利益的下列事项，经村民会议讨论决定方可办理：本村享受误工补贴的人员及补贴标准；从村集体经济所得收益的使用；本村公益事业的兴办和筹资筹劳方案及建设承包方案；土地承包经营方案；村集体经济项目的立项、承包方案；宅基地的使用方案；征地补偿费的使用、分配方案；以借贷、租赁或者其他方式处分村集体财产；村民会议认为应当由村民会议讨论决定的涉及村民利益的其他事项。除此之外，村民会议可以制定和修改村民自治章程、村规民约，并报乡（镇）人民政府备案。

（2）村民委员会。村民委员会是村民会议的执行机构，是为全体村民服务的办事机关。村民委员会受村民会议委托处理日常工作，对村民会议负责，在村民自治组织体系中起着承上启下的作用，是村民自治组织的核心。根据村民居住状况、人口规模，按照便于群众自治的原则，设立村民委员会。村民委员会的设立、撤消、范围调整，由乡（镇）人民政府提出建议方案，经村民会议讨论通过后报县级人民政府批准。村民委员会由主任、副主任和委员共 3 ～ 7 人组成。村民委员会应当支持和组织村民依法发展各种形式的合作经济和其他经济，承担本村生产的服务和协调工作，促进农村生产建设和经济发展。村民委员会依照法律规定，管理本村属于村农民集体所有的土地和其他财产，引导村民合理利用自然资源，保护和改善生态环境。村民委员会应当尊重并支持集体经济组织依法独立进行经济活动的自主权，维护以家庭承包经营为基础、统分结合的双层经营体制，保障集体经济组织和村民、承包经营户、联户或者合伙的合法财产权和其他合法权益。村民委员会应当宣传宪法、法律、法规和国家的政策，教育和推动村民履行法律规定的义务、爱护公共财产，维护村民的合法权益，发展文化教育，普及科技知识，促进男女平等，做好计划生育工作，促进村与村之间的团结、互助，开展多种形式的社会主义精神文明建设活动。村民委员会应当支持服务性、公益性、互助性社会组织依法开展活动，推动农村社区建设。多民族村民居住的村，村民委员会应当教育和引导各民族村民增进团结、互相尊重、互相帮助。村民委员会及其成员应当遵守宪法、法律、法规和国家的政策，遵守并组织实施村民自治章程、村规民约，执行村民会议、村民代表会议的决定、决议，办事公道，廉洁奉公，热心为村民服务，接受村民监督。

（3）村民委员会的下属委员会。村民委员会的下属委员会是在村民委员会的统一领导下负责处理各自承担的专项工作，各下属委员会对村民委员会负责，受村民会议监督。《村民委员会组织法》第 7 条规定："村民委员会根据需要设人民调解、治安保卫、公共卫生与计划生育等委员会。村民委员会成员可以兼任下属委员会的成员。人口少的村的村民委员会可以不设下属委员会，由村民委员会成员分工负责人民调解、治安保卫、公共卫生与计划生育等工作。"由此可见，下属委员会是村民委员会的职能部门和业务工作助手。为了精简机构，下属委员会的主任一般由村民委员会成员担任。

（4）村民小组。村民小组是村民自治组织体系的基础机构，是村民集体活动的最小单位。村民会议、村民委员会及其下属委员会做出的决定、规定以及所部署的工作，最终都是通过村民小组来贯彻实施。《村民委员会组织法》第 28 条规定："召开村民小组会议，应当有本村民小组十八周岁以上的村民三分之二以上，或者本村民小组三分之二以上的户代表参加，所作决定应当经到会人员的过半数同意。村民小组组长由村民小组会议推选。村民小组组长任期与村民委员会的任期相同，可以连选连任。属于村民小组的集体所有的土地、企业和其他财产的经营管理以及公益事项的办理，由村民小组会议依照有关法律的规定讨论决定，所作决定及实施情况应当及时向本村民小组的村民公布。"

（5）附属单位。附属单位是村民自治组织体系中的实体机构，如幼儿园、村小学、敬老院、卫生室、村办企业等，附属单位在村民委员会分管委员或下属委员会领导下工作，接受村民会议监督。村民会议、村民委员会及其下属委员会做出的决议和安排的一些业务工作，最终由附属单位贯彻落实。

（三）村民自治的主要内容

《村民委员会组织法》第 2 条规定："村民委员会是村民自我管理、自我教育、自我服务的基层群众性自治组织，实行民主选举、民主决策、民主管理、民主监督。"依照这一规定，村民自治的具体内容主要表现为"四个民主"。

（1）民主选举。民主选举就是按照《宪法》《村民委员会组织法》及相关地方性法规，由村民直接选举或罢免村委会干部，全面推进村级民主选举，把干部的选任权交给村民。《村民委员会组织法》第 11 条明确规定："村民委员会主任、副主任和委员，由村民直接选举产生。任何组织或者个人不得指定、委派或者撤换村民委员会成员。村民委员会每届任期三年，届满应当及时举行换届选举。村民委员会成员可以连选连任。"该法第 13 条规定了参加选举的村民：年满十八周岁的村民，不分民族、种族、性别、职业、家庭出身、宗教信仰、教育程度、财产状况、居住期限，都有选举权和被选举权（依照法律被剥夺政治权利的人除外）。村民委员会选举前，应当对下列人员进行登记，列入参加选举的村民名单：①户籍在本村并且在本村居住的村民；②户籍在本村，不在本村居住，本人表示参加选举的村民；③户籍不在本村，在本村居住一年以上，本人申请参加选举，并且经村民会议或者村民代表会议同意参加选举的公民。选举坚持公平、公正、公开的原则，把"思想好、作风正、有文化、有本领、真心愿意为群众办事的人"选进村委会班子。也就是说，选出一个群众信赖、能够带领群众致富奔小康的村民委员会领导班子来进行村民自治。

（2）民主决策。民主决策是指在村党组织的领导下，按照党的政策和国家的法律法规，将涉及村民利益的重要事情和村民共同关心的问题，提交村民会议或村民代表会议讨论，按多数村民的意见做出决定的行为和过程。村民民主决策是村民自治的基本内容，是农村基层民主的重要组成部分，全面推进村级民主决策，把重大村务的决定权交给村民，对社会主义民主法制建设具有重大意义。村级民主决策必须坚持以下基本原则：坚持党的领导，坚持村民做主，坚持少数服从多数，坚持依法办事。

（3）民主管理。村级民主管理是指对村内的社会事务、经济建设、个人行为等的自治管理。民主管理是村民自治的实体，也是自治组织区别于政府组织的主要标志，是保证村民参与村民自治途径的实现机制。村级民主管理要认真听取村民意见，在管理和决策过程中吸收村民参加，把日常村务的参与权交给村民。村民参与民主管理的具体形式包括：①村民直接选举村民委员会成员，自己选举当家人是村民自治的基础和前提。②实行村民会议制度，强化民主决策和民主管理，让村民自己决定自己的事务。③讨论和制订村民自治章程和村规民约，规范村民个体行为和村民委员会成员的管理行为；④实行村务公开，民主评议村干部，推行村民委员会报告制度，让全体村民都能享受知情权和参与权。

（4）民主监督。民主监督是村民自治的最重要环节，是指由村民通过一定的形式监督村民重大事务，监督村民委员会及其成员的工作状态和行为。具体来说，村民通过村民会议、村民代表会议、村务公开、村民委员会报告制度等形式，以村务公开监督小组、村民民主理财小组等途径，对村民委员会任期内办理的村务和政务以及村民委员会成员任期内履行职责的情况，进行监察和督促。实施民主监督，是维护农民群众根本利益、构建和谐社会的重要保证，是健全村民自治和加强农村基层民主建设的重要内容，是防止腐败和促进村民委员会廉政建设的重要途径。

二、大学生村官实务

（一）农村社区建设

社区是指由居住在一定范围内的人们所组成的社会生活共同体。城市社区是指在特定的城市区域内，由一定规模的、从事各种非农业劳动职业人群所组成的基层社会；农村社区则是指在特定区域内生活的人群及其就业与经营等方面的管理单元。农村社区建设则是指农村基层社会组织在党和政府的支持、指导下，通过调整、强化社区自治组织和其他社区组织，依靠社会力量，利用社区资源，整合社区功能，发展社区事业，改善社区经济、社会和文化环境，把社区和整个国家的社会生活融为一体。

（1）农村社区建设一般应坚持以下基本原则：①以人为本，服务居民。不断满足社区居民物质和文化生活需求，提高生活质量和文明程度，把为社区居民和单位服务作为社区建设的出发点和落脚点。②扩大民主，社区自治。科学合理划分社区，实行民主选举、民主决策、民主管理、民主监督，实现社区居民的自我管理、自我教育、自我服务、自我监督。③资源整合，共驻共建。整合社区资源，充分调动辖区单位和社会力量广泛参与，形成共驻社区、共建社区、共享社区资源的良好态势。④责权统一，管理有序。健全社区组织，明确职责和权利，依法加强管理，寓管理于服务中，逐步增强社区凝聚力。⑤因地制宜，循序渐进。坚持一切从实际出发，实事求是，勇于创新，培育特色，树立典型，有计划有步骤地实现社区建设的发展目标。

（2）农村社区建设的基本任务。我国农村现行社区主要是通过村民自治制度，村民委员会和村党支部是实际的农村社区管理者。目前，全国各地农村社区建设进度差异很大，加强农村社区建设任重而道远。加强农村社区建设，首先要加强农村社区的组织体系建设，强化村民委员会和村党支部的职能，加强社区工作队伍建设，全面落实村民自治制度，积极发展社区服务性组织，建立社区建设财力保障机制，拓展社区服务领域，加强社区基础设施建设，繁荣社区文化、教育、体育事业，发展社区卫生服务，加强社区治安管理，美化社区环境，建设社会主义新农村。

（3）农村社区管理模式。分析我国农村社区管理现状，可以粗略地将农村社区管理模式进行分类。当然，这些类型的划分只是理想的类型界定，在实际的农村社会管理中，可能是互相交织或相互渗透的，并不是单一的类型管理，而是多种类型的管理构建综合管理构架。①强集体主导型。强集体是指村级集体组织，包括村支部和村民委员会，也包括由村级集体经济经营的公司和企业，这种强集体主导型很好地保留了人民公社时期的集体经济制度，能够有效地管理生产和社区事务，社区建设也具有较好的集体经济支撑，因此一般都取得了很好的社区建设效果。如江苏华西村、山西大寨村、河南南街村、天津大丘庄等。②弱集体主导型。这是当今农村社区管理的主流模式。自20世纪80年代初开始实行联产承包责任制以来，村级集体经济逐步减弱，但仍保留了以村支部和村民委员会管理本村事务的基本构架，但由于村级集体经济薄弱，管理乏力，建设停滞，本村大部分青壮年劳动力外出务工经商，导致村庄空心化、人口老龄化现象严重。③能人主导型。改革开放以后，随着农村经济社会体制改革和发展，一批善经营、懂管理、能力卓越的农村能人迅速生长起来，他们充分利用村民选举制度进入村级公共权力领域，依托其个人威望有效地提升了农村社区建设和管理。家庭农场、种养大户、休闲农业经营者，由于多数已成为致富典型，在农村社区建设和管理中具有重要作用，即使他们不参与直接管理，其权威性还是能够得到村民的认可的，因而也能够发挥一定的能力作用。④传统社会组织主导型。传统社会组织主要是指传统宗族组织，基于"生于斯、长于斯"而派生出来的地缘组织，一些解决个别纠纷、公共事务和满足公共需求等职能可能是由这些组织来实现，从而构成农村社区管理的基础。但是，这种组织只能提供有限的公共产品，其合作范围小，不利于培育现代公共精神。⑤新型社会组织主导型。近年来，各地农村出现多样化的新型社会组织，如农民合作社、基于"公司＋基地＋农户"模式的龙头企业以及各种形式的农村合作经济组织，这类组织在农村社区建设和管理中起着重要作用。

（4）社会主义新农村建设。2005年10月，中国共产党十六届五中全会通过《"十一五"规划纲要建议》，提出要按照"生产发展、生活宽裕、乡风文明、村容整洁、管理民主"的要求，扎实推进社会主义新农村建设。"生产发展"是新农村建设的中心环节，是实现其他目标的物质基础。"生活宽裕"是新农村建设的目的，也是衡量我们工作的基本尺度。"乡风文明"是农民素质的反映，体现农村精神文明建设的要求，只有农民群众的思想、文化、道德水平不断提高，崇尚文明、崇尚科学，形成家庭和睦、民风淳朴、互助合作、稳定和谐的良好社会氛围，教育、文化、卫生、体育事业蓬勃发展，新农村建设才是全面的、完整的。"村容整洁"是展现农村新貌的窗口，是实现人与环境和谐发展的必然要求。"管理民主"是新农村建设的政治保证，显示了对农民群众政治权利的尊重和维护。

新农村建设是在我国总体上进入以工促农、以城带乡的发展新阶段后面临的崭新课题，是时代发展和构建和谐社会的必然要求。当前我国全面建设小康社会的重点难点在农村，农业丰则基础强，农民富则国家盛，农村稳则社会安；没有农村的小康，就没有全社会的小康；没有农业的现代化，就没有国家的现代化。世界上许多国家在工业化有了一定发展基础之后都采取了工业支持农业、城市支持农村的发展战略。目前，我国国民经济的主导产业已由农业转变为非农产业，经济增长的动力主要来自非农产业，根据国际经验，我国现在已经跨入工业反哺农业的新阶段。因此，我国新农村建设重大战略性举措的实施正当其时。

党的十八届三中会全通过的《中共中央关于全面深化改革若干重大问题的决定》提出健全城乡发展一体化体制机制，赋予了社会主义新农村建设的新内涵。城乡二元结构是制约城乡发展一体化的主要障碍。必须健全体制机制，形成以工促农、以城带乡、工农互惠、城乡一体的新型工农城乡关系，让广大农民平等参与现代化进程、共同分享现代化成果。为社会主义新农村建设增添了新的活力。①加快构建新型农业经营体系。坚持家庭经营在农业中的基础性地位，推进家庭经营、集体经营、合作经营、企业经营等共同发展的农业经营方式创新。坚持农村土地集体所有权，依法维护农民土地承包经营权，发展壮大集体经济。鼓励承包经营权在公开市场上向专业大户、家庭农场、农民合作社、农业企业流转，发展多种形式规模经营。鼓励农村发展合作经济，扶持发展规模化、专业化、现代化经营，允许财政项目资金直接投向符合条件的合作社，允许财政补助形成的资产转交合作社持有和管护，允许合作社开展信用合作。鼓励和引导工商资本到农村发展适合企业化经营的现代种养业，向农业输入现代生产要素和经营模式。②赋予农民更多财产权利。保障农民集体经济组织成员权利，积极发展农民股份合作，赋予农民对集体资产股份占有、收益、有偿退出及抵押、担保、继承权。保障农户宅基地用益物权，改革完善农村宅基地制度，选择若干试点，慎重稳妥推进农民住房财产权抵押、担保、转让，探索农民增加财产性收入渠道。建立农村产权流转交易市场，推动农村产权流转交易公开、公正、规范运行。维护农民生产要素权益，保障农民工同工同酬，保障农民公平分享土地增值收益，保障金融机构农村存款主要用于农业农村。健全农业支持保护体系，改革农业补贴制度，完善粮食主产区利益补偿机制。完善农业保险制度。鼓励社会资本投向农村建设，允许企业和社会组织在农村兴办各类事业。统筹城乡基础设施建设和社区建设，推进城乡基本公共服务均等化。③推进农业转移人口市民化，逐步把符合条件的农业转移人口转为城镇居民。创新人口管理，加快户籍制度改革，全面放开建制镇和小城市落户限制，有序放开中等城市落户限制，合理确定大城市落户条件，严格控制特大城市人口规模。稳步推进城镇基本公共服务常住人口全覆盖，把进城落户农民完全纳入城镇住房和社会保障体系，在农村参加的养老保险和医疗保险规范接入城镇社保体系。建立财政转移支付同农业转移人口市民化挂钩机制，从严合理供给城市建设用地，提高城市土地利用率。

（二）村党支部建设

村党支部是党在农村的最基层的组织，是本村各种组织和各项工作的领导核心，是团结带领广大党员和群众建设有中国特色社会主义新农村的战斗堡垒。《中国共产党章程》第二十九条规定，企业、农村、机关、学校、科研院所、街道社区、社会组织、人民解放军连队和其他基层组织，凡是有正式党员三人以上的，都应当成立党的基层组织。以行政村为单位的基层组织一般是成立村党支部，按照《中国共产党农村基层组织工作条例》规定，履行村党支部的各项职责。

（1）组织设置。有正式党员 3 名以上的村，应当成立党支部；不足 3 名的，可与邻近村联合成立支部。党员人数超过 50 名的村，或党员人数虽不足 50 名，但村办企业具备成立党支部条件的村，因工作需要，可以成立党的总支部。党员人数 100 名以上的村，根据工作需要，经县级地方党委批准，可以成立党的基层委员会；村党委受乡镇党委领导。村党支部、总支部和党的基层委员会由党员大会选举产生。

（2）村党支部主要职责。①贯彻执行党的路线方针政策和上级党组织及本村党员大会的决议。②讨论决定本村经济建设和社会发展中的重要问题。需由村民委员会、村民会议或集体经济组织决定的事情，由村民委员会、村民会议或集体经济组织依照法律和有关规定作出决定。③领导和推进村级民主选举、民主决策、民主管理、民主监督，支持和保障村民经济依法开展自治活动。领导村民委员会、村集体经济组织和共青团、妇代会、民兵等群众组织，支持和保证这些组织依照国家法律法规及各自章程充分行使职权。④搞好支部委员会的自身建设，对党员进行教育、管理和监督。负责对要求入党的积极分子进行教育和培养，做好发展党员工作。⑤负责村、组干部和村办企业管理人员的教育管理和监督。⑥搞好本村的社会主义精神文明建设和社会治安、计划生育工作。

（3）经济建设。党的农村基层组织应当加强对经济工作的领导，坚持以经济建设为中心，深化农村改革，发展农村经济，增加农民收入，减轻农民负担，提高农民生活水平。①坚持以公有制为主体、多种所有制经济共同发展的基本经济制度，以家庭承包经营为基础、统分结合的经营制度，以劳动所得为主和按生产要素分配相结合的分配制度。②稳定发展粮食生产，积极发展多种经营和乡镇企业。发展多种经营要同支持和促进粮食生产相结合。发展乡镇企业要从实际出发，同促进农副产品流通和建设小城镇相结合。③加强以水利为重点的农业基本建设，改善农业生态环境，实现农业可持续发展。④领导制定本地经济发展规划，组织、动员各方面力量保证规划实施。村党支部领导和支持集体经济组织管理集体资产，协调利益关系，组织生产服务和集体资源开发，逐步壮大集体经济实力。⑤组织党员、群众学习农业科学技术知识，应用科技发展经济。

（4）精神文明建设。党的农村基层组织应当制定社会主义精神文明建设规划，保证社会主义物质文明建设和精神文明建设协调发展，促进农村经济和社会的全面进步。①引导群众正确处理爱国主义、集体、个人三者之间的利益关系，培养有理想、有道德、有文化、有纪律的新型农民。②搞好农村规划，改善农村面貌，创造文明卫生的生活环境；加强农村文化设施建设，开发健康有益的文体活动；改善办学条件，普及义务教育；开展创建文明村镇、文明户活动，破除封建迷信，移风易俗，树立社会主义新风尚。③加强思想政治工作。宣传好人好事，弘扬正气。了解群众的思想状况，帮助解决群众的实际困难，及时疏导和化解人民内部矛盾，保持农村社会稳定。

（5）干部队伍和领导班子建设。党的农村基层组织的领导班子，应当由认真贯彻执行党的路线方针政策清正廉洁，公道正派，群众拥护，能够带领群众完成各项任务的党员组成。乡镇党委书记还应具有一定的理论和政策水平，较强的组织协调能力，熟悉党务工作和农村工作。村党支部书记还应具备一定的政策水平，善于做群众工作。①不断提高农村基层干部队伍的素质。农村基层干部要认真学习马克思列宁主义、毛泽东思想特别是邓小平理论，坚决贯彻党的基本路线和党在农村的方针政策，坚持全心全意为人民服务的根本宗旨，增强带领群众发展、搞好两个文明建设的本领。②加强农村基层干部队伍的思想作风建设。坚持实事求是，不准虚假浮夸；坚持依法办事，不准违法乱纪；坚持艰苦奋斗，不准奢侈浪费；坚持说服教育，不准强迫命令；坚持廉洁奉公，不准以权谋私。③领导班子应当贯彻党的群众路线。反映情况，安排工作，决定问题，必须实事求是，一切从实际出发，说实话、办实事、求实效。④领导班子应当贯彻党的群众路线。决定重大事情要同群众商量，布置工作任务要向群众讲清道理；经常听取群众意见，不断改进工作；关心群众生活，维护群众的合法权益，切实减轻群众负担。⑤领导班子应当贯彻党的民主集中制。坚持集体领导和个人分工负责相结合的制度。凡属重要问题，必须经过集体讨论决定，不允许个人或者少数人说了算。书记要敢于负责，有民主作风，善于发挥每个委员的作用。委员要积极参与维护集体领导，主动做好分工负责的工作。

（6）党员队伍建设。农村党员应当在社会主义物质文明和精神文明建设中发挥先锋模范作用，带头执行党和国家的各项政策，带领群众共同致富。①党员教育。党的农村基层组织应当组织党员学习马克思列宁主义、毛泽东思想、邓小平理论，学习党的基本知识和科学文化知识、社会主义市场经济知识、法律法规知识。党员教育应当坚持理论联系实际，适合农村特点，贴近党员思想，采取多种形式，发挥乡镇党校、党员活动室和党员电化教育的作用。②组织生活。村党支部每月应当开展一次党员活动，包括学习党的文件，上党课，召开组织生活会等，严格党的组织生活。③坚持和完善民主评议党员制度。对优秀党员，要进行表彰；对不合格党员，要依照有关规定，分别采取教育帮助、限期改正、劝其退党、党内除名等方式进行严肃处置。④尊重和保障党员的各项权利，教育和监督党员履行义务。要使党员对党内事务有更多的了解和参与。要组织开展党员联系户等活动，给党员分配适当的社会工作和群众工作，为党员发挥作用创造条件。⑤严格执行党的纪律。经常向党员进行遵纪守法教育。党员违反党的纪律，应当及时严肃查处。处分党员必须按照党章和有关规定进行。对受到党的纪律处分的，要加强教育，帮助他们改正错误。⑥按照坚持标准、保证质量、改善结构、慎重发展的方针和有关规定，做好发展党员工作。注意吸收优秀青年、妇女入党。村级党组织发展党员必须经过乡镇党委审批。

在当前大批农民外出务工、经商的现状条件下，村党支部应加强和改进对外出党员的教育和管理。对外来党员，有关党组织应当及时将他们编入党支部和小组，组织他们参加党的活动。

（三）村务公开

村务公开是指对村民切身利益或村民关注的村中事宜，通过一定的形式和程序告知村民，并由村民参与决策和管理，实现民主监督的一种民主自治行为。村务公开是加强农村民主建设、民主管理、民主监督、防止腐败的重要举措，是保证广大农民群众的知情权、参与权、管理权和监督权得以实现的基础和前提，是农村基层民主政治建设的重要内容。

村民委员会是村务的主要执行者，它执行村民会议、村民代表会议通过的决定和计划，按照法律规定行使管理村务的职权和职责，向村民会议负责，并接受村民会议或村民代表会议的监督。因此，村民委员会有责任主动实施村务公开。

（1）村务公开的主要内容。①公开评议。《村民委员会组织法》第23条规定："村民会议审议村民委员会的年度工作报告，评议村民委员会成员的工作；有权撤销或者变更村民委员会不适当的决定；有权撤销或者变更村民代表会议不适当的决定。"具体操作时，村民会议可以授权村民代表会议审议村民委员会的年度工作报告，评议村民委员会成员的工作，撤销或者变更村民委员会不适当的决定。②公开决策。《村民委员会组织法》第24条规定了涉及村民利益、必须经村民会议讨论决定方可办理的事项，包括：本村享受误工补贴的人员及补贴标准；从村集体经济所得收益的使用；本村公益事业的兴办和筹资筹劳方案及建设承包方案；土地承包经营方案；村集体经济项目的立项、承包方案；宅基地的使用方案；征地补偿费的使用、分配方案；以借贷、租赁或者其他方式处分村集体财产；村民会议认为应当由村民会议讨论决定的涉及村民利益的其他事项。③必须公开的重要村务活动。《村民委员会组织法》第30条规定，除第23、24条规定的由村民会议、村民代表会议讨论决定的事项以外，还必须公开重要村务活动，至少应包括：国家计划生育政策的落实方案；政府拨付和接受社会捐赠的救灾救助、补贴补助等资金、物资的管理使用情况；村民委员会协助人民政府开展工作的情况；涉及本村村民利益，村民普遍关心的其他事项。

（2）村务公开的操作程序。为保证村务公开内容的真实性，使群众满意，必须规范村务公开的操作程序。村务公开的一般操作程序：①村两委研究公开的具体内容；②分管负责人和有关经办人汇总、整理并公开资料；③监督小组审核公开内容；④张榜公布；⑤征求意见。

由于村务公开的内容不尽相同，公开的具体操作方法上也会有所不同。

财务公开操作程序。农村集体经济组织财务公开比较复杂，涉及内容较多，其具体操作程序：①财务人员交清明细账目；②核对收支账目；③理财小组逐项逐笔审查；④公布公开；⑤听取意见并解答质询。

宅基地审批公开操作程序。①村民委员会应制定本村建设规划，并根据建设规划制订年度建房用地计划，经村民代表会议讨论后公布，以确定用地面积、申请建房条件、占地面积和申请手续等；②公布本年度申请建房户的名单、申请理由和原有宅基地面积、申请宅基地面积等；③公布经过村民委员会审查核实予以认可、并由村民会议通过、拟向上级政府及土地管理部门报批的名单；④公布上级政府批准的建房户名单、宅基地所在地点、宅基地面积以及收费情况；⑤村民委员会对宅基地使用情况进行监督检查，纠正多占、挪用等情况，并将结果及时向村民公布。

征用土地公开操作程序。①村民委员会公布国家建设征用土地的数量、地点，公布补偿费总额（含土地补偿费、附着物补偿、青苗补偿），公布劳动力安置方案和安置费总额，并据此制定明细账目；②将国家建设征用土地补偿情况提交村民会议或村民代表会议讨论，提出并通过关于补偿总额中属村集体部分的数量和用途、安置费数额及用途；③将村民会议或村民代表会议通过的决定公布。

救灾救济款物发放公开操作程序。①村民委员会根据公布政府下达的救灾救济款物的品种、数量，公布救灾救济款物使用的申请条件、手续等；②村民委员会公布申请救灾救济对象的基本情况，初步提出接受救灾救济款物人员的名单以及款物的分配情况；③村民委员会将提出接受救灾救济款物人员的名单及款物分配情况提供村民代表会议讨论通过；④经村民代表会议讨论通过后，村民委员会应公布接受救灾救济款物人员的名单以及款物分配情况。

退耕还林补助公开操作程序。①村民委员会公布国家退耕还林政策以及上级政府下达给本村的退耕还林指标；②村民委员会公布申请退耕还林的村民名单以及退耕还林的土地地点和数量，形成退耕还林方案；③将退耕还林方案提交村民代表会议讨论通过并及时予以公布；④退耕还林方案公布后，村民委员会应积极协助村民办理有关退耕还林的各种手续；⑤村民委员会应掌握粮食和现金发放情况，并及时张榜公布。

（3）村务公开的违规处罚。《村民委员会组织法》第31条规定："村民委员会不及时公布应当公布的事项或者公布的事项不真实的，村民有权向乡、民族乡、镇的人民政府或者县级人民政府及其有关主管部门反映，有关人民政府或者主管部门应当负责调查核实，责令依法公布；经查证确有违法行为的，有关人员应当依法承担责任。"法律责任的具体量裁，可根据《刑法》相关条款施用。

村务公开违规处罚的政策依据。中共中央办公厅、国务院办公厅《关于在农村普遍实行村务公开和民主管理制度的通知》中规定："要将村务公开和民主管理纳入乡村干部岗位目标责任制，把责任制的执行情况作为考核乡村干部政绩的重要内容，并将考核结果记入个人档案，作为评选先进和奖惩的依据。"中共中央办公厅、国务院办公厅《关于健全和完善村务公开和民主管理制度的意见》中规定："除发生自然灾害等紧急情况外，村民会议或村民代表会议依法形成的决议不得随意修改，如因情况发生变化确需更改的，要通过村民会议或村民代表会议讨论决定。村民会议或村民代表会议讨论决定的事项，要形成书面记录并妥善保存。未经村民会议或村民代表会议讨论决定，任何组织或个人擅自以集体名义借贷、变更或处置村集体的土地、企业、设备、设施等，均为无效，村民有权拒绝，造成的损失由责任人承担，构成违纪的给予党纪政纪处分，涉嫌犯罪的移交司法机关依法处理。"

村务公开违规处罚办法。对村务不及时公开，或公开内容不真实的有关责任人，视其情节可分别采取不同的处理办法：①批评教育。批评教育主要由所属乡（镇）党委政府以及民政部门负责人实施。②党纪政纪处分。对多次批评教育仍不改正或在村务公开中弄虚作假情节较严重者，必须给予党纪或政纪处分。③依法罢免。对村务公开中严重不负责任，搞假公开、半公开，搞形式、走过场、隐瞒真相等，村民可以依据《村民委员会组织法》启动罢免程序，对村民委员会责任人依法进行罢免。④依法起诉。村民对村务公开出现的涉嫌违法犯罪者，可以直接向司法机关提起诉讼。

第二节 农村社会调查

实践一 农业经营主体调研

一、种植类家庭农场生产经营情况

种植类家庭农场是指以种植业生产为主的家庭农场。

表 6–1　　　　　　　　　　　　　　　家庭农场基本情况

农场名称				
具体地址	省　　　市　　　镇（乡）　　　村			
业主资料	姓名		性别	□男 □女
	年龄	岁	技术专长	
	文化程度	□小学及以下；　□初中；　□高中或中专；　□大学		
	家庭人口	人	自有劳动力	人
承包土地	水田：_____亩；旱土：_____亩；山地：_____亩			
流转土地	类型：水田；_____亩；平均流转费：_____元 /（亩·年）			
	旱土：_____亩；平均流转费：_____元 /（亩·年）			
	山地：_____亩；平均流转费：_____元 /（亩·年）			
自有农机	台件数：_____；总价值：_____万元；享受补贴：_____万元			
2016 年家庭收入	种植业收入：_____万元（所有种植项目的总收入）			
	养殖业收入：_____万元（所有养殖项目的总收入）			
	工资性收入：_____万元（外出打工或本地打工的年工资）			
	乡村旅游收入：_____万元（全年接待乡村旅游的总收入）			
	其他收入：_____万元（存款利息、经商利润、租金等）			
2016 年家庭支出	土地流转费用：_____万元（实际支付的年度土地流转费）			
	生产物资费用：_____万元（购买各类消耗性生产资料）			
	劳动雇工费用：_____万元（长期雇工或临时佣工的开支）			
	家庭生活支出：_____万元（家庭吃、穿、住、用等支出）			
	其他支出：_____万元（租赁、维修、保险、服务等支出）			
2016 年政府补贴	耕地保护补贴：_____万元；种粮大户补贴：_____万元			
	家庭农场补贴：_____万元；农机购置补贴：_____万元			

表 6-2 **2017 年生产经营情况**

主要种植项目	早稻：面积：_____亩；平均单产：_____kg/ 亩；价格：_____元 /kg			
	中稻：面积：_____亩；平均单产：_____kg/ 亩；价格：_____元 /kg			
	晚稻：面积：_____亩；平均单产：_____kg/ 亩；价格：_____元 /kg			
	早稻 + 再生稻：面积：_____亩；亩产：_____kg/ 亩；价格：_____元 /kg			
	油菜：面积：_____亩；平均单产：_____kg/ 亩；价格：_____元 /kg			
	水果：主营种类： 面积：_____亩；平均单产：_____kg/ 亩；价格：_____元 /kg			
	蔬菜：主营种类： 面积：_____亩；平均单产：_____kg/ 亩；价格：_____元 /kg			
	其他：项目名称： 面积：_____亩；平均单产：_____kg/ 亩；价格：_____元 /kg			
年度物资费用	物资成本项目	总额	每亩费用	备注
	种子苗木费用	元	元	使用机械操作的项目，按当地平均租用费计算物资费用，其余项目按实际开支计算
	翻耕整地费用	元	元	
	化肥、农药、除草剂	元	元	
	田间管理及排灌费用	元	元	
	收获和初加工费用	元	元	
	水电、保险及其他费用	元	元	
年度劳动用工	劳动消耗项目	总额	每亩消耗	备注
	播种育苗移栽用工	天	天	使用机械操作且已纳入物资费用的项目不另计算劳动用工；不足 1 天者按 8h/d 折算成小数
	翻耕整地用工	天	天	
	施肥、打药用工	天	天	
	田间管理及排灌用工	天	天	
	收获和初加工用工	天	天	
	产品销售及其他用工	天	天	

二、养殖类家庭农场经营情况调研

表 6-3 **家庭农场基本情况**

农场名称				
具体地址	省　　　市　　　镇（乡）　　　村			
业主资料	姓名		性别	□男　□女
	年龄	岁	技术专长	
	文化程度	□小学及以下；　□初中；　□高中或中专；　□大学		
	家庭人口	人	自有劳动力	人
承包土地	水田：_____亩；旱土：_____亩；山地：_____亩			

续表

流转土地	水田：_____亩；旱土：_____亩；山地：_____亩	
2016 年家庭收入	种植业收入：_____万元（所有种植项目的总收入）	
	养殖业收入：_____万元（所有养殖项目的总收入）	
	工资性收入：_____万元（外出打工或本地打工的年工资）	
	乡村旅游收入：_____万元（全年接待乡村旅游的总收入）	
	其他收入：_____万元（存款利息、经商利润、租金等）	
2016 年家庭支出	土地流转费用：_____万元（实际支付的年度土地流转费）	
	生产物资费用：_____万元（购买各类消耗性生产资料）	
	劳动雇工费用：_____万元（长期雇工或临时佣工的开支）	
	家庭生活支出：_____万元（家庭吃、穿、住、用等支出）	
	其他支出：_____万元（租赁、维修、保险、服务等支出）	
2016 年政府投入	耕地保护补贴：_____万元；种粮大户补贴：_____万元	
	家庭农场补贴：_____万元；农机购置补贴：_____万元	
	其他补贴：名称：_____；金额：_____万元	
	政府投资：名称：_____；金额：_____万元	
	政府奖励：名称：_____；金额：_____万元	

表 6-4　　　　　　　　　　　　　　　　**2017 年生产经营情况**

养殖条件	畜栏：面积；_____m² ；建筑及内部设施总价值：_____万元		
	禽舍：面积：_____m² ；建筑及内部设施总价值：_____万元		
	水域：面积：_____亩；承包或流转费：_____元 /（亩·年）		
	养殖机械台件数：_____；总价值：_____万元		
养殖规模	牲畜：主营项目名称：_____；□肉用、□奶用、□兼用		
	存栏：_____头；活体销售：_____kg/ 年；价格：_____元 /kg		
	产奶量：_____kg / 年；价格：_____元 /kg		
	家禽：主营项目名称：_____；□肉用、□蛋用、□兼用存栏：____只；活体销售：____kg/ 年；价格：____元 /kg 蛋产量：____kg / 年；价格：____元 /kg		
	水产：主营项目名称：_____；年产量：_____kg；销售价格：_____元 /kg		
	其他：主营项目名称：_____；年产量：_____kg；销售价格：_____元 /kg		
物资费用	物资成本项目	总额	备注
	外购幼畜幼禽苗种费用	元	自繁自养的养殖大户不需计算外购幼畜幼禽费用，但种畜种禽的成本应计入相关费用和用工
	饲料费、添加剂及饲料加工费	元	
	消毒、防疫、诊疗费用	元	
	青饲料种植及加工费用	元	
	水电、保险及其他费用	元	

续表

	劳动消耗项目	总额	备注
劳动用工	青饲料种植及加工用工	天	使用机械操作且已纳入物资费用的项目不另计算劳动用工
	卫生防疫及饲料加工用工	天	
	养殖用工	天	
	产品销售及其他用工	天	

三、休闲农庄经营情况调研

表 6–5　　　　　　　　　　　　　休闲农庄基本情况

农庄名称				
具体地址	省　　市　　镇（乡）　　村			
业主资料	姓名		性别	□男　□女
	年龄	岁	技术专长	
	文化程度	□小学及以下；　　□初中；　　□高中或中专；　　□大学		
	家庭人口	人	自有劳动力	人
承包土地	水田：_____亩；旱土：_____亩；山地：_____亩			
流转土地	水田：_____亩；旱土：_____亩；山地：_____亩			
2016年家庭收入	种植业收入：_____万元（所有种植项目的总收入）			
	养殖业收入：_____万元（所有养殖项目的总收入）			
	工资性收入：_____万元（外出打工或本地打工的年工资）			
	乡村旅游收入：_____万元（全年接待乡村旅游的总收入）			
	其他收入：_____万元（存款利息、经商利润、租金等）			
2016年家庭支出	土地流转费用：_____万元（实际支付的年度土地流转费）			
	生产物资费用：_____万元（购买各类消耗性生产资料）			
	劳动雇工费用：_____万元（长期雇工或临时佣工的开支）			
	家庭生活支出：_____万元（家庭吃、穿、住、用等支出）			
	其他支出：_____万元（租赁、维修、保险、服务等支出）			
2016年政府投入	耕地保护补贴：_____万元；种粮大户补贴：_____万元			
	家庭农场补贴：_____万元；农机购置补贴：_____万元			
	其他补贴：名称：_____；金额：_____万元			
	政府投资：名称：_____；金额：_____万元			
	政府奖励：名称：_____；金额：_____万元			

表 6–6　　　　　　　　　　　　　　　**2017 年生产经营情况**

经营条件	区位特征：□城镇周边；□旅游景区周边；□大湖滨水区；□特色牧区；□少数名族聚居区；□传统特色农区；□库区
	经营类型：□休闲农家（家庭经营）；□休闲农庄（企业经营）□民俗文化村镇；□休闲农园（千亩以上综合性园区）
	特色资源：□特色餐饮；□特色民居；□特色景观；□乡风民俗；□农事节庆；□传统演艺；□乡土农家菜
	特色产业：□特色水果；□特种经济作物；□特种经济动物；□观赏植物；□玩赏动物；□观赏鱼类；□农产品加工
	网站：□有；□无；若有，则网址：＿＿＿＿＿＿＿＿＿＿＿＿＿＿＿
从业人员	管理人员＿＿＿人、工资＿＿＿元 / 月；技术人员＿＿＿人、工资＿＿＿元 / 月厨师：＿＿＿人、工资：＿＿＿元 / 月；服务人员＿＿＿人、工资＿＿＿元 / 月生产人员＿＿＿人、工资＿＿＿元 / 月；勤杂人员＿＿＿人、工资＿＿＿元 / 月临时雇工＿＿＿天 / 年；工资标准：＿＿＿元 / 天
年度 经营情况	接待能力：餐桌＿＿＿张、餐位＿＿＿个；客房＿＿＿间、床位＿＿＿个会议室＿＿＿间、座位数：＿＿＿个；资产总额：＿＿＿万元
	接待收入：餐饮接待＿＿＿人次 / 年、平均消费水平＿＿＿元 /（人·餐）住宿接待＿＿＿人次 / 年、住宿费＿＿＿元 /（人·晚）会议接待＿＿＿人次 / 年、平均消费标准＿＿＿元 /（人·次）
	服务收入：采摘收入：＿＿＿元 / 年；垂钓收入：＿＿＿元 / 年；特色农产品销售收入：＿＿＿元 / 年；其他收入：＿＿＿元 / 年
	经营成本：薪酬支出：＿＿＿万元 / 年（含长期雇工和临时雇工）生产项目物资费用：＿＿＿万元 / 年（外购消耗性生产资料和原料）旅游接待物资费用：＿＿＿万元 / 年（外购的消耗性原料）设备设施维修费用：＿＿＿万元 / 年；保险费：＿＿＿万元 / 年；上交税金：＿＿＿万元 / 年；其他支出：万元 / 年

四、农民专业合作社调研

表 6–7　　　　　　　　　　　　　　　**农民专业合作社基本情况**

合作社名称				
具体地址	省　　　市　　　镇（乡）　　　村			
负责人资料	姓名		性别	□男　□女
	年龄	岁	技术专长	
	文化程度	□小学及以下；　□初中；　□高中或中专；　□大学		
	家庭人口	人	自有劳动力	人
合作社概况	创办时间	年　　月	入社农户	户
	注册资金	万元	营业执照号	
	管理人员	人	技术人员	人
	营销人员	人	生产人员	人
	固定资产	万元	流动资金	万元
	农机台件数		农机总价值	万元
创立方式	□大户牵头；□企业牵头；□村干部牵头；□能人牵头			

续表

主营项目	□水稻种植；□水果生产；□蔬菜生产；□药材生产；□畜禽养殖；□水产养殖； □产品初加工；□产品精深加工；□产品销售服务；□农机作业服务；□统防统治； □农资供应；□其他＿＿＿＿＿＿＿＿＿＿＿＿＿＿＿＿
品牌资源	品牌名称：＿＿＿＿＿＿＿＿＿＿＿＿＿ 品牌类别：□无公害农产品；□A级绿色食品；□AA级绿色食品；□有机食品； □农产品地理标志；□中华人民共和国地理标志保护产品；□中国重要农业文化遗产；□全球重要农业文化遗产
营销策略	□定向供货；□广告促销；□低价促销；□品牌策略

表6-8　　　　　　　　　　　　　　　　2016年生产经营情况

2016年经营收入	种植业收入：＿＿＿＿＿万元（所有种植项目的总收入）
	养殖业收入：＿＿＿＿＿万元（所有养殖项目的总收入）
	加工业收入：＿＿＿＿＿万元（农产品加工品的总收入）
	产品销售利润：＿＿＿＿＿万元（农产品销售所形成的利润）
	农机作业收入：＿＿＿＿＿万元（承接农机作业服务形成的收入）
	统防统治收入：＿＿＿＿＿万元（承接统防统治服务形成的收入）
	租赁收入：＿＿＿＿＿万元（本社的设备设施外租形成的收入）
	其他收入：＿＿＿＿＿万元（存款利息等收入）
2016年经营支出	土地流转费：＿＿＿＿＿万元（实际支付的年度土地流转费）
	消耗性生产资料：＿＿＿＿＿万元（化肥、农药、饲料等）
	加工业原材料：＿＿＿＿＿万元（加工原材料采购费用）
	水电燃油及维修费：＿＿＿＿＿万元（水电费、燃油费、维修费等）
	社员薪酬：＿＿＿＿＿万元（给本社各类人员发放的工资和补贴）
	雇工费用：＿＿＿＿＿万元（外聘长期雇工或临时佣工的开支）
	公务开支：＿＿＿＿＿万元（差旅费、接待费、宣传广告费等）
	税费支出：＿＿＿＿＿万元（上缴税金、管理费、赞助费等）
	其他支出：＿＿＿＿＿万元（租赁、保险、外来服务等支出）
2016年政府投入	耕地保护补贴：＿＿＿＿＿万元；种粮大户补贴：＿＿＿＿＿万元
	农机购置补贴：＿＿＿＿＿万元；农机报废更新补贴：＿＿＿＿＿万元
	其他补贴：名称：＿＿＿＿＿＿＿；金额：＿＿＿＿＿万元
	政府投资：名称：＿＿＿＿＿＿＿；金额：＿＿＿＿＿万元
	政府奖励：名称：＿＿＿＿＿＿＿；金额：＿＿＿＿＿万元
2016年收益分配	2016年实际盈利：＿＿＿＿＿万元（经营亏损时填负数）
	盈利分配办法：＿＿＿＿＿＿＿＿＿＿＿＿＿＿＿＿
	亏损处理办法：＿＿＿＿＿＿＿＿＿＿＿＿＿＿＿＿

实践二　农村家庭收入调研

农村家庭收入是指一定时期内，农村家庭在销售产品、提供劳务及让渡资产使用权等日常经营活动中所形成的经济利益总流入，包括经营性收入（农产品销售收入、商业性收入、服务性收入）、工资性收入、财产性收入、转移性收入（表6–9），各类收入的百分比就构成农村家庭收入结构。

表 6–9 ××××年度农村家庭收入情况调查表

户主姓名：_____；家庭人口数：____人；家庭劳动力数量：____个

序号	项目	金额 / 元	占家庭总收入的百分比
1	经营性收入		
1.1	其中：农产品销售收入		
1.2	商业经营收入		
1.3	服务收入		
2	工资性收入		
3	财产性收入		
4	转移性收入		
	合计		100%

注：计算家庭劳动力数量时，18岁以下子女不计为劳动力，具有一定劳动能力的老年父母按半劳力计算0.5个劳动力。

（一）经营性收入

（1）农产品销售收入。农村家庭生产的农产品通过销售进入市场以后取得销售收入，就是农产品销售收入，属于农村家庭的经营性收入。需要注意：一是统计收入的时候只考虑资金的流入，不考虑生产成本；二是农产品销售收入是指农村家庭所生产的各种农产品的实际销售收入，自留口粮、饲料粮及其他用于系统内流转的农产品，只要没有形成外部资金流入，均不计为农产品销售收入。农产品销售收入取决于农村家庭的农业生产经营项目，不管是种植业、养殖业，还是农副产品加工业或农村工副业，只要是家庭生产的农产品或加工品，进入市场形成商品所取得的销售收入，均应纳入农产品销售收入。

（2）商业经营收入。家庭经营农业生产资料（如农药、种子、化肥、饲料等）或从事其他商务活动（如服务社区的小商品销售）所取得的实际收入。为了简化农村家庭收入调查环节，商业性收入一般计算扣除直接成本和税费后的纯收入，因此调查家庭支出时不再需要考虑商业活动的进货支出和相关税费。

（3）服务收入。利用自有农业机械设备或其他设备设施为社区居民或组织提供服务所取得的实际收入，如利用自有农机承包他人的机械作业、利用自有车辆为他人提供运输服务、利用自有设施为他人提供有偿服务，都应纳入服务收入。由于家庭自有设备设施在购买时已纳入家庭支出，为他人提供技术服务所取得的收入也应纳入服务性收入范畴。

（二）工资性收入

工资性收入是指家庭成员外出务工（如子女在外务工）或为他人帮工所取得的实际收入。

（1）外出务工收入。20世纪90年代以来，大批农村劳动力外出务工形成了农民工大潮，从而使中国农村家庭收入结构发生了巨大变化，工资性收入在农村家庭收入中占的比重急剧上升，同时也为农民脱贫致富提供了机遇。计算工资性收入时，长期雇佣关系按月工资、加班费、奖金、福利等的税后现金流入合并计算家庭收入。

（2）临时帮工收入。临时雇工按实际取得的现金计算收入。

（三）财产性收入

（1）资金类财产性收入。包括银行存款利息、民间借贷利息、股权红利、储蓄性保险收益等实际收入。

（2）资产类财产性收入。农村家庭对外有偿租赁房屋建筑、机械设备、生产设施等所取得的实际收入（不承担具体操作，不提供操作人员）。

（3）资源类财产性收入。主要指农村家庭将其承包的耕地、林地等转移经营权所取得的土地经营权流转费。

（四）转移性收入

转移性收入是指国家、单位、社会团体对农村家庭的各种转移支付和居民家庭间的收入转移。包括政府对个人收入转移的离退休金、失业救济金、赔偿等；单位对个人收入转移的辞退金、保险索赔、住房公积金、家庭间的赠送和赡养等。

（1）农业补贴收入。农村家庭经营农业生产项目，可以获得政府转移支付的各类农业补贴。2016 年中央出台了 52 项农业补贴政策，包括农业支持保护政策（合并执行 2016 年以前的三项目补贴：种粮直补、农资综合补贴、粮种补贴）、农机购置补贴政策、农业报废更新补贴政策以及政府转移支付的以奖代补项目等，这些农业补贴政策落实到农村家庭，形成了农业补贴方面的转移性收入。

（2）各类保险收入。包括农村家庭中老年家庭成员所取得的新型农村养老保险和其他商业性养老保险所取得的养老金或退休金、新型农村合作医疗或商业性医疗保险报销所取得的医疗费、农业生产的政策性保险或商业性保险所取得的保险赔偿或补偿金等。

（3）社会救济或政策性生活补贴。包括农村家庭成员实际取得的五保金、低保金、抚恤金、救灾款以及各种政策性生活补贴等。

（4）赡养收入。来自家庭外的赡养收入，主要指老年家庭成员的未共同生活子女给予的赡养费和礼品折价或礼金收入。

（5）其他收入。家庭成员实际取得的馈赠（受赠物质应折算为金额）、赔偿（他人损毁家庭财产所取得的赔偿，实际损失计入支出）、偶然所得（如彩票中奖）、人情收入（收纳礼金）等。

实践三　农村家庭支出调研

农村家庭的支出是指在一定时期内，家庭从事生产经营活动和日常生活所产生的经济利益流出。农村家庭支出包括家庭经营支出、生活消费支出、财产性支出、转移性支出四大部分（表 6–10）。

表 6–10　××××年度农村家庭支出情况调查表

户主姓名：_____ ；家庭人口数：____ 人；家庭劳动力数量：____ 个

序号	项目	金额/元	占家庭总支出的百分比
1	家庭经营支出		
2	生活消费支出		
3	财产性支出		
4	转移性支出		
	合计		100%

注：计算家庭劳动力数量时，18 岁以下子女不计为劳动力，具有一定劳动能力的老年父母按半劳力计算 0.5 个劳动力。

（一）家庭经营支出

农村家庭的生产性项目支出包括土地流转费、设备设施租赁费、物资费用开支、劳动雇工开支、外来服务支出、设备设施维修保养费用、设备设施折旧费（一般按 5 年折旧制、永久性建筑按 35 年折旧制）等（表 6–11），还包括农业保险费、生产用水电燃料费等。需要特别注意的是，计入了设备设施折旧费的农机、车辆购置费和基础设施建设费不计入当年成本支出（因为已计入折旧，不能重复计算），同时应注意农机购置费按实际支出计算原价（农机购置补贴没形成收入也不应计入支出）。

表 6–11　　　　　　　　　　　　农村家庭经营支出项目

序号	项目	金额 / 元	说明
1	土地流转费		实际支出的年度土地流转费
2	租赁费		实际支出的年度设备设施租赁费
3	物资费用开支		外购种子、饲料、饵料、燃油等消耗性物资的开支
4	劳动雇工开支		本年度长期雇工和临时雇工的工资和奖福支出
5	外来服务支出		生产项目外包、技术服务外包等的实际年度开支
6	外来投资支出		外来投资回报、外来参股分红、贷款利息等
7	维修保养费用		本年度设备设施维修维护的实际支出
8	农业保险费		生产性项目的保险支出
9	折旧费		按不同设备设施的折旧率提留的费用
10	管理费用		差旅费、销售费用、管理费用、水电网络费等
	其他开支		人情支出、婚丧宴席支出、现金或物资损失等

（二）生活消费支出

家庭既是一个生产单位，同时也是一个生活单元，生产性支出和生活性支出有时不可能分得很清楚。一般来说，农村家庭的生活消费支出包括十大类，可分项调查（表 6–12）。

表 6–12　　　　　　　　　　　　农村家庭生活消费支出项目

序号	项目	金额 / 元	说明
1	食品消费		购买粮、油、肉、奶蛋、果、蔬、点心、饮料、烟、酒等支出
2	服饰消费		包括服装、鞋类、床上用品、装饰品、首饰、手表、包、箱等
3	居住消费		房租、水电燃气费、物业费、取暖费支出和家具、农用电器购置费等
4	日常用品		日用杂品、洗浴用品、化妆品、美容美发、通信工具、电池等
5	交通工具		购买各类生活用车具如汽车、摩托车、自行车，以及车用燃料等
6	生活消耗		水费、电费、燃料费、邮寄费、网络费、通信费等
7	出行支出		走亲访友或旅游所支出的车船费及其他开支等
8	教育支出		家庭成员接受教育或培训所支出的学费及其他费用
9	文化娱乐		家庭成员的文化生活及娱乐活动相关支出
10	医疗保健		用于家用购买医疗器具和药品的支出以及门诊和住院费用

在家庭支出中，恩格尔系数表示在总的家庭支出中，用于食品支出所占的比例，即：

$$恩格尔系数 = 食物支出金额 / 生活消费总金额 \times 100\%$$

（三）财产性支出

农村家庭的财产性支出，主要包括借款利息（包括银行贷款和民间借贷等）、股票亏损、参股负利等资金类财产性支出（资源、资产类财产性支出已纳入家庭经营支出）。

（四）转移性支出

（1）各类保险费。包括家庭成中的各类健康保险、家庭财产保险等所支出的保险费。

（2）赡养支出。赡养非家庭成员所支出的费用、物品折价或礼金支出。

（3）其他支出。意外财产损失、赔偿他人损失、人情支出、捐赠支出等。

实践四　农村社会保障调研

农村社会保障体系包括农村"五保"制度、最低生活保障制度、新型农村合作医疗制度、新型农村养老保险制度等内容，调查研究农村社会保障制度，可采用问卷调查法收集基础数据，发放的问卷数量越大，得到的结论就越准确可靠，实际调研时可能受时间和经费限制，但不得少于 30 份有效问卷。本实践以新型农村合作医疗调查问卷为例，供编制调查问卷时参考。

实例：新型农村合作医疗调查问卷

指导语：您好，我是湖南农业大学学生，现针对新型农村合作医疗制度进行调查，请您配合调查。谢谢！

（1）请勾选您的基本状态：

[A] 性别：□男；□女

[B] 年龄：□ 20 ~ 30；□ 30 ~ 40；□ 40 ~ 50；□ 50 ~ 60；□ 60 岁以上

[C] 文化程度：□小学；□初中；□高中或中专；□大学专科；□大学本科；□研究生

[D] 家庭人数：□ 1 人；□ 2 人；□ 3 人；□ 4 人；□ 5 人；□ 6 人；□ 7 人及以上

（2）假如你没有参加新农合，请选择不参加新农合的首要原因（　　）

　　[A] 身体很健康　　　　　　[B] 保险费太高　　　　[C] 报销比例太低

　　[D] 报销太麻烦　　　　　　[E] 对新农合不了解　　[F] 已参加其他健康保险

（3）假如你已参加新农合，请选择参加新农合的首要原因（　　）

　　[A] 健康状况不佳　　[B] 强制性　　　[C] 随大流　　　[D] 以防万一

（4）您家庭的年收入情况（　　）

　　[A] 低于 1 万元　　　[B]1 万 ~ 2 万元　　　[C]3 万 ~ 5 万元　　　[D]5 万元以上

（5）您的家庭成员平均一年的医药费用是（　　）

　　[A]200 元以下　　　[B]200 ~ 500 元　　　[C]500 ~ 1000 元　[D]1000 元以上

（6）您是否了解新农合的补偿政策（　　）

　　[A] 很熟悉　　　　　[B] 比较熟悉　　　[C] 知道个大概　　[D] 不清楚

（7）你是否熟悉新农保的报销流程（　　）

　　[A] 很熟悉　　　　　[B] 比较熟悉　　　[C] 了解一点　　　[D] 不清楚

（8）您觉得新农合对小病的帮助程度是（　　）

　　[A] 非常有帮助　　　[B] 有一定帮助　　[C] 意义不大　　　[D] 不合算

（9）您觉得新农合对大病的帮助程度是（　　）

　　[A] 非常有帮助　　　[B] 有一定帮助　　[C] 意义不大　　　[D] 不合算

（10）您觉得新农合的个人缴费标准（　　）

　　　　　[A] 太高　　　　[B] 偏高　　　　[C] 合适　　　　[D] 可适当提高

（11）您觉得新农合的报销范围（　　）

　　　　　[A] 太窄　　　　[B] 偏窄　　　　[C] 合适　　　　[D] 可适当缩小

（12）您觉得新农合的报销标准（　　）

　　　　　[A] 太低　　　　[B] 偏低　　　　[C] 合适　　　　[D] 可适当降低

（13）您觉得新农合的报销方式（　　）

　　　　　[A] 太繁琐　　[B] 比较麻烦　　[C] 合适　　　　[D] 无所谓

（14）您觉得医院的服务态度（　　）

　　　　　[A] 很好　　　　[B] 较好　　　　[C] 一般　　　　[D] 不好

（15）若您或家长感觉不舒服，一般会怎样处理（　　　）

　　　　　[A] 忍着　　　　[B] 自己买药　　[C] 弄个偏方　　[D] 求神拜佛

　　　　　[E] 去便宜的小诊所　[F] 去村卫生所　[G] 去乡镇医院　[H] 去大医院

（16）在需要住院治疗的情况下，您及家人一般选择（　　　）

　　　　　[A] 乡镇医院　　　　[B] 县（区）医院　　[C] 省市大医院　　[D] 尽量不住院

（17）您及家人一般多久接受一次身体健康检查（　　　）

　　　　　[A] 每年 1 次　　　[B]2 ～ 3 年　　　　[C] 有病时检查　　　[D] 从不检查

（18）您认为新农合的每年每人的个人缴费部分的适宜标准是（　　　）

　　　　　[A]10 元　　　　[B]20 元　　　　[C]30 元　　　　[D]40 元

（19）您对新型农村合作医疗有什么建议？

实践五　特殊人群现状调研

　　农村特殊人群是指居住在农村地区的弱势群体，包括农村留守儿童、农村留守妇女、农村空巢老人、农村失依儿童、农村残疾人等。此处提供一套农村留守儿童调查问卷，供同学们设计特殊人群现状调研问卷参考。

实例：农村留守儿童调查问卷

　　指导语：本问卷由调查者指导农村留守儿童填答，选择的调查对象以为小学生、初中生为宜，请学生根据实际情况在相应的选项上打"√"。

　　年级班级_____姓名_____性别_____

1. 我家_____外出打工或经商。

[A] 爸爸　　　　　[B] 妈妈　　　　[C] 爸爸和妈妈　　　　[D] 爸妈都没有

2. 爸爸或者妈妈一年里有_____在外打工或经商。

[A] 三个月到半年的时间　　　　[B] 半年以上的时间

3. 我现在_____。

[A] 和爸爸或者妈妈住　　[B] 和爷爷奶奶（或外公外婆）住　　[C] 和哥哥姐姐住

[D] 自己独立生活　　[E] 住亲戚家　　[F] 在学校寄宿　　　　[G] 其他（请注明）__

4. 我和爸爸妈妈_____联系一次。

[A] 平均一周内　　　　[B] 平均一个月内　　　　[C] 不定时的经常联系

[D] 很少联系　　　　[E] 两个月以上

5. 爸爸妈妈在＿＿＿＿＿＿打工或经商。

[A] 县内　　　　　[B] 省内　　　　　[C] 省外　　　　　[D] 不知道什么地方

6. 爸爸妈妈已经在外打工或经商＿＿＿＿＿＿。

[A] 一年以内　　　[B] 一到四年　[C] 五年以上

7. 我家的主要收入来源是＿＿＿＿＿＿。

[A] 农业　　　　　[B] 经商　　　　　[C] 外出打工　[D] 其他

8. 我觉得，我家的经济条件＿＿＿＿＿＿。

[A] 较好　　　　　[B] 一般　　　　　[C] 较差

9. 我的一日三餐＿＿＿＿＿＿能得到保证。

[A] 天天　　　　　[B] 经常　　　　　[C] 偶尔

10. 我生病的时候＿＿＿＿＿＿照顾我。

[A] 总是有人　　　[B] 经常有人　　[C] 偶尔有人　[D] 没人

11. 我＿＿＿＿＿＿按时完成作业。

[A] 天天能　　　　[B] 经常能　　　　[C] 有时能　　　[D] 偶尔能

12. 家里＿＿＿＿＿＿辅导我的学习。

[A] 经常有人　　　[B] 有时有人　　[C] 偶尔有人　[D] 没人

13. 我＿＿＿＿＿＿他（她）们的辅导。

[A] 满意　　　　　[B] 比较满意　　[C] 不满意

14. 我＿＿＿＿＿＿上学。

[A] 喜欢　　　　　[B] 比较喜欢　　[C] 不喜欢

15. 我对自己目前的学习状况＿＿＿＿＿＿。

[A] 满意　　　　　[B] 比较满意　　[C] 不满意　　　[D] 无所谓

16. 我的主要监护人（爸妈长期在外时家里照顾我们的人）　我的学习。

[A] 重视　　　　　[B] 不重视

17. 我的主要监护人对我的照顾＿＿＿＿＿＿。

[A] 很好　　　　　[B] 较好　　　　　[C] 一般　　　　　[D] 较差

18. 我的主要监护人＿＿＿＿＿＿和我沟通交流。

[A] 几乎没有　　　[B] 偶尔有　　　[C] 经常有

19. 学校＿＿＿＿＿＿为我们这些爸爸妈妈长期不在身边的同学建立了专门的档案。

[A] 已经　　　　　[B] 还没有

20. 我们学校＿＿＿＿＿＿心理健康老师。

[A] 已经有　　　　[B] 还没有

21. 当我连续一个星期闷闷不乐时，＿＿＿＿＿会主动关心我。

[A] 心理健康老师　[B] 班主任　　　[C] 主要监护人　　　[D] 好朋友　　　[E] 父母

22. 我们学校＿＿＿＿＿＿专门的老师为我们提供帮助和照顾。

[A] 已经有　　　　[B] 还没有

23. 我们村里＿＿＿＿＿＿专门为我们提供看书、进行体育活动或者玩游戏的场所。

[A] 已经有　　　　[B] 还没有

24. 在村里为我们提供的看书、进行体育活动或者玩游戏的场所中＿＿＿＿＿＿。

[A] 已经有人为我们服务　　　　　[B] 还没有人为我们服务

25. 当我想与长期在外的爸爸妈妈联系时，我可以_____与他们联系。（可多选）

[A] 在家里（或寄住家庭）通过家庭电话 [B] 在学校通过免费打电话或上网

[C] 在村里通过免费打电话或上网 [D] 用自己的手机

26. 爸爸妈妈长期不在身边，我在_____方面有困难。（可多选）

[A] 生活照顾 [B] 学习指导 [C] 心理情感 [D] 身体健康 [E] 上下学安全

27. 爸爸妈妈长期不在身边，我最希望得到_____方面的帮助。

[A] 生活照顾 [B] 学习指导 [C] 心理情感 [D] 身体健康 [E] 上下学安全

28. 爸爸妈妈长期不在身边，总体而言，我觉得学校和社会_____。

[A] 非常关心我 [B] 比较关心我 [C] 很少关心我 [D] 从不关心我

附录

附录一 "六边"综合实习实施方案

一、"六边"综合实习概述

（一）主要内涵

"六边"综合实习指边生产、边上课、边科研、边推广、边做社会调查、边学习组织管理，一般于本科第六学期实施（每年3月下旬至7月下旬），保证植物生产类本科学生参加主要农作物一个生产季节的全程综合训练。其中，"边生产"是指学生在实习基地全程参加生产活动，要求贯彻绿色、生态理念，完成主要农作物耕、种、管、收全过程的现代化生产管理与农事操作；"边上课"是指在实习期间完成教学计划安排的专业课教学，要求课堂讲授和田间现场操作相结合；"边科研"指学生毕业论文的试验研究、专业安排的田间试验和科研技能竞赛活动，要求学生完成科研选题、试验设计、田间实施、数据采集、结果分析并撰写科研报告；"边推广"指学生利用所学知识与技术为基地周边农户、家庭农场、农民专业合作社、农业企业等进行技术示范推广和技术指导；"边做社会调查"指实习期间学生对基地周边地区的"三农"等问题开展调查研究并完成调查报告；"边学习组织管理"指学生在教师指导下，对实习期间的生产、学习、生活等各项工作实行自主组织和自我管理。

（二）理论依据

（1）权变理论与系统理论的协同演绎。权变理论是20世纪中叶发展起来的管理理论，权变是指随具体情境而变或依具体情况而定。系统理论有一个庞大的理论体系，其核心内涵在于重视整体性、动态性和系统性。植物生产类专业学生必须经历一个生产周期，但全学程很难集中安排半年的生产实习，而且独立安排生产实习时遇阴雨天只能安排学生自由活动，边生产、边上课有效地协调了时间资源的科学利用，打破了传统的课程学习安排框架，提高了学习效率；边科研、边推广实现了创新教育与生产一线的有效对接；边做社会调查使学生深入接触农民、融入农村、熟悉农业，实现了基于耗散结构的教学活动系统性；边学习组织管理主要针对当代大学生自我意识强的特点，锻炼其集体意识、协作意识、沟通交流与协调能力，增强学生自我约束和组织管理能力，弥补传统教育的不足。

（2）建构主义学习理论与多维学习过程。建构主义学习理论认为，学习是引导学生从原有经验出发，依靠学习经历来建构新的经验，形成实际能力。"六边"综合实习的半年时间，形成了独特的多维学习过程，学生与实习指导老师、课程任课教师、实习基地管理人员和生产技术人员、当地农民和农场主、农村基层干部等广泛学习、接触和交流，特色化的多维学习资源，激发学生的学习热情和创造性思维。

（3）能力本位教育理论与开放性实训环境。能力本位教育是从职业岗位的需要出发，针对性地强化实践能力和专业技能训练。"六边"综合实习将实习基地建立在广阔的农村，形成了开放性的实训环境：实习基地的现代农业设施与周边农民传统生产方式并存使学生得到多样化过程体验,多学科科研设施和多专业实习条件为学生接受跨专业实训奠定了物质基础,耳濡目染、身体力行、实践操作、多边交流。

（三）实施效果

"六边"综合实习是官春云院士主持的教学改革项目,1998 年开始实施,经历了 20 年的发展和完善,构建了植物生产类专业特色化实习模式,2001 年获国家教学成果二等奖。目前"六边"综合实习集中在浏阳教学科研综合基地实施,基地安排了一批国家级和省部级科研项目,具有先进的农业现代化生产设备设施,为实习学生提供了丰富的学习资源。通过"六边"综合实习,使学生的生产技能、专业技能、科研技能和综合素质得到全面提升。经历过"六边"综合实习的毕业生深受用人单位欢迎,不少进入企业的学生在技术和管理岗位取得显著业绩;进入硕士研究生阶段学习也深得导师和学位点好评,普遍认为学生的实践动手能力和创新能力强;进入行政管理岗位的毕业生对"三农"具有独到见解和实际工作能力。

二、"六边"综合实习实施方案

（一）目的和意义

转变农业发展方式、推进农业供给侧结构性改革是当代中国农业发展主题。现代经济社会发展对农业高校人才培养提出了新要求,新型农业人才不仅要有扎实的理论基础、宽博的知识面和敬业奉献精神,而且要具有较强的实践动手能力、分析问题和解决问题的能力。针对植物生产类专业的特点,根据其培养目标,开展全方位综合实习,以培养和提高学生的综合能力,解决理论教学与大面积生产实践之间存在的脱节现象,使学生毕业后能很快地独立工作、适应社会。

通过"六边"综合实习,增进学生对农业、农村、农民的基本情况和问题的了解,增强学生对建设社会主义新农村的认识,坚定"学农、爱农、兴农"的信念;熟悉主要农作物的生长发育规律,掌握其主要农事操作技术;在牢固掌握专业知识的基础上,进一步强化学生的专业操作技能,以便指导生产实践;培养学生的科研能力特别是田间试验设计能力;在巩固本专业知识与操作技能的基础上,进一步拓展学生的知识面,提高分析问题和解决问题的能力;增强团队意识,提高学生自我约束和管理能力。

（二）实施方式

在校外基地集中实习。实习期间,重点完成以下几方面的工作:①通过系统观察调查和农事操作,掌握水稻、棉花、玉米等主要农作物高产栽培技术;②通过杂交水稻、杂交玉米制种及水稻不育系评价实习,初步掌握种子生产技术;③熟悉烟草、花生、大豆、绿豆、芝麻、红薯、西瓜、蔬菜等旱地作物的高产栽培与管理技术;④熟悉田间试验设计与统计分析方法;⑤学会进行社会调查与科研技术推广工作的方法;⑥相关专业课程学习。

1. 边生产:作物生产实践

（1）主要作物大田生产实习。实习学生必须参加主要农作物大田生产实践,在实习基地内以班为单位,种植早稻、棉花、玉米等主要农作物,每班总面积不少于 4 亩。每个学生都必须参与各种作物的田间作业,熟悉主要农事操作,建立详细的田间档案,进行精确的成本核算和经济效益分析。每 3 天兑水稻、玉米、棉花进行一次田间观察记载,包括生育进程、叶龄动态、分蘖或分枝规律、病虫发生规律与动态及田间诊断,并要求能及时作出田间管理决策,保证作物生产高产、高效。实习结束时,按要求完成综合实习报告。综合报告记入成绩考核。

（2）种子生产。①杂交水稻制种。制种组合3个，每个专业1个组合，每个组合面积1亩以上，按5~6人一组，每个组制种面积不少于0.2亩。要求在制种前学生要根据各组合不育系和恢复系的特征特性写出具体的实施方案。学生必须参加整个农事操作过程，包括播种育苗、移栽、叶龄记载、病虫防治、肥水管理、搞好花期预测、喷施九二○、进行人工辅助授粉、隔离除杂、收割，记载生育期，观察不育系和恢复系的特征特性。②杂交玉米制种。熟悉杂交玉米制种技术；掌握玉米制种的花期预测、花期、花时调节技术、田间观察记载方法、去雄、授粉、去杂技术和玉米制种考种、测产方法。面积2亩以上。

（3）主要蔬菜生产实习。识别主要常见春夏季蔬菜，掌握主要常见春夏季蔬菜的栽培技术。①学会根据幼苗子叶和第一片真叶的特征识别春夏蔬菜茄果类（辣椒、茄子、西红柿等）、瓜类（黄瓜、冬瓜、丝瓜、南瓜、西瓜等）、豆类（长豆角、四季豆）及空心菜、苋菜、小白菜等的幼苗；②通过对主要春夏蔬菜植株的形态特征观察，熟悉各种器官的特征及其功能；③掌握这些常见春夏蔬菜的主要栽培技术及主要病虫害防治措施；④了解南方主要蔬菜大棚的类型，并进行实地观测，了解不同类型大棚的构造特征、基本性能及效益，为合理选用大棚奠定基础；⑤依据生物种间的相互关系及生物与环境的相互关系，每班合理设计一个至少1亩地的菜园。

2.边上课：在实习期间，结合田间现场操作，完成教学计划安排的专业课程学习任务。

3.边科研：作物学科研实践

（1）实习期间，以班级为单位，自主设计并全程实施一个田间试验，试验内容可以是品种比较试验、肥料试验、农药试验、灌溉试验等，作物可选择水稻、玉米、棉花、大豆等春季作物，并组织实施"作物学科研技能大赛"，具体实施方案见附录四。

（2）结合老师课题和毕业论文进行科研（未完成毕业论文试验的学生须提前与实习组老师联系，并确定好论文研究方向及具体试验设计方案）。

（3）水稻品比试验。每个专业至少8个品种，面积约1亩，要求学生在播种前严格按品比试验要求撰写试验设计方案，经指导老师审查合格方可实施。品比试验要求记载：生育期、叶龄、苗数、分蘖动态、有效穗、株高，并按要求取样考种、测产，并写出试验总结报告。

（4）种子纯度鉴定。每5~6人一组，每组负责1个样品的纯度鉴定。要求按田间种植鉴定要求写出具体的方案，搞好纯度鉴定，并写出试验报告。

4.边推广：积极参与新技术的示范推广

（1）基地的示范推广。每个学生必须在实习基地上将自己掌握的新品种、新技术、新设备向农民进行示范推广。

（2）农户的示范推广。每个学生必须选择好示范户，协助示范户做好新品种、新技术的推广示范工作。也可以通过与农村科技示范户的密切联系，向他们学习在学校尚未学到的新技术、新知识。

（3）根据农村农业科技推广的现状，写一份改进农村农业科技推广的建议书（1200字左右）。

5.边做社会调查：完成调查报告

参加实习的全体学生都必须进行社会调查工作，加强对农民、农村、农业的深入了解。力争为农村深化改革、农村产业结构调整、增加农民收入等农村实际问题提出有价值的新构想新方案，为当地政府当好参谋。

（1）主要调查内容。①农村种植业现状；②农村合作医疗实施情况；③农村专业合作组织现状；④新技术、新品种使用现状；⑤农产品生产标准化的现状；⑥新农村建设现状调查；⑦土地流转现状调查；⑧现代农业及产业化；⑨耕地保护与使用限制调查；⑩其他。除了上述内容之外，学生还可以根据实习基地周围乡镇的实际情况自行拟订调查内容撰写调查报告。

（2）主要调查方法。①深入农户家庭个别访问；②选择同质群体开小型调查座谈会；③请求政府有关部门帮助，查阅有关资料。

（3）与农户的主要联系方式。每个学生都必须有自己的固定联系户。为了调查工作的方便和学生行动安全，学生可以自行联合进行调查工作。但为了对此项工作的管理与督促，必须将自行结合的人员名单上报实习领导小组备案。学生与联系户的联系每周不得少于两次。在农忙季节，学生必须参加联系户的农事劳动，在劳动中培养自己的劳动观点和群众观点，在劳动中与联系户建立良好的思想感情。

（4）要求。每人撰写 2000 字左右的调查报告，作为综合实习主要考核内容之一。

6. 边学习组织管理

成立学生自治组织，在基地教师指导下，对实习期间的生产、学习、生活等各项工作实行自主组织和自我管理。具体要求见附录二。

（三）评价与考核

（1）实习总评成绩由如下指标综合构成：①实习综合报告 30%；②科研实践 20%；③调查报告 10%；④实习态度和表现 40%。前三项得分由实习指导小组评定，第 4 项得分由班组学生干部和指导小组共同评定。上述 4 项指标得分的加权值为实习生的实习总评分数，缺其中一项以不及格记分。

（2）综合实习成绩评定办法。根据湖南农业大学相关专业教学大纲规定，"六边"综合实习对植物生产类专业的学生进行完整系统本科教育的教学环节之一，是重要的实践性教学环节，旨在使学生深入到实践中，了解当前社会对从事植物生产类人才的要求和需要，检查和锻炼学生实际运用相关生产管理技能和能力，力求将学生培养成为既具有扎实的植物生产类基础知识，又具有过硬的生产技术和管理实践能力的实用型人才。为加强"六边"综合实习工作管理，规范学生的实习的行为表现，科学合理地测评实习生的工作业绩和实习表现，特制定湖南农业大学"六边"综合实习成绩评定标准。

（3）成绩评定等级标准和办法。专业实习的成绩分为优秀（90～100 分）、良好（80～89 分）、中等（70～79 分）、及格（60～69 分）和不及格（60 分以下）五个等级。外地实习表现由实习单位工作负责人或带队教师根据实习表现等综合评定并签写实习单位鉴定；毕业实习的总成绩则由指导教师根据学生的实习单位鉴定、实习表现、同事反映、实习日记、实习报告、实习纪律和考勤等而定。

成绩的评定必须坚持科学、客观的态度，从严要求。"优秀"的比例一般控制在 15%；"良好"的比例一般在 35%；"中等"和"及格"的比例一般在 45%，"不及格"的比例在 5% 以下。评定标准和办法如下：

优秀：实习目的明确，态度端正。工作认真，实习时积极主动、虚心好学，严格遵守实习纪律，无迟到、早退、旷课现象。能优异地完成实习任务，能很好地把所学专业理论和知识运用到实习工作中去，对某些方面的问题有独到的见解。实习期间表现出色。全部完成实习计划的要求，实习单位和实习指导教师评价高。实习报告有丰富的实际材料，思路清晰，观点正确，内容完整，全面系统地总结了实习内容。实习日记质量高，能够运用所学的理论对某些问题加以深入透彻的分析，或对某些问题有独到的见解或合理化建议，解决了一些实际问题，具有一定的理论深度，且有所创新。

良好:实习目的明确，态度端正，实习时积极认真，虚心好学，能遵守实习纪律，无迟到、早退、旷课现象。能较好地完成实习任务，得到实习单位和指导教师的好评。实习期间表现良好。达到实习计划规定的全部要求。实习报告思路较清晰，观点正确，内容完整，能对实习内容进行比较系统的总结，运用所学的理论知识分析、解决了一些实际问题,实习日记认真,分析有据。

中等：实习态度端正，实习较认真，实习纪律性一般，无迟到、早退、旷课现象。能基本上按要求完成实习工作任务，能把所学理论在一定程度上运用于实习工作中，工作态度和能力得到实习单位和指导教师的认可。实习期间无违纪行为，表现尚可。

达到实习计划规定的主要要求。基本能完成实习报告、实习日记及作业，质量一般。

及格：实习工作态度一般，纪律较懒散，偶有缺席旷工现象，勉强能按要求完成实习工作任务，实习期间表现一般，实习单位的评价意见中等，给定的分数或等级中等。达到实习计划中规定的基本要求。基本能完成实习报告及日记，但字数不足要求，内容不全、欠完整，个别地方有错误。实习期间无重大违纪行为。

不及格：实习目的不明确，态度不端正，实习工作态度不认真，纪律性差，常有旷工早退现象。实习期间表现差，实习不认真。未能按要求完成实习任务，实习单位和指导教师评价较差。实习期间表现很差，或实习中有严重违反纪律的现象。未达到实习计划所规定的基本要求。实习报告未交;或实习日记与报告马虎，报告内容不完整，思路不清楚，说理不充分，分析问题观点不明，或实习报告有明显常识性错误。

（4）实行"实习态度和表现"一票否决制，若有实习生的该项指标被评定为不合格者，其实习总成绩定为不及格，同时所在组的组长和班干部也将被适当扣分。

附录二　"六边"综合实习组织管理

一、实习领导小组

（一）实习领导小组的构成

组长：院长（兼）

副组长：教学副院长、学工副书记

成员：相关教学基层组织负责人，实习带队教师，专业指导教师

（二）职责

（1）组织安排"六边"综合实习，组织召开实习动员会和实习总结大会。

（2）审核实习指导小组提交的"六边"综合实习计划和实施方案。

（3）协调与学校职能部门及实习基地的关系，处理应急事件，检查实习过程与效果。

二、实习指导小组

（1）实习指导小组的构成。包括实习带队教师和专业指导教师。实习带队教师由 3～6 人组成，设组长 1 名，副组长 2 名，常驻基地，负责实习方案的制订和组织实施，负责实习期间的管理、突发事件的处理、现场指导，并组织对学生的实习表现进行考核评价。专业指导教师若干，由各系按实习季节和实习内容统筹安排，实习前报领导小组。各专业必须保证实习期间专业教师不断线，对学生实行全程现场指导。

（2）实习指导小组职责。制订实习计划，落实实习场地，准备实习材料，组织和指导实习过程，保障实习效果，做好实习评分与实习总结等工作。

三、学生自治组织

基地应经全体学生选举产生学生会，学生会在基地带队教师的指导下对基地的各项事务进行管理。学生会一般设总干事、学习实践部、纪检卫生部、生活财务部、文体活动部、宣传报道部等 6 个部门。各部设部长 1 名，成员人数及各部的职责如下：

（一）总干事

学生会总干事一般设置 2 人，男、女生各 1 人，负责加强学生会与带队教师以及学院的联系，协助带队教师对实习学生的管理，及时传达学院以及带队教师给各部门分配的任务等。

1. 负责深入广大同学，了解同学心声以及实习表现，调查学生会具体工作情况；

2. 总体负责学生会各部门日常管理及活动开展；

3. 负责总体协调学生会各个部门，以及加强学生会各个部门及各班班长与带队教师的联系。

4. 每周日晚负责组织召开包含全体学生会成员及所有实习班级的班长、团支书的学生会

扩大会议，总结本周实习情况及存在的问题，安排布置下周工作任务。每周一上午组织全体实习学生开例会，布置本周工作任务。

（二）学习实践部

学习实践部一般设部长 1 人，副部长 2 人，另设干事若干；一个副部长分管实践工作，另外一个分管学习工作，分管实践的副部长总领学习实践部下辖的农机队和植保队。

学习实践部协助带队教师管理安排基地所有学生的实习任务、上课任务，检查所有学生实习报告、衔接实习带队教师与基地管理教师、并对所有同学实习表现进行评分。

实践方面，负责将所有学生实习用地的整理、安排基地全体同学每周的实习任务，对实习期间所有人员的任务情况和实习表现进行记录。

学习方面，负责组织各项学科竞赛，协调任课教师的上课时间及教室安排以及每堂课的点到，每月检查实习报告并进行评分，考场布置等；对班级实验各个阶段的评分进行统计及材料收集整理。

整理、修理和分配实习基地所有劳动工具，并对各班劳动工具的使用、丢失等情况进行登记汇总。

及时向带队教师反映学生的实习情况，包括教学和实习工作的督查，教学信息的反馈等，保证实习正常进行；

实习结束前一天，学习实践部全体成员对所有实习同学的实习表现进行评分。

（三）纪检卫生部

纪检卫生部一般设部长 1 人，副部长 2 人，干事若干；其中副部长男、女生各 1 人。纪检卫生部负责协助带队教师管理全基地实习学生的实习纪律、学生请假以及安全和卫生检查等。

依照实习管理纪律，每天 7：20 检查起床情况，22：00 进行晚点名，23：30 全体熄灯，每周若干次不定时点名，确保无人私自外出。

安排每周全基地公共区域的卫生值班班级；每天检查宿舍、厕所和澡堂的卫生，每周日晚上进行全基地的宿舍卫生大检查，每周一上午进行基地公共区域的卫生检查，并公布结果，并进行相应奖励和处罚。

每半个月对全基地所有寝室进行一次消毒；每个月在宿舍院子、教室至宿舍的道路两旁进行一次卫生清理。

安排寝室值班人员，并不定时抽查值班人员在岗情况。

负责基地环保、卫生和安全工作。组建并训练安保队，组织田间和基地宿舍范围的巡逻，防止意外事件发生。

（四）生活财务部

生活财务部一般设部长 1 人、副部长 2 人，干事若干。主要负责全体实习学生的生活费管理、食堂帮厨安排、餐后卫生检查，组织每月一次的例行晚会、学生种植的蔬菜收货及记录等。

负责收缴伙食费、安排购买食堂所需生活物资，并详细记录每笔花费，务求账目清晰、明确；

制定帮厨制度和安排帮厨人员轮班，按实习规定定时检查帮厨人员到位情况，每次餐后负责检查食堂所有卫生情况；每周一下午组织人员对食堂进行全面彻底的卫生大扫除并进行检查。

收集学生对于食堂菜品的意见和建议，整理并反馈给食堂师傅。

协调并记录基地收菜时间、种类、数量等，在实习结束前一天进行财务清理和结算。

（五）文体活动部

文体活动部一般设部长 1 人、副部长 1 人，干事若干。主要负责全体实习学生实习期间的文体活动、体育竞赛等安排，以促进班级团结，丰富基地学生业余文化生活。

负责每月组织一次大型体育竞赛活动，如篮球比赛、跳绳比赛、羽毛球比赛等。

负责组织每月一次的晚会活动；负责组织富有实习基地特色的"水田运动会""摸鱼比赛"等；组织开展其他娱乐活动。

（六）宣传报道部

宣传报道部一般设部长 1 人，副部长 1 人，干事若干。主要负责实习期间基地宣传稿件的撰写和投稿、照片的拍摄、实习纪念视频的拍摄、教学视频的拍摄、与公共媒体记者的接洽，以及实习内容中"边推广、边做社会调查"内容的开展。

实习期间每次重大活动，宣传报道部需要进行影像记录、直播，并且在活动完成后撰写稿件向学校媒体或者更高级媒体进行投稿。

协助老师进行新型农机、新型栽培方法或者其他有价值的培训视频的录制和剪辑制作。

定期组织全基地 PPT 制作和讲演大赛，并评定成绩。

收集视频素材，为所有实习同学制作实习纪念视频。

与来基地进行采访的公共媒体进行接洽。

向全体同学培训如何进行科技推广和社会调查，审核各班社会调查题目和问卷内容，检查社会调查报告完成情况等。

（七）其他学生组织

1. 农机队

农机队一般设置队长 1 人、副队长 2 人，队员若干。负责驾驶全基地所有的农机，包括拖拉机、旋耕机、收割机、插秧机、三轮车等，负责所有实习用地的整理。农机队成员由各班推选出来，一般每班出 3~4 人，经过培训和考核后，留用 10~15 人。农机队受到学习实践部、基地管理教师及带队教师的共同管理。

2. 植保队

植保队一般设置队长 1 人、副队人 1 人，队员若干。负责全基地所有班级实验地及蔬菜地的病虫害防治。一般由各班推选 1~2 人，经培训和考核合格后，每班留用 1 人。植保队受带队教师和学习实践部的直接管理。

3. 安保队

安保队队长一般由纪检卫生部部长或副部长直接兼任，负责全基地的安全保卫工作。一般采取学生自愿报名的形式，经过体能考核和入队训练后，留用 15 人左右，主要为男生。安保队受带队教师和纪检卫生部的直接管理。

四、实习纪律

《湖南农业大学学生手册》中的《湖南农业大学学生管理条例（试行）》中的所有规定都适用于在校外实习的每个实习生。根据实习基地的具体环境条件，结合《湖南农业大学学生管理条例》，作出如下特别规定：

第一条　学生在实习期间应坚持四项基本原则，思想上、政治上与党中央保持一致，贯彻执行党和政府的路线、方针、政策。如有违反者，给予记过以上处分；

第二条 严格遵守党纪、国法。如有违反者，按党纪、国法论处；

第三条 严格遵守学校的各项规章制度，注意安全，不准下水游泳，不准参与打架、斗殴、酗酒、迷信、赌博或带赌博性质的等违纪违法活动，如有违反者，给予记过以上处分；不准看黄色录像和书刊，如有违反者，给予严重警告以上处分；

第四条 严格请假制度，因事需离开实习基地半天以内者，须向指导教师口头请假；半天以上者，须书面请假，一天以内由基地指导教师审批，一天以上者由院学工组审批，经批准后，方能离开实习基地。返回实习基地后，必须到指导老师处销假。未请假擅自离开实习基地者，视情节轻重给予警告或警告以上处分，且按离开实习基地时间每半天记旷课四节记入考勤表；请假往返基地途中确保人身财产安全；

第五条 上课、外出生产实习、劳动或进行其他活动不得迟到、早退、缺席。迟到或早退者，记违纪一次；缺席者按旷课论处；

第六条 未经许可，不准将社会上的闲杂人员带入或引入实习基地的生活和学习区，不准接待与实习无关的人员，不得将外人带入宿舍住宿。违者，给予通报批评；

第七条 实习期间不准擅自在外用餐，不准接受联系农户的礼物；应爱护公共财物，损坏公物和农户的财物照价赔偿；私自采摘基地上公家和农户的瓜果蔬菜，违反者除完全承担经济责任之外，还要给予通报批评；特别是要爱护基地科研成果，不准偷摘，发现一次，罚款 50 ~ 100 元，并作公开检查；

第八条 严格实习操作规程，爱护公物；讲究个人和集体卫生；外出做好防护工作，不允许私自借用当地公家或私人的机动车辆，严防意外事故发生；禁止与当地群众打架斗殴，即使是发生了实质对抗性矛盾，也只能通过法治和组织手段解决。违反者自己承担全部后果；

第九条 严格作息时间，每天早晨 6:30 必须起床，下午 7:30 以前必须返回基地的生活、学习区域，在规定的学习和休息时间内，不准进行娱乐活动，如有违反者，记违纪一次；

第十条 实习期间，任何情况下，不允许在基地之外留宿。违者，给予记过处分；

第十一条 男生不准进女生宿舍，女生必须在晚上十点半以前离开男生宿舍，违者记违纪一次；

第十二条 必须节约用电用水，反对铺张浪费，严禁在寝室内使用大功率电器。违者，记违纪一次；

第十三条 学生累计旷课十二学时者，给予警告处分；累计旷课二十学时者，给予记过处分；

第十四条 学生累计违纪三次，通报批评一次；累计违纪五次（一次通报批评算三次违纪），进行第二次通报批评；累计违纪六次，给予警告处分；累计违纪八次，给予记过处分；

第十五条 受到警告或警告以上处分者，按"实习态度和表现"一票否决制，其实习总评成绩定为不及格；受到两次通报批评者，其实习总评成绩最多定为及格；受到一次通报批评者，其实习总评成绩最多定为良好；

第十六条 学生如果违反上述规定及学校的有关规定，而造成财产损失或人员伤亡的，后果自负。

附录三　作物学实践技能大赛方案

一、作物学实践技能训练

作物学的科学研究工作，首先必须能够种好作物，因此作物学科研基础技能至少包括以下内容：

（1）基本农事操作。土壤耕作、播种育苗、移栽、灌溉、施肥、病虫草害防治、收获等基本农事操作，都是必须掌握的科研基础技能，否则无法进行作物学研究。

（2）田间观察记载。按照作物学观察记载的统一指标，实时进行田间观察并记载数据。

（3）田间抽样调查。按照统计抽样要求，抽样调查作物相关指标数据。

（4）实验室测试分析。现代作物学必须广泛使用生物化学、分子生物学、生物信息学等手段进行数据采集和分析。

二、浏阳基地"五一"插秧比赛实施方案

（一）目的意义

为了考察参加"六边"综合实习学生的生产劳动技能和科技基础技能，融洽师生情谊，特举行浏阳基地"五一"插秧比赛。

（二）比赛内容

（1）传统手插秧技能学生个人竞赛。

（2）传统手插秧技能学生团体竞赛。

（3）传统手插秧技能竞赛教职工组。

（4）机插秧技能学生团体竞赛。

（三）比赛时间及流程

（1）开幕式。

（2）手插秧个人竞赛：包括学生男子组、学生女子组、教职工组。

（3）手插秧团体竞赛：每班组一个参赛队。

（4）机插秧团体竞赛：每班组一个参赛队。

（四）比赛实施办法

（1）传统手插秧学生个人竞赛。每班选派 3 名男生、3 名女生，形成男子组和女子组个人竞赛，比赛在一号赛区进行（2.5 亩），男生、女生同时比赛，选手事先准备好秧苗及必要用具，每人一厢，厢宽 1.0m，株行距 17cm×20cm 寸（每厢 5 行），按《传统手插秧技能竞赛评判依据》评判，男子组和女子组各取一、二、三等奖 1、5、9 名，纪念奖若干。

（2）传统手插秧技能学生团体竞赛。每班选派一个 3 人小组（可男女混合）参赛。比赛在二号赛区进行（2.5 亩），选手事先准备好秧苗及必要用具，上午 9:20 准时开始比赛，每

组一厢，厢宽 3.0m，株行距 17cm×20cm，按《传统手插秧技能竞赛评判依据》评判，取一、二、三等奖各 1、2、3 个，纪念奖 3 个。

（3）传统手插秧技能竞赛教职工组。教职工自愿报名参加竞赛。比赛在一、二号赛区进行（自选学生赛区剩余厢块），每人一厢，厢宽 1.0m，株行距 17cm×20cm，按《传统手插秧技能竞赛评判依据》评判，取一、二、三等奖各 1、3、5 名，纪念奖若干。

（4）机插秧技能学生团体竞赛。每个班级组成一个参赛团队（限 6 人），形成机插秧小组竞赛。比赛在三号赛区进行（7.5 亩），按《机插秧技能竞赛评判依据》评判，取一、二、三等奖各 1、2、3 个，纪念奖 3 个。

（五）竞赛成绩评判

（1）竞赛成绩评判专家组。每个竞赛组配备一个成绩评判专家组，安排专家 5～7 名（明确 1 名组长）、计量员 2 人（男、女各 1 人）。

（2）传统手插秧技能竞赛评判依据。赛前由参赛队员将自己田地所需秧苗运到相应地块终端，参赛者在起始端预备，比赛口令发出后，参赛者跑至厢块终端取秧、散秧后开始插秧。评判按 100 分制计分，依据如下：①速度（40 分）：按实际完成进度排名，由计时员给分。个人竞赛第一名 40 分，第二名 38 分，依此类推直至 0 分。学生团体竞赛第一名 40 分，第 2 名 36 分，依此类推。②株行距控制（20 分）：株距（5 分，行数计数）、行距（5 分，随机抽样一行考察 2m 内株数）、行间均匀度（5 分）、株间均匀度（5 分）。③单穴苗数（20 分）：单穴苗数过少或过多现象是否严重。要求杂交品种按 2～4 苗/穴、常规品种按 3～5 苗/穴控制。④插秧质量（20 分）：是否栽插过深，考察"开花禾"（秧苗蓬散）、"蕹头禾"（秧苗根部倒栽）、浮苗、空穴等现象。

（3）机插秧技能竞赛评判依据。材料为机插秧盘育秧材料，品种为陆两优 996。以小组为单位进行比赛，赛前由选手将秧盘运至地头，插秧机处于熄火状态，参赛小组听口令开始比赛，计时员开始计时，操作结束后参赛选手举手示意，计时员结束计时。评判按 100 分制计分，依据如下：①操作技术（50 分）：转向掉头与秧架起降（10 分）、速度均匀性（10 分）、上秧情况（10 分）、配合默契度（10 分）、操作熟练度（10 分，停机一次扣 2 分，熄火一次扣 5 分）。②速度（20 分）：按实际完成进度排名，由计时员给分。第一名 20 分，第二名 18 分，每下降一个名次递减 2 分。③质量（30 分）：机插漏苗率（10 分）、手抛补苗情况（10 分）、整体效果（10 分）。

附表 3-1　　　　　　　传统手插秧个人竞赛评分表

序号	姓名	栽插速度（40分）	株行距（20分）	单穴苗数（20分）	插秧质量（20分）	合计
1						
2						
3						
4						
5						

附表 3-2 传统手插秧团体竞赛评分表

序号	班级	栽插速度（40分）	株行距（20分）	单穴苗数（20分）	插秧质量（20分）	合计
1						
2						
3						
4						
5						
6						
7						
8						

附表 3-3 机插秧团体竞赛评分表

序号	班级	速度（20分）	操作技术（50分）	质量（30分）	合计
1					
2					
3					
4					
5					
6					
7					
8					
9					

附录四　作物学科研技能竞赛实施方案

作物学科研综合技能是指独立完成作物学科技创新项目的实际能力。田间试验是作物学研究的基本方法，是植物生产类专业本科毕业生必须掌握的科研综合技能。现代作物学研究还需要结合现代生物技术、现代信息技术和现代通信技术（包括农业物联网建设，农业遥感监测）等现代化科研手段。

一、目的与意义

"六边"综合实习是我院长期以来形成的特色化实践教学环节，是实践教学"四年不断线"的重要内容之一，旨在提高本科生的实践操作能力、观察分析能力以及理论联系实际解决问题的能力。为了进一步丰富综合实习的内容，强化学生的科研能力训练，决定在"六边"综合实习期间举办作物学科研技能竞赛活动，组织开展综合性、设计性、创新性科研试验研究。

二、组织与管理

（一）领导小组

组长：院长

副组长：教学副院长、科研副院长、院长助理

成员：实习指导教师、专业指导教师、学院教学督导、实习班班主任、学生会实践部（学习部）

职责：竞赛活动的组织安排与综合协调；竞赛活动的总结评比；经费安排。

（二）工作小组

组长：院长助理

副组长：实习指导教师

成员：专业指导教师、田间试验与统计分析课程教学团队、实习班主任、学生会实践部（学习部）

职责：竞赛活动的组织协调；各阶段考核量化评比活动组织安排（联系考核小组、制作考核评分表、考评材料等准备）；考核评比会议的组织；竞赛活动档案的建立与资料的保存；竞赛活动总结报告撰写。

（三）考核小组

组长：教学副院长

副组长：院长助理、实习指导教师队队长

成员：实习指导教师、专业指导教师、学院教学督导、田间试验与统计分析课程教学团队、学生会实践部（学习部）

职责：认真组织整个竞赛活动各个阶段的量化评分。

考核小组实行分阶段考核，具体安排如下：

（1）试验方案考核：由工作小组组长负责，组织学院教学督导、田间试验与统计分析课程教学团队、实习指导教师参与考核

（2）田间实施考核：由工作小组组长负责，组织工作小组成员考核

（3）观测记载考核：由工作小组组长负责，组织工作小组成员考核

（4）数据分析考核：由工作小组组长负责，组织工作小组成员考核

（5）成果综合评价考核：由工作小组组长负责，组织领导小组成员、学院教学督导、实习指导教师参与考核

（6）参与度考核：由实习指导教师队队长负责，组织实习指导教师、学生会实践部（学习部）参与考核

三、时间与要求

（一）时间

实习开始到实习结束，一般是 3 月至 7 月。

（二）要求

1. 参加综合实习的每个班级必须参与，是竞赛成员之一；

2. 竞赛活动必须以班级为单位，全班同学共同参与实施；

3. 每个班级必须研究并提出一个创新性、设计性或综合性试验方案；

4. 每个班级要认真组织，合理分组，做好安排，并严格按照试验方案实施；

5. 所有参赛班级按照工作小组要求及时递交相关材料，便于建立竞赛档案；

6. 竞赛活动作为综合实习"边科研"成绩评定的核心内容，并且作为综合实习优秀班级、优秀学员评比的重要条件；

7. 以竞赛活动获取的数据资料发表论文，作者只列出试验方案、田间实施、考核汇报以及论文撰写的主要贡献者；指导教师为通信作者；单位：湖南农业大学农学院和南方粮油作物协同创新中心；文后必须注明"本论文是湖南农业大学农学院 ××× 年作物学科研技能竞赛的主要成果，是 ××× 班全体同学共同努力完成的"。论文版面费由学院教学经费或学科经费提供。

四、考核办法

采取分阶段考核，按指标权重计算综合得分，根据各班得分确定排名顺序，从而确定竞赛一、二、三等奖获得班级；从获奖班级中推选 10 名优秀学生进行表彰。本竞赛活动贯穿于整个综合实习全过程，分前期方案制订、田间具体实施、观测指标记载、数据统计分析、试验总结和研究报告以及创新性评价六个阶段，分阶段由考核小组分别考核，综合评分并排名。考核依据与评分标准见考核指标及量化评分表，总分 100 分（附表 4-1）。获奖班级与优秀个人表彰在综合实习总结会上进行。

五、激励机制与经费来源

（1）班级奖励。为奖励在本次实验大赛中表现优秀的班级，按综合分数排名，设置以下四个等级奖励，作为本班班费。一等奖 1 个，奖金 4000 元 / 班；二等奖 2 个；奖金 3000 元 / 班；三等奖 3 个，奖金 2000 元 / 班；参与奖若干，奖金 500 元 / 班。

（2）学生奖励。评选在竞赛活动表现优秀的个人，按一等奖班级每班推选 3 人，二等奖班级每班推选 2 人，三等奖班级每班推选 1 人，由获奖班级推荐，共计评定优秀 10 人，颁发奖励证书并发放 500 元 / 人奖金。

（3）经费来源。由南方粮油作物协同创新中心人才培养经费或学院教学经费中开支。

附表 4-1　　　　　　　　　　　考核指标及量化评分表

序号	一级指标	二级指标	三级指标	分值	得分	考核时间与方式
1	试验方案（32分）	完整性（12分）	基本构成包括试验名称、研究目的与依据、时间与地点、试验地概况、试验方案（因素、水平、处理）、试验设计、管理措施、观测指标与方法、数据统计分析方法以及分组分工合作办法	6分		考核时间：3月下旬；考核方式：提交纸质版方案，并用 PPT 汇报
			田间种植图设计科学完整	3分		
			观测记载表设计合理齐全	3分		
		科学性（14分）	试验设计方法正确	2分		
			处理设置科学合理	2分		
			田间试验误差控制技术运用合理周密	6分		
			可操作性强	4分		
		创新性（5分）	新方法或材料	3分		
			多因素或综合性	2分		
		及时性（1分）	组织了讨论、及时提交了详细方案 [最终方案电子版和纸制版于 3 月 27 日交实践部（学习部）存档]	1分		考核时间：3月下旬；考核方式：学生会实践部记录并查阅材料
2	田间实施（15分）	重复划分	与试验方案要求一致；重复设置科学、规范	2分		考核时间：5月上旬；考核方式：实地进行
		小区划分	与试验方案要求一致；小区划分科学、规范	2分		
		移栽规格	与试验方案要求一致（移栽规格、穴数、苗数 / 穴）、科学、规范	2分		
		保护行	设置合理，符合要求	2分		
		整体布局	美观，并与整丘田布局相和谐	2分		
		过程管理	农事操作、农艺措施等实施过程到位；作物长势长相良好	5分		考核时间：工作小组随机安排实地考核
3	观测记载（12分）	观测指标	按照方案执行，不少不缺	2分		考核时间：学生会实践部平时考核 +7月中旬集中查阅；考核方式：查阅试验方案、原始记录表和影像资料
		观测方法	方法准确、清楚；操作熟练	3分		
		数据记录表	规范、要素齐全、符合要求	3分		
		原始数据	齐全、完整且数据录入电脑	2分		
		图像收集	观测过程的照片、视频等影像资料齐全	2分		
4	数据分析（10分）	分析方法	方法正确，过程清楚，结论准确无误	4分		考核时间：7月中旬；考核方式：查阅资料
		图件规范性	合理、规范，符合科技论文图的要求	3分		
		表格规范性	合理、规范，符合科技论文表的要求	3分		

续表

序号	一级指标	二级指标	三级指标	分值	得分	考核时间与方式
5	成果综合评价（25分）	总结报告10分	要素齐全（包括试验名称、主要负责人与指导教师、分组分工、实施过程、主要研究结论、收获与体会、存在问题与建议）；表述清晰准确，层次分明，简明扼要	10分		考核时间：综合实习总结大会前一天；考核方式：查阅资料、听取汇报；科研论文审查并推荐发表
		研究报告（6分）	要素齐全（包括题名、中英文摘要、关键词、引言、材料与方法、结果与分析、讨论、结论以及参考文献）	3分		
			层次分明、分析合理、统计分析准确、图表合理、结论可信	3分		
		创新性评价（4分）	按照科技论文格式要求递交科研论文1篇，内容与格式符合要求的记2分；专家组评定后认为可推荐发表的论文1篇记4分	4分		
		PPT汇报（5分）	图文并茂、内容全面、过程清晰、分析合理、结论正确	5分		
6	参与度（6分）	班级同学（3分）	分组合理（可以与班级实习小组相同，也可另行分组）、分工明确（分工合理、责任明确、内容具体）。以提供的方案与实际操作过程为依据	3分		考核时间：7月中旬；考核方式：查阅资料、从各班随机抽7～10名学生访谈
		指导老师（3分）	通过查阅记录本，根据指导次数（每个阶段都有记载）、指导质量（帮助学生解决了哪些具体问题，有记载）确定分值。指导次数5次以上，解决具体问题5个以上，记满分。少1次减0.5分	3分		
合计				100分		